高/光/谱/遥/感/科/学/丛/书

丛书主编 童庆禧 薛永祺
执行主编 张 兵 张立福

岩矿
高光谱遥感

Hyperspectral Remote Sensing of Rocks and Minerals

张 兵 李庆亭 张 霞 著

湖北科学技术出版社
HUBEI SCIENCE & TECHNOLOGY PRESS

图书在版编目(CIP)数据

岩矿高光谱遥感/张兵,李庆亭,张霞著. — 武汉:湖北科学技术出版社,2020.10
(高光谱遥感科学丛书/童庆禧,薛永祺丛书主编)
ISBN 978-7-5706-0652-8

Ⅰ.①岩… Ⅱ.①张…②李…③张… Ⅲ.①岩石-光谱分辨率-光学遥感-应用②矿石-光谱分辨率-光学遥感-应用 Ⅳ.①P583-39②TD912-39

中国版本图书馆 CIP 数据核字(2019)第 060552 号

岩矿高光谱遥感
YANKUANG GAOGUANGPU YAOGAN

策划编辑:严　冰　杨瑰玉
责任编辑:严　冰　刘　芳
封面设计:喻　杨
出版发行:湖北科学技术出版社
电　　话:027-87679468
地　　址:武汉市雄楚大街 268 号(湖北出版文化城 B 座 13—14 层)
邮　　编:430070
网　　址:http://www.hbstp.com.cn
排版设计:武汉三月禾文化传播有限公司
印　　刷:湖北金港彩印有限公司
开　　本:787×1092　1/16
印　　张:20
字　　数:450 千字
版　　次:2020 年 10 月第 1 版
印　　次:2020 年 10 月第 1 次印刷
定　　价:238.00 元

高光谱遥感科学丛书

PREFACE

总序

锲而不舍　执着追求

人们观察缤纷世界主要靠的是电磁波对我们眼睛的刺激，这就产生了两个最主要的要素，一是物体的尺度和形状，二是物体的颜色。物体的尺度和形状反映了物体在空间上的展布，而物体的颜色则反映了它们与电磁波相互作用所表现出来的基本光谱特性。这两个要素是人们研究周围一切事物，包括宏观和微观事物的基本依据，也是遥感的出发点。当然，这里指的是可见光范畴内，对遥感而言，还包括由物体发出或与之相互作用所形成的，而我们眼睛看不见的紫外线、红外线、太赫兹波和微波，甚至无线电波等特征辐射信息。

高光谱遥感技术的诞生、成长，并迅速发展成为一个极具生命力和前景的科学技术门类，是遥感科技发展的一个缩影。遥感，作为一门新兴的交叉科学技术的代名词，最早出现于 20 世纪 60 年代初期。早期的航空或卫星对地观测时，地物的影像和光谱是分开进行的，随着技术的进步，特别是探测器技术、成像技术和记录、存储、处理技术的发展，为影像和光谱的一体化获取提供了可能。初期的彩色摄影以及多光谱和高光谱技术的出现就体现了这一发展中的不同阶段。遥感光谱分辨率的提高亦有助于对地物属性的精确识别和分类，大大提升了人们对客观世界的认知水平。

囿于经济和技术发展的限制，我国的遥感技术整体上处于后发地位，我国的第一颗传输型遥感卫星直到 20 世纪 90 年代最后一年才得以发射升空。得益于我国遥感界频繁深入地对外交往，特别是 20 世纪 80 年代初期国家遥感中心成立之际的“请进来、派出去”方针，让我们准确地把握住国际遥感的发展，尤其是高光谱遥感技术的兴起和发展态势，也抓住了我国高光谱遥感的发展时机。高光谱遥感是我国在遥感技术领域能与国际发展前沿同步且为数不多的遥感技术领域之一。

我国高光谱遥感发展的一个重要推动力是当年国家独特的需求。20 世纪 80 年代中期的中国正踏上改革开放的道路，为了解决国家发展所亟需的资金，特别是外汇问题，国家发起了黄金找矿的攻关热潮，这一重大任务的主力军当然责无旁贷地落到了地质部门身上，地矿、冶金、核工业等部门以及武警黄金部队的科技人员群情激奋、捷报频传。作为国家科学研究主力军的中国科学院也同样以自己雄厚的科研力量和高技术队伍积极投身于这一伟大的事业，依据黄金成矿过程中蚀变矿化现象的光谱吸收特性研制成像光谱仪的建议被提上日程。在中国科学院的组织和支持下，一个包括技术和应用专家在内的科研攻关队伍组建起来，当时参加的有上海技术物理研究所的匡定波、薛永祺，安徽光学精密机械研究所的章立民，长春光学精密机械与物理研究所的叶宗怀等人，我有幸与这一批优秀的专家共谋高光谱遥感技术的发展之路。从我国当年科技水平和黄金找矿的急需出发，以国内自主研制成熟的硫化铅器件为基础研发了针对黄金成矿蚀变带和矿化带矿物光谱吸收的短波红外多波段扫描成像仪。这一仪器虽然空间分辨率和信噪比都不算高，如飞行在 3 000 m 高度时地面分辨率仅有 6 m，但它的光谱波段选择适当，完全有效针对了蚀变矿物在 2.0～2.5 μm 波段的吸收带，具有较高的光谱分辨率，故定名为红外细分光谱扫描仪(FIMS)。这是我国高光谱成像技术发展的最初型号，也是为我国高光谱遥感发展及其实用性迈出的第一步，在短短三年的攻关期间共研制了两种型号。此外，中国科学院引进、设计、改装的“奖状”形遥感飞机的投入使用更使这一技术如虎添翼。两年多的遥感实践，识别出多处黄金成矿蚀变带和矿化带，圈定了一些找矿靶区，验证并获得了一定的“科研预测储量”。初期高光谱仪器的研制以及在黄金找矿实践中的成功应用和技术突破，使我国的高光谱遥感及应用技术发展有了一个较高的起点。

我国高光谱遥感的发展是国家和中国科学院大力支持的结果。以王大珩院士为代表的老一辈科学家对这一技术的发展给予了充分地肯定、支持、指导和鼓励。国家科技攻关计划的实施为我国高光谱遥感发展注入了巨大的活力和经费支持。在国家“七五”科技攻关计划支持下，上海技术物理研究所薛永祺院士和王建宇院士团队研制完成了具有国际先进水平的 72 波段模块式成像光谱仪(MAIS)。在国家“863”高技术计划支持下，推扫式高光谱成像仪(PHI)和实用化成像光谱仪(OMIS)等先进高光谱设备相继研制成功。依托这些先进的仪器设备和一批执着于高光谱遥感应用的研究人员，特别是当年遥感与数字地球研究所和上海技术物理研究所科研人员的紧密合作，使我国的高光谱遥感技术走在了国际前沿之列，在地质和油气资源探查，生态环境研究，农业、海洋以及城市遥感等方面均取得了一系列重要成果，如江西鄱阳湖湿地植被和常州水稻品种的精细分类、日本各种蔬菜的鉴别和提取、新疆柯坪和吐鲁番地区的地层区分、澳大利亚城市能源的消耗分析以及 2008 年北京奥运会举办前对“熊猫环岛”购物中心屋顶材质的区分等成果都已成为我国高光谱遥感应用的经典之作，在国内和国际上产生了很大的影响。在与美国、澳大利亚、日本、马来西亚等国的合作中，我国的高光谱遥感技术一直处于主导地位并享有很高的国际声誉，如澳大利亚国家电视台曾两度报道我国遥感科技人员及遥感飞机在澳的合作情况，当时的工作地区——北澳领地达尔文市的地方报纸甚至用《中国高技术赢得了达尔文》这样的标题报导了中澳合作的研究成果；马来西亚科技部长还亲自率团来华商谈技术引进及合作；在与日本的长期合作中，还不断获得了日本丰硕的研究费用和设备支持。

进入21世纪以来，中国高光谱遥感的发展更是迅猛，“环境卫星”上的可见近红外成像光谱仪，“神舟”“天宫”以及探月工程的高光谱遥感载荷，“高分五号”(GF-5)卫星可见短波红外高光谱相机等的各项高光谱设备的研制与发展，不断将中国高光谱遥感技术推到一个个新的阶段。经过几代人的不懈努力，中国高光谱遥感技术从起步到蓬勃发展、从探索研究到创新发展并深入应用，始终和国际前沿保持同步。目前我国拥有全球最多的高光谱遥感卫星及航天飞行器，最普遍的地面高光谱遥感设备以及最为广泛的高光谱遥感应用队伍。我国高光谱遥感技术应用领域已涵盖了地球科学的各个方面，成为地质制图、植被调查、海洋遥感、农业遥感、大气监测等领域的有效研究手段。我国高光谱遥感科技人员还致力于将高光谱遥感技术延伸到人们日常生活的应用方面，如水质监测、农作物和食品中有害残留物的检测以及某些文物的研究和鉴别等。当今的中国俨然已处于全球高光谱遥感技术发展与应用研究的中心地位。

然而，纵观中国乃至世界的高光谱遥感技术及其应用水平，和传统光学遥感(包括摄影测量和多光谱)相比，甚至与20世纪同步发展的成像雷达遥感相比，我国的高光谱遥感技术成熟度，特别是应用范围的广度和应用层次的深度方面还都存在明显不足。其原因主要表现在以下三个方面。

一是“技术瓶颈”之限。相信“眼见为实”是人们与生俱来的认知方式，当前民用光学遥感卫星的分辨率已突破0.5 m，从遥感图像中，人们可以清晰地看到物体的形状和尺度，譬如人们很容易分辨出一辆小汽车。就传统而言，人们根据先验知识就能判断许多物体的类别和属性。高光谱成像则受限于探测器的技术瓶颈，当前民用卫星载荷的空间分辨率仍难突破10 m，在此分辨率以内，物质混杂，难以直接提取物体的纯光谱特性，这往往有悖于人们传统的认知习惯。随着技术的进步，借助于芯片技术和光刻技术的发展，这一技术瓶颈总会有突破之日，那时有望实现空间维和光谱维的统一性和同一性。

二是“无源之水”之困。从高光谱遥感技术诞生以来，主要的数据获取方式是依靠有人航空飞机平台，世界上第一颗实用的高光谱遥感器是2000年美国发射的“新千年第一星”EO-1卫星上的高光谱遥感载荷，目前在轨的高光谱遥感卫星鉴于其地面覆盖范围的限制尚难形成数据的全球性和高频度获取能力。航空，包括无人机遥感覆盖范围小，只适合小规模的应用场合。航天，在轨卫星少且空间分辨率低、重访周期长。航空航天这种高成本、低频度获取数据的能力是高光谱遥感应用需求的重要限制条件和普及应用的瓶颈所在，即“无源之水”，这是高光谱遥感技术和应用发展的最大困境之一。

三是“曲高和寡”之忧。高光谱遥感在应用模型方面，过于依靠地面反射率数据。然而从航天或航空高光谱遥感数据到地面反射率数据，需要经历从原始数据到表观反射率、再到地面真实反射率转换的复杂过程，涉及遥感器定标、大气校正等，特别是大气校正有时候还需要同步观测数据，这种处理的复杂性使高光谱遥感显得“曲高和寡”。其空间分辨率低，使得它不可能像高空间分辨率遥感一样，让大众以“看图识字”的方式来解读所获取的影像数据。因此，很多应用部门虽有需求，但对高光谱遥感技术的复杂性望而却步，这极大阻碍了高光谱遥感的应用拓展。

“高光谱遥感科学丛书”（共6册）瞄准国际前沿和技术难点，围绕高光谱遥感领域的关键技术瓶颈，分别从信息获取、信息处理、目标检测、混合光谱分解、岩矿高光谱遥感、植被高光谱遥感六个方面系统地介绍和阐述了高光谱遥感技术的最新研究成果及其应用前沿。本丛书代表我国目前在高光谱遥感科学领域的最高水平，是全面系统反映我国高光谱遥感科学研究成果和发展动向的专业性论著。本丛书的出版必将对我国高光谱遥感科学的研究发展及推广应用以至对整个遥感科技的发展产生影响，有望成为我国遥感研究领域的经典著作。

十分可喜的是，本丛书的作者们都是多年从事高光谱遥感技术研发及应用的专家和科研人员，他们是我国高光谱遥感发展的亲历者、伴随者和见证者，也正是由于他们锲而不舍、追求卓越的不懈努力，才使得我国高光谱遥感技术一直处于国际前沿水平。非宁静无以致远，在本丛书的编写和出版过程中，参与的专家和作者们心无旁骛的自我沉静、自我总结、自我提炼以及自我提升的态度，将会是他们今后长期的精神财富。这一批年轻的专家和作者们一定会在历练中得到新的成长，为我国以至世界高光谱遥感科学的发展做出更大的贡献。我相信他们，更祝贺他们！

2020年8月30日

INTRODUCTION

前言

遥感技术是通过对地物进行特定电磁波谱段的成像观测，获取观测对象所反射或发射的电磁波能量在波长、空间和时间上的差异性分布特性，进而达到识别各种地物和理解其物理化学特性的目的。因此，自然界地物的电磁波辐射特性研究，在遥感科技发展中占有相当重要的地位。20 世纪 80 年代，地质学家在研究矿物和岩石的光谱特性时提出，如果能实现连续的窄波段成像，提供足够精细的光谱分辨率来区分诊断性的光谱特征，则大面积裸露岩石矿物的直接识别就有可能实现，自此，成像光谱遥感的概念诞生了。成像光谱遥感通常又被称为高光谱分辨率遥感，简称高光谱遥感。它将成像技术和光谱技术相结合，能够同时获取目标的二维空间信息和一维光谱信息，具有“光谱图像立方体”的数据结构形式，体现出“图谱合一”的特点。在高光谱图像中，每个像元记录着几十甚至几百个连续波段的光谱信息，这些光谱信息可以绘制成一条连续的光谱曲线，反映出不同物质的诊断性光谱特征。高光谱遥感的出现是遥感技术的一场革命，它使本来在多光谱遥感中无法有效探测的地物，在高光谱遥感中可以直接探测。

国际高光谱遥感起步于地矿应用，美国地质调查局（USGS）和美国国家宇航局（NASA）喷气推进实验室（JPL）在此领域进行了一系列的开创性研究，1982 年 JPL 的 Goetz 博士利用飞机多光谱红外辐射仪第一次以遥感成像方式实现了从空中直接鉴别黏土与碳酸盐矿物，同时着手开展了成像光谱仪概念设计与研究计划。他们建立了岩石和矿物光谱数据库，开发了高光谱信息提取软件，1983 年成功研制出世界上第一台成像光谱仪 AIS-1，并在矿物填图、植被化学成分、水色及大气水分探测等方面进行了成功试验应用。随着高光谱遥感技术的不断发展，许多高性能的机载光谱成像系统陆续出现，如 AVIRIS、CASI/SASI/TASI 系列、DAIS、EPS-H、HYDICE、HyMap、Hyspex、PROBE 和 SEBASS 等。在此基础上，2000 年 11 月美国成功发射了地球观测卫星 EO-1，其上携带有高光谱成像仪（hyperion），它是新一代航天高光谱遥感技术的代表。我国一直跟踪国际高光谱遥感科技的发展，20 世纪 80 年代初期为了适应国家黄金地质勘探的需要，中国科学院研制了对蚀变矿物比较敏感的短波红外细分光谱扫描仪(FIMS)和热红外多光谱扫描仪(ATIMS),迈出了我国高光谱遥感科技自主创新的步伐。FIMS在黄金勘探中的成功应用,大大激励了我国高光谱遥感科技的后续发展。此后,在国家科技攻关和“863”计划等支持下,以MAIS、OMIS和PHI为代表的航空高光谱遥感系统,以及以CE-1、HJ-1A、TG-1、GF5等为代表的卫星高光谱遥感系统相继问世,其中GF5卫星对于提高我国卫星高光谱数据的自给率具有非常重要的意义。

高光谱遥感是目前开展大范围岩矿信息精准探测的最为有效的技术手段,基于高光谱图像成功地进行了多个地区的矿物填图、矿化带提取、岩层划分、热液蚀变信息提取、矿山废弃物和环境污染监测等工作,直接推动了高光谱地质遥感应用的发展。中国科学院遥感与数字地球研究所等单位结合国家在地矿行业中的应用需求,研究制定了岩矿光谱获取与分析的技术规范和数据标准,建立了典型岩矿标准波谱数据库,并进行应用示范,推动了我国高光谱遥感在地矿(即地质矿产)领域的定量化应用。

高光谱遥感与地物光谱特性的研究总是互相促进的,为满足遥感地质应用的需求,人们对地球上各大岩类、矿物的光谱特性进行了详细的研究,形成了描述岩石矿物光谱规律的一些经典光谱模型,并进一步研究了高光谱遥感信息提取算法,开发出大量的岩矿信息识别与提取技术。《岩矿高光谱遥感》作为“高光谱遥感科学”丛书的学术专著之一,系统总结了矿物和岩石光谱产生的机理、光谱特征、光谱模型和提取方法,国内首次同时分析矿物、岩石及蚀变组合可见光—短波红外波段的反射光谱特性和热红外波段的发射光谱特性,并介绍了中国科学院遥感与数字地球研究所高光谱遥感研究团队在地矿勘探领域的高光谱遥感应用实例。

本书共分5章。第1章首先介绍了矿物学和岩石学的概念、岩矿测谱学的研究方法和依据,在此基础上,详细介绍了矿物和岩石的可见光—短波红外反射光谱特性、热红外发射光谱特性及现有的岩矿光谱库。第2章介绍了岩石和矿物的光谱模型和光谱分析方法,主要包括可见光—短波红外的反射光谱模型、热红外波段的发射光谱模型以及光谱特征增强方法等。第3章主要介绍岩矿光谱识别和填图的技术流程和主要方法体系,并面向蚀变带信息提取,分析归纳了不同蚀变矿物组合的光谱特征。第4章分别从研究区背景、数据源、提取方法、结果分析等方面介绍了中国科学院遥感与数字地球研究所高光谱遥感研究团队在地矿高光谱遥感方面的系列应用实例。第5章介绍了高光谱遥感在深空探测中的应用,主要包括月球和火星表面主要矿物的丰度反演和填图。

童庆禧院士和薛永祺院士作为丛书的两位主编对于本书的出版给予了大力支持和帮助,本书中采用的很多航空高光谱遥感数据也是当年他们亲临现场指挥飞行试验获取的。张兵、李庆亭、张霞对本书进行了策划、章节设定和主要内容编写,参与编写的还包括杨杭、吴兴等人。全书也是对近30年来中国科学院遥感与数字地球研究所高光谱遥感研究团队在地矿高光谱遥感方面取得的科研成果的系统总结,在此特别感谢和海霞、帅通、林红磊、高连如、孙旭、王楠等团队成员所做的贡献。本书的出版也得到了国家自然科学基金重点项目

"空间信息网络下的高光谱遥感协同观测理论与方法研究(91638201)"的资助。

希望《岩矿高光谱遥感》一书能够在岩矿高光谱遥感的理论基础、算法模型、应用案例等方面为读者提供一个比较系统化的介绍,但由于作者水平有限,本书的编写难免出现差错和疏漏,恳请广大读者不吝赐教,共同促进我国高光谱遥感技术在地矿领域深入而广泛地应用。

2020年1月2日

目 录

第1章　岩矿测谱学与高光谱遥感

高光谱遥感源于岩矿测谱学，岩矿光谱产生机理和光谱特性研究是高光谱遥感地质应用的基础，岩石和矿物的光谱库是岩矿光谱特性分析和高光谱遥感地质应用的重要支撑。本章主要介绍矿物学和岩石学的概念、岩矿测谱学研究方法和依据，其反映了岩矿光谱产生的机理，在此基础上，详细介绍了矿物和岩石的可见光—短波红外反射率光谱特性和热红外发射率光谱特性，最后介绍了现有的岩矿光谱库、高光谱遥感及其岩矿填图应用的现状。

1.1　矿物学与岩石学概述

矿物是指在一定地质和物理化学条件处于相对稳定的自然元素的单质和它们的化合物。矿物具有相对固定的化学组成，呈固态者还具有确定的内部结构，它是组成岩石和矿石的基本单元(潘兆橹，1994)。人们通常所说的矿物主要指的是地壳中作为构成岩石、矿石和黏土组成单位的那些天然物体。矿物一般由无机作用形成。地壳中的矿物是通过各种地质作用形成的。它们除少数呈液态和气态外，绝大多数呈固态。矿物是发展国民经济建设事业的物质基础。许多生产部门，如采矿、选冶化工、建材、农药农肥、宝石以及某些尖端科学技术都离不开矿物原料。随着现代科学技术的发展，可以毫不夸张地说，在未来每一种矿物都是有用的(陈平，2005)。

矿物学是地质学的一门分支学科，是研究地球物质成分的学科之一。主要研究矿物的化学成分、晶体结构、形态、性质、成因、产状、共生组合、变化条件、时间与空间上的分布规律、形成与演化的历史和用途以及它们之间的关系。过去的几十年里，由于运用了晶体场理论、配位场理论、分子轨道理论和能带理论，在解决含过渡元素的硫化物、氧化物和硅酸盐等矿物学问题上，已取得了很多有益的进展。在矿物学中引入了固体物理学的理论和测试方法如核磁共振谱、红外吸收光谱、晶体场光谱，进一步阐明了矿物的形成条件、标型特征和物理特征。矿物本身是天然产出的单质或化合物，同时又是组成岩石和矿石的基本单元，因此是岩石学、矿床学的基础。矿物学研究不仅有理论意义，而且对矿物资源的开发和应用有重要的实际意义。当前矿物学研究的主要任务是要更加深入系统地研究矿物的化学成分、晶体结构、物理性质、形态和形成条件及其内在联系，进一步发掘矿物的新用途和拓展矿物生产基地(陈平，2005)。

矿物的鉴定和研究方法有很多种，不同方法往往从不同角度直接或间接地揭示矿物特征。鉴定和研究矿物的物理方法主要是基于物理学原理，借助各种仪器研究矿物的各种性质。包括肉眼鉴定法、偏光显微镜和反光显微镜鉴定法、电子显微镜鉴定法、X射线分析、光谱分析、电子探针分析和红外吸收光谱分析等。目前红外吸收光谱分析在矿物学的研究中已经成为一种重要的手段。根据光谱中吸收峰的位置和形状可以推断矿物的结构，依照特征峰的吸收强度可以测定矿物组分的含量，此外红外光谱分析对考察矿物中水的存在形式、络阴离子团、类质同象混入物的细微变化和矿物相变等方面都是一种有效的手段。

岩石是天然产出的由一种或多种矿物(包括火山玻璃、生物遗骸、胶体)组成的固态集合体。它是地球发展到一定阶段，受各种地质作用形成的产物，是构成地壳和上地幔的物质基础(徐耀鉴等，2007)。岩石可以由一种矿物所组成，如石灰岩仅由方解石一种矿物所组成；也可由多种矿物所组成，如花岗岩则由石英、长石、云母等多种矿物集合而成。组成岩石的物质大部分都是无机质。

岩石学是研究地壳、地幔及其他星球产生的岩石的产状、成分、结构构造、分类命名、成因、共生组合、分类组合及其与成矿关系的一门独立的学科，是地质学的一个重要分支。现代岩石学一般是把岩类学和岩理学统一起来，把地质资料和实验成果综合分析，研究岩石的组合成因及其在时空上的分布规律。按成因分为岩浆岩(火成岩)、沉积岩和变质岩。从地表向下16 km范围内火成岩大约占95%，沉积岩只有不足5%，变质岩最少，不足1%。地壳表面以沉积岩为主，约占大陆面积的75%，洋底几乎全部为沉积物所覆盖。岩石学是地质学科领域内基础学科之一，岩石学的研究成果可以应用于矿床学、构造地质学、环境地质学、水文地质学、工程地质学等(徐耀鉴等，2007)。

测谱学研究光与地物的相互作用。自然界中地物电磁辐射的反射、透射、吸收和发射特征是遥感技术应用于目标探测的基础(Clark，1999)。根据测谱学原理利用矿物的光谱特性研究矿物晶体结构和成分由来已久。从20世纪50年代起始，特别是60年代，美国、日本等国家的一些实验室系统地、大量地测定了一些矿物、岩石的可见光—短波红外的光谱特性。自70年代起，美国一些学者陆续发表了包括矿物和岩石在内的可见光—短波红外光谱特性专著，较完整、系统地测试和研究了岩石、矿物的光谱特性(Hunt，1972a，1973b，1979c；Salisbury et al.，1991；地质部情报研究所，1980)。矿物光谱研究表明，岩石矿物在0.4～2.5 μm具有一系列可诊断性光谱特征信息，即金属离子的电子转移和Al—OH、Mg—OH、CO_3^{2-}等分子团的振动所形成的矿物光谱吸收特征，这些特征的带宽多在10～20 nm，成像光谱具有高光谱分辨率的特点(Goetz et al.，1985)，使得成像光谱技术在岩石矿物识别和制图上有着广泛的应用前景。在实际应用中,各类蚀变矿物往往具有很重要的地质指示作用,对它们的识别和探测有着重大的地质意义。正是由于这些岩石、矿物其成分、结构不同而产生光谱特性的差异,使得光学遥感技术得以应用,但是这种差异往往是非常细微的,对它们的探测只有在成像光谱技术日臻成熟的今天方能得以实现。

1.2 矿物光谱机理

矿物的物理性质包括光学、力学、电学、磁学等方面。矿物的物理性质本质上是由矿物的化学组成和内部结构决定的。组成和结构都不相同的矿物,它们的物理性质肯定是不相同的。组成相同但结构不同,或者结构相似而组成不同的矿物,它们的物理性质也存在差异。本书涉及的主要是矿物的光学性质,包括矿物对电磁波的反射、吸收、发射等,即矿物的光谱特性。矿物的光谱特性也与矿物的晶格类型和化学组成有关。矿物晶体化学和化学组成虽不是本书的研究内容,但作为矿物分类的主要依据和影响矿物光谱特性的主要因素,本节简单论述了相关的内容,以有助于对光谱产生机理的理解。矿物的晶体化学和化学成分的相关内容主要参考地质出版社出版的《结晶学和矿物学》和化学工业出版社出版的《结晶矿物学》。本节最后详细论述了矿物光谱产生的机理。

1.2.1 矿物晶体化学

1.2.1.1 矿物键型和晶格类型

天然矿物大部分都是晶体。结晶质矿物都具有一定的化学组成和内部结构。化学组成是构成矿物晶体的物质内容,内部结构是使矿物在一定条件下得以稳定存在的形式。它们决定结晶质矿物的外部形态和各种物理性质。

晶体结构中各个原子、离子(离子团)或分子相互之间必须以一定的作用力维系,才能使它们处于平衡位置,形成稳定的格子状构造。质点之间的这种维系称为键。当原子和原子之间通过化学结合力相维系时,一般就称为形成了化学键。典型的化学键有 3 种:离子键、共价键和金属键。另外,分子间还普遍存在着范德华力,一种较弱的、非化学性的相互吸引作用,通常叫范德华键或分子键。3 种化学键与分子键一起总称为键的 4 种基本形式。实际上在典型的 3 种化学键之间常存在着相互过渡的关系,即存在过渡型键。这是由于在实际晶体结构中,价电子所处的状态是可以改变的。

晶体的键性不仅是决定晶体结构的重要因素,而且直接影响着晶体的物理性质。具有不同化学键的晶体,在晶体结构和物理性质上都有很大的差异。各种晶体,其内点间的键性相同时，在结构特征和物理性质方面往往表现出一系列的共同性。根据晶体中占主导地位的键的类型，将晶体划分为不同的晶格类型。对应上面的基本键型，可以将晶体的结构划分为四种晶格类型：离子晶格、原子晶格、金属晶格和分子晶格。

离子晶格中，由于电子都属于一定的离子，质点间的电子密度很小，对光的吸收较少，易使光通过，从而导致晶体在物理性质上表现为低的折射率和反射率、透明或半透明、金属光泽等特征。

原子晶格中，原子之间以共用电子对的方式形成共价键。晶体的紧密程度远比离子晶格低，在物理性质上的特点是不导电、透明或半透明、非金属光泽。

金属晶格中，自由电子弥散在晶格中，把金属阳离子相互联系起来，形成金属键。具有金属晶格的晶体，在物理性质上最突出的特点是它们都是电和热的良导体、不透明、金属光泽等。

分子晶格在其结构中存在真实的分子，分子内部的原子之间通常以共价键相联系，两分子间则以分子键相联系。分子晶体的物理性质，一方面取决于分子间的键性，如熔点低、可压缩、热膨胀率大等，另一方面也与分子内部的键性有关，如大部分分子晶体不导电、透明、非金属光泽。

1.2.1.2 晶体场理论和配位场理论

晶体场理论是化学成键的一种模式。它认为晶体结构中的每一个离子都处于一个结晶场中。结晶场也称配位场，它是指晶格中阳离子周围的配位体与阳离子成配位关系的阴离子形成的一个静电场。由于配位体有各种对称性排布，遂有各种类型的配位场，如四面体配位化合物形成的四面体场，八面体配位化合物形成的八面体场等。

中心阳离子就处于静电势之中，配位体是被作为点电荷来看待的。

在原子中，s 亚层只有一个 s 轨道，p 亚层包含 p_X、p_Y、p_Z 3 个轨道，d 亚层包含 d_{XY}、d_{XZ}、d_{YZ}、$d_{X^2-Y^2}$、d_{Z^2} 5 个轨道，每个轨道可以容纳自旋方向相反的一对电子。各个轨道电子云的形状：s 轨道为球形；p 轨道呈哑铃状，沿坐标轴方向伸展；d 轨道呈瓣状，根据 5 个 d 轨道不同的空间排布，可将其分为两组：一组为 t_{2g} 轨道，轨道瓣在坐标轴之间伸展，另一组为 e_g 轨道，沿坐标轴伸展。过渡元素离子的特点是一般具有未填满的 d 电子层，从而其各个电子轨道在空间的叠合不呈球形对称分布。此外，一个过渡元素离子，当它处于球形对称的势场中时，5 个 d 轨道具有相同的能量。与通常的极化效应不同，当一个过渡元素离子进入晶格中的配位位置，它周围的配位体相互作用。一方面，过渡元素离子本身的电子层结构将受到配位体的影响而变化，使得原来是能量状态相同的 5 个 d 轨道发生分裂，导致部分 d 轨道的能量状态降低而另一部分 d 轨道的能量增加，分裂的具体情况将随晶体场的性质、配位体的种类和配位多面体形状的不同而不同。另一方面，配位体的配置也将受到中心过渡元素离子的影响而发生变化，引起配位多面体的畸变，一般情况下，周围的配位体对中心过渡元素离子的影响是主要的，相反的影响只有某些离子比较显著。

晶体场理论假设中心阳离子和配位体之间的化学键是离子键,相互之间不存在电子轨道的重叠,即没有共价键的形成。这对于硫化物、含硫盐等共价键化合物来说是不能适用的。晶体场理论主要限于应用在过渡元素的氧化物和硅酸盐。为了克服上述缺陷,在晶体场理论的基础上,又发展了配位场理论。除了考虑配位体引起的纯粹的静电效应外,还考虑了共价键的效应,引用了分子轨道理论分析中心过渡金属原子和配位体原子之间的轨道重叠对化合物能级的影响。

1.2.2 矿物化学成分

1.2.2.1 矿物化学组成类型

自然界的矿物,就其化学组成来说,大体可分为两类:单质和化合物。单质如自然金属(Au)、金刚石(C)等。化合物由多种离子或离子团构成。由一种阳离子和一种阴离子组成的称为简单化合物,如方铅矿(PbS)、赤铁矿(Fe_2O_3)等。由一种阳离子和一种络阴离子组成的称为单盐化合物,如方解石($CaCO_3$)、重晶石($BaSO_4$)等。由两种以上阳离子与一种阴离子或络阴离子组成的称为复合物,如黄铜矿($CuFeS_2$)、白云石[$CaMg(CO_3)_2$]及大部分的硅酸盐类矿物等。

矿物都有一定的化学组成,但是自然界中矿物的组成绝对固定的很少,大多数矿物的化学组成可在一定范围内变化。矿物成分变化的原因,除那些不参加晶格的机械混入物、胶体吸附物质的存在外,最主要的是晶格中质点的替代,即类质同象替代,它是矿物中普遍存在的现象。

1.2.2.2 矿物中的水

在很多矿物中,水是很重要的化学组成之一,它对矿物的许多性质有极重要的影响。根据水在矿物中的存在形式和它与晶体结构的关系,可以将矿物中的水分为吸附水、结晶水、结构水以及介于吸附水和结晶水之间的沸石水和层间水。

1. 吸附水

以中性水分子(H_2O)存在,它不参与组成矿物的晶体结构,而是被机械地吸附于矿物颗粒表面或缝隙中,吸附水不属于矿物的化学成分,不写入化学式。它们在矿物中的含量不定,随温度、湿度而变。常压下,当温度达到100～110℃时,吸附水就全部从矿物中逸出而不破坏晶格。含在水胶凝体中的胶体水,作为分散媒被微弱的联结力附着在胶体的分散相的表面,这是吸附水的一种特殊类型。胶体水是胶体矿物本身固有的特征,应当作为一种组分列入矿物的化学成分,但其含量变化很大,如蛋白石($SiO_2 \cdot nH_2O$)(n 表示 H_2O 分子个数,含量不固定)。

2. 结晶水

以中性水分子(H_2O)存在于矿物中,参与组成矿物的晶格,有固定的配位位置,是矿物化学组成的一部分。水分子的数量与矿物中其他组分的含量成简单的比例关系。结晶水往往存在于具有大半径络阴离子的含氧盐矿物中，如石膏($CaSO_4 \cdot 2H_2O$)、胆矾($CuSO_4 \cdot 5H_2O$)等。某些矿物中的结晶水以一定的配位形式围绕着阳离子(有时也围绕阴离子)形成所谓的结晶水化物。结晶水，由于受到晶格的束缚，结合较牢固。因此，要使它从晶格中释放出来，就需要有比较高的温度，但一般不超过600℃，通常为100～200℃。

由于其中结晶水与晶格联系的牢固程度不同，在加热过程中从晶格中析出结晶水的温度也不相同。有的矿物当加热到某一温度时，晶格中的结晶水一次全部都释放出来，如芒硝($Na_2SO_4 \cdot 10H_2O$)在33℃以上时，其中的10个结晶水全部逸出，此时芒硝便变成为无水芒硝(Na_2SO_4)；而有的则不然，失水过程可表现出分期性，如石膏($CaSO_4 \cdot 2H_2O$)，从80℃开始脱水，到120℃时，脱去原结晶水的3/4，这时它便成为半水石膏($CaSO_4 \cdot 1/2H_2O$)，当温度继续升高到150℃时，半水石膏中的水全部脱去之后，它便蜕化成为硬石膏($CaSO_4$)。由上述二例可见，随着结晶水的脱失，原矿物的晶体结构都要发生破坏或被改造，而重建新的晶格成为另一种矿物。

3.结构水

结构水也称化合水。是以OH^-、H^+或$(H_3O)^+$离子的形式参加矿物晶格的“水”，其中尤以OH^-最为常见。如滑石[$Mg_3(Si_4O_{10})(OH)_2$]、高岭石[$Al_4(Si_4O_{10})(OH)_3$]、水云母[$(K,H_3O)Al_2(AlSi_3O_{10})(OH)_2$]等中的“水”，就属这种类型。结构水在晶格中占有固定的位置，在组成上具有确定的含量比。由于与其他离子的联结相当牢固，因此，需要较高的温度(600～1000℃)才能逸出，如高岭石的失水温度为580℃，滑石则为950℃。由于结构水是占据晶格位置的，所以失水后，晶格完全被破坏。

4.沸石水

沸石水是存在于沸石族矿物中的中性水分子。沸石的结构中有大小不等的空洞及孔道，水就占据在这些空洞和孔道中，位置不固定。水的含量随温度和湿度而变化。由于沸石结构中，其空洞和孔道的数量及位置都是一定的，所以含水量有一个确定的上限值。此数值与矿物其他组分的含量成简单的比例关系。

沸石族矿物，当加热至80～400℃的范围内，水即大量逸出，失水后原矿物的晶格不发生变化，只是它的某些物理性质(透明度、折射率和比重等)随失水量的增加而降低。失水后的沸石仍能重新吸水，恢复原有的物理性质。可见，沸石水具有一定的吸附水的性质，但是含水量的这种变化是有一定范围限制的，当超过这一范围时，晶格将有所变化，脱水后就不再能够吸水复原。

5.层间水

层间水是存在于某些层状结构硅酸盐的结构层之间的中性水分子。它参与矿物晶格的构成，但数量可在相当大的范围内变动。这是因为某些层状硅酸盐矿物如蒙脱石等，其结构层本身，电价并未达到平衡，在结构层的表面还有过剩的负电荷，这部分过剩的负电荷还要吸附其他金属阳离子，而后者又再吸附水分子，从而在相邻的结构层之间形成水分子层，即层间水。水的含量多少与吸附阳离子的种类有关。如在蒙脱石中，当吸附阳离子为 Na^{+} 时，在结构层之间常形成一个水分子层；若为 Ca^{2+} 时，则经常形成两个水分子厚的水层。此外，它的含量还随外界温度、湿度的变化而变化，常压下当加热至 110℃时，水大量逸出，结构层间距相应缩小，晶胞轴长 C_0 值减小，矿物的比重和折射率都增高；在潮湿环境中又可以重新吸水。可见，层间水也具有一定的吸附水性质。

矿物中含有各种不同形式的水，同一种矿物中，也可以存在几种不同形式的水。研究水在矿物中存在形式的最好方法是差热分析法。同时，也可用红外吸收光谱、X 射线衍射等配合进行。

1.2.3 矿物光谱产生机理

根据物质的电磁波理论，任何物质光谱的产生均有着严格的物理机制。理论计算显示，分子振动能量级差较小，相应的光谱出现于近中红外区，而电子能量之间的一般差距较大，产生的光谱位于近红外、可见光范围。在 0.4～1.3 μm 的光谱特性主要取决于矿物晶格结构中存在的铁、铜、镍、锰等过渡性金属元素的电子跃迁，1.3～2.5 μm 的光谱特性是由矿物组成中的 CO_3^{2-}、OH^- 及可能存在的水分子(H_2O)决定的，3～15 μm 的光谱特性是由 Si—O、Al—O 等分子键的振动模式决定的(陈述彭等，1998)。

高光谱遥感识别矿物主要依赖于矿物成分的吸收特征，研究表明，具有稳定化学组分和物理结构的矿物具有稳定的本征光谱吸收特征(Hunt，1972；燕守勋等，2003)。决定光谱吸收特性的主要是电子与晶体场的相互作用以及物体内分子振动过程(Clark，1999；张兵，2002；童庆禧，2006)。另外，外在的物理因素往往也会影响岩矿的光谱特征。

1.2.3.1 电子与晶体场的相互作用

电子与晶体场的相互作用来源于晶体场效应和电荷转移、色心和导带跃迁。

1. 晶体场效应和电荷转移

产生光谱特征的电子过程主要有以下两种：第一种，金属组分阴离子电子能级之间的跃迁；第二种，由于自由离子能级与晶体场或配位场的相互作用，使自由离子的能级发生变动后的能级之间的跃迁。电子过程也称为电荷转移，在此过程中电子从一个离子转移到了另外一个离子上。在固体中，孤立电子的电子能级，由于和周围晶体场相互作用，会发生分裂和位移。对于过渡金属特别是铁，其未充满的 d 轨道在自由离子中几乎具有相同的能量，但与周围离子作用后，即呈现不同的能量。光谱的主要特征决定于离子的价态、配位数和位置对称性。

电子在原子或离子能级之间或元素之间发生电荷跃迁的过程中会吸收或发射特定波长的电磁辐射，从而形成特定的光谱特征(表 1.1)。其中铁离子在晶体场作用中扮演着十分重要的角色，一方面它在地球上广泛存在，另一方面 Fe^{2+}、Fe^{3+} 能够取代八面体中的 Mg^{2+} 和 Al^{3+}，并且还有确凿的证据表明，它也能取代硅的四面体位置。

表 1.1 常见阳离子光谱特征

阳离子	吸收峰位置(μm)
Fe^{2+}	0.43,0.45,0.51,0.55,1.00～1.10,1.80～1.90
Fe^{3+}	0.40,0.45,0.49,0.52,0.70,0.87
Ni^{2+}	0.40,0.75,1.25
Cu^{2+}	0.80
Mn^{2+}	0.34,0.37,0.41,0.45,0.55
Cr^{3+}	0.40,0.55,0.70
Ti^{4+}	0.45,0.55,0.60,0.64
La^{2+}	0.50,0.60,0.75,0.80

2. 色心

矿物都是一些化合物的晶体，而实际的晶体都是不完善的，它们存在缺陷。这些点缺陷、点缺陷对或点缺陷群就会捕获电子或空穴而构成一种导致可见光光谱区的光被吸收的结构，称为色心。色心主要发生在卤化物上，如萤石。在卤化物中，最普通的缺陷是 F 心。F 心是一个被阴离子空位俘获的电子，在被激发到导带之前，电子始终陷落在一个阱势中。当一个电子恰好处在这个色心处时，如果有可见光照射到它，它就会从基态跃迁到激发态，并同时对可见光产生选择性吸收，进而使矿物整体表现出颜色，比如萤石就是因为吸收了红、黄、绿、蓝大部分光，仅允许紫光透过，萤石才呈现出紫色。还有一种可能是这个缺失是因丢了一个阳离子产生的，当某个地方少了一个阳离子时，它周围的原子为了保证电价平衡，就会通过释放电子的方式来提高自己的电价，使整体的电价保持不变，这个被丢弃的电子就会吸收可见光从而表现出颜色，比如水晶族中的烟晶。

3. 导带跃迁

在硫和硫化物中，存在着另一种不同的电子过程。这种电子过程在可见光—近红外光谱区可以产生非常陡的截止吸收带。具有这种极陡的锐吸收限的物质称为半导体。半导体的锐吸收限通常位于可见光—近红外光谱区。

半导体的性质介于金属和电解质之间。在一个周期性的点阵中，由于其他原子的邻近，壳层电子的不连续能级会被宽化成能带。容许电子存在的能带有两种，即所谓的导带和价带。具有足够能量而存在于较高的导带中的电子，由于能量很大，不受任何原子的限制，他们可以在晶体中到处自由运动。这样的电子称为“导电电子”或“自由电子”。在价带中，电子或空穴则被束缚在特定的原子或化学键上。

在价带和导带之间，存在着一个能量区域，电子不可以取该区域的能量值，这个能量区域称为“禁带”。在电解质中，电子被束缚得很紧，需要很大的能量才能使其摆脱束缚，因此导带开始于真空紫外区，而且导带之间的禁带非常宽。相反，金属具有很高的导电性，电子在金属内可以自由运动，因此金属的禁带极窄，或者根本不存在禁带，也就是说价带和导带是紧挨在一起的。

在半导体中，禁带的宽度介于电解质和金属之间，而且位于可见光或红外的吸收限的形状决定了导带的边缘轮廓。一种物质的吸收限，其波长 λ_0 可用公式 $\lambda_0 = hc_0/\Delta\varepsilon$ 来表示，其中 $\Delta\varepsilon$ 是禁带的宽度。如果入射光了的波长小于 λ_0，则光子具有足够的能量激发电子跨越禁带，因此光子几乎全部被吸收。如果光子的波长大于 λ_0，光子的能量不足以激发电子，因此基本上不能被吸收。反射光谱吸收边缘取决于禁带的宽度，入射的光子必须有足够的能量来推动价带电子进入导带区，而在波长方向上反射光的急剧增加与带隙能量有关。导带跃迁主要发生在半导体材料上，如硫、辰砂和辉锑矿等。

纯物质之内的吸收是固定吸收，而不纯物质内的吸收则是非固定吸收。不纯物质中的杂质，其电子能级可以位于禁带之内。激发杂质的电子也会引起吸收作用，杂质的电子一般束缚都不紧，电子可以进入导带(例如红砷镍矿)，这样的杂质称为施主。与此类似容易接收电子的杂质(受主)也可以从价带接收电子。将这种各类型的杂质掺入物质，就可以控制该物质的光学性质。吸收限的锐度代表物质的一种性质，它是纯度、结晶度和点阵周期性的函数。当测量大而纯的单晶时，往往可以看到清晰的吸收限。

1.2.3.2 振动过程

原子彼此之间的特殊振动类型的激发，会在材料的光谱中出现相应的特征。任何一个原子基团，可能出现的振动运动的最大数量和类型取决于以下因素：每个重复基团中的原子的数量和质量；原子彼此之间的几何位置；每个原子与其他原子之间的原子间力。每一种振动的特征能否出现在光谱中，存在专门的选择定则。各种晶体由于其结构的不同，由晶格振动所产生的基频位置也不一样。当一个基频受外来能量激发，便会产生基频的整数倍位置的倍频，当不同的基频和倍频发生时，就会在基频和倍频原处或附近产生合频谱带。振动过程仅发生于红外光谱域(表 1.2)。晶体结构不同，晶格振动产生的基频(v_1，v_2，v_3)位置也不同。当一个基频受外来能量激发，便会产生基频的整数倍位置的倍频($2v_1$，$2v_2$，$3v_3$)，当不同的基频和倍频发生时，就会在基频和倍频原处或附近产生合频谱带(v_1+v_2，v_2+v_3，$v_1+v_2+v_3$ 等)。晶格振动而产生的光谱特性与其独特的晶格结构有关(陈述彭等，1998)。

能够出现的谱带都是材料中基谐振动频率较高的特殊基团的倍频与合频，这样的基团不多，下面分别扼要介绍一下。

CO_3^{2-}：在可见光—近红外波段往往有多个特征谱带，其中 2.33～2.37 μm 和 2.52～5.57 μm范围内的谱带最强，我们最常见的方解石的标准谱带为 2.35 μm 和 2.55 μm，白云石的标准谱带为 2.33 μm 和 2.52 μm，菱镁矿的标准谱带为 2.32 μm 和 2.51 μm，菱铁矿的标准谱带为 2.35 μm 和 2.56 μm。

OH^-：由于 OH^- 的伸缩振动，往往在近红外波段产生谱带，其精确位置取决于与 OH^-

相连的金属离子。Al—OH 标准谱带在 2.2 μm 附近，而 Mg—OH 的标准谱带在 2.3 μm 附近。常见的黏土矿物如高岭石、伊利石由于与 OH^- 配键的往往是 Al，所以其标准谱带都位于 2.2 μm 附近。而对金矿蚀变带有指示作用的黄钾铁矾，由于部分镁置换铁而产生 2.3 μm的标准谱带。

H_2O：水分子以单个分子或分子团存在于矿物的特定结构上，成为晶体的基本组成部分，如石膏这样的水合物；水分子可存在于晶格中，但并不构成结构的组成部分，如沸石类矿物；水分子可吸附在晶体表面上，存在于矿物中，如蒙脱石；水分子也可以液态包裹体的形式存于晶体中。水分子由于其振动模式比较复杂，产生的合频位置也比较高。在可见光—近红外范围内常见的标准谱带有 0.942 μm、1.35 μm、1.454 μm 和 1.875 μm。

Si—O：由于 Si—O 四面体振动的基频在 10 μm 附近，其标准谱带在可见光—近红外区域难以见到，其在 10 μm 的谱带是红外范围内最强的一个，这一谱带是硅酸盐矿物所特有的，且随着 Si 含量降低，即由酸性岩石到超基性岩石，该谱带有微弱的向长波方向的漂移。

表 1.2　常见振动光谱特征

振动基团	吸收峰位置(μm)
H_2O	1.875、1、454、1.38、1.135、0.942，主要为 1.4 和 1.9
OH^-	1.40、2.20(Al—OH)、2.30(Mg—OH)
CO_3^{2-}	2.55、2.35、2.16、2.00、1.90、11(附近)
NH_4^+	2.02、2.12
C—H	1.70、2.30
Si—O	10(附近)
SO_4^{2-}	9(附近)

1.2.3.3　其他物理因素

岩矿光谱特征的产生主要是组成物质内部离子与基团的晶体场效应与基团振动的结果。但其他的物理因素往往也会影响岩矿的光谱特征，如矿物颗粒大小、视场几何、矿物表面形态与风化作用等(Clark，1999；甘甫平等，2004)。

1. 矿物颗粒大小

光子散射和吸收的数量依赖于颗粒大小。表面积与体积之比是颗粒大小的函数。颗粒愈大，内部光学路径愈大，根据贝尔定律，光子将被吸收。颗粒愈小，与内部光学路径比较，将成比例地增加表面反射。在可见光—近红外光谱区域，随着颗粒大小的增加反射率下降。Hunt 和 Clark 都分别对颗粒大小与岩石矿物光谱特征的相互关系进行了深入的研究，并证实了这一规律(Hunt，1979，1980；Clark，1999)。

2. 视场几何

视场几何包括入射光角度、出射光角度以及相位角(反射光与入射光之间的夹角)。由于地表粗糙度的影响，视场几何的变化将导致阴影的产生和光线传播距离的改变，表面的属性将转向多态散射。对于任何表面和任何波长，当多级散射处于支配地位时，波段吸收深度的变化将非常微小(Clark，1999)。

3.矿物表面与风化效应

岩石表面形态会对谱带强度产生影响，但谱带位置偏倚度基本保持不变，风化效应的影响较为复杂(王润生，2011)。一般认为，随化学风化作用的加强，原岩成分会发生变化，如Fe^{2+}氧化为Fe^{3+}，从而使铁离子谱带位置发生位移，强度有所增减，但阴离子基团对应的谱带位置、波形和偏倚度均较稳定，风化生成的蚀变矿物会使羟基和水的谱带得到加强。莱昂研究了风化及其他类荒漠漆表面层对高光谱分辨率遥感的影响，认为由于风化层与其下伏岩层之间光谱特征有时并不完全相同，必须将"岩石内部"物质的光谱和它的"上下表面"光谱区分开来。本课题组在新疆实验中所测的具有荒漠漆岩石的光谱特性也证明了这一点。

4.温度

温度会影响到矿物的光谱特性。在不同的加温条件下，矿物将经受一系列变化。在加热温度较低时，主要表现为H_2O、CO_3^{2-}和OH^-等不稳定组分的丢失；温度继续升高，矿物的结构将逐渐遭到破坏。因此，温度变化会导致矿物成分和结构的变化，影响分子振动速率(查福标等，1993)，从而影响矿物光谱特征，如赤铁矿的Fe^{3+}吸收峰随温度升高向长波段方向偏移。

岩石的光谱特征相对矿物较为复杂。岩石是由矿物组成的集合体，其光谱特征与成分、结构、构造、风化等因素有关，往往岩石的光谱特征并不像矿物的光谱特征那样具有可鉴定的清晰的光谱特征。在三大类岩石中，岩石光谱的一般规律是由可见光—近红外波段，光谱特性的差异呈拉大趋势。这是由它们的成分、结构等物质特性决定的。对于自然界客观存在的岩石矿物来说，影响光谱变化的因素是很复杂的。由于可见光及红外线的穿透能力只有几微米，因此我们在对比光谱特征与成分关系时，样品表面结构和成分是非常重要的，特别是在野外自然情况下。因此，我们在分析、应用光谱特征的时候，应很好地了解它们所指示的岩石和矿物的物质、结构等方面的特点。

1.3 岩矿光谱特性

1.3.1 矿物分类及光谱特性

矿物是由地质作用所形成的结晶态天然化合物或单质，它们具有均匀且相对固定的化学组成和确定的晶体结构，在一定的物理化学条件范围内稳定。对于具有一定化学组成和晶体结构的矿物，通常都有一个专门的矿物命名。对于矿物的分类有不同方案，主要是根据不同的分类而产生的。主要的分类方案根据:化学成分、晶体化学、地球化学、成因等(潘兆橹,1994)。本文采用的是根据化学组成的基本类型对矿物分大类,在大类下又根据化学组成类似而晶体结构相同的原则分族的分类体系,按照此分类体系对矿物光谱特性进行制图和分析,主要包括矿物的一般描述、样品描述、光谱特征描述等。

对于矿物的分类主要参考地质出版社出版的《地质辞典》第二分册、《结晶学和矿物学》下册以及化学工业出版社出版的《结晶矿物学》。矿物的光谱数据主要来自 Jet Propulsion Laboratory (JPL)、Johns Hopkins University (JHU)、Advanced Spaceborne Thermal Emission Reflection Radiometer (ASTER)、United States Geological Survey (USGS)光谱库和我国的 863 岩矿光谱库,这几个光谱库包含了大量岩石和矿物的光谱,得到了国内外的广泛认同和应用,具有较好的代表性。对于具有多条光谱的矿物,从具有典型特征的多条光谱中选择一条,分析其在可见光—短波红外和热红外波段的光谱特性。

1.3.1.1 自然元素大类

自然非金属元素矿物

1)碳族:石墨

石墨(graphite),成分 C,与金刚石同是碳的同质多象变体。有 2H 和 3R 两种多形变体,前者为六方晶系,后者为三方晶系,常呈鳞片状或块状集合体。颜色与条痕均为黑色,半金属光泽,易污手,具滑腻感。硬度 1,比重2.09~2.23。解理平行底面{0001}极完全,薄片具挠性。导电性良好。石墨在高温条件下形成,主要由煤层或含沥青质碳质沉积岩经受区域变质作用所形成,用于制造高温坩埚和翻砂铸模面的涂料、电极电刷等电工器材、润滑剂、铅笔芯等;高碳石墨可做原子能反应堆中的中子减速剂。

光谱数据来自 JPL。样品编号:E-1A,颗粒大小:45~125 μm。

光谱分析(图 1.1)。石墨 0.4~2.5 μm 反射率整体较低,在 0.5 μm 前存在吸收宽凹,8~12 μm发射率在 0.88 附近,无明显吸收特征。

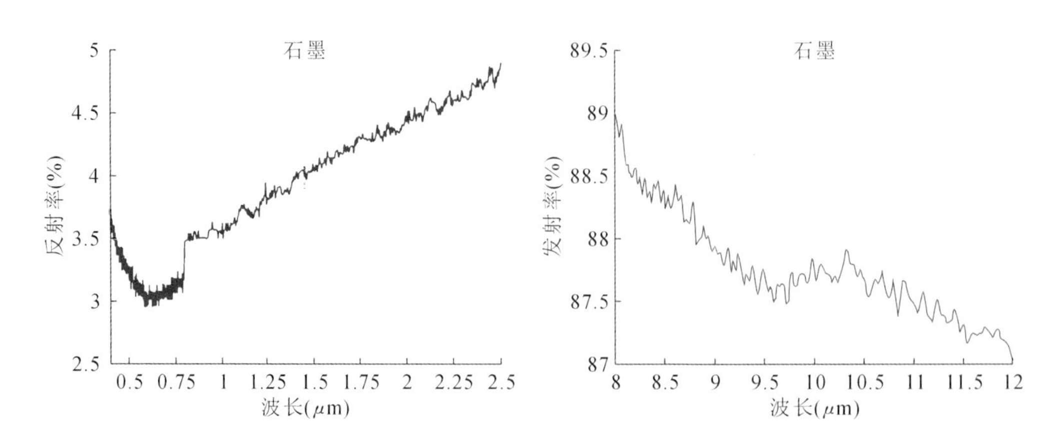

图 1.1 石墨 0.4~2.5 μm 反射率(左图)和 8~12 μm 发射率(右图)光谱

2)硫族:自然硫

自然硫(native sulphur),成分S。斜方晶系,晶体呈菱方双锥状,通常呈粒状、块状、粉末状集合体。浅黄色,金刚光泽,断口呈油脂光泽。性脆,硬度1～2,比重2.05～2.08。解理不完全,断口贝壳状和参差状。易燃,火焰呈蓝紫色。自然硫见于地壳的最上部分及其表面。主要有以下形成方式:火山硫质喷气结晶、硫化氢不完全氧化、生物化学作用、某些沉积层中的石膏分解,主要产于火山岩和沉积岩中。硫是化学工业的基本原料,主要用来生产硫酸,还用于造纸、纺织、橡胶、炸药、农业化肥等。

光谱数据来自JPL。样品编号:E-2A,颗粒大小:45～125 μm。

光谱分析(图1.2):在0.4～2.5 μm波段,0.5 μm处的陡升导带,在8～12 μm波段,具有10.9 μm、11.2 μm吸收特征。

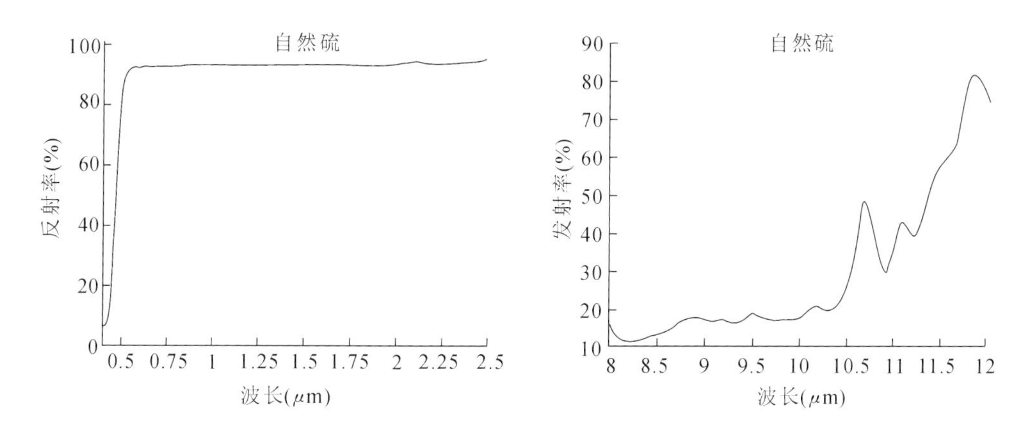

图1.2 自然硫0.4～2.5 μm反射率(左图)和8～12 μm发射率(右图)光谱

1.3.1.2 硫化物及其类似化合物矿物大类

1. 简单硫化物

1)辉铜矿族

辉铜矿(chalcocite),Cu_2S。斜方晶系,晶体少见。通常呈烟灰色粒状和致密块状,铅灰色,条痕暗灰色,金属光泽。硬度2～3,略具延展性,以小刀刻画留下光亮的沟痕,比重5.5～5.8。辉铜矿可以为内生热液成因,也可以是外生成因,辉铜矿在氧化带不稳定,易分解为赤铜矿、孔雀石和蓝铜矿,当氧化不完全时,往往有自然铜形成。含铜量较高,是炼铜的主要矿物原料之一。

光谱数据来自JPL。样品编号:S-8A,颗粒大小:125～500 μm。

光谱分析(图1.3):在0.4～2.5 μm波段反射率整体较低,0.7 μm处Cu的吸收,在8～12 μm波段,具有9.06 μm低峰值特征。

2)方铅矿族

方铅矿(galena),PbS,常含银。等轴晶系,晶体呈立方体或立方体和八面体的聚形,通

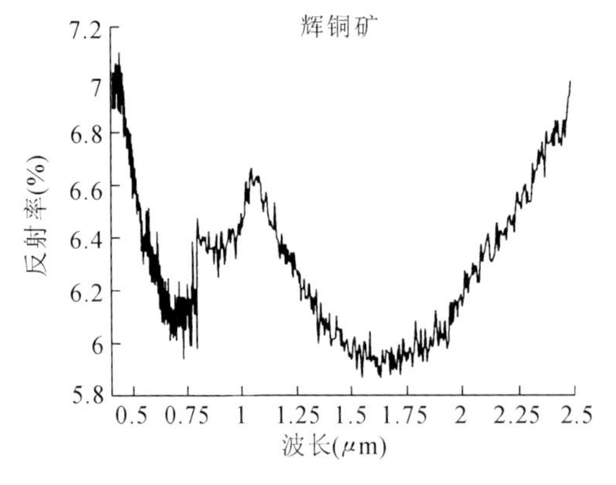

辉铜矿
发射率(%)
波长(μm)
88.4 88.2 88 87.8 87.6 87.4 87.2 87 86.8
8 8.5 9 9.5 10 10.5 11 11.5 12

图 1.3　辉铜矿 0.4～2.5 μm 反射率(左图)和 8～12 μm 发射率(右图)光谱

常呈粒状或块状集合体。铅灰色,条痕灰黑色,金属光泽。硬度 2～3,比重 7.4～7.6。解理平行立方体{100}完全。常与闪锌矿共生,产于各种类型的热液矿床中,是炼铅的主要矿物原料,同时又是银的主要来源之一。我国古代所开采的银矿,实际上是很多含银的方铅矿矿床。

光谱数据来自 JPL。样品编号:S-7A,颗粒大小:125～500 μm。

光谱分析(图 1.4):在 0.4～2.5 μm 波段反射率整体较低,0.5 μm 附近反射率陡降,在 8～12 μm 波段,发射率逐渐升高,无明显特征。

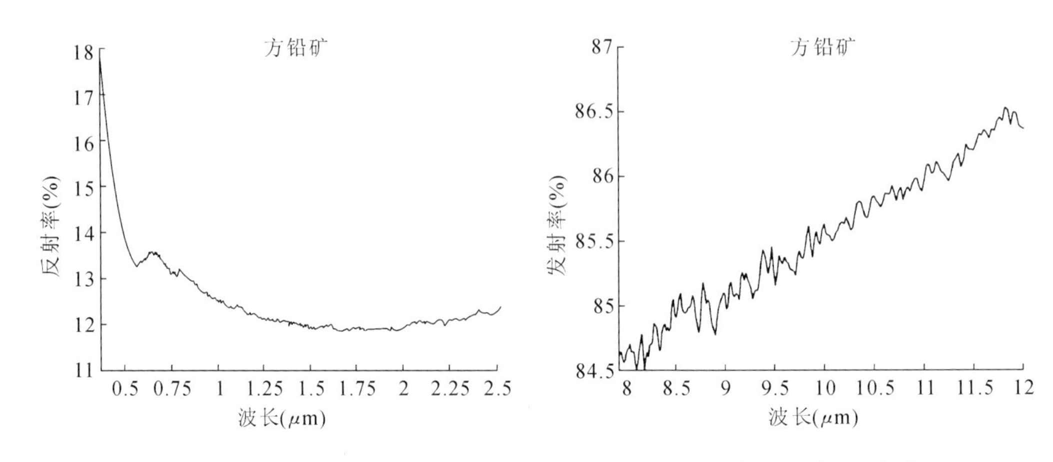

图 1.4　方铅矿 0.4～2.5 μm 反射率(左图)和 8～12 μm 发射率(右图)光谱

3)闪锌矿族

闪锌矿(sphalerite),(Zn,Fe)S,常含铁及镉、铟、镓、锗、铊等,含铁超过 10%者称为铁闪锌矿。等轴晶系,晶体呈四面体,通常呈粒状集合体。随着含铁量的增加,颜色从浅黄色至棕色甚至黑色,条痕由白色至褐色,树脂光泽到半金属光泽,透明至半透明。硬度 3～4,比重 3.9～4.2。解理平行菱形十二面体{110}完全。常与方铅矿共生,产于特种类型的热液矿床中。是炼锌的主要矿物原料。同时还可提取镉、铟等一系列稀有元素。

光谱数据来自 JPL。样品编号:S-1A,颗粒大小:125～500 μm。

光谱分析(图 1.5):在 0.4～2.5 μm 波段,0.5～1 μm 反射率陡升,2.0～2.5 μm 附近反射率陡升,在 8～12 μm 波段,8～10 μm 波段发射率逐渐升高,10～12 μm 波段发射率在 0.61附近。

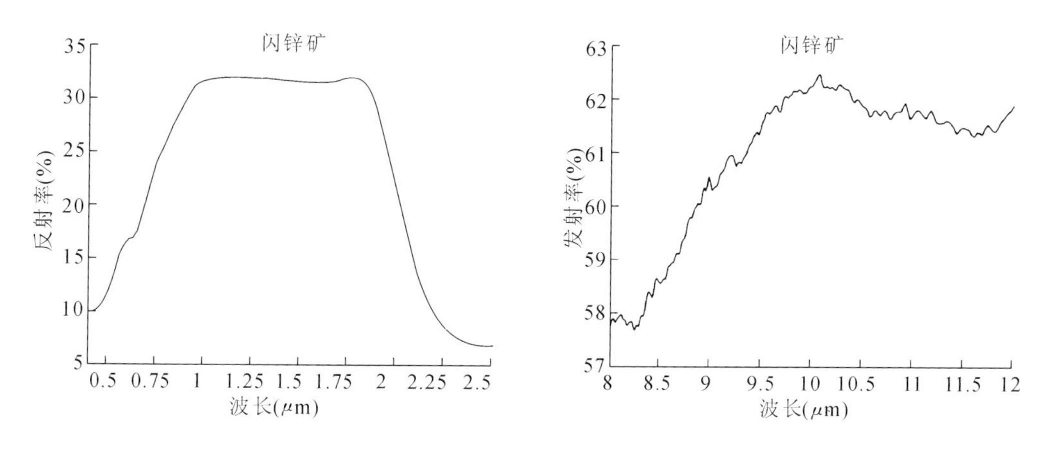

图 1.5 闪锌矿 0.4～2.5 μm 反射率(左图)和 8～12 μm 发射率(右图)光谱

4)磁黄铁矿族

磁黄铁矿(pyrrhotite),$Fe_{1-x}S$,有时含微量的镍和钴。六方或单斜晶系,通常呈致密粒状块体。暗黄铜色,条痕灰黑色,金属光泽。硬度 4,比重 4.6～4.7。具磁性。少数情况下磁黄铁矿是高温的产物,它的形成不仅取决于温度,同时还取决于溶液中硫离子的浓度,因为在硫离子浓度增高的情况下,铁呈二硫化物(FeS_2)出现;而在硫离子浓度不大的时候,则形成单硫化物(FeS)。它分布于各种类型的内生矿床中,常与黄铜矿等硫化物共生。在风化作用下,它是最易分解的硫化物,开始变成硫酸铁,再经分解而成为不溶于水的氢氧化铁。磁黄铁矿含镍、钴时可用于提取镍、钴元素。

光谱数据来自 JPL 和 JHU。可见光—短波红外样品编号:S-12A(JPL),颗粒大小:0～45 μm;热红外样品编号:pyroph. 1(JHU),颗粒大小:75～250 μm。

光谱分析(图 1.6):在 0.4～2.5 μm 波段反射率整体较低,单调升高,9～12 μm 波段发射率逐渐降低,8～9 μm 波段发射率在 0.92 附近,无明显特征。

5)黄铜矿族

黄铜矿(chalcopyrite),$CuFeS_2$。四方晶系,晶体呈四方锥或四方四面体,但少见。经常呈粒状或致密块状集合体,铜黄色,表面常因氧化而呈金黄色或红紫色等锖色,条痕绿黑色。硬度 3～4,比重 4.1～4.3。主要产于铜镍硫化物矿床、斑岩铜矿、接触交代铜矿床以及某些沉积成因(包括火山沉积成因)的层状铜矿中。在风化作用下,黄铜矿转变为易溶于水的硫酸铜,后者当与含碳酸的溶液作用时便形成孔雀石、蓝铜矿,与原生的硫化铜矿物作用,可形

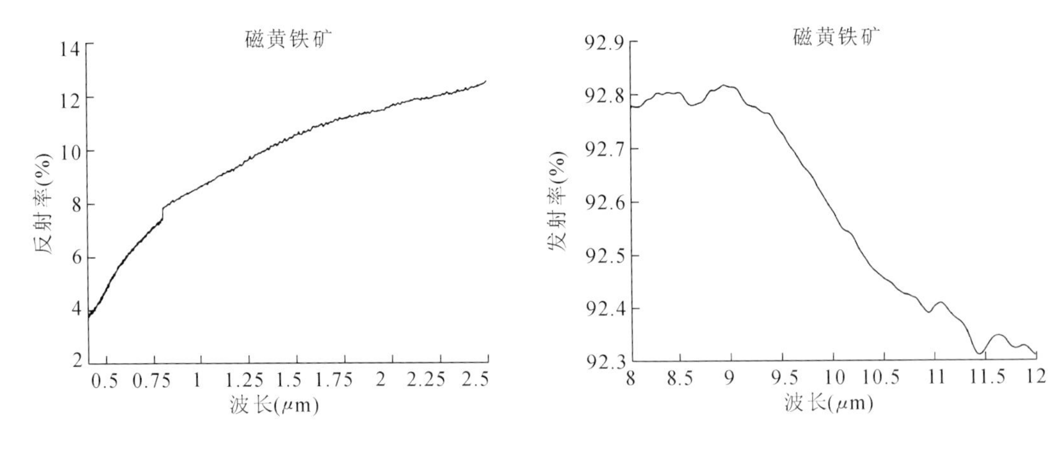

图 1.6　磁黄铁矿 0.4～2.5 μm 反射率(左图)和 8～12 μm 发射率(右图)光谱

成次生斑铜矿、辉铜矿和铜蓝,形成铜的次生富集。黄铜矿是炼铜的主要矿物原料之一。

光谱数据来自 JPL。样品编号:S-4A,颗粒大小:125～500 μm。

光谱分析(图 1.7):在 0.4～2.5 μm 波段反射率整体较低,0.4～0.5 μm 反射率陡升,0.6～2.5 μm 反射率逐渐升高,1.0 μm 附近具有铁的弱吸收特征;8～12 μm 波段发射率整体上逐渐升高,具有 9 μm、10 μm、11 μm 低峰值特征。

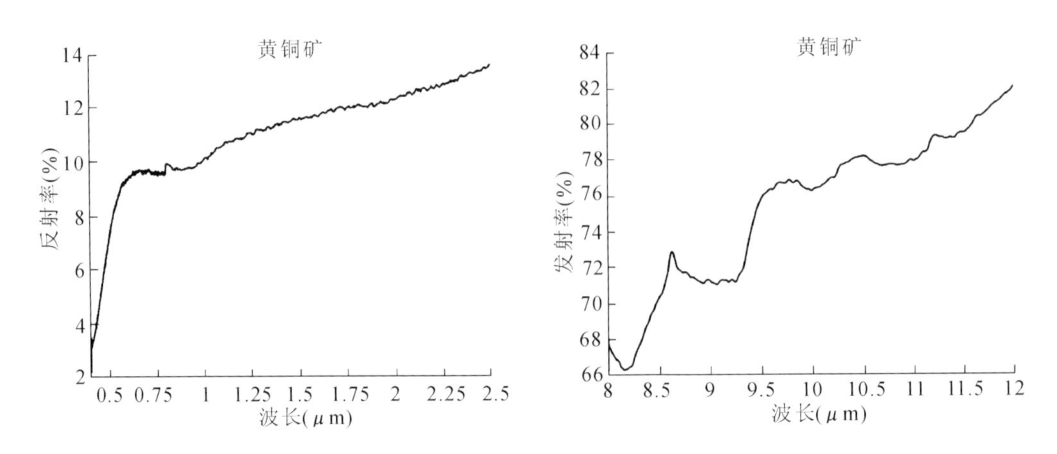

图 1.7　黄铜矿 0.4～2.5 μm 反射率(左图)和 8～12 μm 发射率(右图)光谱

6)斑铜矿族

斑铜矿(bornite),Cu_5FeS_4。等轴晶系,通常呈粒状或致密块状集合体。新鲜断口呈暗铜红色,表面因易氧化而呈蓝紫斑状的锖色,因而得名,条痕灰黑色,金属光泽。硬度 3,比重 4.9～5.0。斑铜矿为许多铜矿床中广泛分布的矿物。内生成因的斑铜矿常含有显微片状黄铜矿的包裹体,为固溶体分解的产物,次生斑铜矿形成于铜矿床的次生富集带,但它并不稳定,往往被更富含铜的次生辉铜矿和铜蓝所置换。斑铜矿是炼铜的主要矿物原料之一。

光谱数据来自 JPL。样品编号:S-9A,颗粒大小:125～500 μm。

光谱分析(图 1.8):在 0.4～2.5 μm 波段反射率整体较低,0.4～0.6 μm 反射率降低,0.6～2.5 μm 反射率逐渐升高,具有 0.60 μm 附近吸收特征;在 8～12 μm 波段,具有 8.3 μm、9.3 μm 低峰值特征。

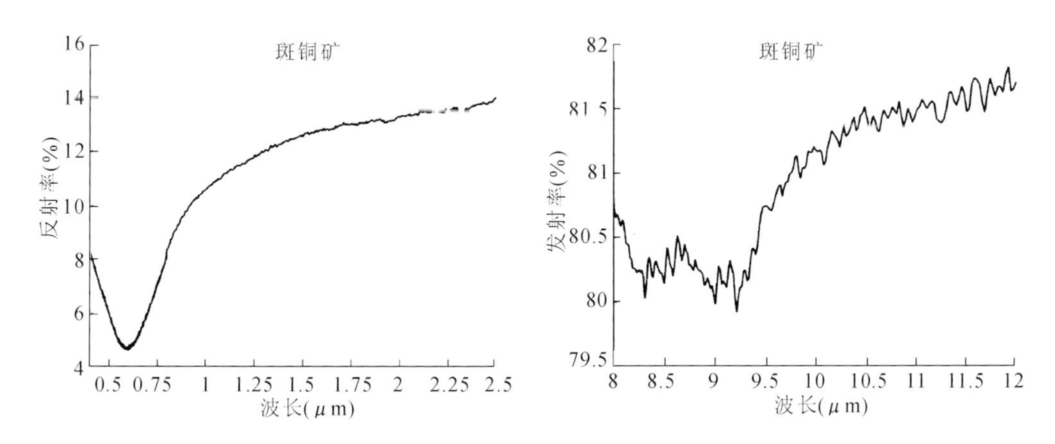

图 1.8　斑铜矿 0.4～2.5 μm 反射率(左图)和 8～12 μm 发射率(右图)光谱

7)雄黄族

雄黄(realgar),AsS,又称"鸡冠石",含砷 70.1%。单斜晶系,晶体呈短柱状,晶面具纵纹,通常呈粒状或致密块状集合体,有时也呈土状块体或皮壳状集合体。橘红色,当暴露于光和空气中时,碎裂成橙黄色粉末,条痕淡橘红色,晶面呈金刚光泽,断口呈树脂光泽。硬度 1.5～2,比重 3.56。熔点很低(310℃),烧灼时发出蒜臭味。主要是低温热液成因的矿物,常与雌黄、辉锑矿等共生,是提取砷的重要矿物原料。

光谱数据来自 JPL。样品编号:S-3A,颗粒大小:125～500 μm。

光谱分析(图 1.9):在 0.4～2.5 μm 波段,具有 0.55 μm 附近的反射率陡升导带特征,具有 1.4 μm 和 1.9 μm 附近的水吸收特征;在 8～12 μm 波段,具有 10.3 μm 低峰值特征,8～9.5 μm发射率逐渐升高,10.5～12 μm 发射率逐渐升高。

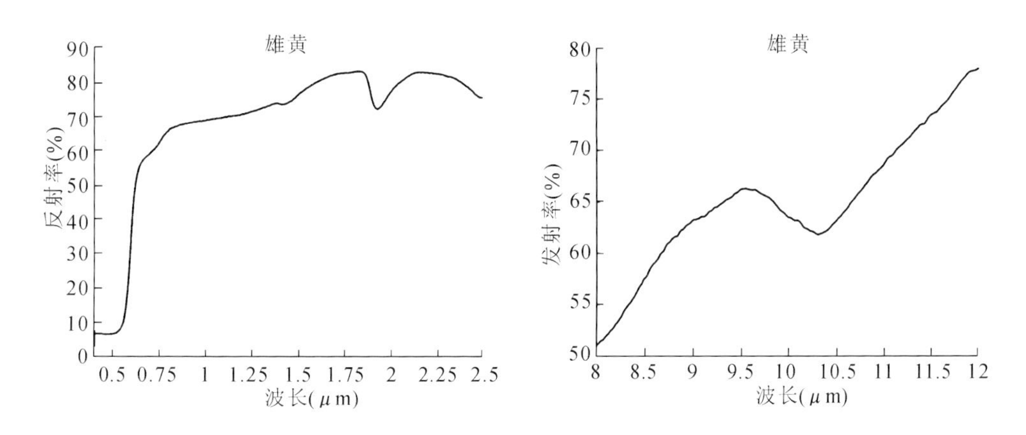

图 1.9　雄黄 0.4～2.5 μm 反射率(左图)和 8～12 μm 发射率(右图)光谱

8)辉钼矿族

辉钼矿(molybdenite),MoS_2,含钼 60%,常含有铼。有不同的多型变体,分别为三方和六方晶系,晶体呈六方板状,常呈鳞片状集合体。铅灰色,条痕为微带绿的灰黑色,金属光泽。硬度 1,比重 4.7~5.0。解理平行底面{0001}极完全,薄片具挠性,有滑腻感。主要产于与花岗岩、石英二长岩有关的高、中温热液矿床和接触交代矿床中。热液矿床中的辉钼矿多为三方晶系的 3R 型变体,富含铼;接触交代矿床中的辉钼矿多为六方晶系的 2H 型变体。其为炼钼和铼的重要矿物原料。

光谱数据来自 JPL。样品编号:S-11A,颗粒大小:125~500 μm。

光谱分析(图 1.10):在 0.4~2.5 μm 波段,具有 0.45~1.0 μm 的吸收带,吸收带中具有 0.59 μm 和 0.65 μm 的弱吸收特征;在 8~12 μm 波段,发射率整体上升,具有 10.25 μm、10.75 μm、11.5 μm 低峰值特征。

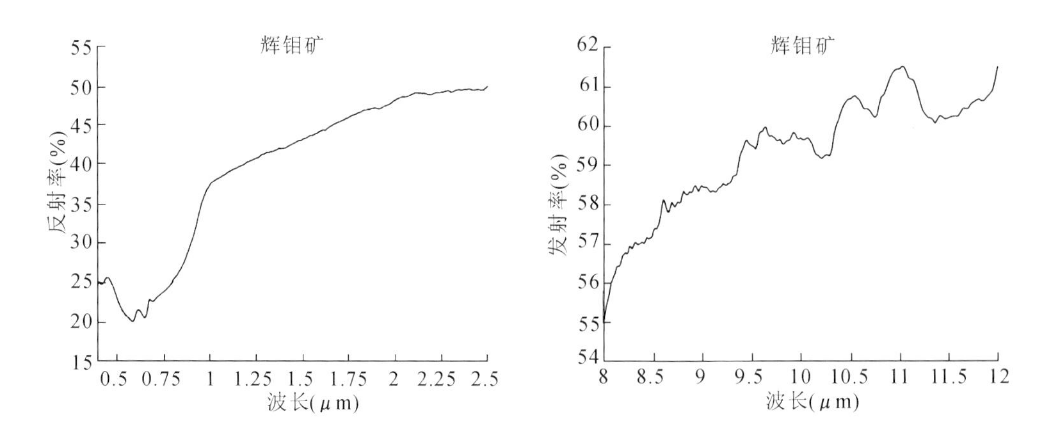

图 1.10　辉钼矿 0.4~2.5 μm 反射率(左图)和 8~12 μm 发射率(右图)光谱

2. 硫化物及其类似化合物

1)黄铁矿-白铁矿族

(1)黄铁矿(pyrite),FeS_2,工业上又称"硫铁矿",含硫 53.4%,常含钴、镍和金。等轴晶系,晶体常呈立方体或五角十二面体,晶面上有条纹,集合体呈粒状或块状。浅铜黄色,条痕绿黑色,金属光泽。硬度 6~6.5,比重 4.0~5.2。断口参差状。在地壳中分布很广,可在各种不同的地质作用中形成。内生成因的黄铁矿主要产于热液矿床中;外生成因的黄铁矿见于沉积岩、煤层中,它往往呈结核状、团块状和浸染状,它的形成与还原环境下有机残体的分解有关。在风化作用下,黄铁矿易分解而形成褐铁矿,有时仍保留黄铁矿晶形。一些矿床中的黄铁矿常含自然金和钴、镍,可综合利用。

光谱数据来自 JPL。样品编号:S-2A,颗粒大小:125~500 μm。

光谱分析(图 1.11):在 0.4~2.5 μm 波段,反射率整体较低,具有 0.7 μm 的弱反射峰;在 8~12 μm 波段,具有 8.25 μm、9.2 μm、9.6 μm 低峰值特征,10~12 μm 发射率在 0.945

左右。

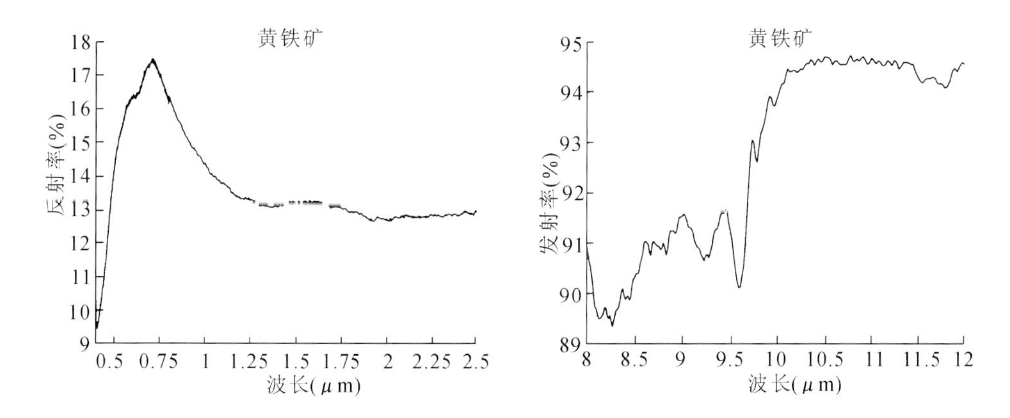

图 1.11 黄铁矿 0.4~2.5 μm 反射率(左图)和 8~12 μm 发射率(右图)光谱

(2)白铁矿(marcasite),FeS_2,与黄铁矿都是 FeS_2 的同质多象变体。斜方晶系,晶体呈板状,常呈鸡冠状复杂双晶,通常呈结核状、肾状或皮壳状集合体。淡铜黄色,条痕暗灰色,金属光泽。硬度 5~6,比重 4.6~4.9。在自然界的分布远较黄铁矿为少。内生成因的白铁矿主要见于碳质的形成条件,与黄铁矿不完全相同,它一般从酸性溶液中沉淀而出,并且形成时的温度也较低。大量积聚时可作为制取硫酸的矿物原料。

光谱数据来自 JPL。样品编号:S-10A,颗粒大小:125~500 μm。

光谱分析(图 1.12):在 0.4~2.5 μm 波段,反射率整体不高,单调升高,无明显吸收特征;在 8~12 μm 波段,具有 9.75 μm、10.65 μm 低峰值特征。

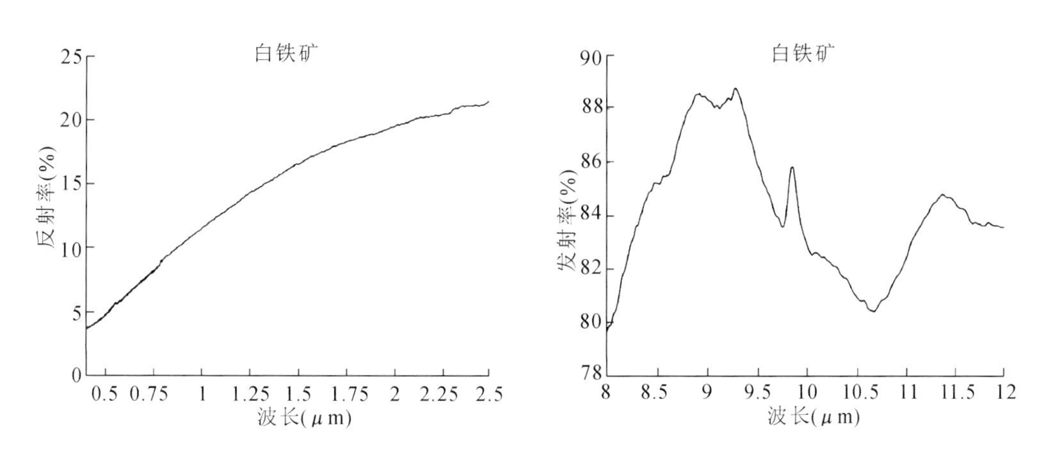

图 1.12 白铁矿 0.4~2.5 μm 反射率(左图)和 8~12 μm 发射率(右图)光谱

2)毒砂族

毒砂(arsenopyrit),FeAsS,又称“砷黄铁矿”,常含钴、镍等,含钴高者称钴毒砂,钴含量最高可达 9%。单斜或三斜晶系,晶体呈柱状,晶面上有平行条纹,有时呈十字状双晶和星状三连晶，集合体常呈粒状和致密块状。锡白色，表面常具浅黄的锖色，条痕灰黑色，金属光泽。硬度 5.5～6，比重 5.9～6.2。性脆。敲击时发出蒜臭味。毒砂是金属矿床中分布最广的一种原生砷矿物，见于许多高温和中温热液矿床中，是制取各种砷化物的主要矿物原料。钴毒砂是提取钴的矿物原料。

光谱数据来自 JPL。样品编号：S-5A，颗粒大小：125～500 μm。

光谱分析(图 1.13)：在 0.4～2.5 μm 波段，反射率整体不高，逐渐升高，具有 1.0 μm 铁的宽缓弱吸收特征；在 8～12 μm 波段，具有 8.4 μm、9.1 μm 的双低峰值特征，10～12 μm 的发射率在 0.88 附近。

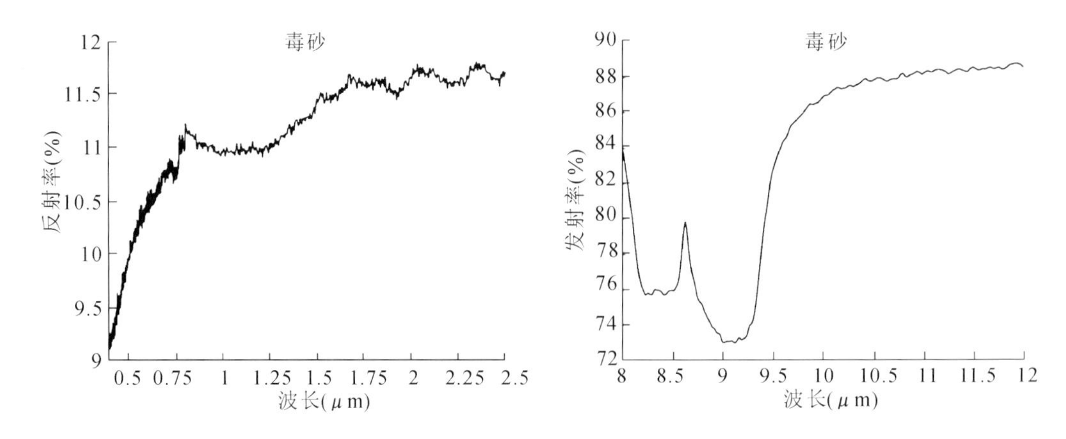

图 1.13　毒砂 0.4～2.5 μm 反射率(左图)和 8～12 μm 发射率(右图)光谱

1.3.1.3 卤化物矿物大类

1)萤石族

萤石(fluorite)，CaF_2，又称“氟石”，有时含稀土元素。等轴晶系，晶体常呈立方体、八面体，较少呈菱形十二面体，尖晶石律穿插双晶常见，也常呈粒状或块状集合体。通常为黄色、绿色、蓝色、紫色等，无色者较少，玻璃光泽。硬度 4，比重 3.18。解理平行八面体{111}完全。加热时或在紫外线照射下显荧光。主要为热液成因，常呈单矿物的萤石脉产出，有时也大量出现于铅锌硫化物矿床中，沉积成因者则很少。其为制取氢氟酸的唯一矿物原料，还用于搪瓷和水泥工业。

光谱数据来自 JPL。样品编号：H-2A，颗粒大小：125～500 μm。

光谱分析(图 1.14)：在 0.4～2.5 μm 波段，具有 0.53 μm 吸收特征和 1.4 μm、1.9 μm 的水吸收特征；在 8～12 μm 波段，发射率单调升高，无明显特征。

2)石盐族

石盐(halite)，NaCl。等轴晶系，晶体呈立方体，通常呈粒状或块状集合体。无色透明或灰白色，玻璃光泽，潮解表面呈油脂光泽。硬度 2.5，比重2.168。解理平行立方体{100}完全。易溶于水，味咸。常产于古代或现代炎热干燥地区湖盆中和海滨浅水潟湖中。其为提

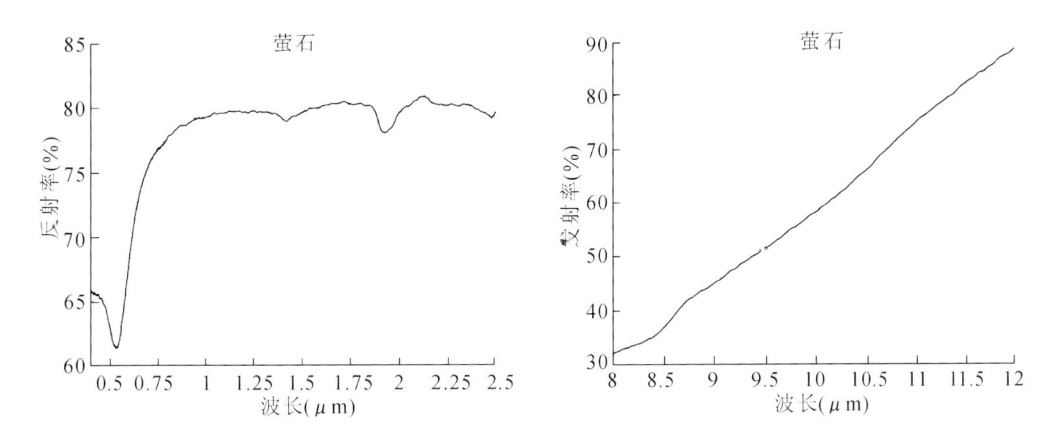

图 1.14 萤石 0.4～2.5 μm 反射率(左图)和 8～12 μm 发射率(右图)光谱

取金属钠和制造盐酸的重要矿物原料。

光谱数据来自 JPL。样品编号:H-3A,颗粒大小:125～500 μm。

光谱分析(图 1.15):在 0.4～2.5 μm 波段,具有 1.4 μm、1.9 μm 的水吸收特征,0.4～0.56 μm反射率陡升;在 8～12 μm 波段,具有 8.7 μm、10.2 μm、10.7 μm 弱低峰值特征。

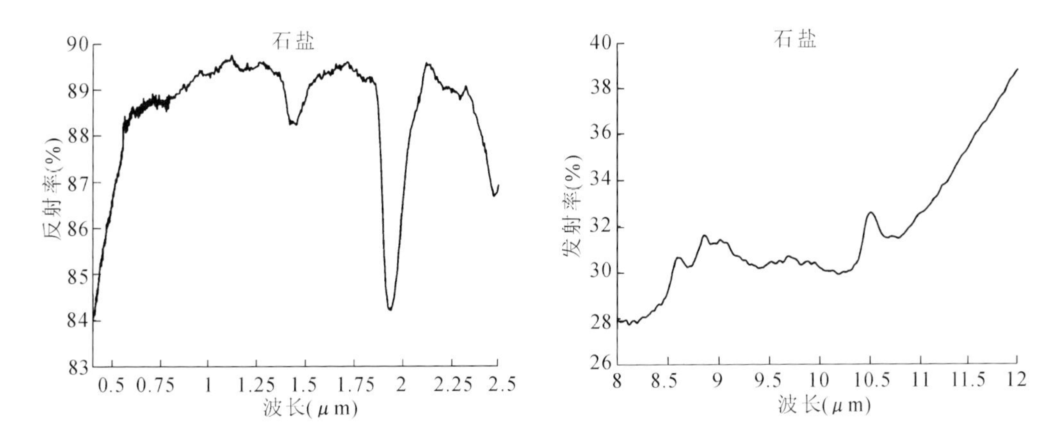

图 1.15 石盐 0.4～2.5 μm 反射率(左图)和 8～12 μm 发射率(右图)光谱

1.3.1.4 氧化物和氢氧化物矿物大类

1. 氧化物

1)刚玉族

(1)刚玉(corundum),Al_2O_3,有时含微量铁、钛或铬等。三方晶系,晶体常呈腰鼓状,集合体呈粒状、致密块状,颜色常为蓝灰色、黄灰色,透明且含有微量铬呈红色者称为红宝石,透明且含钛呈蓝色者称为蓝宝石,含铁者呈棕色,含锰者呈玫瑰色,玻璃光泽。硬度 9,比重 3.95～4.10。刚玉可由富 Al_2O_3 而贫 SiO_2 的岩浆熔融合体中结晶而出,见于刚玉正长岩和斜长岩中，亦见于火成岩与石灰岩的接触带，是火成岩去硅作用的产物。黏土质岩石经区域变质作用，可形成刚玉结晶片岩。当含刚玉的岩石遭受风化破坏后，刚玉可转入砂矿中。其主要用作研磨材料，透明色美的刚玉可作宝石。

光谱数据来自 JPL。样品编号：O-15A，颗粒大小：125～500 μm。

光谱分析(图 1.16)：在 0.4～2.5 μm 波段，具有 1.4 μm、1.9 μm 的水吸收特征；在 8～12 μm 波段，在 8～10.5 μm 发射率在 0.99 附近，在 10.5～11.4 μm 发射率陡降，在 11.4～12 μm 发射率在 0.91 附近，整体上无明显峰值特征。

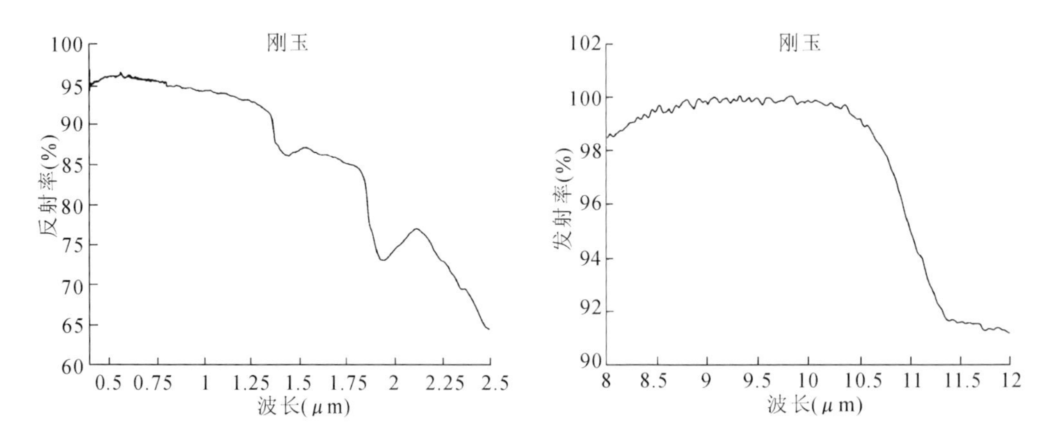

图 1.16 刚玉 0.4～2.5 μm 反射率(左图)和 8～12 μm 发射率(右图)光谱

(2)赤铁矿(hematite)，Fe_2O_3。三方晶系，晶体呈菱面体或板状。由磁铁矿氧化而成者可具有磁铁矿的假象，称为“假象赤铁矿”。集合体有各种形态：玫瑰花状或片状且成金属光泽者称镜铁矿；细小鳞片状者称云母赤铁矿；鲕状块体者称鲕状赤铁矿；具放射状构造的肾状块体称肾状赤铁矿。赤铁矿晶体和块状赤铁矿呈铁黑至钢灰色，金属至半金属光泽，硬度 5.5～6；鲕状、肾状、土状和粉末状，呈赭红色，光泽暗淡，硬度降低；条痕均为樱红色，比重 5.0～5.3。赤铁矿是自然界分布很广的铁矿物之一，可形成于内生、外生和变质作用条件下，并出现于各种不同成因类型的矿床中。内生的主要以热液成因为主；外生的主要由胶体溶液凝聚而成，具有鲕状、肾状等胶体形态特征，在区域变质过程中，由褐铁矿经脱水作用而形成。赤铁矿是铁矿中很常见的矿物，是炼铁的重要矿物原料。

光谱数据来自 JPL。样品编号：O-1A，颗粒大小：125～500 μm。

光谱分析(图 1.17)：在 0.4～2.5 μm 波段，具有 0.65 μm、0.87 μm 的三价铁吸收特征；在 8～12 μm 波段，具有 8.2 μm、8.8 μm 双低峰值特征，8.62 μm 高峰值特征。

2)金红石族

(1)金红石(rutile)，TiO_2，常含铁、铌、钽等。四方晶系，晶体呈粒状或针状，通常为四方柱与四方双锥的聚形，膝状双晶常见，集合体为粒状或致密块状。红褐色，含铁高时呈黑褐色，条痕浅褐色或黄褐色，金刚光泽，含铁高时则现半金属光泽。硬度 6，比重 4.2～4.3。解

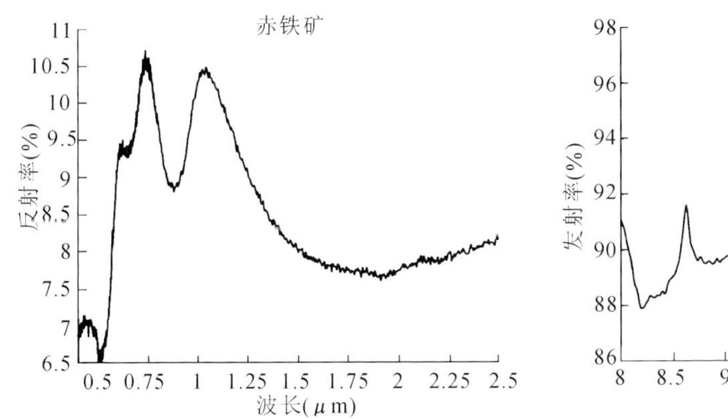

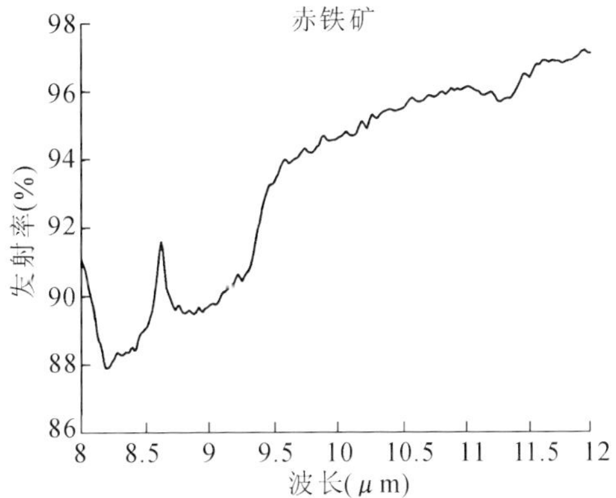

图 1.17 赤铁矿 0.4～2.5 μm 反射率(左图)和 8～12 μm 发射率(右图)光谱

理平行四方柱{110}完全。产于伟晶岩中的金红石，其成分中富含铁、钽、铌；在区域变质过程中，往往由钛铁矿分解而成，出现于片麻岩中；此外，还常见于区域变质岩系的石英脉内。当含金红石的岩石遭受风化破坏后金红石常转到砂矿中，是炼钛的主要矿物原料。

光谱数据来自 JPL。样品编号：O-2A，颗粒大小：125～500 μm。

光谱分析(图 1.18)：在 0.4～2.5 μm 波段，反射率整体不高，具有 0.5 μm、1.2 μm 的弱吸收特征；在 8～12 μm 波段，8～11.3 μm 发射率逐渐增大，11.3～12 μm 发射率逐渐降低，具有 11.3 μm 高峰值特征。

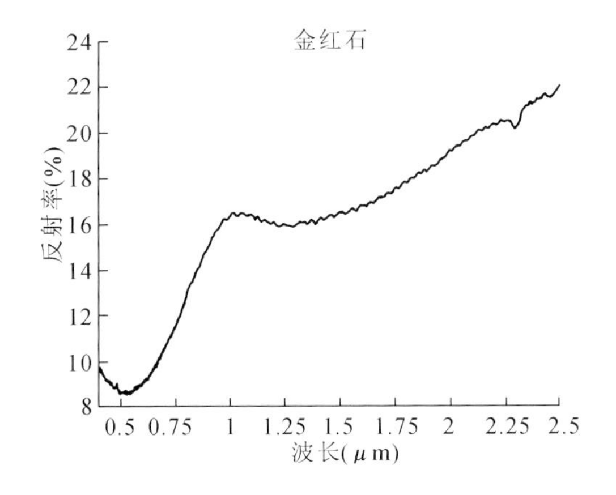

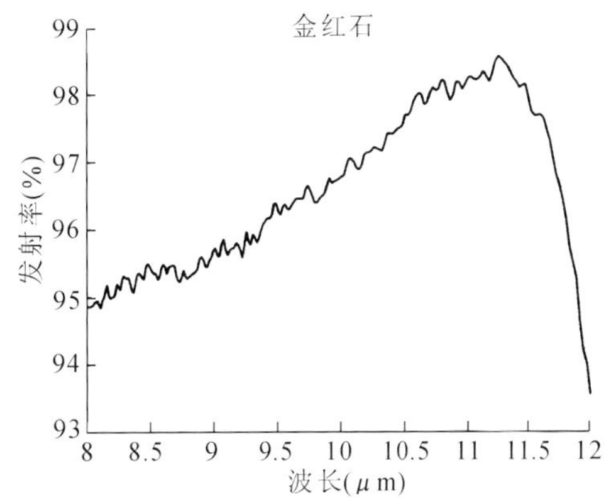

图 1.18 金红石 0.4～2.5 μm 反射率(左图)和 8～12 μm 发射率(右图)光谱

(2)锡石(cassiterite)，SnO_2，常含铌、钽等。四方晶系，晶体一般呈四方双锥状，双锥柱状，膝状双晶常见，集合体呈不规则粒状。蜡黄色、浅褐色、深黑色，半透明至不透明，金刚光泽，断口呈油脂光泽。硬度 6～7，比重 6.8～7.0。主要产于花岗岩分布地区的伟晶岩，气化高温热液矿床(锡石石英脉)和锡石硫化物热液矿床中。伟晶岩产出的锡石呈双锥状，柱面不发育，常含铌、钽，颜色深黑；而热液矿床产出的锡石呈双锥柱状，常含钨，颜色浅褐或蜡

黄。原生锡矿床经风化破坏后，锡石常可转移到砂矿中，是炼锡的主要矿物原料。

光谱数据来自 JPL。样品编号：O-3A，颗粒大小：125～500 μm。

光谱分析（图 1.19）：在 0.4～2.5 μm 波段，反射率整体较低，具有 0.59 μm 的弱吸收特征；在 8～12 μm 波段，整体上发射率逐渐降低，具有 9.5 μm 弱低峰值特征。

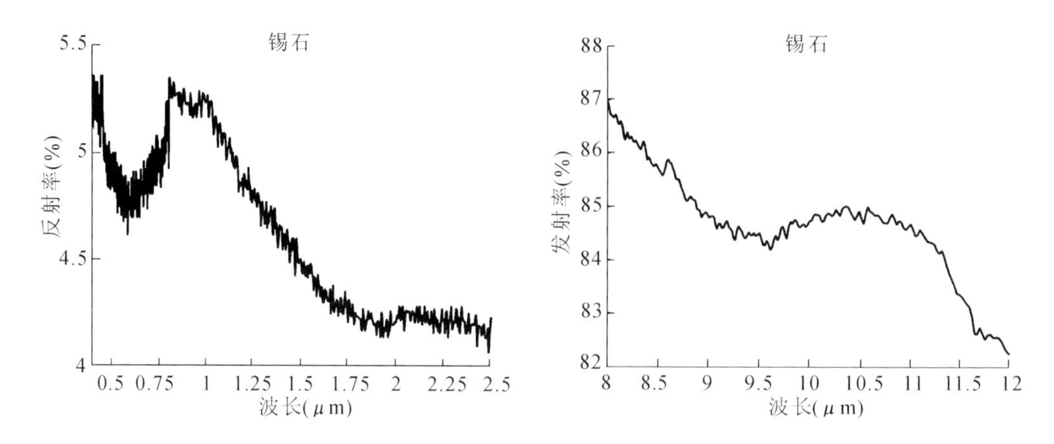

图 1.19　锡石 0.4～2.5 μm 反射率（左图）和 8～12 μm 发射率（右图）光谱

（3）软锰矿（pyrolusite），MnO_2。四方晶系，晶体呈细柱状或针状，呈块状、粉末状集合体，颜色和条痕均为黑色；光泽和硬度视其结晶粗细和形态而异，结晶好者呈半金属光泽，硬度较高，而隐晶质块体褐粉末状者，光泽暗淡，硬度低，极易污手。比重约 5。主要由沉积作用形成，为沉积锰矿床的主要成分之一；此外，在锰矿床的氧化带部分，它是所有原生低价锰矿物的氧化产物，是锰矿石中很常见的矿物，是炼锰的重要矿物原料。

光谱数据来自 JPL。样品编号：O-6A，颗粒大小：125～500 μm。

光谱分析（图 1.20）：在 0.4～2.5 μm 波段，反射率整体较低，具有 0.73 μm、1.0 μm 的弱吸收特征；在 8～12 μm 波段，整体上发射率逐渐增大，无明显峰值特征。

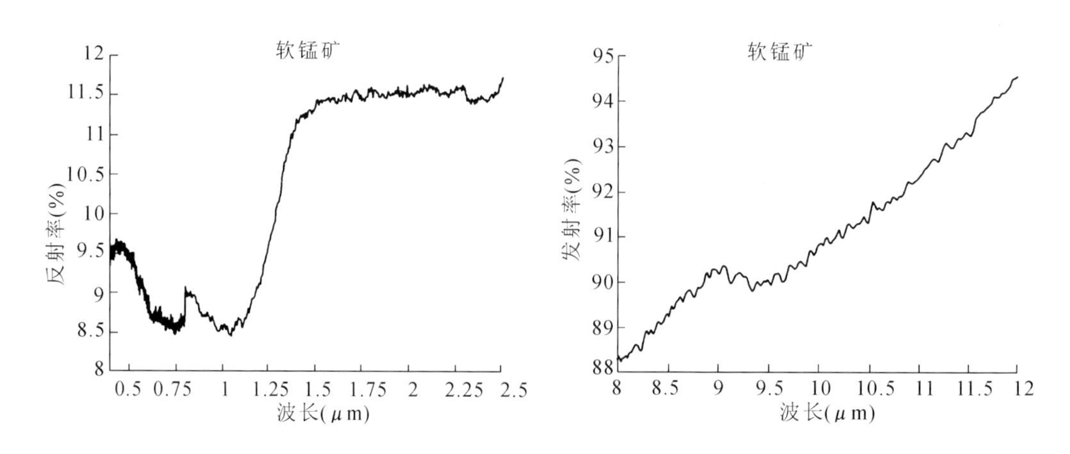

图 1.20　软锰矿 0.4～2.5 μm 反射率（左图）和 8～12 μm 发射率（右图）光谱

3)石英族

石英(quartz),SiO_2,包括三方晶系的低温石英和六方晶系的高温石英。常压下高温石英在573～870℃时稳定,高于870℃将转变为高温鳞石英,低于573℃则转变为低温石英。一般所称石英均指低温石英。三方晶系,晶体呈六方柱状,柱面具横纹;有左晶和右晶的区别,双晶很普遍,最常见的为道芬双晶和巴西双晶;通常呈晶簇或粒状、块状集合体。颜色不一,无色透明的叫"水晶",乳白色的叫"乳石英",紫色的叫"紫水晶",浅玫瑰色的叫"蔷薇石英",烟黄至暗褐色的叫"烟水晶";玻璃光泽,断口呈油脂光泽。硬度7,比重2.65～2.66。断口贝壳状。具旋光性和压电性。在自然界分布极广,大的石英晶体主要见于伟晶岩的晶洞中,块状的常产于热液矿脉中,粒状石英是花岗岩、片麻岩和砂岩等许多岩石的主要矿物成分。

光谱数据来自JPL。样品编号:TS-1A,颗粒大小:125～500 μm。

光谱分析(图1.21):在0.4～2.5 μm波段,反射率整体较高,纯净的石英无明显吸收特征,由于含有杂质和水导致其具有2.2 μm羟基和1.4 μm、1.9 μm水吸收特征;在8～12 μm波段,具有明显的8.5 μm、8.9 μm双低峰值特征。

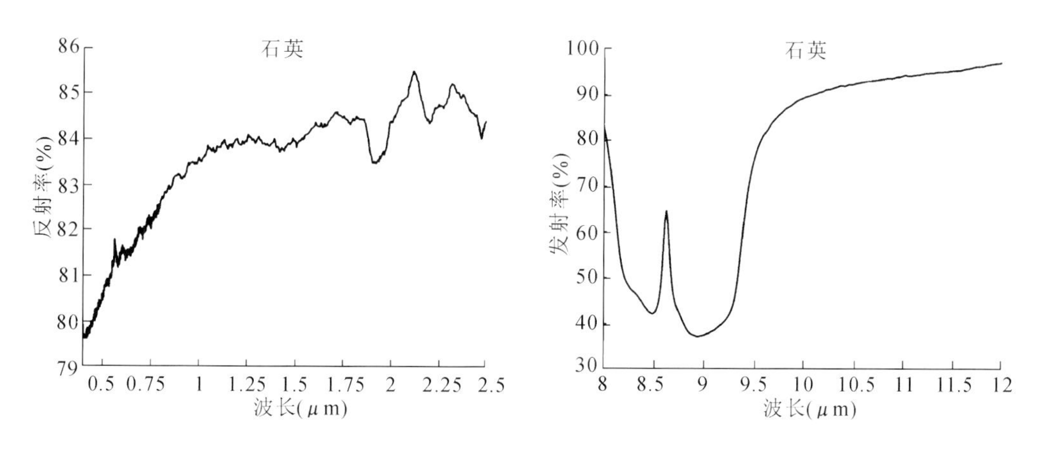

图1.21 石英0.4～2.5 μm反射率(左图)和8～12 μm发射率(右图)光谱

4)尖晶石族

(1)磁铁矿(magnetite),$Fe^{2+}Fe_2^{3+}O_4$,常含铁、钒等。等轴晶系,晶体呈八面体和菱形十二面体,通常呈粒状或块状集合体。铁黑色,条痕黑色,半金属光泽。硬度5.5～6.0,比重4.8～5.3。具强磁性,可为永久磁铁所吸引,且本身也能吸引铁屑等物质。形成于内生作用和变质作用过程,见于岩浆成因铁矿床、接触交代铁矿床、气化高温含稀土铁矿床、沉积变质铁矿床以及一系列与火山作用有关的铁矿床的铁矿石中,是主要的矿物成分,此外,还常见于砂矿中。是炼铁的重要矿物原料,如含铁、钒时可综合利用。在自然条件下由赤铁矿还原而成的磁铁矿称为"穆磁铁矿"。

光谱数据来自JPL。样品编号:O-4A,颗粒大小:125～500 μm。

光谱分析(图 1.22):在 0.4～2.5 μm 波段,反射率整体较低,1.0 μm 存在明显的二价铁吸收特征;在 8～12 μm 波段,具有 9.6 μm 低峰值特征。

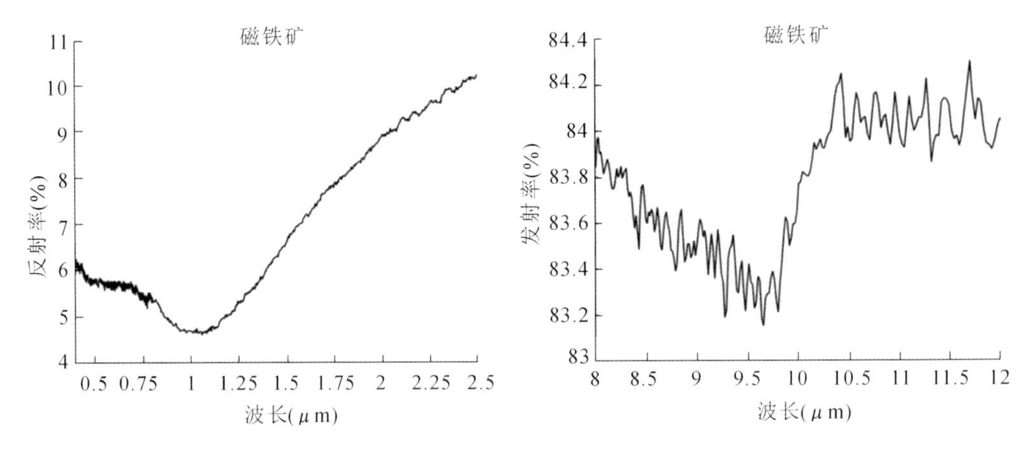

图 1.22　磁铁矿 0.4～2.5 μm 反射率(左图)和 8～12 μm 发射率(右图)光谱

(2)铬铁矿(chromite),通常有人将亚铁铬铁矿($FeCr_2O_4$)和镁铬铁矿($MgCr_2O_4$)也都称为铬铁矿。等轴晶系,晶体呈细小的八面体,通常呈粒状和致密块状集合体。黑色,条痕褐色,半金属光泽。硬度 5.5,比重 4.2～4.8。具弱磁性。是岩浆成因的矿物,产于超基性岩中。当含矿岩石遭受风化破坏后,铬铁矿常转入砂矿中。是炼铬的最主要的矿物原料,富含铁的劣质矿石可做高级耐火材料。

光谱数据来自 JPL。样品编号:O-8A,颗粒大小:125～500 μm。

光谱分析(图 1.23):在 0.4～2.5 μm 波段,反射率整体较低;在 8～12 μm 波段,具有 9.7 μm低峰值特征。

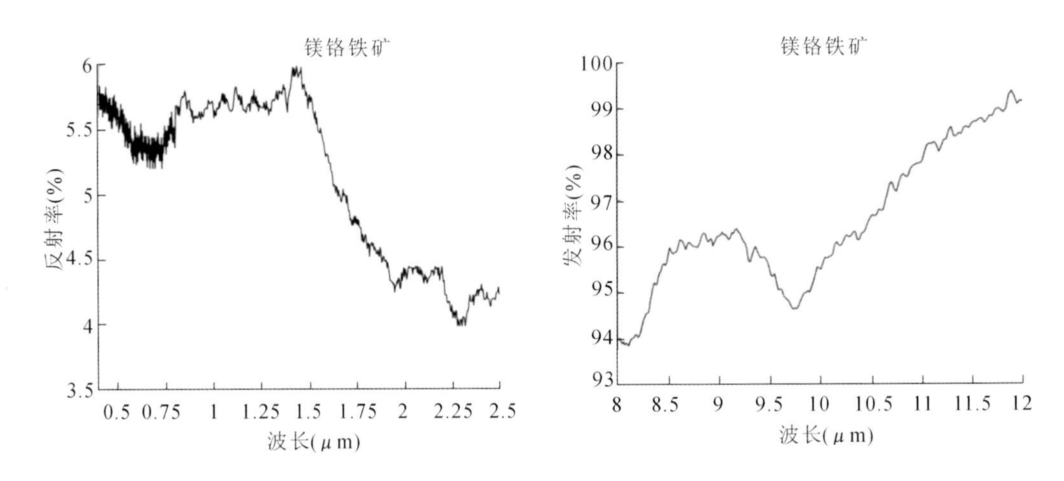

图 1.23　镁铬铁矿 0.4～2.5 μm 反射率(左图)和 8～12 μm 发射率(右图)光谱

2. 氢氧化物

1)三水铝石-水铝石族

三水铝石(gibbsite),$Al(OH)_3$,又称"水铝氧石",常含铁和镓。单斜晶系,晶体极少见,通常呈细鳞片状集合体,有时呈结核状、豆状或隐晶质块状。白色、灰色、绿色或浅红色,玻璃光泽。硬度 2.5~3,比重 2.43。解理平行{001}极完全。主要是含铝硅酸盐矿物分解和水解的产物,在风化型或红土型铝土矿矿床中大量出现,在沉积型铝土矿矿床中较少分布,是铝土矿的主要矿物成分。为炼铝的最重要的矿物原料,含镓时可综合利用。

光谱数据来自 JPL。样品编号:OH-3A,颗粒大小:小于 45 μm。

光谱分析(图 1.24):在 0.4~2.5 μm 波段,存在 1.0 μm、1.45 μm、2.3 μm 吸收特征;在8~12 μm 波段,具有明显的 9.5 μm 低峰值特征。

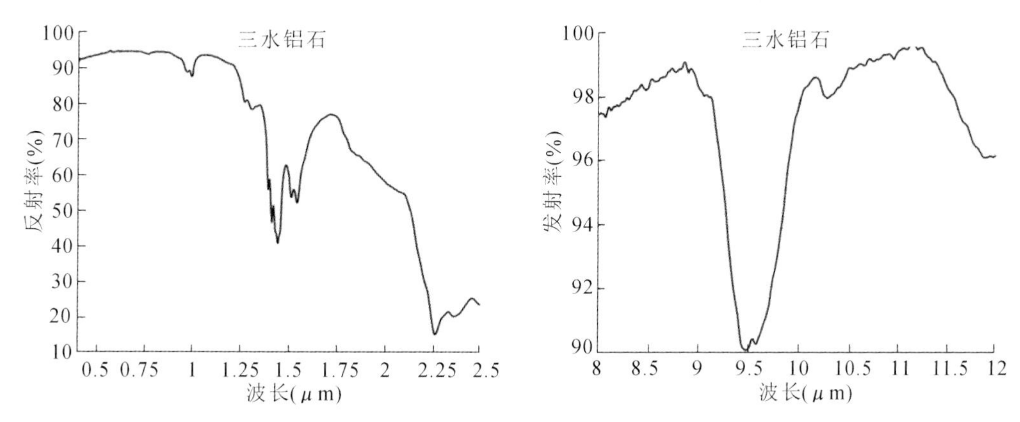

图 1.24 三水铝石 0.4~2.5 μm 反射率(左图)和 8~12 μm 发射率(右图)光谱

2)针铁矿-纤铁矿族

针铁矿(goethite),$Fe^{3+}O(OH)$。斜方晶系,晶体呈针状或柱状,通常呈肾状、钟乳状集合体。暗褐色,条痕褐色,半金属光泽。硬度 5~5.5,比重 4.0~4.4。主要是由含铁矿物经过氧化和分解而形成的次生矿物,是构成褐铁矿的主要矿物。内生成因的针铁矿呈针状或柱状见于某些热液矿脉中,但极少见。是炼铁的矿物原料。

光谱数据来自 JPL 和 JHU。可见光—短波红外样品编号:OH-2A(JPL),颗粒大小:0~45 μm;热红外样品编号:goethite.1(JHU),颗粒大小:74~250 μm。

光谱分析(图 1.25):在 0.4~2.5 μm 波段,反射率整体较低,0.67 μm、0.9 μm 存在明显的铁吸收特征;在 8~12 μm 波段,具有 10.8 μm 低峰值特征。

1.3.1.5 含氧盐矿物大类

1. 硅酸盐矿物

Ⅰ. 第一亚类岛状结构硅酸盐

1)锆石族

锆石(zircon),$ZrSiO_4$,又称锆英石、风信子石,常含铪、稀土、铌、钍和铀等。四方晶系,

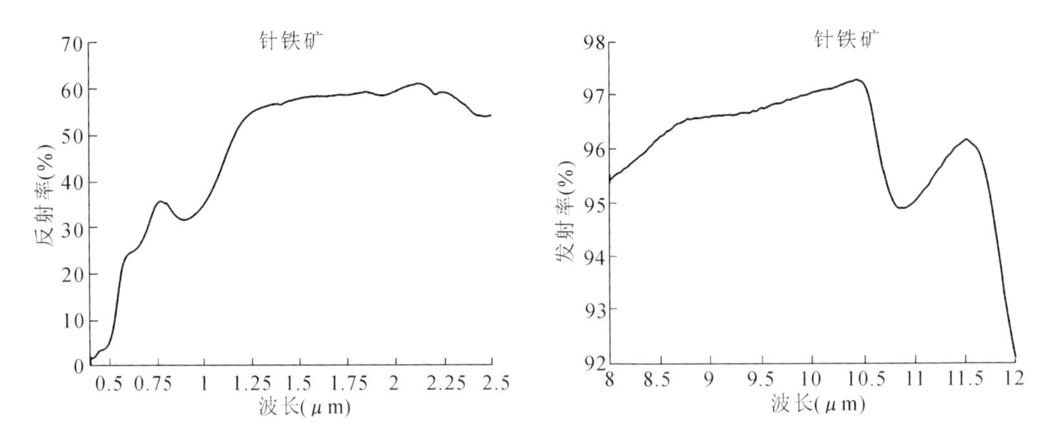

图 1.25　针铁矿 0.4～2.5 μm 反射率(左图)和 8～12 μm 发射率(右图)光谱

晶体呈四方柱状或四方双锥状,集合体呈粒状;含钍、铀高者常呈变生非晶质,称为曲晶石。黄褐色、灰色或无色,金刚光泽。硬度 7～8,比重 4.7。主要形成于火成岩特别是碱性岩中,也形成于碱性伟晶岩和花岗伟晶岩中,有时形成巨大的工业矿床,但锆石的主要矿床是滨海砂矿和冲积砂矿床。锆石有耐高温(熔点高达 2750℃)和耐腐蚀的特性,主要用于铸造工业以及制造耐酸、耐火的玻璃器具,是提取锆和铪的主要矿物原料。

光谱数据来自 JPL。样品编号:NS-9A,颗粒大小:125～500 μm。

光谱分析(图 1.26):在 0.4～2.5 μm 波段,在 0.65 μm、0.9 μm、1.11 μm、1.34 μm、1.5 μm、2.06 μm 存在明显的吸收特征,在 0.68 μm、1.65 μm 存在弱吸收特征;在 8～12 μm 波段,具有 Si—O 基团伸缩振动导致的 10.5 μm 宽缓低峰值特征。

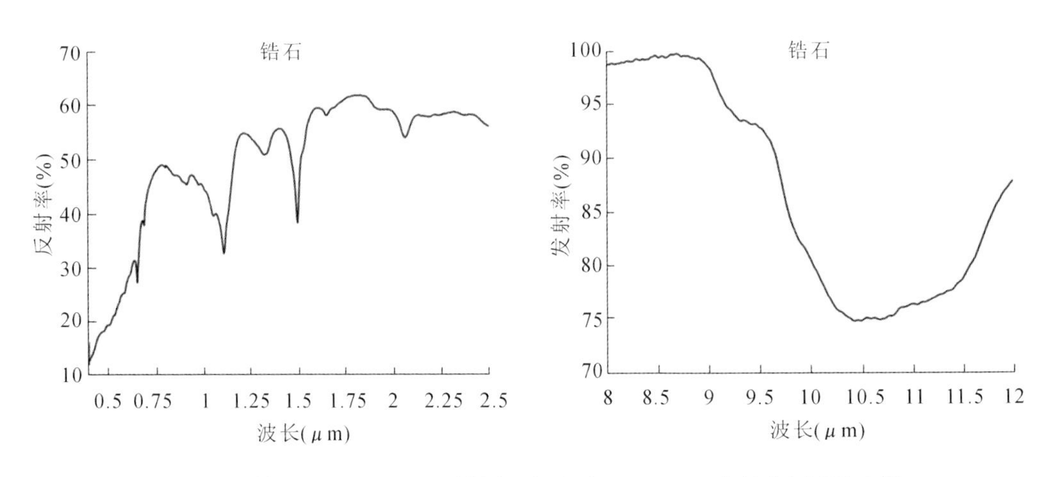

图 1.26　锆石 0.4～2.5 μm 反射率(左图)和 8～12 μm 发射率(右图)光谱

2)橄榄石族

橄榄石(olivine),$(Mg,Fe)SiO_4$,是镁橄榄石类质同象系列中最常见的一个中间成员,铁橄榄石(fayalite,Fe_2SiO_4)是常见的一种。斜方晶系,晶体呈厚板状,通常呈粒状集合体。橄榄绿至黄绿色,玻璃光泽。硬度 6.5～7,比重 3.2～3.5。解理平行{010}不完全,断口呈贝壳状。主要产于超基性和基性火成岩中,易蚀变为蛇纹石,此外,也是许多陨石的主要组分之一。含铁低者可作耐火材料,色泽优美者可作宝石。

光谱数据来自 JPL。样品编号:NS-1A,颗粒大小:125～500 μm。

光谱分析(图 1.27):在 0.4～2.5 μm 波段,反射率整体较低,在 1.0 μm 存在明显的铁吸收特征;在 8～12 μm 波段,具有 Si—O 基团伸缩振动导致的 8.75 μm、9.14 μm、9.85 μm、10.5 μm、11.3 μm 低峰值特征。

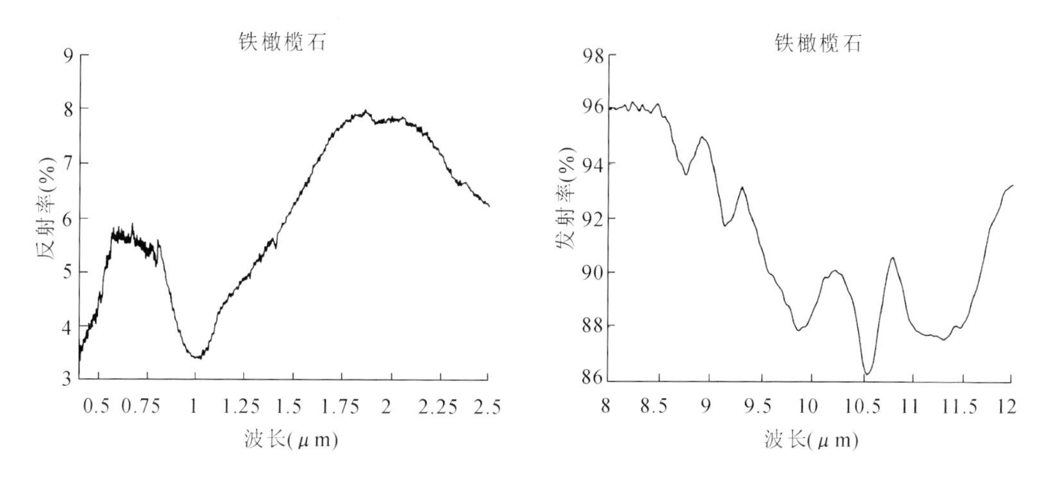

图 1.27 铁橄榄石 0.4～2.5 μm 反射率(左图)和 8～12 μm 发射率(右图)光谱

3)石榴子石族

石榴子石(garnet),是石榴子石族矿物的统称。石榴子石在自然界广泛分布于各种地质作用中,并且由于在不同的地质作用中,其主要成分的变化使之形成不同种类的石榴子石。钙铁石榴子石系列主要产于矽卡岩、热液、碱性岩和部分角岩中;铁铝石榴子石系列主要产于岩浆岩和区域变质岩、伟晶岩、火山岩中。根据其等轴状的特征晶形,油脂光泽,缺乏解理和高的硬度很容易认出。可作研磨材料,晶粒粗大、色泽美丽、透明无瑕者可作宝石材料。

(1)铁铝石榴子石(almandine)。

光谱数据来自 JPL。样品编号:NS-4A,颗粒大小:125～500 μm。

光谱分析(图 1.28):在 0.4～2.5 μm 波段,具有 1.25 μm 明显的吸收特征和 0.69 μm 弱吸收特征;在 8～12 μm 波段,具有 Si—O 基团伸缩振动导致的 10.12 μm、11.05 μm、11.45 μm低峰值特征。

(2)钙铝石榴子石(grossularite)。

光谱数据来自 JPL。样品编号:NS-3B,颗粒大小:125～500 μm。

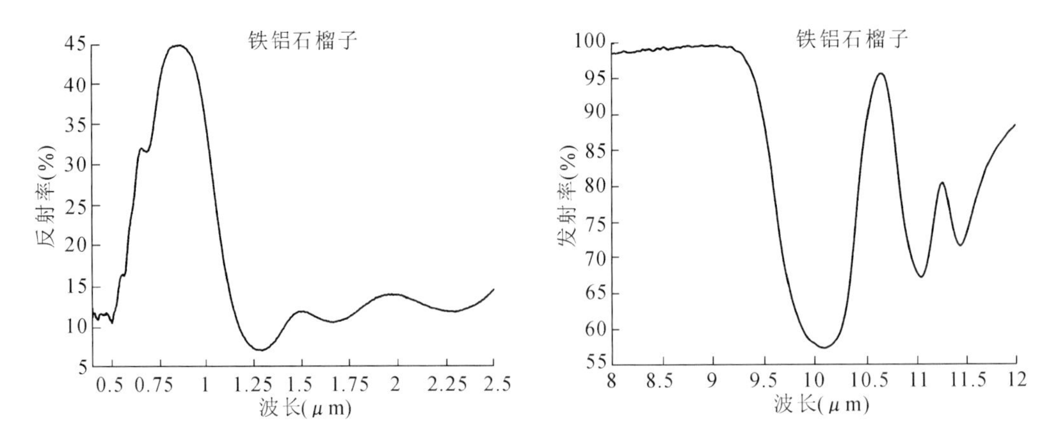

图 1.28　铁铝石榴子石 0.4～2.5 μm 反射率(左图)和 8～12 μm 发射率(右图)光谱

光谱分析(图 1.29):在 0.4～2.5 μm 波段,在 0.88 μm 存在明显的吸收峰特征;在 8～12 μm 波段,具有 Si—O 基团伸缩振动导致的 10.32 μm、11.59 μm 低峰值特征。

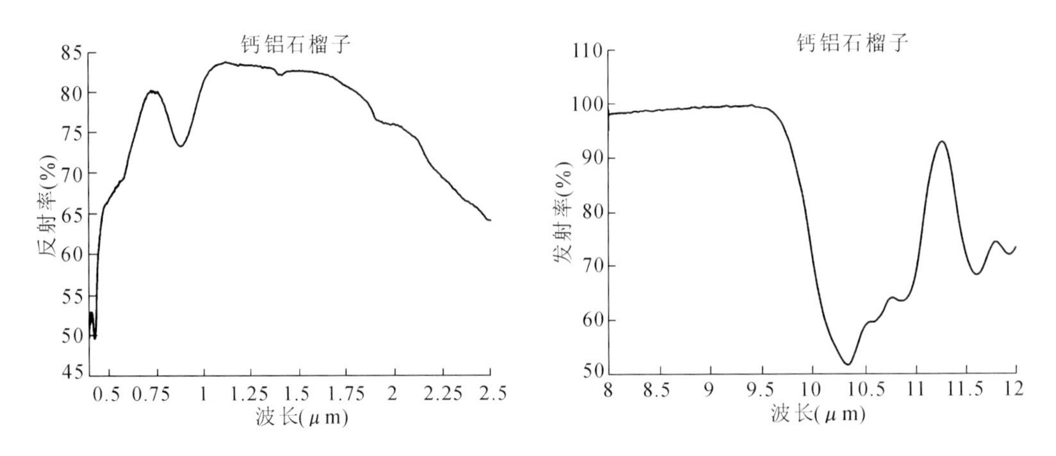

图 1.29　钙铝石榴子石 0.4～2.5 μm 反射率(左图)和 8～12 μm 发射率(右图)光谱

4)黄玉族

黄玉(topaz),$Al_2SiO_4(F,OH)_2$,又称黄晶。斜方晶系,晶体呈柱状,柱面有纵纹,也有呈粒状的。无色透明,有时带浅黄色、浅绿色等,玻璃光泽。硬度 8,比重 3.52～3.57。解理平行{001}完全。主要产于花岗伟晶岩、云英岩以及高温热液钨锡石英脉内,也常见于砂矿中。可作研磨材料,透明色美者可作宝石。

光谱数据来自 JPL。样品编号:NS-6A,颗粒大小:125～500 μm。

光谱分析(图 1.30):在 0.4～2.5 μm 波段,在 1.4 μm 存在明显的水吸收特征,在 2.1 μm、2.15 μm 存在明显的羟基吸收特征;在 8～12 μm 波段,具有 Si—O 基团伸缩振动导致的9.93 μm、10.47 μm 和 Al—O—H 基团伸缩振动导致的 11.3 μm 低峰值特征。

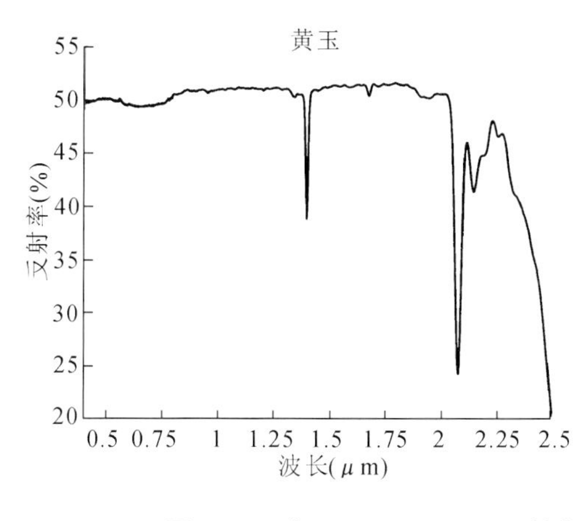

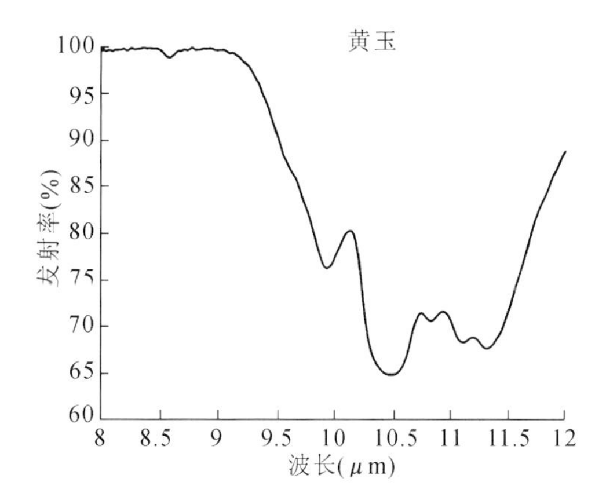

图 1.30　黄玉 0.4～2.5 μm 反射率(左图)和 8～12 μm 发射率(右图)光谱

5)十字石族

十字石(staurolite),$FeAl_4(SiO_4)_2O_2(OH)_2$ 或 $Fe(OH)_2 \cdot 2Al_2SiO_5$,常含锰。假斜方晶系,实际为单斜晶系,晶体呈柱状,常呈十字形或 X 形贯穿双晶,故称十字石。褐色到褐黑色。硬度 7～7.5,比重 3.65～3.77。解理平行{010}中等。是区域变质作用的产物,见于结晶片岩中,也见于砂矿中。

光谱数据来自 USGS 和 JHU。可见光—短波红外样品编号:HS188.3B(USGS),颗粒大小:74～250 μm;热红外样品编号:staurol.1(JHU),颗粒大小:75～250 μm。

光谱分析(图 1.31):在 0.4～2.5 μm 波段,反射率整体较低,具有 1.0 μm 附近宽缓反射峰,无明显的吸收特征;在 8～12 μm 波段,具有 Si—O 基团伸缩振动导致的 9.75 μm 低峰值特征。

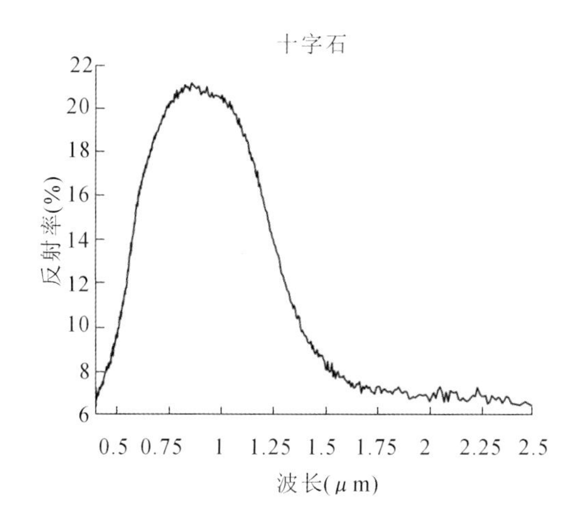

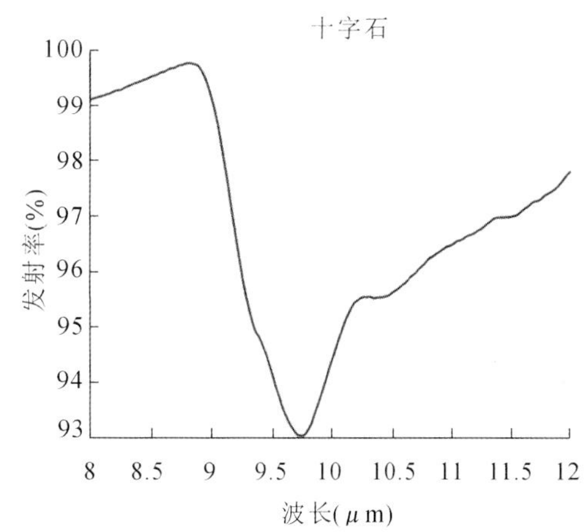

图 1.31　十字石 0.4～2.5 μm 反射率(左图)和 8～12 μm 发射率(右图)光谱

6)榍石族

榍石(titanite),$CaTi(SiO_4)$,常含钇、铈。单斜晶系,晶体常呈横切面为菱形的扁平柱状或板状,也常呈粒状,以{100}双晶常见。黄或浅褐色,有时为红色、绿色、黑色,玻璃光泽。硬度5~6,比重 3.3~3.6。解理平行菱方柱{110}中等。榍石在许多火成岩中作为副矿物出现,在碱性伟晶岩中常有较大的晶体,也常见于砂矿中。大量聚集时作为炼钛的矿物原料,并可综合利用钇、铈等。

光谱数据来自 JPL。样品编号:NS-6A,颗粒大小:125~500 μm。

光谱分析(图 1.32):在 0.4~2.5 μm 波段,在 0.60 μm、2.20 μm、2.25 μm、2.40 μm 存在明显的吸收特征;在 8~12 μm 波段,具有 Si—O 基团伸缩振动导致的 10.5 μm 低峰值特征。

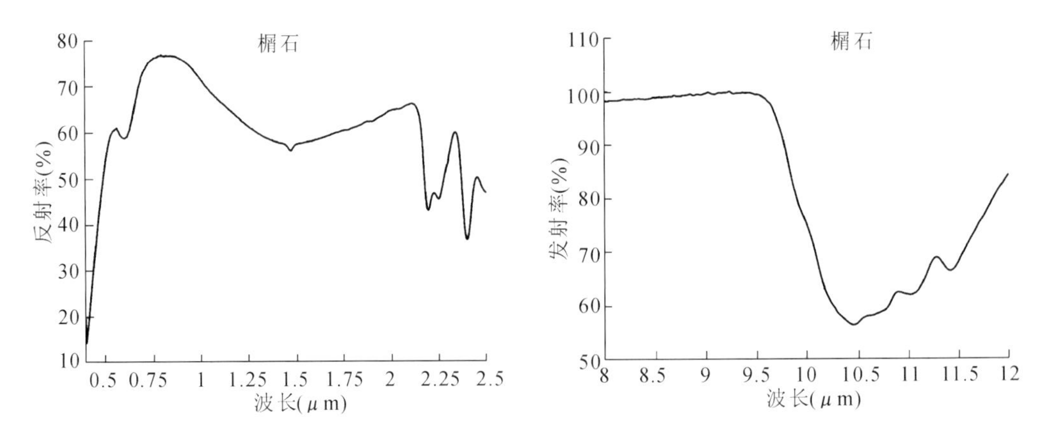

图 1.32 榍石 0.4~2.5 μm 反射率(左图)和 8~12 μm 发射率(右图)光谱

7)绿帘石族

绿帘石(epidote),$Ca_2Al_2Fe^{3+}[Si_2O_4][Si_2O_7]O(OH)$。单斜晶系,晶体呈柱状,柱面具纵纹,集合体呈粒状、放射状。绿色或黄绿色,玻璃光泽。硬度 6.5,比重 3.35~3.38。解理平行{001}完全。常见于接触交代矿床中,是由矽卡岩矿物如石榴子石、符山石等遭受热液作用而形成的蚀变产物,此外,在热液蚀变的基性火成岩中有着广泛的分布。

光谱数据来自 JPL。样品编号:SS-1A,颗粒大小:125~500 μm。

光谱分析(图 1.33):在 0.4~2.5 μm 波段,在 0.47 μm、0.63 μm、0.83 μm、1.05 μm 存在铁吸收特征,在 2.33 μm 存在明显的镁羟基吸收特征;在 8~12 μm 波段,具有 Si—O 基团伸缩振动导致的 9.4 μm、10.4 μm 和 Al—O—H 基团伸缩振动导致的 11.25 μm 低峰值特征。

Ⅱ.第二亚类环状结构硅酸盐

1)绿柱石族

绿柱石(beryl),$Be_3Al_2Si_6O_{18}$,又称绿宝石。六方晶系,晶体常见,呈六方柱形,也常呈粒状,一般为白色带绿,呈翠绿色透明者称纯绿宝石又称祖母绿,呈蔚蓝色透明者称海蓝宝石,呈淡蓝色透明者称水蓝宝石,也有呈黄、乳白色的,玻璃光泽。硬度 7.5,比重约 2.9。主

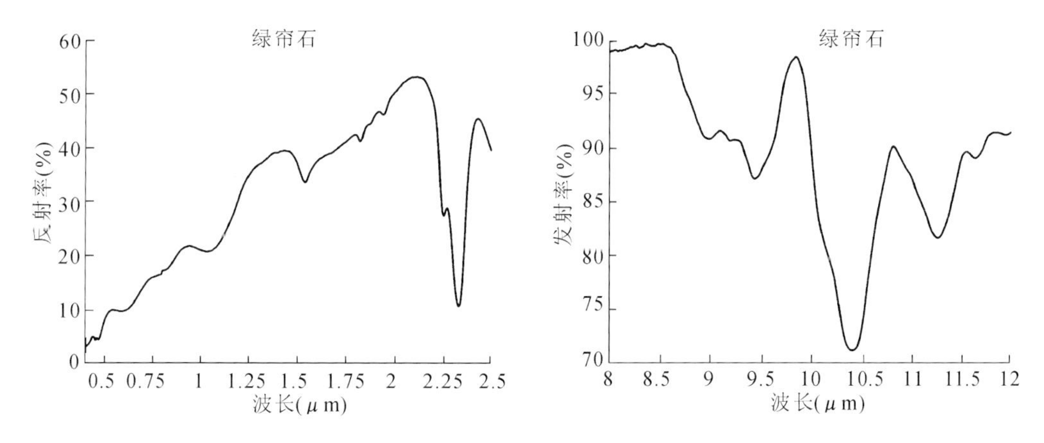

图 1.33 绿帘石 0.4～2.5 μm 反射率(左图)和 8～12 μm 发射率(右图)光谱

要产于花岗伟晶岩中，晶体往往很大，可长至数米；此外，也以粒状散布于云英岩或花岗岩中，有时也常见于砂矿床中。是提取铍的主要矿物原料，纯绿宝石、海蓝宝石、水蓝宝石等可作宝石。

光谱数据来自 JPL。样品编号：CS-2A，颗粒大小：125～500 μm。

光谱分析(图 1.34)：在 0.4～2.5 μm 波段，在 0.8 μm、1.4 μm、1.9 μm 存在明显的吸收特征，在 1.14 μm 存在窄吸收特征，特别是水吸收特征明显；在 8～12 μm 波段，具有 Si—O 基团伸缩振动导致的 9.3 μm、9.75 μm、10.3 μm 低峰值特征。

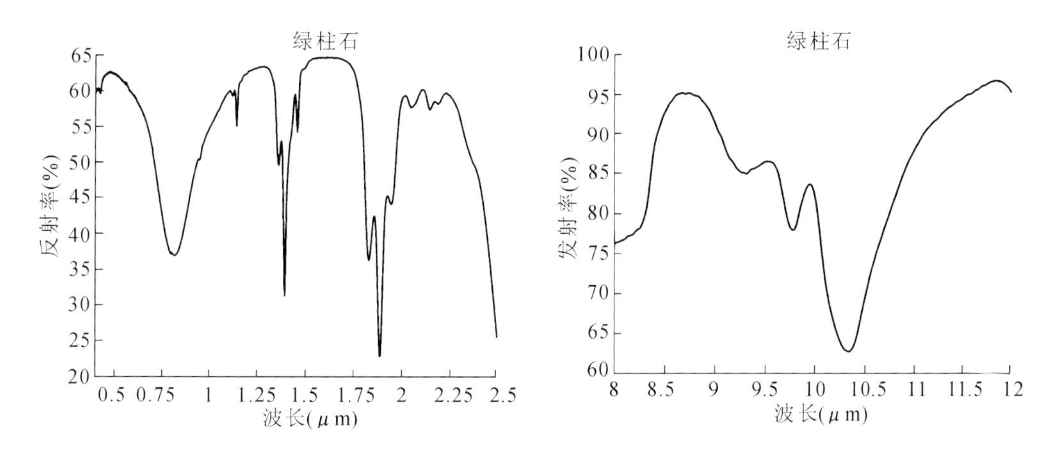

图 1.34 绿柱石 0.4～2.5 μm 反射率(左图)和 8～12 μm 发射率(右图)光谱

2)电气石族

电气石(tourmaline)，$Na(Mg_3,Fe_3^{2+})Al_6(BO_3)_3Si_6O_{18}(OH)_4$，是电气石族矿物的总称，化学成分较复杂，是以含硼为特征的铝、钠、铁、锂的环状结构硅酸盐矿物。三方晶系，晶体呈柱状，柱面具纵纹，柱体横切面呈弧线三角形，也常呈放射状、针状或柱状集合体。电气石常具有色带现象,晶体的两端或晶体的中心与外围部分呈现不同的颜色,颜色因成分不同而异,一般说来,黑电气石通常为黑色,镁电气石呈褐色,锂电气石则为玫瑰红至红色。玻璃光泽。硬度7～7.5,比重2.9～3.2。具热电性和压电性。主要产于花岗岩、花岗伟晶岩以及云英岩和石英脉中,也见于变质岩和砂矿中。色泽优美者俗称碧玺,可作宝石。

光谱数据来自JPL。样品编号:CS-1A,颗粒大小:125～500 μm。

光谱分析(图1.35):在0.4～2.5 μm波段,0.4～1.9 μm范围内反射率整体较低,具有2.20 μm、2.36 μm吸收特征;在8～12 μm波段,具有Si—O基团伸缩振动导致的9.13 μm、9.56 μm、10.18 μm低峰值特征。

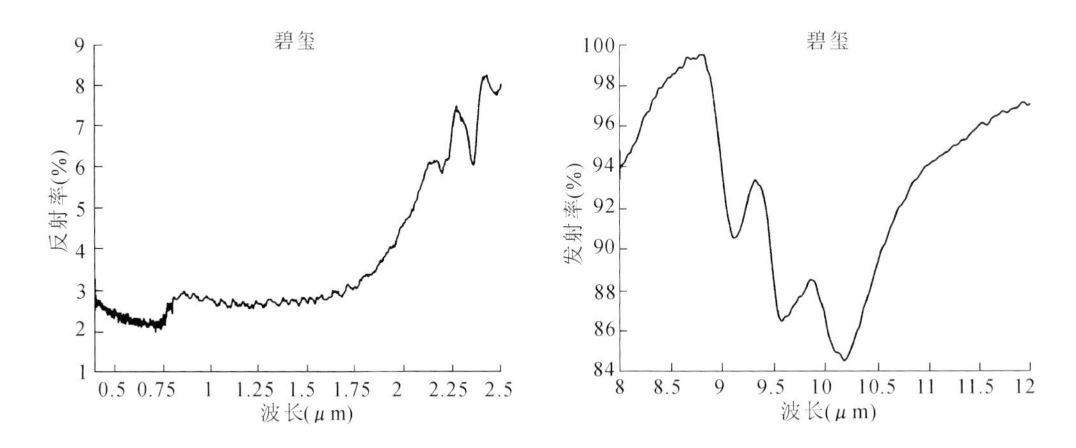

图1.35 碧玺0.4～2.5 μm反射率(左图)和8～12 μm发射率(右图)光谱

Ⅲ.第三亚类链状结构硅酸盐

1)辉石族

(1)透辉石(diopside),$CaMg(SiO_3)_2$。单斜晶系,晶体常呈柱状,其横切面呈近于等边的八边形或假正方形,以{100}的接触双晶常见,集合体通常呈粒状。暗绿至黑绿色,玻璃光泽。硬度5～6,比重3.2～3.6。解理平行柱面{110}中等,有时具平行{100}或{001}的裂理,{100}裂理发育者称为异剥石。是超基性、基性、部分中性火成岩以及某些变质岩的主要矿物成分。

光谱数据来自JPL。样品编号:IN-9B,颗粒大小:125～500 μm。

光谱分析(图1.36):在0.4～2.5 μm波段,具有0.65 μm、1.07 μm吸收特征,具有1.4 μm、1.9 μm水吸收特征,在短波红外具有2.3 μm吸收特征;在8～12 μm波段,具有Si—O基团伸缩振动导致的9.2 μm、9.83 μm、11 μm低峰值特征,9.2 μm、11 μm低峰值特征宽缓。

(2)普通辉石(augite),$(Ca,Na)(Mg,Fe,Al,Ti)(Si,Al)_2O_6$,又称为钛辉石。单斜晶系,晶体常呈短柱状,其横切面呈近于等边的八边形或假正方形,以{100}的接触双晶常见,集合体通常呈粒状。暗绿至黑绿色,玻璃光泽。硬度5～6,比重3.2～3.6。解理平行柱面(110)的裂理,{100}裂理发育者称为异剥石。是超基性、基性、部分中性火成岩以及某些变

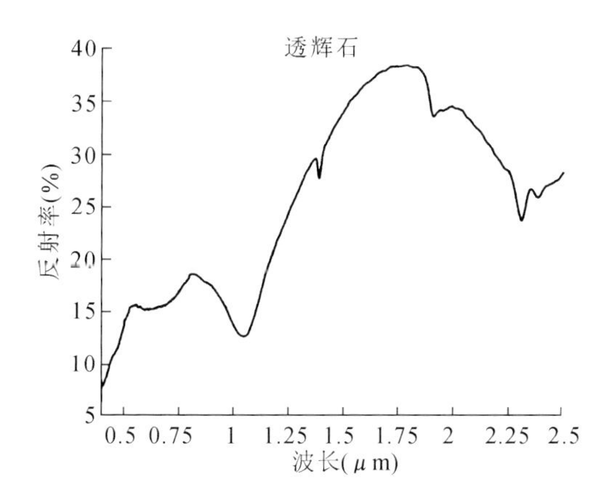

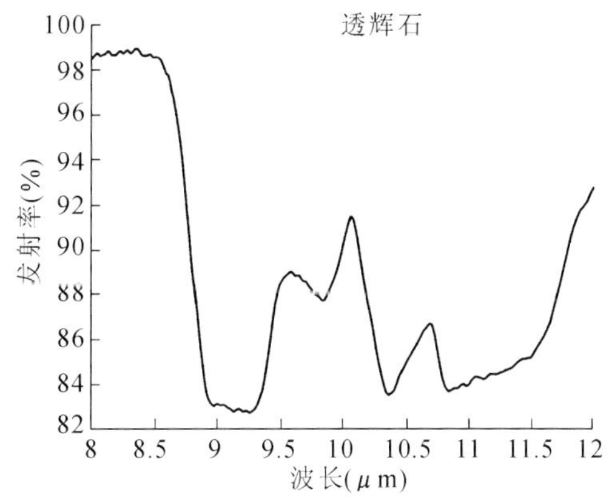

图 1.36 透辉石 0.4～2.5 μm 反射率(左图)和 8～12 μm 发射率(右图)光谱

质岩的主要造岩矿物,在变质岩和接触交代岩石中亦常见到。

光谱数据来自 JPL 和 JHU。可见光—短波红外样品编号:IN-15A(JPL),颗粒大小:0～45 μm;热红外样品编号:augite.1(JHU),颗粒大小:74～250 μm。

光谱分析(图 1.37):在 0.4～2.5 μm 波段,具有 1.0 μm 宽缓吸收特征;在 8～12 μm 波段,具有 Si—O 基团伸缩振动导致的 8.9 μm 明显低峰值特征,10.4 μm、10.9 μm 双低峰值特征。

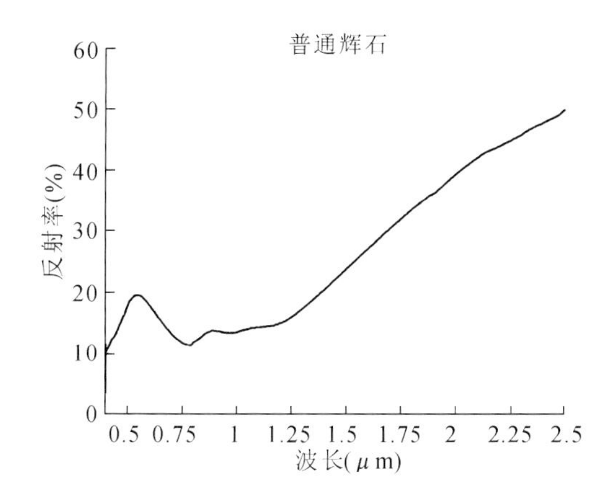

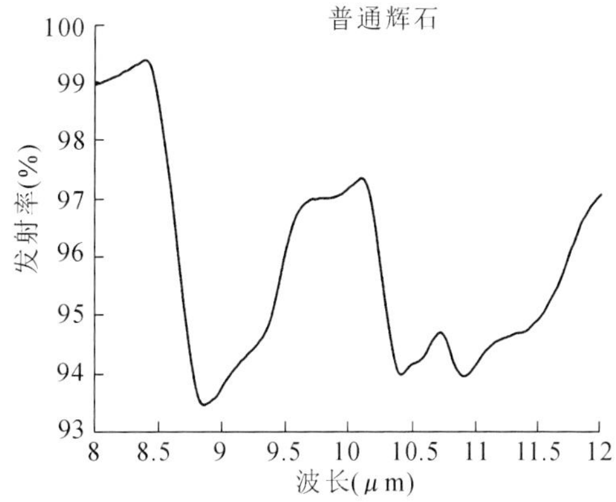

图 1.37 普通辉石 0.4～2.5 μm 反射率(左图)和 8～12 μm 发射率(右图)光谱

(3)硬玉(jadeite),$Na(Al,Fe^{3+})Si_2O_6$,辉石的一种。单斜晶系,通常呈隐晶质致密块体。白色或浅绿至翠绿色。硬度 6.5～7,比重 3.3～3.4。质地坚韧。主要产于碱性变质岩中。翠绿色的硬玉俗称翡翠,是一种名贵的玉石,可雕琢工艺美术品。

光谱数据来自 USGS 和 JHU。可见光—短波红外样品编号:HS343(USGS),颗粒大小:74～250 μm;热红外样品编号:jadeite.1(JHU),颗粒大小:74～250 μm。

光谱分析(图 1.38)：在 0.4～2.5 μm 波段，具有 0.76 μm、1.15 μm 吸收特征；在 8～12 μm波段，具有 Si—O 基团伸缩振动导致的 9.2 μm 明显低峰值特征。

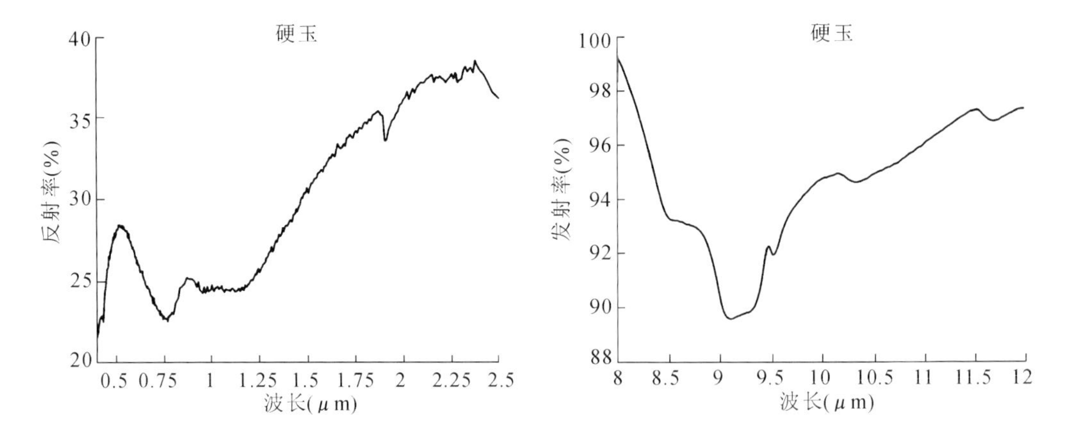

图 1.38　硬玉 0.4～2.5 μm 反射率(左图)和 8～12 μm 发射率(右图)光谱

2)角闪石族

ⅰ.斜方角闪石亚族

直闪石(anthophyllite)，$(Mg,Fe^{2+})_7Si_8O_{22}(OH)_2$，含铝的亚种称为铝直闪石。斜方晶系，通常呈纤维状、石棉状或放射状集合体。白色至淡绿色、褐色，含铁高的呈褐色，玻璃光泽或丝绢光泽。硬度 5.5～6，比重 2.8～3.4。解理平行柱面{110}中等。主要见于富含镁的变质岩中。

光谱数据来自 JPL。样品编号：IN-8A，颗粒大小：125～500 μm。

光谱分析(图 1.39)：在 0.4～2.5 μm 波段，具有 0.9 μm 铁吸收特征，1.38 μm 水吸收特征和 2.30 μm、2.38 μm、2.47 μm 短波红外区羟基吸收特征；在 8～12 μm 波段，具有 Si—O 基团伸缩振动导致的 9.6 μm 明显低峰值特征。

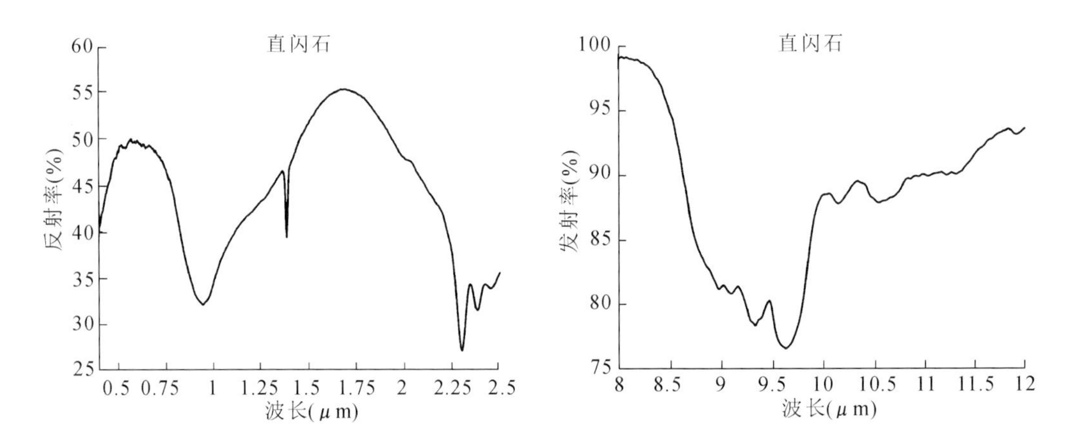

图 1.39　直闪石 0.4～2.5 μm 反射率(左图)和 8～12 μm 发射率(右图)光谱

ⅱ.单斜角闪石亚族

(1)透闪石(tremolite),$Ca_2(Mg,Fe^{2+})_5Si_8O_{22}(OH)_2$,常含铁。单斜晶系,晶体呈长柱状或针状,通常呈放射状或纤维状集合体,呈隐晶质致密块状集合体者称为软玉。白色或浅灰色,玻璃光泽或丝绢光泽。硬度5.5~6,比重2.9~3.0。玻璃平行柱面解理{110}中等。主要产于接触变质灰岩、白云岩中,也见于蛇纹岩中。

光谱数据来自JPL。样品编号:IN-5A,颗粒大小:125~500 μm。

光谱分析(图1.40):在0.4~2.5 μm波段,具有1.03 μm铁吸收特征,1.38 μm水吸收特征和2.12 μm、2.30 μm、2.38 μm、2.47 μm短波红外羟基吸收特征;在8~12 μm波段,具有Si—O基团伸缩振动导致的10.05 μm明显低峰值特征,8.3 μm、9.3 μm、10.8 μm弱低峰值特征。

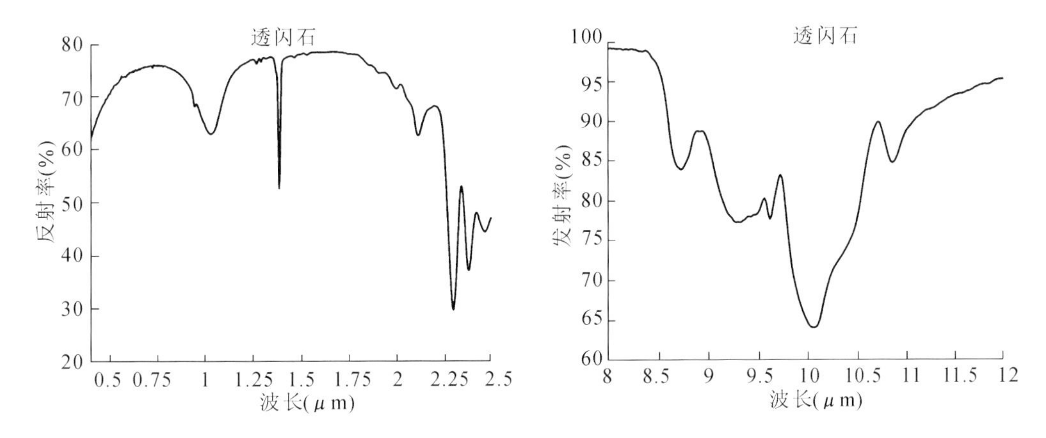

图1.40 透闪石0.4~2.5 μm反射率(左图)和8~12 μm发射率(右图)光谱

(2)阳起石(actinolite),$Ca_2(Mg,Fe^{2+})_5Si_8O_{22}(OH)_2$,与透闪石成类质同象关系,其成分中透闪石分子的含量小于80%,若小于20%时则称为铁阳起石。单斜晶系,晶体呈长柱状或针状,通常呈放射状或纤维状集合体,呈隐晶质致密块状集合体者称为软玉。呈不同程度的绿色,随铁含量的增多而加深,玻璃光泽或丝绢光泽。硬度5.5~6,比重3.0~3.3。解理平行柱面{110}中等。常产于含铁的接触变质矿床和接触变质石灰岩、白云岩中,也常交代基性和中性火成岩中的辉石而呈假象出现,此种具辉石假象的次生阳起石称为纤闪石;此外,还常见于低级区域变质的结晶片岩中。

光谱数据来自JPL。样品编号:IN-4A,颗粒大小:125~500 μm。

光谱分析(图1.41):在0.4~2.5 μm波段,具有0.65 μm、1.03 μm铁吸收特征,1.38 μm水吸收特征和2.12 μm、2.30 μm、2.38 μm、2.47 μm短波红外羟基吸收特征;在8~12 μm波段,具有Si—O基团伸缩振动导致的10.05 μm明显低峰值特征,8.3 μm、9.3 μm、10.8 μm弱低峰值特征。短波红外和热红外波段的光谱特征和透闪石相似。

(3)普通角闪石(hornblende),$Ca_2(Fe^{2+},Mg)_4Al(Si_7Al)O_{22}(OH,F)_2$。单斜晶系,晶体

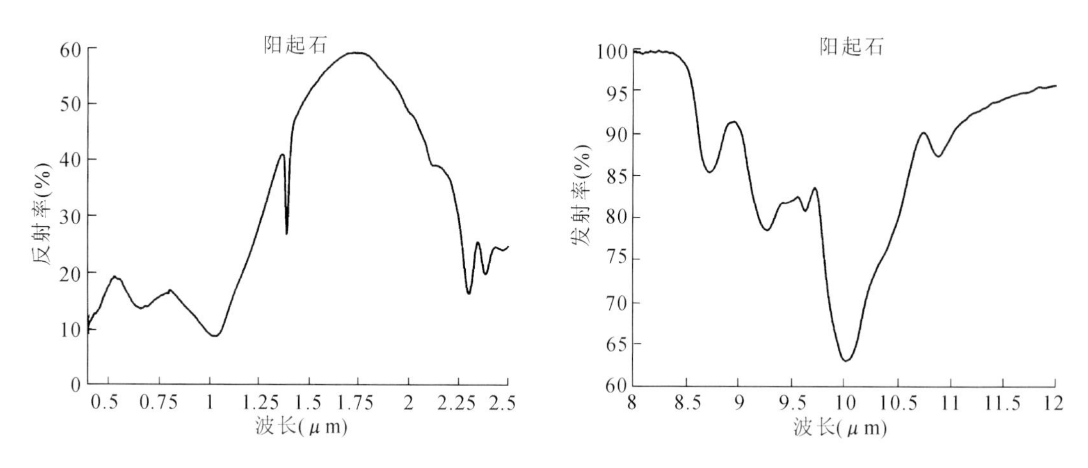

图 1.41　阳起石 0.4～2.5 μm 反射率(左图)和 8～12 μm 发射率(右图)光谱

呈柱状,其横切面为近于成菱形的六边形,以{100}的接触双晶较常见,集合体通常呈粒状或放射状。暗绿、暗褐至黑色,玻璃光泽。硬度 5.5～6,比重 3.11～3.42。解理平行柱面{110}中等。是中性火成岩以及角闪石片岩、角闪石片麻岩、角闪岩等变质岩的主要造岩矿物,也见于花岗岩、辉长石和碱性岩中。

光谱数据来自 USGS 和 JHU。可见光—短波红外样品编号:HS115.3B(USGS),颗粒大小:74～250 μm;热红外样品编号:hornblen.1(JHU),颗粒大小:74～250 μm。

光谱分析(图 1.42):在 0.4～2.5 μm 波段,具有 0.7 μm、1.0 μm 铁吸收特征, 1.38 μm 弱水吸收特征和 2.12 μm、2.30 μm、2.38 μm 短波红外羟基吸收特征;在 8～12 μm 波段,具有 Si—O 基团伸缩振动导致的 9.5 μm、10.2 μm 明显低峰值特征。短波红外的光谱特征和透闪石相似。

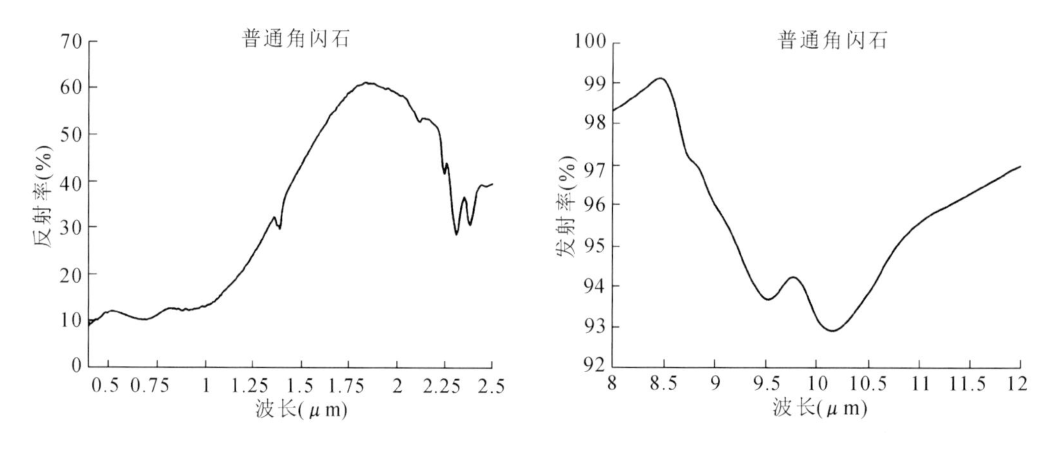

图 1.42　普通角闪石 0.4～2.5 μm 反射率左图和 8～12 μm 发射率(右图)光谱

(4)蓝闪石(glaucophane),$Na_2(Mg,Fe^{2+})_3Al_2Si_8O_{22}(OH)_2$。单斜晶系,晶体呈柱状,

集合体呈粒状、纤维状和放射状。深蓝至黑色，玻璃光泽或丝绢光泽。硬度 6～6.5，比重 3.13。解理平行柱面{110}中等。是在高压低温条件下形成的一种典型的变质矿物，是蓝闪石片岩、云母片岩等的特征矿物。

光谱数据来自 JPL。样品编号：IN-3A，颗粒大小：125～500 μm。

光谱分析(图 1.43)：在 0.4～2.5 μm 波段，具有 0.65 μm 铁吸收特征，1.4 μm、1.9 μm 水吸收特征和 2.31 μm 短波红外羟基吸收特征，在 8～12 μm 波段，具有 Si—O 基团伸缩振动导致的 9.5 μm、10.18 μm 明显低峰值特征，8.55 μm 弱低峰值特征。

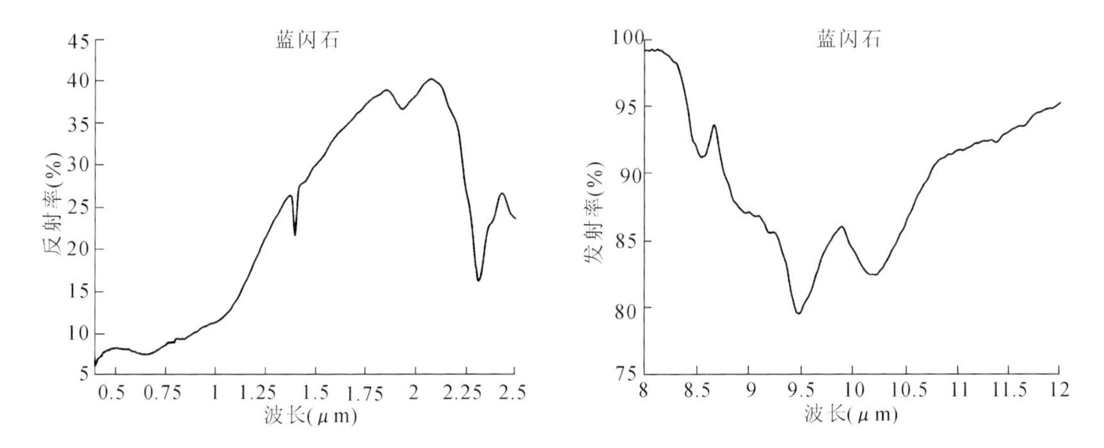

图 1.43 蓝闪石 0.4～2.5 μm 反射率(左图)和 8～12 μm 发射率(右图)光谱

Ⅳ.第四亚类层状结构硅酸盐

1)滑石族

滑石(talc)，$Mg_3Si_4O_{10}(OH)_2$。单斜晶系，通常呈叶片状或致密块状集合体，致密块状者称块滑石。淡绿或白色，微带浅黄色、浅褐色、浅绿色，珍珠光泽。硬度 1，块滑石硬度稍高，比重 2.7～2.8。片状解理平行底面{001}极完全，薄片能弯曲，无弹性，有滑腻感。是富含镁的基性或超基性岩石经过热液蚀变的产物，也有的是由白云岩经热液作用形成；此外，在区域变质中有时形成滑石片岩。对油类有吸附性，主要用于造纸工业，也用于橡胶、纺织工业中作为填充剂和滑润剂。

光谱数据来自 JPL。样品编号：PS-14A，颗粒大小：125～500 μm。

光谱分析(图 1.44)：在 0.4～2.5 μm 波段，具有 1.0 μm 铁宽缓吸收特征，1.4 μm 水吸收特征和 2.12 μm、2.30 μm、2.38 μm、2.46 μm 短波红外羟基吸收特征；在 8～12 μm 波段，具有 Si—O 基团伸缩振动导致的 9.18 μm、9.64 μm 明显双低峰值特征。

2)叶蜡石族

叶蜡石(pyrophyllite)，$Al_2Si_4O_{10}(OH)_2$，常含镁。单斜晶系，通常呈片状、放射状或隐晶质致密块状集合体。灰白色，有时带黄色、绿色、褐色、红色等，玻璃光泽，致密块状体呈蜡状光泽。硬度 1～2，比重 2.66～2.90。解理平行底面{001}极完全，薄片具挠性，有滑腻感。

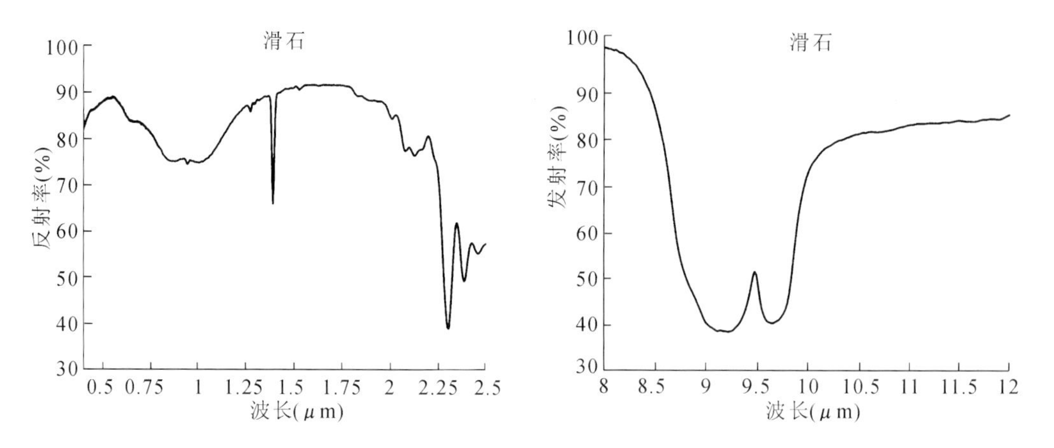

图 1.44　滑石 0.4～2.5 μm 反射率(左图)和 8～12 μm 发射率(右图)光谱

主要由酸性火山岩、凝灰岩经热液蚀变而成,在某些铝质变质岩中也有产出。我国浙江青田的青田石、福建寿山的寿山石,都是白垩纪流纹岩、凝灰岩经热液蚀变形成的。以叶蜡石为主要成分的岩石质地细密,是传统的工艺雕刻石料,还可用于陶瓷、油漆、造纸等工业。

光谱数据来自 JPL。样品编号:PS-7A,颗粒大小:125～500 μm。

光谱分析(图 1.45):在 0.4～2.5 μm 波段,具有 1.0 μm 铁宽缓吸收特征,1.4 μm 水吸收特征和 2.07 μm、2.16 μm、2.31 μm 短波红外羟基吸收特征;在 8～12 μm 波段,具有 Si—O 基团伸缩振动导致的 8.76 μm、9.12 μm 明显双低峰值特征,10.5 μm 低峰值特征。

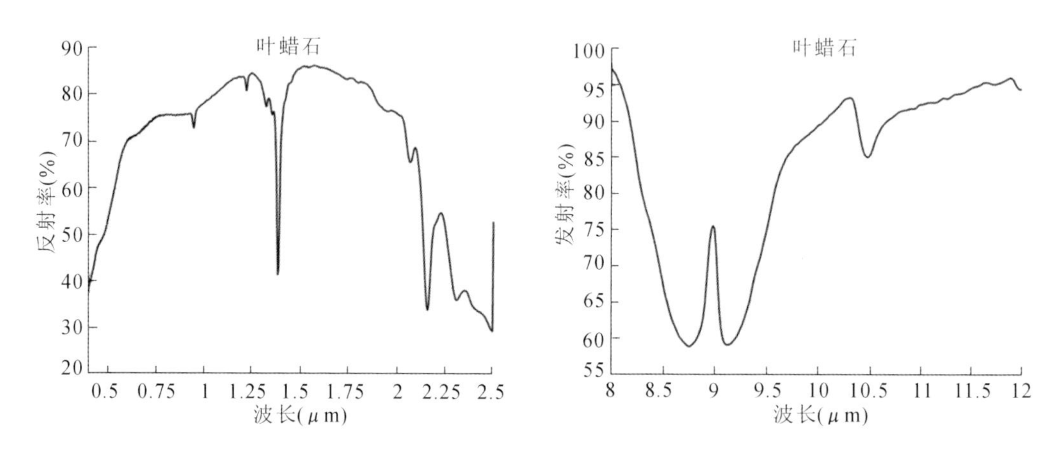

图 1.45　叶蜡石 0.4～2.5 μm 反射率(左图)和 8～12 μm 发射率(右图)光谱

3)云母族

ⅰ.黑云母亚族

(1)黑云母(biotite),$K(Mg,Fe^{2+})_3(Al,Fe^{3+})Si_3O_{10}(OH,F)_2$,单斜晶系,晶体呈假六方片状。黑色或深褐色,玻璃光泽。硬度 2.5～3,比重 3.02～3.12。片状解理平行底面{001}极完全,薄片具弹性。广泛分布于火成岩和结晶片岩、片麻岩中。

光谱数据来自 JPL。样品编号：PS-23A，颗粒大小：125～500 μm。

光谱分析（图 1.46）：在 0.4～2.5 μm 波段，反射逐渐升高，具有 2.33 μm 弱羟基吸收特征；在 8～12 μm 波段，具有 Si—O 基团伸缩振动导致的 9.84 μm 明显低峰值特征。

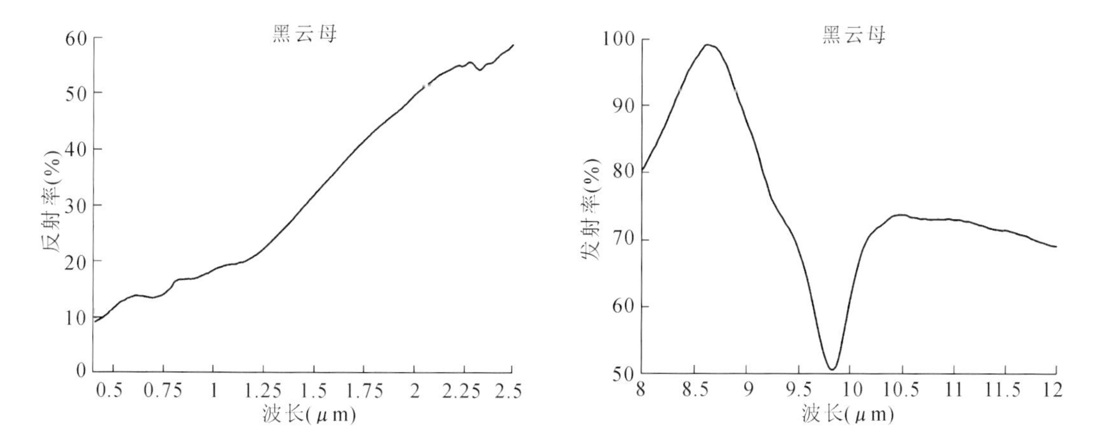

图 1.46 黑云母 0.4～2.5 μm 反射率（左图）和 8～12 μm 发射率（右图）光谱

（2）金云母（phlogopite），$KMg_3Si_3AlO_{10}(F,OH)_2$，常含钠。单斜晶系，晶体呈假六方片状。黄褐色或红褐色，亦有无色或绿色者，玻璃光泽。硬度 2.5～3，比重 2.70～2.85。片状解理平行底面{001}极完全，薄片具弹性。主要是接触交代作用的产物，常见于白云岩与侵入体的接触带；此外，金伯利岩常含金云母。色浅质纯者用作电气工业上的绝缘材料。

光谱数据来自 USGS 和 JPL。可见光—短波红外样品编号：WS675（USGS），颗粒大小：1.5～25 μm；热红外样品编号：PS-23A（JPL），颗粒大小：125～500 μm。

光谱分析（图 1.47）：在 0.4～2.5 μm 波段，具有 2.325 μm、2.375 μm 双吸收特征，1.38 μm、2.245 μm 羟基吸收特征；在 8～12 μm 波段，具有 Si—O 基团伸缩振动导致的 9.08 μm、9.78 μm 明显低峰值特征，8.82 μm 弱低峰值特征。

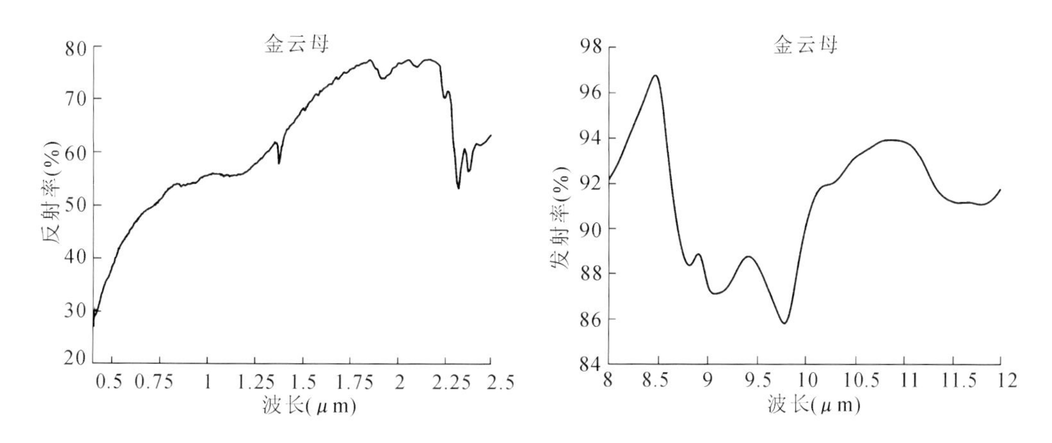

图 1.47 金云母 0.4～2.5 μm 反射率（左图）和 8～12 μm 发射率（右图）光谱

ⅱ.白云母亚族

白云母(Muscovite),$KAl_2(Si_3Al)O_{10}(OH,F)_2$。单斜晶系,晶体呈假六方片状。薄片透明无色,厚时带黄色、绿色、棕色等,玻璃光泽,解理面呈珍珠光泽。硬度 2.5～3,比重 2.76～3.10。片状解理平行底面{001}极完全,薄片具弹性。产于花岗岩、伟晶岩、云英岩、云母片岩中,工业优质白云母则产于花岗伟晶岩中。具有高的电绝缘性、耐热性,极强的抗酸、抗碱、抗压能力,用作电气工业上的绝缘材料;此外,边角料和云母粉还可作建筑材料、造纸、颜料、塑料、橡胶等的填充料。

光谱数据来自 JPL。样品编号:PS-16A,颗粒大小:125～500 μm。

光谱分析(图 1.48):在 0.4～2.5 μm 波段,具有 0.9 μm 铁吸收特征,1.4 μm 水吸收特征,2.195 μm、2.35 μm、2.44 μm 羟基吸收特征;在 8～12 μm 波段,具有 Si—O 基团伸缩振动导致的 9.16 μm、9.60 μm 明显双低峰值特征。

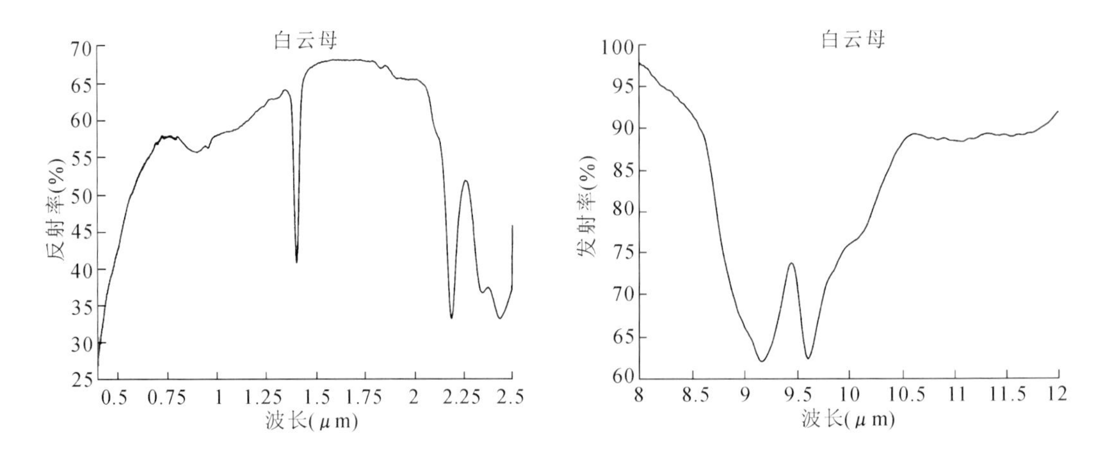

图 1.48　白云母 0.4～2.5 μm 反射率(左图)和 8～12 μm 发射率(右图)光谱

4)伊利石族

伊利石(illite),$(K,Na)(Al,Mg,Fe)_2(Si,Al)_4O_{10}[(OH)_2H_2O]$,水的含量变化很大。单斜晶系,常呈鳞片状块体。白色。不具膨胀性和可塑性。是火成岩、云母片岩、片麻岩等岩石中的云母的风化产物,常见于黏土及黏土质岩石中。可作粗质陶器的材料。

光谱数据来自 JPL。样品编号:PS-11A,颗粒大小:0～45 μm。

光谱分析(图 1.49):在 0.4～2.5 μm 波段,具有 1.4 μm、1.9 μm 水吸收特征,2.2 μm、2.34 μm羟基吸收特征;在 8～12 μm 波段,具有 Si—O 基团伸缩振动导致的 9.48 μm、10.6 μm和 Al—O—H 基团伸缩振动导致的 11.4 μm 低峰值特征。

5)蛭石族

蛭石(vermiculite),$(Mg,Fe^{2+},Al)_3(Al,Si)_4O_{10}(OH)_2 \cdot 4H_2O$。单斜晶系,通常成片状。褐色、黄褐色或古铜色,油脂光泽。硬度 1～1.5,比重 2.4～2.7。片状解理平行{001}完全,薄片具挠性,烧灼后呈银白色,体积可膨胀 18～25 倍。是黑云母、金云母等矿物风化

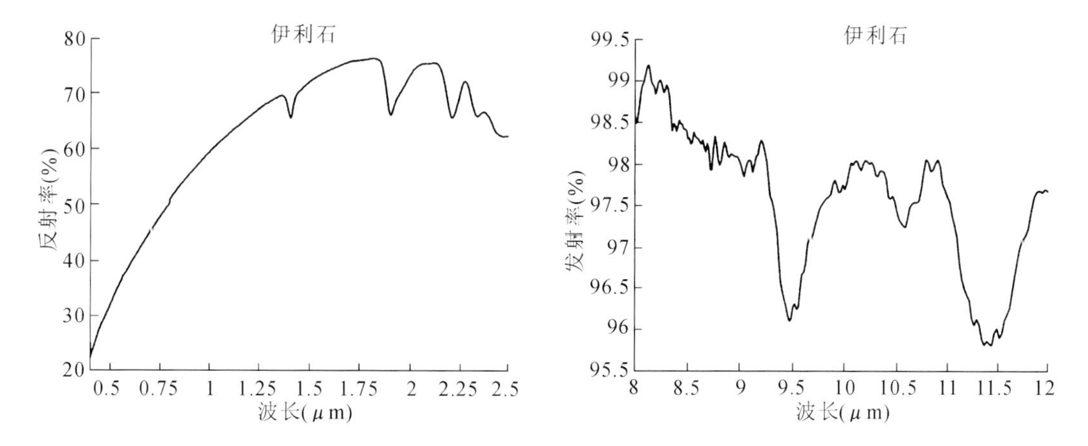

图 1.49 伊利石 0.4～2.5 μm 反射率(左图)和 8～12 μm 发射率(右图)光谱

或热液蚀变的产物。是良好的隔热、隔音材料；此外，可作橡胶、塑料、油漆等工业的填充料，也可作润滑剂和涂饰材料。

光谱数据来自 JPL。样品编号：PS-18A，颗粒大小：125～500 μm。

光谱分析(图 1.50)：在 0.4～2.5 μm 波段，具有 1.0 μm 铁弱宽缓吸收特征，1.4 μm、1.9 μm水吸收特征，2.32 μm 羟基吸收特征；在 8～12 μm 波段，具有 Si—O 基团伸缩振动导致的 9.9 μm 和 Al—O—H 基团伸缩振动导致的 11.15 μm 低峰值特征。

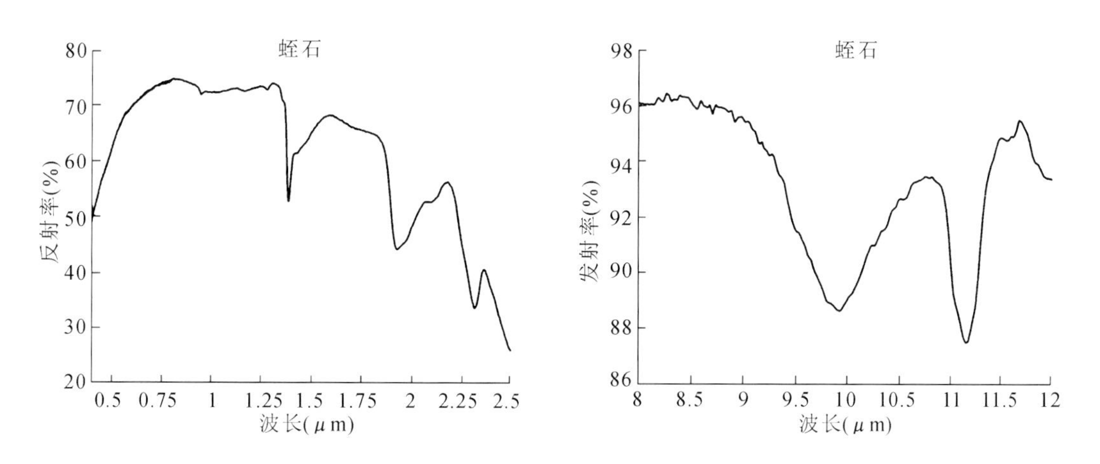

图 1.50 蛭石 0.4～2.5 μm 反射率(左图)和 8～12 μm 发射率(右图)光谱

6)绿泥石族

绿泥石(chlorite)。单斜晶系，晶体呈假六方片状或板状，少数呈桶状，但晶体少见，常呈鳞片状集合体。暗色随成分变化；富含镁的绿泥石为浅蓝绿色，铁含量增多时则颜色加深；含锰的绿泥石呈橘红到浅褐色；含铬的绿泥石呈浅紫到玫瑰色；条痕无色，透明，玻璃光泽。硬度 2～2.5，相对密度随铁含量增加而增加，为 2.680～3.40。本族矿物分布很广，其生成与低温热液作用、浅变质作用和沉积作用有关。富镁的绿泥石(常见的绿泥石)产于低级区域变质岩及低温热液蚀变岩中,或在岩石的裂隙中形成绿泥石细脉;富铁的绿泥石主要产于沉积铁矿中,与菱铁矿、黄铁矿、赤铁矿等共生。

光谱数据来自 JPL。样品编号:PS-12E,颗粒大小:45～125 μm。

光谱分析(图 1.51):在 0.4～2.5 μm 波段,具有 0.52 μm 反射峰,0.73 μm、0.9 μm 铁吸收特征,短波红外 2.33 μm 吸收特征,2.25 μm 弱吸收特征;在 8～12 μm 波段,具有 Si—O 基团伸缩振动导致的 9.73 μm 明显低峰值特征。

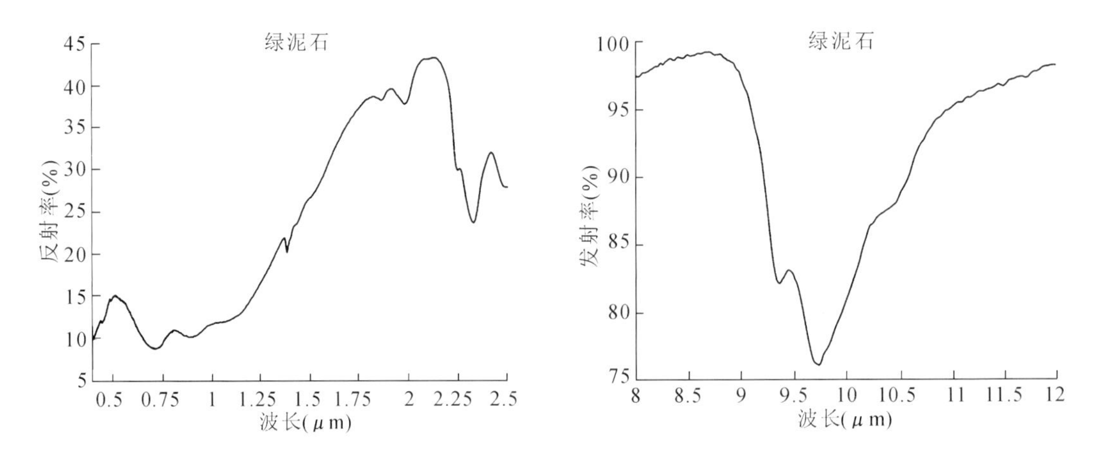

图 1.51　绿泥石 0.4～2.5 μm 反射率(左图)和 8～12 μm 发射率(右图)光谱

7)海绿石族

海绿石(glauconite),$(K,Na)(Fe^{3+},Al,Mg)_2(Si,Al)_4O_{10}(OH)_2$,各组分含量变化大。单斜晶系,常呈细小球粒或鲕状体分散于硅质或黏土质碳酸盐岩中,或呈细粒状集合体。暗绿至黑绿色,无光泽。硬度 2～3,比重 2.2～2.8。是外生成因的矿物,产于浅海相沉积岩和近代海底沉积物中,是铝硅酸盐碎屑的海底分解产物。可作钾肥原料。

光谱数据来自 JPL。样品编号:PS-19A,颗粒大小:125～500 μm。

光谱分析(图 1.52):在 0.4～2.5 μm 波段,具有铁的强宽缓吸收特征, 1.9 μm 水吸收特征,2.3 μm、2.36 μm 羟基双峰吸收特征;在 8～12 μm 波段,具有 Si—O 基团伸缩振动导致的 9.5 μm 明显低峰值特征。

8)高岭石族

高岭石(kaolinite),$Al_2Si_2O_5(OH)_4$。单斜或三斜晶系,晶体在电子显微镜下可见,呈细小的假六方片状,通常呈土状块体产出。纯净者白色,常因含有各种杂质而染有不同颜色,含有机质者呈黑色,光泽暗淡。硬度约 1,比重约 2.6。断口平坦状。干燥时黏舌,以手易捏成粉末,潮湿时具可塑性。主要是外生成因的,是正长石、云母等铝硅酸盐矿物的风化产物;此外,还有热液交代成因,为某些低温热液矿床的围岩蚀变的产物。是陶瓷和电瓷工业中的重要材料,可作造纸、橡胶、油漆等工业中的填充料。

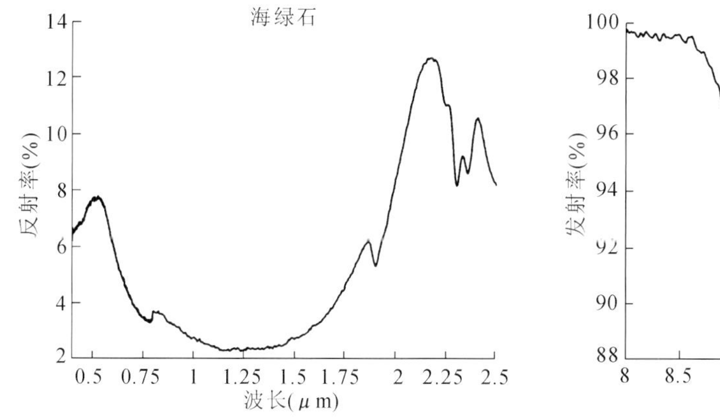

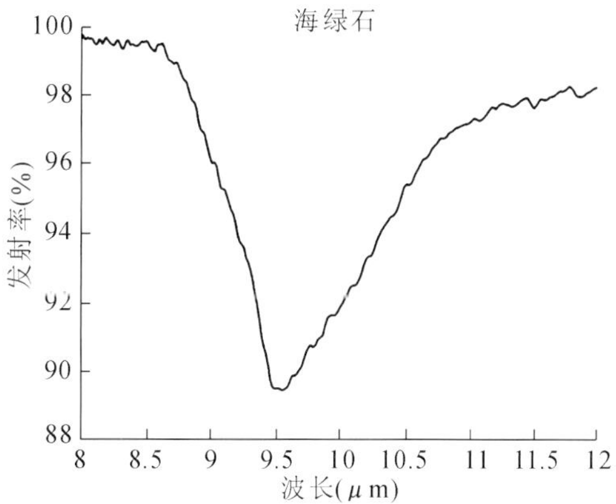

图 1.52　海绿石 0.4～2.5 μm 反射率(左图)和 8～12 μm 发射率(右图)光谱

光谱数据来自 JPL。样品编号:PS-19A,颗粒大小:125～500 μm。

光谱分析(图 1.53):在 0.4～2.5 μm 波段,具有 1.4 μm、1.9 μm 水吸收特征,2.16 μm、2.205 μm羟基不对称双峰吸收特征,前者弱后者强;在 8～12 μm 波段,具有 Si—O 基团伸缩振动导致的 8.78 μm、9.32 μm、10.14 μm 和 Al—O—H 基团伸缩振动导致的 11.5 μm 低峰值特征。

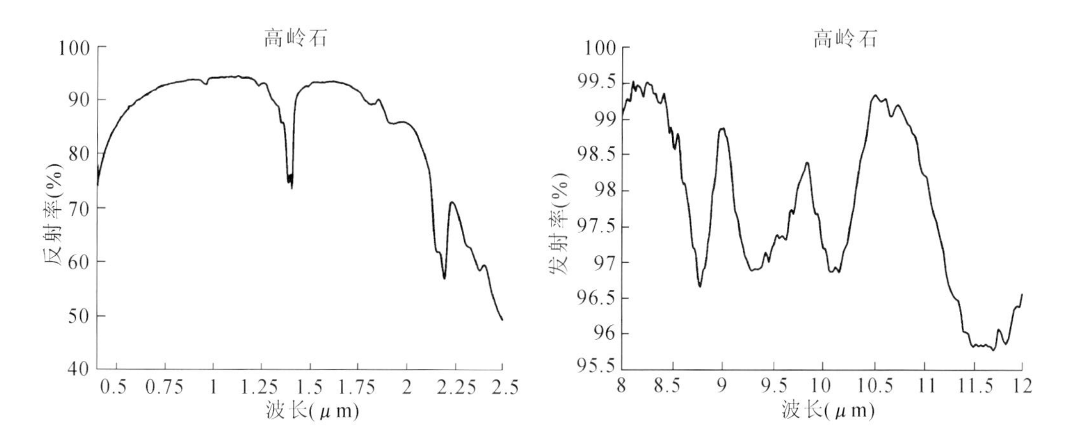

图 1.53　高岭石 0.4～2.5 μm 反射率(左图)和 8～12 μm 发射率(右图)光谱

9)蒙脱石族

蒙脱石(montmorillonite),$(Na,Ca)_{0.33}(Al,Mg)_2Si_4O_{10}(OH)_2 \cdot H_2O$,又称微晶高岭石或胶岭石,水的含量变化很大。单斜晶系,通常呈土状块体。白色,有时带浅红色、浅绿色,光泽暗淡。硬度 1,比重约 2。吸水后其体积能膨胀增大几倍,具有很强的吸附力和阳离子交换性能。主要是火山凝灰岩经风化作用的产物,是膨润土和漂白土的主要组成成分。可用于石油、纺织、橡胶、陶瓷等工业。

光谱数据来自 JPL。样品编号:PS-2B,颗粒大小:0～45 μm。

光谱分析(图 1.54):在 0.4～2.5 μm 波段,具有 1.4 μm、1.9 μm 水吸收特征,2.205 μm 铝羟基吸收特征;在 8～12 μm 波段,具有 Si—O 基团伸缩振动导致的 9.5 μm、10.4 μm 和 Al—O—H 基团伸缩振动导致的 11.4 μm 低峰值特征。

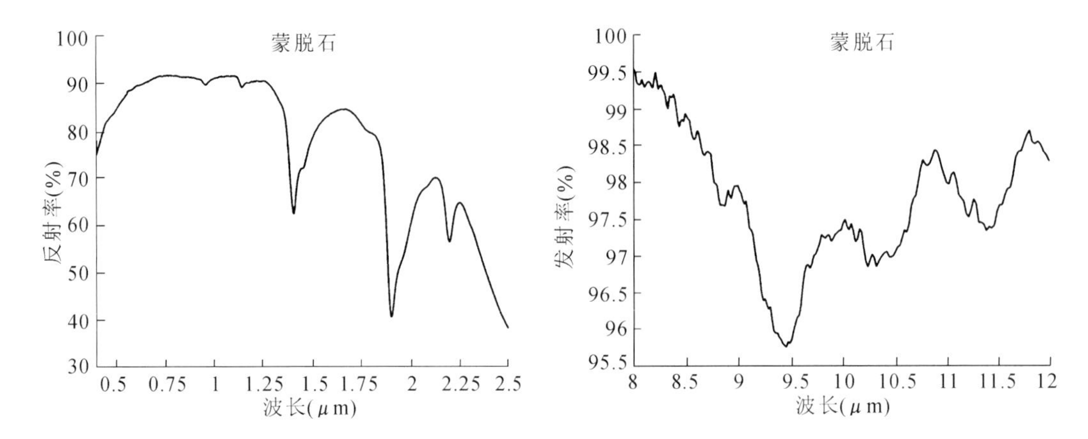

图 1.54　蒙脱石 0.4～2.5 μm 反射率(左图)和 8～12 μm 发射率(右图)光谱

10)蛇纹石族

蛇纹石(serpentine),$Mg_6(Si_4O_{10})(OH)_4$,具有和高岭石相似的 TO 型层状结构。蛇纹石的生成与热液交代(约相当于中温热液)有关,富含镁的岩石如超基性岩(橄榄岩、辉石岩)或白云岩经热液交代作用可形成蛇纹石;在矽卡岩化作用的后期往往有蛇纹石生成;蛇纹石矿物之间区分比较困难,主要是根据形态,如果区分不开,就只好用蛇纹石这个统称,然后做进一步鉴定。蛇纹石用途十分广泛。

光谱数据来自 JPL。样品编号:PS-20A,颗粒大小:45～125 μm。

光谱分析(图 1.55):在 0.4～2.5 μm 波段,具有 0.45 μm、0.65 μm 三价铁吸收特征,具有 1.4 μm、1.9 μm 水吸收特征,0.94 μm、1.28 μm、2.12 μm 和 2.33 μm 镁羟基吸收特征;在8～12 μm波段,具有 Si—O 基团伸缩振动导致的 9.19 μm、10.0 μm 低峰值特征,以 10.0 μm低峰值特征为主。

Ⅴ.第五亚类架状结构硅酸盐

1)长石族

ⅰ.正长石亚族

(1)透长石[sanidine(feldspar)],$(K,Na)AlSi_3O_8$。无色透明。其肉眼鉴定特征与正长石相似。光性上光轴面平行{010}的透长石特称为高温透长石,它是在很高温度下快速结晶形成的。透长石一般产于酸性和碱性喷出岩中或近地表浅成岩中。

光谱数据来自 JPL。样品编号:TS-14A,颗粒大小:0～45 μm。

光谱分析(图 1.56):在 0.4～2.5 μm 波段,纯净的矿物无明显吸收特征,由于含包体水

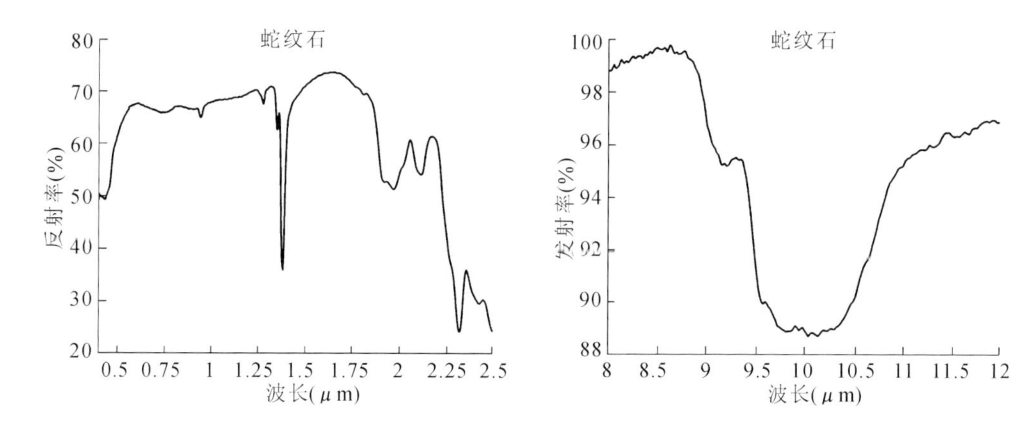

图 1.55　蛇纹石 0.4～2.5 μm 反射率(左图)和 8～12 μm 发射率(右图)光谱

具有 1.4 μm、1.9 μm 水吸收特征,蚀变引起 2.2 μm 铝羟基吸收特征;在 8～12 μm 波段,具有 Si—O 基团伸缩振动导致的 8.6 μm、9.5 μm、11.6 μm 低峰值特征。

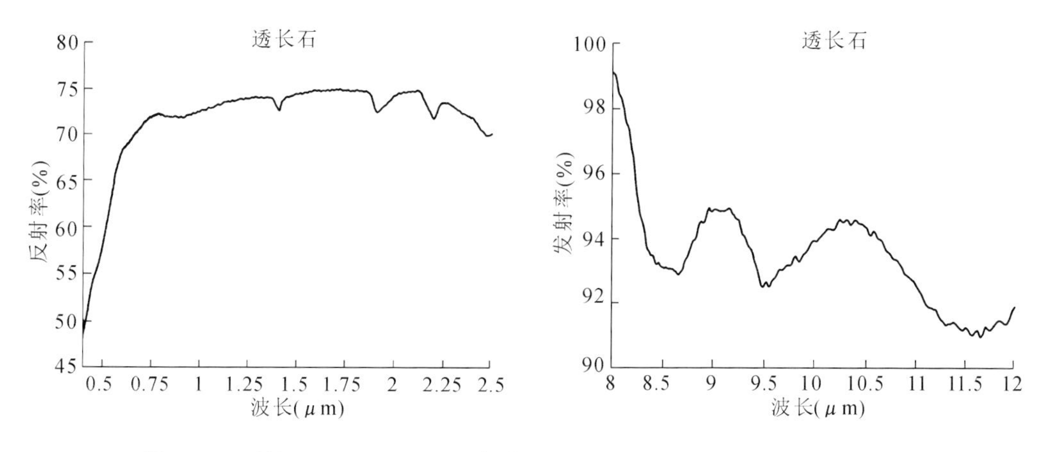

图 1.56　透长石 0.4～2.5 μm 反射率(左图)和 8～12 μm 发射率(右图)光谱

(2)正长石[orthoclase (feldspar)],(K,Na)$AlSi_3O_8$。单斜晶系,晶体呈短柱状或厚板状,双晶常见,主要为卡尔斯巴律的贯穿双晶或接触双晶,也有呈粒状或块状集合体的。多呈肉红色,或呈黄褐色、灰白色等,玻璃光泽。硬度 6～6.5,比重 2.57。解理平行{001}和{010}完全,解理交角 90°。正长石产于酸性和碱性以及部分中性火成岩中,是某些片麻岩的主要矿物,在长石砂岩等碎屑岩中也有正长石存在。用作绝缘电瓷和瓷器釉药的材料以及玻璃和搪瓷的配料,并可用以制造钾肥。

光谱数据来自 JPL。样品编号:TS-12A,颗粒大小:125～500 μm。

光谱分析(图 1.57):在 0.4～2.5 μm 波段,纯净的矿物无明显吸收特征,由于含包体水具有 1.4 μm、1.9 μm 水吸收特征,蚀变引起 2.2 μm 铝羟基吸收特征,铁杂质引起 1.0 μm 宽缓弱吸收特征;在 8～12 μm 波段,具有 Si—O 基团伸缩振动导致的 8.7 μm、9.5 μm 低峰值特征。

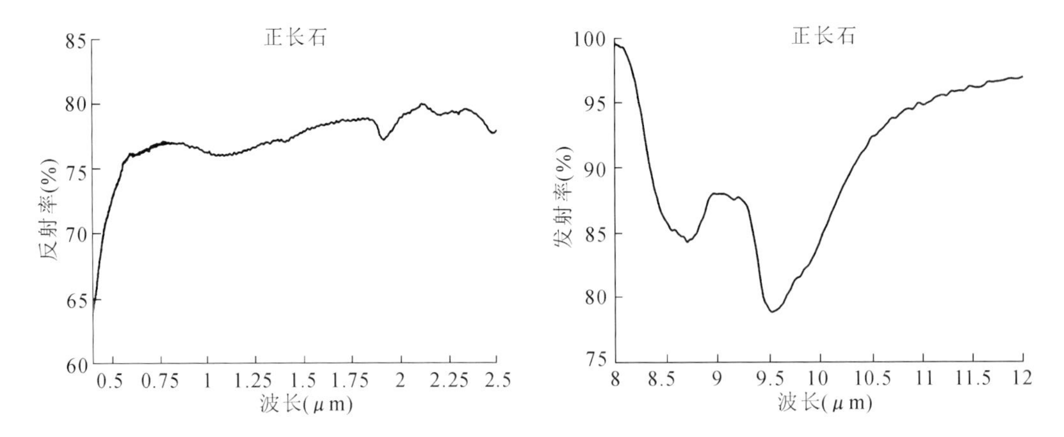

图 1.57　正长石 0.4～2.5 μm 反射率(左图)和 8～12 μm 发射率(右图)光谱

(3)微斜长石[microcline (feldspar)],(K,Na)$AlSi_3O_8$。三斜晶系,其轴角可在一定范围内变化,从而区分为最大微斜长石与中微斜长石,经常具有以钠长石律和肖钠长石律两组近乎正交的聚片双晶所形成的格子状双晶。两组解理交角近于 90°,仅差 20°,其他肉眼鉴定特征与正长石相似;微斜长石的产状也与正长石相同,但在侵入岩中它比正长石分布更为普遍。用途同"正长石",富含铷和铯的亚种称为天河石,呈绿色,产于伟晶岩中,可作为提取铷和铯的矿物原料,并用于装饰石料。

光谱数据来自 JPL。样品编号:TS-17A,颗粒大小:125～500 μm。

光谱分析(图 1.58):在 0.4～2.5 μm 波段,纯净的矿物无明显吸收特征,由于含包体水具有 1.4 μm、1.9 μm 水吸收特征,蚀变引起 2.2 μm 铝羟基吸收特征;在 8～12 μm 波段,具有 Si—O 基团伸缩振动导致的 8.7 μm、9.5 μm 低峰值特征。

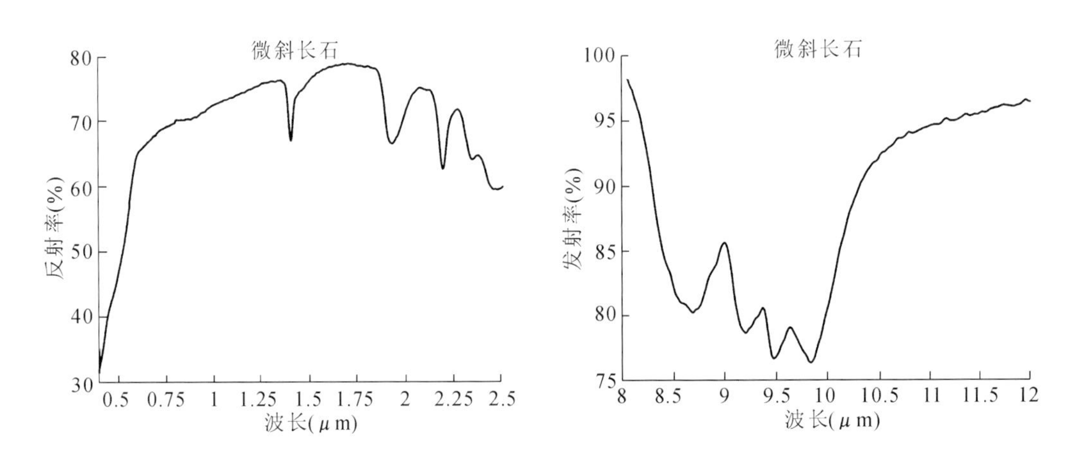

图 1.58　微斜长石 0.4～2.5 μm 反射率(左图)和 8～12 μm 发射率(右图)光谱

ⅱ.斜长石亚族

斜长石(plagioclase),由钠长石分子 $NaAlSi_3O_8$ 和钙长石分子 $CaAl_2Si_2O_8$ 两种组分(前者用 Ab 表示;后者用 An 表示)组成的类质同象系列矿物的总称。按两种组分含量比例(%)的不同分为 6 个矿物种:钠长石($An_{0\sim10}Ab_{100\sim90}$)、奥长石(又称更长石,$An_{10\sim30}Ab_{90\sim70}$)、中长石($An_{30\sim50}Ab_{70\sim50}$)、拉长石($An_{50\sim70}Ab_{50\sim30}$)、培长石($An_{70\sim90}Ab_{30\sim10}$)和钙长石($An_{90\sim100}Ab_{10\sim0}$)。按它们的 SiO_2 含量由高到低还可划分为酸性斜长石(前 2 种)、中性斜长石(中长石)、基性斜长石(后 3 种)。斜长石的成分还常用所含 An 组分的摩尔百分数表示,称为斜长石的牌号,如成分为 $An_{18}Ab_{80}$ 的奥长石,其牌号为 18。许多斜长石晶体的内核与外缘的牌号不同,形成环带状斜长石。斜长石属三斜晶系,晶体呈板状或扁柱状,聚片双晶极为常见,晶面及解理面上有的可见双晶条纹,集合体呈粒状或块状。白色至暗灰色,玻璃光泽。莫氏硬度 6~6.5,比重 2.61~2.76。鉴别需借助偏光显微镜。斜长石占全部长石总量的 70%,是构成火成岩的最主要矿物。不同种的斜长石分别存在于酸性、中性和基性火成岩中,钠长石是碱性火成岩的重要矿物成分,较高温度、较迅速结晶条件下形成高温斜长石,反之,则形成低温斜长石。

(1)钠长石(albite),斜长石的一种。产于伟晶岩中而成片状集合体的亚种,称为叶钠长石。柱状晶体沿 b 轴伸长的亚种称为肖钠长石,呈乳白色,形成于低温条件下。钠长石用作瓷器釉药的材料及玻璃和搪瓷的配料,详见“斜长石”。

光谱数据来自 JPL。样品编号:TS-6A,颗粒大小:125~500 μm。

光谱分析(图 1.59):在 0.4~2.5 μm 波段,纯净的矿物无明显吸收特征,由于含包体水具有 1.4 μm、1.9 μm 水吸收特征,蚀变引起 2.2 μm 羟基吸收特征,铁杂质引起 1.3 μm 吸收特征;在 8~12 μm 波段,具有 Si—O 基团伸缩振动导致的 8.7 μm、9.8 μm 低峰值特征。

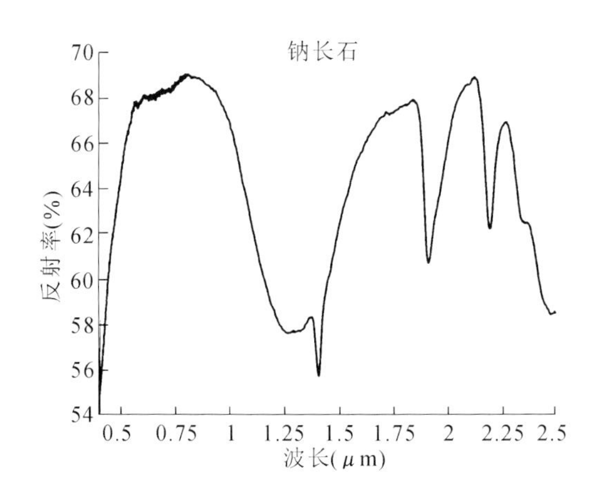

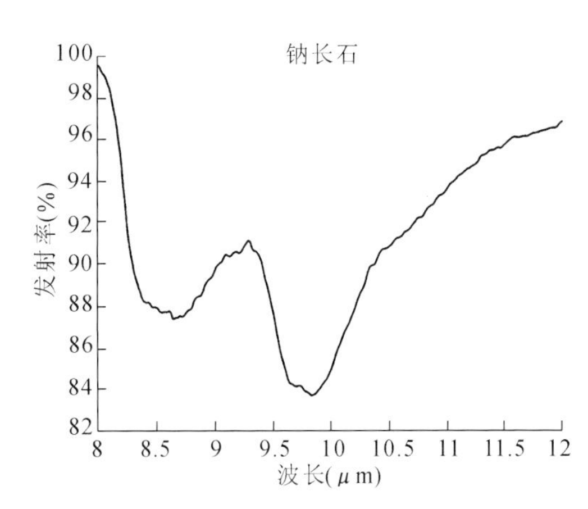

图 1.59 钠长石 0.4~2.5 μm 反射率(左图)和 8~12 μm 发射率(右图)光谱

(2)钙长石(anorthite),斜长石的一种,详见“斜长石”。

光谱数据来自 JPL。样品编号:TS-5A,颗粒大小:125~500 μm。

光谱分析(图 1.60):在 0.4～2.5 μm 波段,纯净的矿物无明显吸收特征,由于含包体水具有 1.4 μm、1.9 μm 水吸收特征,蚀变引起 2.35 μm 羟基吸收特征,铁杂质引起 0.87 μm、1.16 μm吸收特征;在 8～12 μm 波段,具有 Si—O 基团伸缩振动导致的 8.7 μm、9.6 μm、10.7 μm低峰值特征。

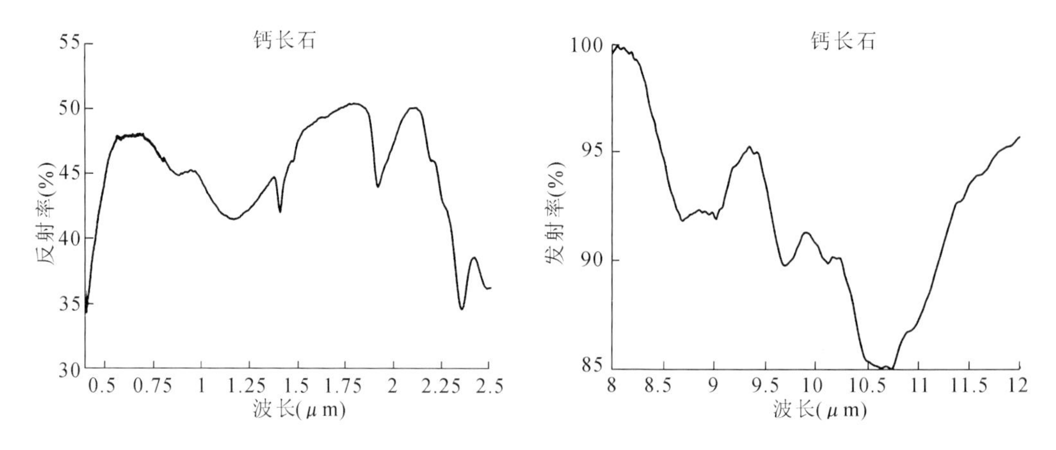

图 1.60　钙长石 0.4～2.5 μm 反射率(左图)和 8～12 μm 发射率(右图)光谱

2)霞石族

霞石(nepheline),(Na,K)$AlSiO_4$。六方晶系,晶体呈短柱状,通常呈粒状或致密块状集合体。无色或白色,有时带淡黄色、淡褐色,玻璃光泽,断口呈油脂光泽;其浅色不透明而油脂光泽显著的称脂光石。硬度 5～6,比重 2.6。解理平行柱面{1010}及底面{0001}不完全。是碱性火成岩中的主要矿物。用于制造玻璃和陶瓷,也可作炼铝的原料。

光谱数据来自 JPL 和 JHU。样品编号:TS-16A(JPL),颗粒大小:125～500 μm;样品编号:nephel.2(JHU),颗粒大小:75～250 μm。

光谱分析(图 1.61):在 0.4～2.5 μm 波段,纯净的矿物无明显吸收特征,由于含包体水具有 1.4 μm、1.9 μm 水吸收特征,蚀变引起 2.2 μm 羟基吸收特征;在 8～12 μm 波段,具有 Si—O 基团伸缩振动导致的 9.0 μm、9.8 μm 低峰值特征。

3)沸石族

方沸石(analcime),$NaAlSi_2O_6 \cdot H_2O$。等轴晶系,常呈四角三八面体。无色、白色、灰色或淡红色,玻璃光泽。硬度 5～5.5,比重 2.22～2.29。解理{100}不完全。产于碱性及基性火成岩中,也可以因热液作用形成于岩石的气孔或裂隙中。

光谱数据来自 JPL。样品编号:TS-18A,颗粒大小:0～45 μm。

光谱分析(图 1.62):在 0.4～2.5 μm 波段,具有 1.4 μm、1.9 μm 水吸收特征,蚀变引起 2.2 μm 吸收特征;在 8～12 μm 波段,具有 Si—O 基团伸缩振动导致的 9.5 μm、11.4 μm 低峰值特征。

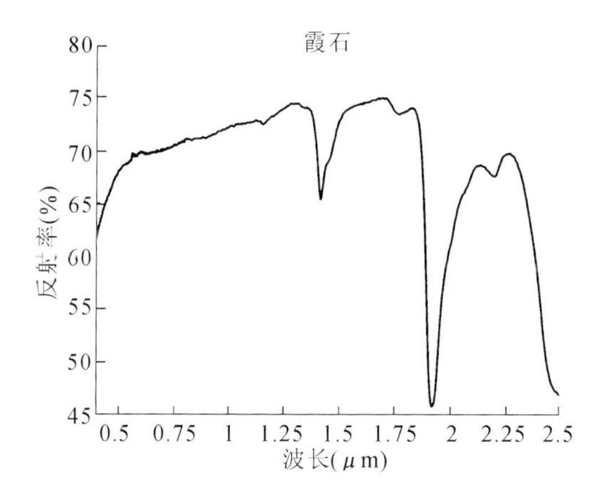

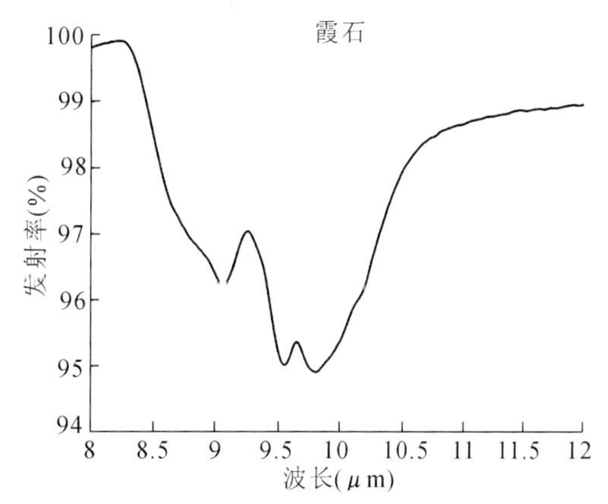

图 1.61 霞石 0.4～2.5 μm 反射率(左图)和 8～12 μm 发射率(右图)光谱

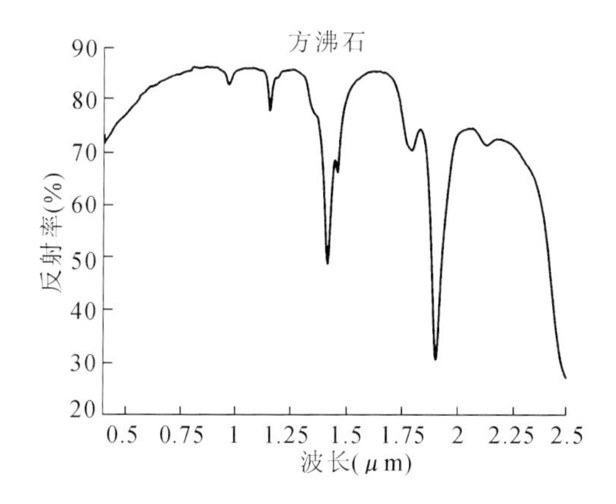

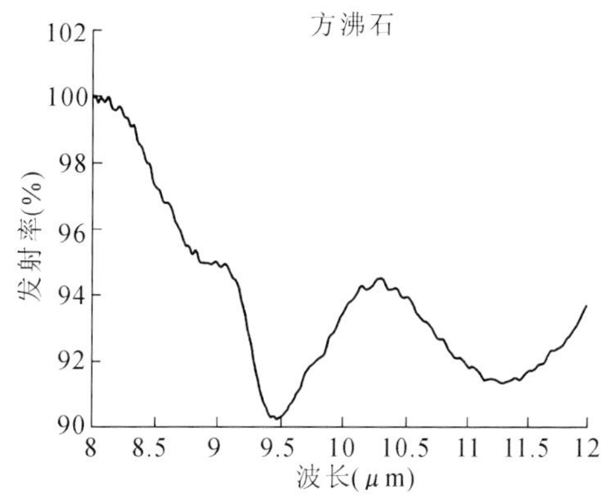

图 1.62 方沸石 0.4～2.5 μm 反射率(左图)和 8～12 μm 发射率(右图)光谱

2.碳酸盐矿物

1)方解石族

(1)方解石(calcite),$CaCO_3$,常含镁、铁、锰、锌等。三方晶系,晶体常呈复三方偏三角面体及菱面体,以{0001}的底面双晶及{0112}的负菱面双晶常见,且多为聚片双晶,集合体呈晶簇、粒状、钟乳状、鲕状、致密块状或泉华状等。无色或白色,但常因含其他杂质而染成各种颜色,其中纯净无色透明者称为冰洲石,玻璃光泽。硬度 3,比重 2.6～2.8。解理平行菱面体{1011}完全,遇冷稀盐酸剧烈起泡。形成于各种地质作用,在自然界分布很广,是组成石灰岩的主要成分。是制造水泥、电石等的原料,冰洲石是重要光学器件的制作材料。

光谱数据来自 JPL。样品编号:C-3A,颗粒大小:125～500 μm。

光谱分析(图 1.63):在 0.4～2.5 μm 波段,具有碳酸根的倍频或合频谱带 2.16 μm、2.33 μm,由于含水导致 1.4 μm、1.9 μm 吸收特征;在 8～12 μm 波段,具有碳酸根基团内部基谐振动引起的 11.23 μm 低峰值特征。

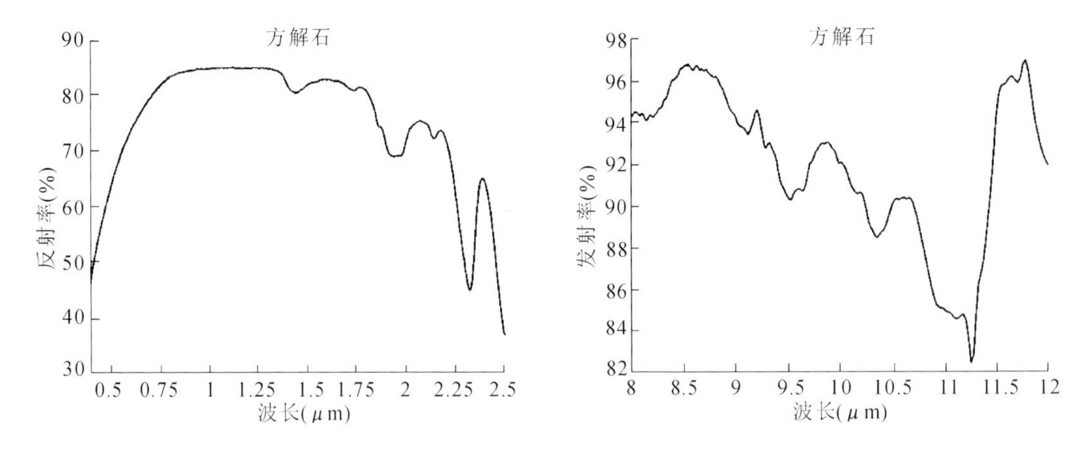

图 1.63　方解石 0.4～2.5 μm 反射率(左图)和 8～12 μm 发射率(右图)光谱

(2)菱镁矿(magnesite),$MgCO_3$,常含铁、锰、钙等。三方晶系,晶体很少见,通常呈粒状集合体或陶瓷状致密块体。白色、灰色或黄色。硬度 4～4.5,比重 2.9～3.1。解理平行菱面体{1011}完全,陶瓷状致密块体具贝壳状断口。主要是热液作用产物,含镁热液可以交代白云岩和白云质石灰岩形成菱镁矿,含碳酸热液与超基性岩作用也可以形成菱镁矿。主要用于冶金工业上的耐火材料,也用以提制金属镁。

光谱数据来自 JPL。样品编号:C-6A,颗粒大小:125～500 μm。

光谱分析(图 1.64):在 0.4～2.5 μm 波段,具有碳酸根的倍频或合频谱带 2.31 μm;在 8～12 μm 波段,具有碳酸根基团内部基谱振动引起的 11.03 μm 低峰值特征。

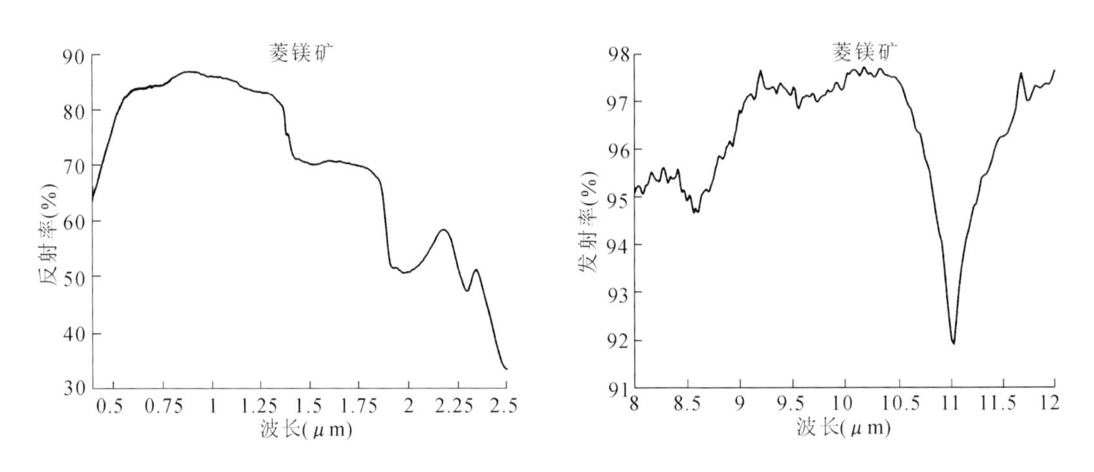

图 1.64　菱镁矿 0.4～2.5 μm 反射率(左图)和 8～12 μm 发射率(右图)光谱

(3)菱铁矿(siderite),$FeCO_3$。三方晶系,晶体呈菱面体,晶面往往弯曲,集合体呈粒状、块状或结核状。浅褐色,但由于所含低价铁易于氧化,致使颜色转变为深褐色、黑褐色,玻璃光泽。硬度 3.5～4.5,比重 3.9。解理平行菱面体{1011}完全。热液成因和外生沉积成因,后者常产于煤系地层内，并具结核状等形态特征。是炼铁的矿物原料。

光谱数据来自JPL。样品编号：C-9A，颗粒大小：125～500 μm。

光谱分析(图1.65)：在0.4～2.5 μm波段，具有碳酸根的倍频或合频谱带2.33 μm，1.1 μm明显宽缓铁吸收特征；在8～12 μm波段，具有碳酸根基团内部基谱振动引起的11.4 μm低峰值特征，可能由于含有石英导致8.36 μm、9.06 μm低峰值特征。

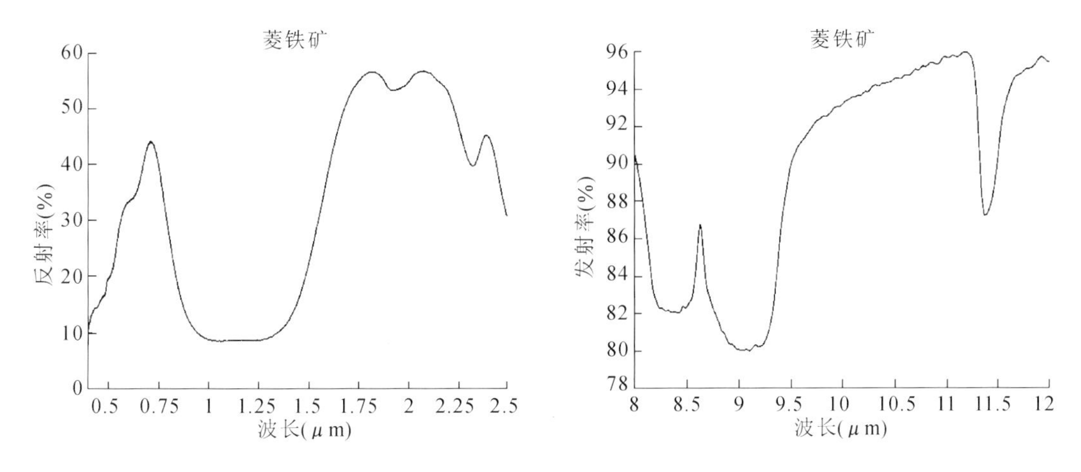

图1.65 菱铁矿0.4～2.5 μm反射率(左图)和8～12 μm发射率(右图)光谱

(4)菱锰矿(rhodochrosite)，$MnCO_3$。三方晶系，晶体呈菱面体，通常呈粒状、块状或结核状。玫瑰色，容易氧化而转变成黑褐色，玻璃光泽。硬度3.5～4.5，比重3.6～3.7。解理平行菱面体{1011}完全。由内生作用和外生作用形成，前者见于某些热液矿床和接触交代矿床中，后者大量分布于沉积锰矿床中。是炼锰的重要矿物原料。

光谱数据来自JPL。样品编号：C-8A，颗粒大小：125～500 μm。

光谱分析(图1.66)：在0.4～2.5 μm波段，具有碳酸根的倍频或合频谱带1.90 μm、2.0 μm、2.17 μm、2.36 μm的吸收特征明显，其他较弱，具有0.44 μm、0.55 μm锰离子电子过程吸收特征；在8～12 μm波段，具有碳酸根基团内部基谱振动引起的11.4 μm低峰值特征，可能由于含有石英导致8.36 μm、9.06 μm低峰值特征。

(5)白云石(dolomite)，$CaMg(CO_3)_2$，常含铁、锰。三方晶系，晶体呈菱面体，晶面常弯曲呈马鞍状，有时可见以{0221}的聚片双晶，集合体通常呈粒状。灰白色，有时微带浅黄色、浅褐色、浅绿色，玻璃光泽。硬度3.5～4，比重2.8～2.9。解理平行菱面体{1011}完全，遇冷稀盐酸缓慢起泡。是组成白云岩的主要矿物成分。主要为外生成因，可以是潟湖盆地中的沉积物，也可以是早期的碳酸钙沉积受含镁溶液的作用置换部分钙而形成，此外，也出现于一些热液矿脉中。在冶金工业中，用作碱性耐火材料和高炉炼铁的溶剂，部分用来制取金属镁。在化学工业中用以制造钙镁磷肥、硫酸镁等。此外，还可作陶瓷、玻璃配料和建筑石料。

光谱数据来自JPL。样品编号：C-5A，颗粒大小：125～500 μm。

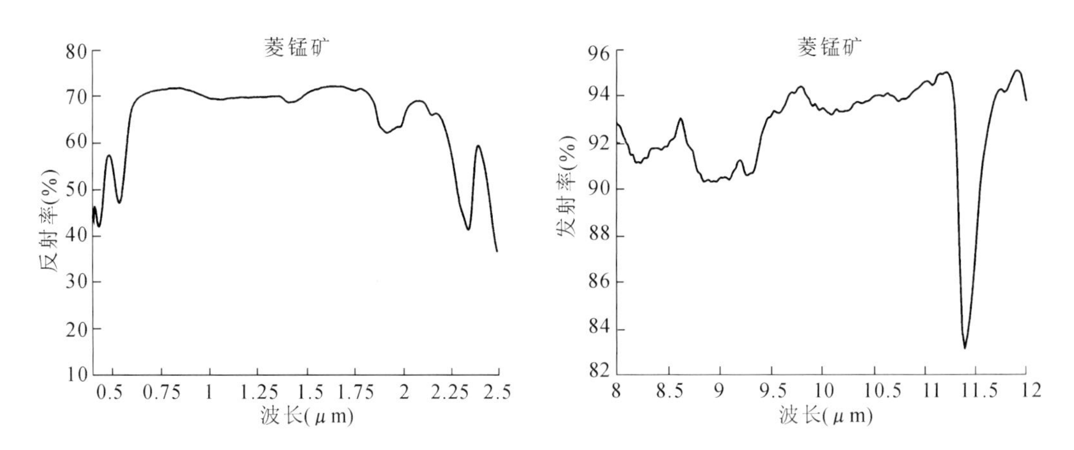

图 1.66 菱锰矿 0.4～2.5 μm 反射率(左图)和 8～12 μm 发射率(右图)光谱

光谱分析(图 1.67):在 0.4～2.5 μm 波段,具有碳酸根的倍频或合频谱带 2.33 μm 的吸收特征,由于含铁导致 0.87 μm 铁离子电子过程吸收特征,1.4 μm、1.9 μm 水吸收特征;在8～12 μm 波段,具有碳酸根基团内部基谐振动引起的 11.17 μm 低峰值特征。

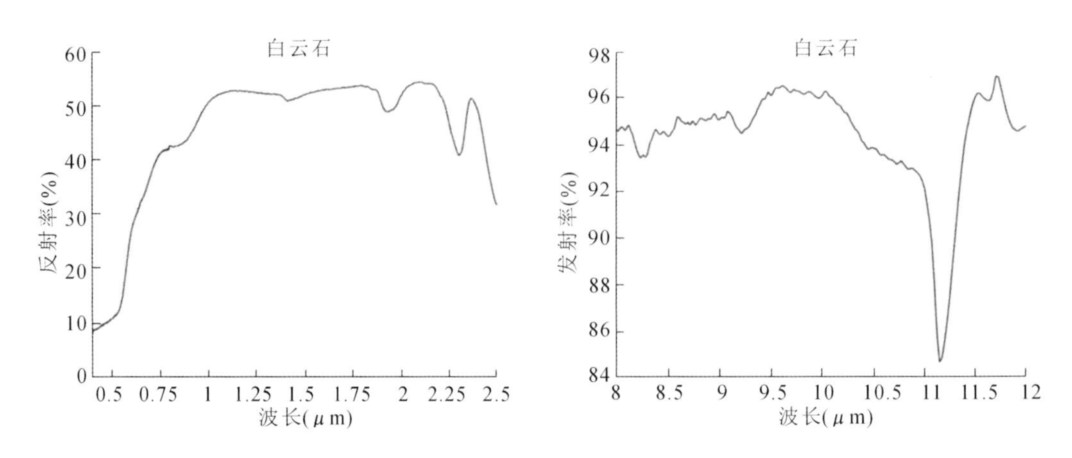

图 1.67 白云石 0.4～2.5 μm 反射率(左图)和 8～12 μm 发射率(右图)光谱

2)孔雀石族

(1)孔雀石(malachite),$Cu_2CO_3(OH)_2$。单斜晶系,晶体呈针状,通常呈放射状或钟乳状集合体。绿色,玻璃光泽。硬度 3.5～4,比重 3.9～4.0。遇盐酸起泡。是原生含铜矿物酸化后所形成的次生矿物,产于含铜酸化物矿床的氧化带中,经常与蓝铜矿共生。它们的出现可作为找寻原生铜矿床的标志;块大色美的孔雀石是工业雕刻品的材料,粉末用于制作颜料;大量聚积时可作为铜矿石利用。

光谱数据来自 JPL。样品编号:C-7A,颗粒大小:125～500 μm。

光谱分析(图 1.68):在 0.4～2.5 μm 波段,0.52 μm 反射峰明显,具有碳酸根的倍频或合频谱带 2.285 μm、2.355 μm 的双峰吸收特征，1.4 μm、1.9 μm 水吸收特征；在 8～12 μm 波段，具有 9.7 μm 低峰值特征。

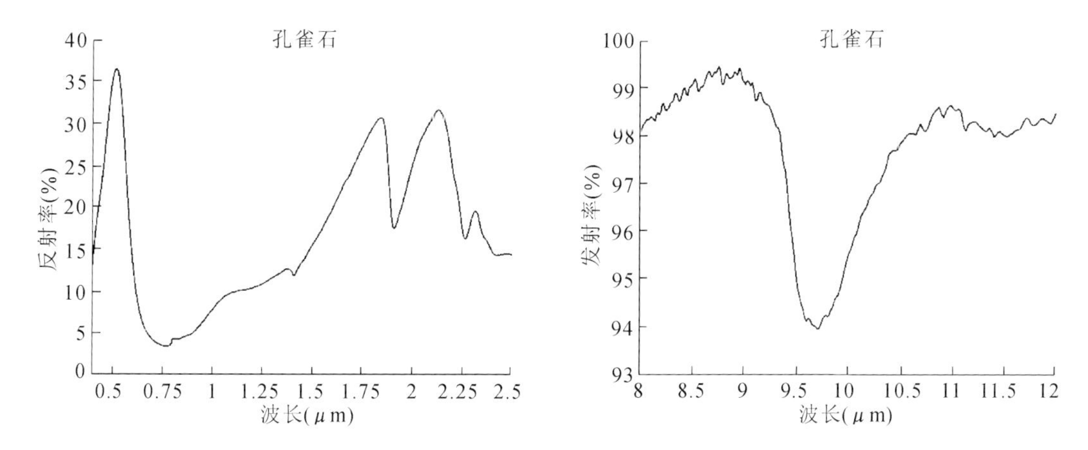

图 1.68 孔雀石 0.4～2.5 μm 反射率(左图)和 8～12 μm 发射率(右图)光谱

(2)蓝铜矿(azurite)，$Cu_3(CO_3)_2(OH)_2$。单斜晶系，深蓝色，土状块体呈浅蓝色。硬度 3.4～4，比重 3.7～3.9。性脆。产于铜矿床氧化带、铁帽及近矿围岩的裂隙中，是一种次生矿物，常与孔雀石共生或伴生，其形成一般稍晚于孔雀石，但有时也被孔雀石交代。用途同孔雀石。

光谱数据来自 JPL。样品编号：C-12A，颗粒大小：125～500 μm。

光谱分析(图 1.69)：在 0.4～2.5 μm 波段，0.5 μm 反射峰明显，具有碳酸根的倍频或合频谱带 2.285 μm、2.355 μm 的双峰吸收特征，1.4 μm、1.9 μm 水吸收特征；在 8～12 μm 波段，具有 9.7 μm 低峰值特征。

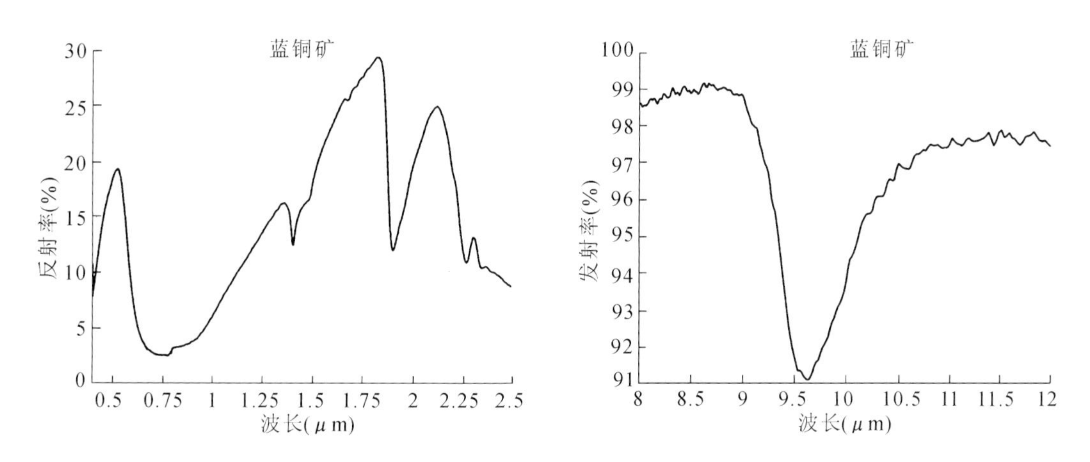

图 1.69 蓝铜矿 0.4～2.5 μm 反射率(左图)和 8～12 μm 发射率(右图)光谱

3. 硫酸盐矿物

1)重晶石族

重晶石(barite),$BaSO_4$,常含锶和钙。斜方晶系,晶体常呈厚板状,集合体常呈颗粒状或晶簇,少数呈致密块状、钟乳状和结核状。纯洁者无色透明,但因含有杂质而被染成灰色、红色、黄褐色、暗灰色或黑色;玻璃光泽,解理面呈珍珠光泽。硬度 3~3.5,比重 4.3~4.5。解理平行底面{001}完全,平行菱方柱{210}中等。产于热液矿床和沉积矿床中。广泛用于石油、化工、橡胶、造纸、陶瓷、搪瓷、玻璃、制革、制糖工业上,亦可用以提取金属钡。

光谱数据来自 JPL。样品编号:SO-3A,颗粒大小:125~500 μm。

光谱分析(图 1.70):在 0.4~2.5 μm 波段,纯的矿物无明显特征,由于含水具有 1.4 μm、1.9 μm 水吸收特征;在 8~12 μm 波段,具有硫酸根基团伸缩振动引起的 8.8 μm 低峰值特征,同时具有 11.65 μm 低峰值特征。

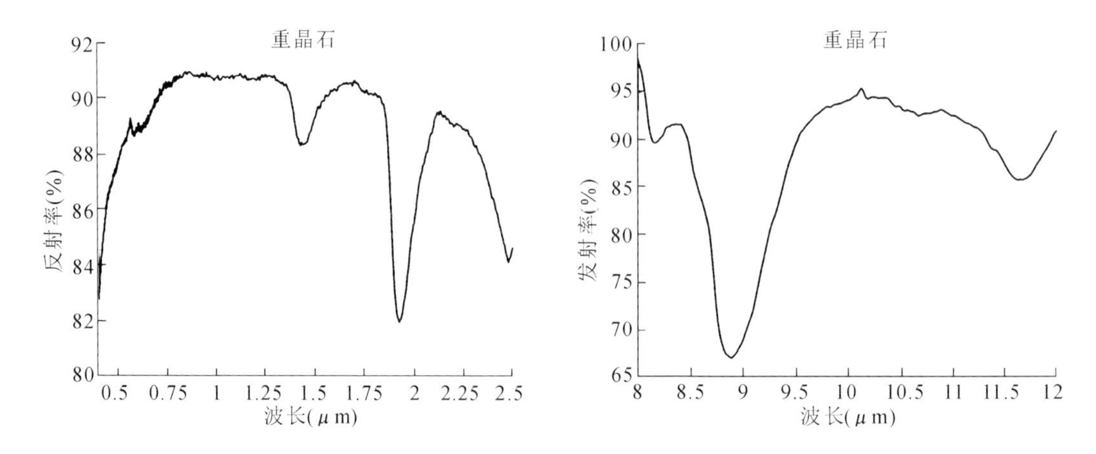

图 1.70 重晶石 0.4~2.5 μm 反射率(左图)和 8~12 μm 发射率(右图)光谱

2)硬石膏族

硬石膏(anhydrite),$CaSO_4$。斜方晶系,晶体呈厚板状,通常呈致密块状或粒状。白色、灰白色,常微带浅蓝色,有时带浅红色,玻璃光泽。硬度 3~3.5,比重 2.8~3.0。解理平行{010}完全,平行{100}和{001}中等,三组解理相互垂直。主要为盐湖中化学沉积的产物,常与石盐、钾盐和光卤石共生。在地表条件下,硬石膏可水化而变为石膏。用途同"石膏"。

光谱数据来自 JPL。样品编号:SO-3A,颗粒大小:125~500 μm。

光谱分析(图 1.71):在 0.4~2.5 μm 波段,具有 1.45 μm、1.75 μm、1.94 μm、2.2 μm、2.5 μm吸收特征;在 8~12 μm 波段,具有 8.5 μm 附近明显低值特征,呈现硫酸根基团伸缩振动引起的 8.32 μm、8.65 μm 双低峰值特征。

3)石膏族

石膏(gypsum),$CaSO_4 \cdot 2H_2O$。单斜晶系,晶体常呈板状,少数呈柱状,燕尾双晶常见,通常呈致密块状或纤维状,呈纤维状的称为纤维石膏;晶体无色透明的称为透石膏。一般为

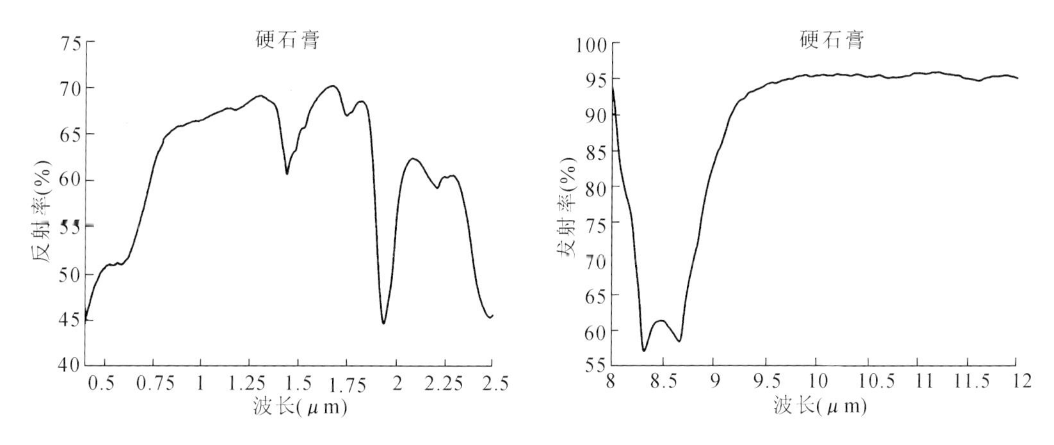

图 1.71 硬石膏 0.4～2.5 μm 反射率(左图)和 8～12 μm 发射率(右图)光谱

白色,常因混入杂质而染成灰色、红色、褐色等;玻璃光泽,透石膏{010}解理面上呈珍珠光泽,纤维石膏呈丝绢光泽。硬度 2,比重 2.3。解理平行{010}中等。主要是盐湖中化学沉积作用的产物,与石盐、硬石膏等共生;此外,硬石膏在外部压力降低的情况下,受地面水作用,也可形成大量的石膏。用于农业和水泥建筑、模型、陶瓷、造纸、油漆等工业以及医疗等方面。

光谱数据来自 JPL。样品编号:SO-3A,颗粒大小:125～500 μm。

光谱分析(图 1.72):在 0.4～2.5 μm 波段,具有 0.99 μm、1.2 μm、1.45 μm、1.49 μm、1.53 μm、1.75 μm、1.94 μm、2.21 μm、2.5 μm 吸收特征;在 8～12 μm 波段,具有硫酸根基团伸缩振动引起的 8.7 μm 明显低峰值特征。

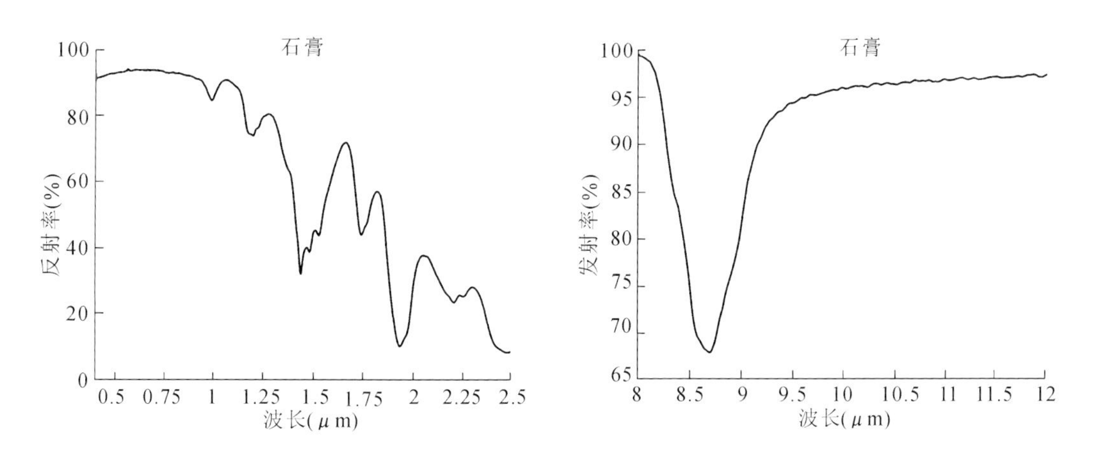

图 1.72 石膏 0.4～2.5 μm 反射率(左图)和 8～12 μm 发射率(右图)光谱

4)芒硝族

芒硝(mirabilite),$Na_2(H_2O)_{10}(SO_4)$。单斜晶系,通常呈粒状、块状,也有呈皮壳状或被膜状。无色透明,有时微带黄色或绿色,玻璃光泽。硬度 1.5～2.0,比重 1.48。解理平行

{100}完全。味苦，在干燥空气中逐渐失水而转变为白色粉末状无水芒硝。是干涸盐湖中化学沉积的产物，也见于热泉中。用于制造玻璃及苏打。

钾芒硝(aphthitalite)，$(K,Na)_3Na(SO_4)_2$。

光谱数据来自JPL。样品编号：SO-9A，颗粒大小：125～500 μm。

光谱分析(图1.73)：在0.4～2.5 μm波段，具有1.4 μm、1.9 μm水吸收特征；在8～12 μm波段，具有8.8 μm、9.9 μm、11.2 μm低峰值特征。

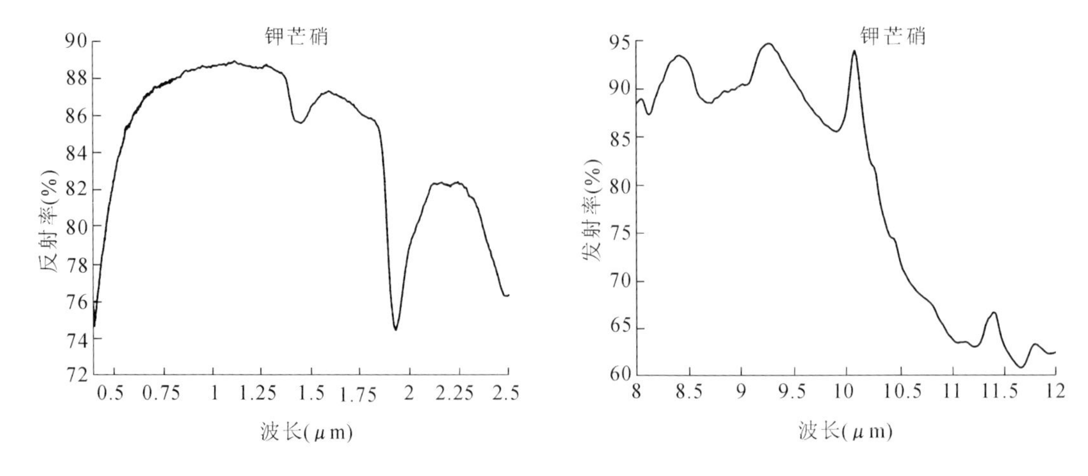

图1.73 钾芒硝0.4～2.5 μm反射率(左图)和8～12 μm发射率(右图)光谱

5)明矾石族

(1)明矾石(alunite)，$KAl_3(SO_4)_2(OH)_6$。三方晶系，通常为粒状、致密块状、土状或纤维状、结核状等。白色，常带灰色、浅黄色或浅红色，玻璃光泽。硬度3.4～4，比重2.6～2.8。性脆。明矾石常系含硫酸的低温热液作用于中酸性火成岩(常为火山喷出岩)所形成的蚀变矿物，此蚀变过程称为明矾石化作用，蚀变后的岩石是由石英、高岭石、明矾石、黄铁矿等组成的浅色岩体。我国明矾石产出甚广，最主要产地是浙江平阳、安徽庐江等，系由中生代火山喷发岩经热液蚀变而成。为提取明矾和硫酸铝的原料。

光谱数据来自JPL。样品编号：SO-4A，颗粒大小：45～125 μm。

光谱分析(图1.74)：在0.4～2.5 μm波段，具有1.26 μm、1.42 μm、1.76 μm、2.16 μm、2.32 μm、2.5 μm羟基吸收特征；在8～12 μm波段，具有硫酸根基团伸缩振动引起的9.0 μm明显宽缓低值特征，8.58 μm、9.74 μm窄低值特征。

(2)黄钾铁矾(jarosite)，$KFe_3^{3+}(SO_4)_2(OH)_6$。三方晶系，通常为致密块状、土状、皮壳状。赭黄色、暗褐色，玻璃光泽。硬度2.5～3.5，比重2.91～3.26。黄铁钾矾为硫化矿床氧化带相当普遍的矿物，但主要分布在干燥地区黄铁矿矿床氧化带，系由黄铁矿遭受氧化分解后形成的次生矿物，多产于氧化带上部。质纯量多时可作研磨粉的原料，其亦可作为硫化物的找矿标志。

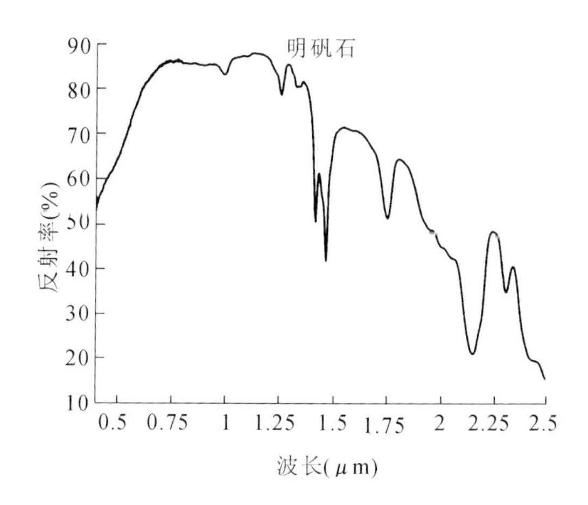

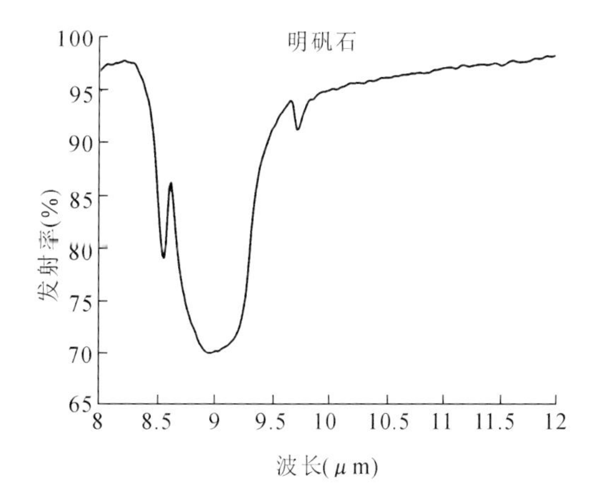

图 1.74 明矾石 0.4～2.5 μm 反射率(左图)和 8～12 μm 发射率(右图)光谱

光谱数据来自 JPL。样品编号:SO-7A,颗粒大小:45～125 μm。

光谱分析(图 1.75):在 0.4～2.5 μm 波段,具有 0.9 μm 铁吸收特征,1.4 μm、1.9 μm 弱水吸收特征,2.28 μm 羟基吸收特征;在 8～12 μm 波段,具有 9.2 μm、10 μm 弱低峰值特征。

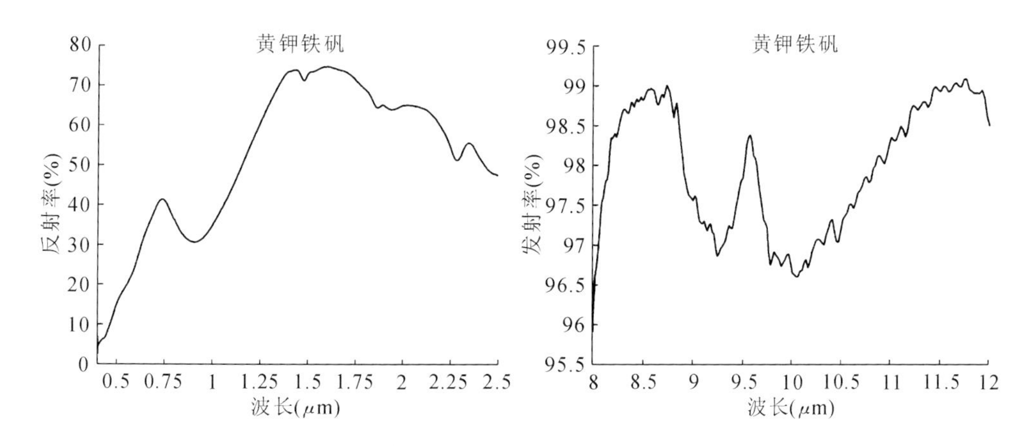

图 1.75 黄钾铁矾 0.4～2.5 μm 反射率(左图)和 8～12 μm 发射率(右图)光谱

4.其他含氧盐矿物

1)硼砂族

硼砂(borax),$Na_2B_4O_5(OH)_4 \cdot 8H_2O$。单斜晶系,晶体呈短柱状,集合体呈粒状、土状块体或皮壳状。白色,有时微带浅灰色、浅黄色、浅蓝色或浅绿色,玻璃光泽。硬度 2～2.5,比重1.69～1.72。解理平行{100}完全,易溶于水,微带甜涩味;在空气中易失水,表面常现白色粉末状皮壳;易熔,烧灼时显著膨胀,随后熔成透明的玻璃状小球。是硼酸盐矿物中分布最广的一种,为盐湖的化学沉积产物,见于干涸的含硼盐湖中,是提取硼和硼化物的主要矿物原料。

光谱数据来自 JPL。样品编号:B-6A,颗粒大小:125～500 μm。

光谱分析(图 1.76):在 0.4～2.5 μm 波段,具有 0.98 μm、1.17 μm、1.45 μm、1.93 μm 吸收特征,2.14 μm B—O 伸缩振动吸收特征;在 8～12 μm 波段,具有 8.8 μm、9.65 μm、9.95 μm、10.58 μm低峰值特征。

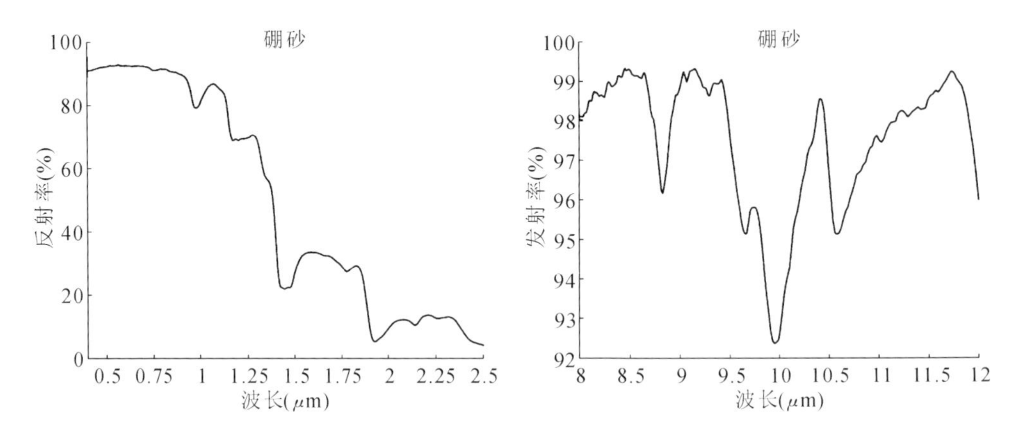

图 1.76 硼砂 0.4～2.5 μm 反射率(左图)和 8～12 μm 发射率(右图)光谱

2)磷灰石族

磷灰石(apatite),$Ca_5(PO_4)_3(F,OH)$,根据其成分中附加阴离子的不同,可分为氟磷灰石、氧磷灰石、羟磷灰石、碳磷灰石等,其附加阴离子以 CO_3^{2-}为主时,则称为碳磷灰石。六方晶系,晶体呈六方柱体,集合体呈粒状、致密块状或结核状。颜色不一,以灰色、褐黄色、淡绿色等为常见,玻璃光泽,断口呈油脂光泽。硬度 5,比重 3.2。解理平行底面{0001}不完全,断口参差状。在内生、外生和变质作用中均可形成,内生成因的磷灰石作为副矿物见于各种火成岩中,有时在基性、碱性岩中形成富集,此外,亦见于伟晶岩接触交代矿床和热液脉中;外生成因的磷灰石是由生物和生物化学沉积而成,常呈隐晶质块体或结核状,通称胶磷矿。在变质岩系中的磷灰石矿层是沉积磷矿经区域变质而成。有时磷灰石肉眼难于识别,可借助简便化学方法试磷:将钼酸铵粉末置于矿物上,加一滴硝酸,立即产生黄色沉淀。磷灰石是制造农业磷肥和提取磷的重要矿物原料,氟磷灰石晶体可作激光发射材料。

光谱数据来自 JPL。样品编号:P-1A,颗粒大小:125～500 μm。

光谱分析(图 1.77):在 0.4～2.5 μm 波段,具有 1.4 μm、1.9 μm、1.98 μm、2.15 μm、2.31 μm吸收特征,0.69 μm 宽缓吸收特征;在 8～12 μm 波段,具有 9.0 μm、9.5 μm 明显双低峰值特征。

3)白钨矿族

白钨矿(scheelite),$CaWO_4$。四方晶系,晶体呈四方双锥,通常呈不规则粒状。灰白色,有时略带浅黄色、浅紫色或浅褐色,油脂光泽。硬度 4.5,比重 5.8～6.2。解理平行四方双锥{111}中等。在紫外光照射下发浅蓝色荧光,用水浇湿时颜色由白色变暗灰色,以此可以

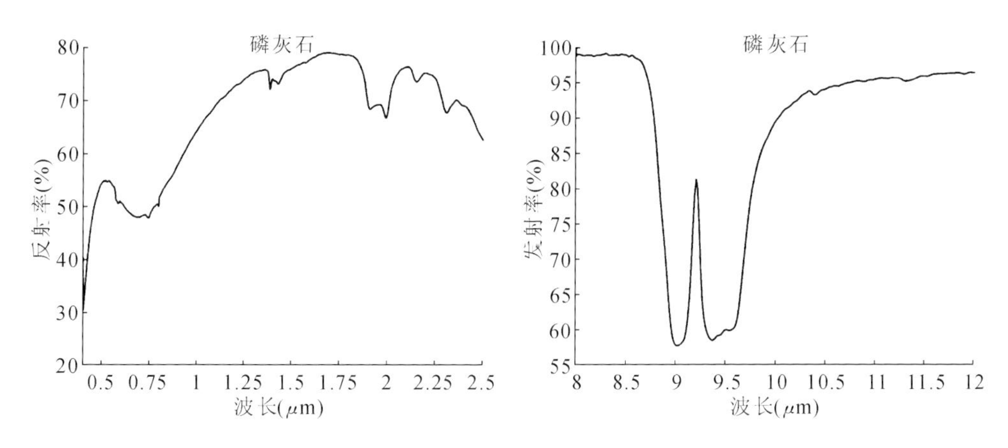

图 1.77 磷灰石 0.4～2.5 μm 反射率(左图)和 8～12 μm 发射率(右图)光谱

与石英相区别。主要产于接触交代矿床中。是炼钨的主要矿物原料。

光谱数据来自 JPL。样品编号:T-1A,颗粒大小:125～500 μm。

光谱分析(图 1.78):在 0.4～2.5 μm 波段,具有 1.0 μm 铁宽缓吸收特征,1.4 μm、1.9 μm水吸收特征,2.2 μm 羟基吸收特征,铁和羟基的特征可能为杂质导致;在 8～12 μm 波段,具有 11.3 μm 低峰值特征,11～11.3 μm 范围内发射率陡降。

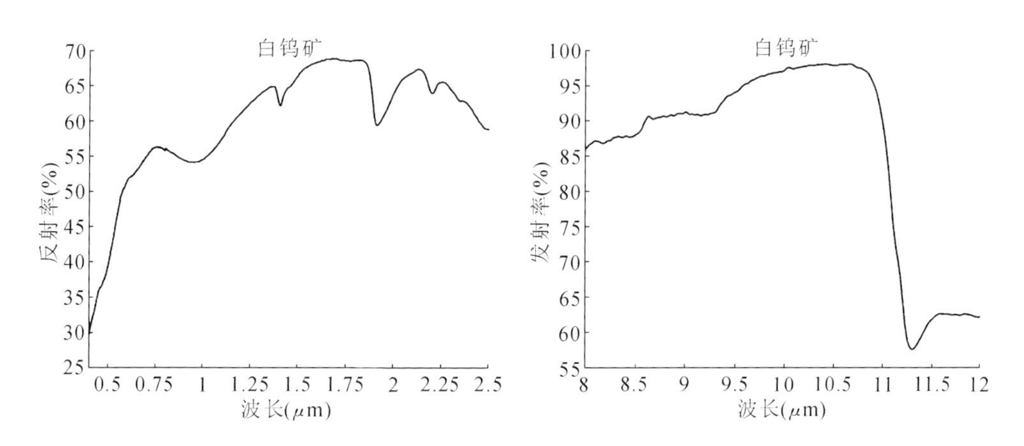

图 1.78 白钨矿 0.4～2.5 μm 反射率(左图)和 8～12 μm 发射率(右图)光谱

1.3.2 岩石分类及光谱特性

岩石整体上可以分为岩浆岩、沉积岩和变质岩三大类,但也有一些岩石不能单纯地归于这三大类。对于各大类中岩石的分类和命名原则有相关的国际标准,但不同学者也有不同的分类体系,可参考相关的分类标准文件选择某一分类和命名体系。本书岩石的分类参考了地质出版社出版的《地质辞典》第二分册及《岩石学》中的分类标准。由于岩石一般是由多种矿物组成的,岩石不可能像某些矿物一样具有可诊断的光谱特征。多数情况下,造岩矿物的光谱特征在岩石光谱上是可以表现出来的,尤其是清晰的强谱带。但在有些情况下,一些尖锐的谱带集中在一起,会综合成一个单一的谱带,使岩石的光谱出现平缓的光谱形态。岩石的光谱往往不能根据造岩矿物的比例,由矿物的光谱简单相加产生。本书选择了部分代表性岩石,分析其光谱特征,以期评价光谱在区分不同岩类中的作用。实际工作中,必须通过地物光谱实测,识别不同地区的各种岩石的光谱曲线特征,通过分析各种因素对光谱产生的影响,才能有效地通过光谱信息来识别岩石。岩石的光谱数据主要来自 JPL、JHU、ASTER、USGS 和我国的 863 岩矿光谱库。

1.3.2.1 岩浆岩

地下深层形成的岩浆,在其挥发组分及地质应力的作用下,沿构造脆弱带上升到地壳上部或地表,岩浆在上升、运移过程中,由于物理化学条件的改变,不断改变自己的成分,最后凝固成岩石。由岩浆冷凝固结而成的岩石称为岩浆岩,由侵入作用形成的岩石称为侵入岩,由喷出作用形成的岩石称为喷出岩。自然界的岩浆岩多种多样,现有的岩浆岩名称有 1100 种以上。岩浆岩的分类主要依据其矿物组成、化学成分、结构、产状等信息。

1.超基性岩

1)橄榄岩-苦橄岩类

本类岩石是超基性岩中最常见的一类。属硅酸不饱和钙碱性系列的岩石。化学成分总的特征是贫硅(SiO_2 含量<45%)、贫碳、富镁铁。反映在矿物成分上,几乎完全由镁铁质矿物组成,主要是橄榄石、辉石,而无长石或长石很少。镁铁质矿物在本类岩石中含量很高(>90%)。本类岩石分布极少,约占岩浆岩分布面积的 0.4%,其中喷出岩实为罕见。本类岩石新鲜者不多,总是不同程度地遭受蛇纹石化等蚀变,它们主要分布在我国西藏普兰、陕西松树沟、福建镇海牛头山、河北张家口、辽宁宽甸黄椅山、四川攀枝花等地。阿尔卑斯型超基性岩体在我国西藏、内蒙古、陕西、甘肃、宁夏、青海等地有着广泛的分布。

(1)纯橄榄岩(dunite)。

光谱数据来自 JHU。样品编号:dunite. H1,绿色中粒到细粒岩石。

矿物组成:89%橄榄石,8%蛇纹石,3%暗色矿物。

光谱分析(图 1.79):在 0.4~2.5 μm 波段,具有明显的橄榄石 1.1 μm 铁吸收特征,由于含水具有 1.38 μm、1.95 μm 水吸收特征,由于含有蛇纹石,具有 2.32 μm 短波红外吸收特征;在 8~12 μm 波段,具有 9.65 μm、10.18 μm、10.62 μm 低峰值特征。

(2)橄榄岩(picrite)。

光谱数据来自 JHU。样品编号:picrite. H1(JHU),灰黑色斑状岩石。

矿物组成:斑晶全部是橄榄石,基质由细粒的橄榄石、斜长石、暗色矿物、普通辉石和棕色玻璃组成。橄榄石斑晶大小 1~8 mm。

光谱分析(图 1.80):在 0.4~2.5 μm 波段,具有明显的橄榄石 1.1 μm 铁吸收特征,由

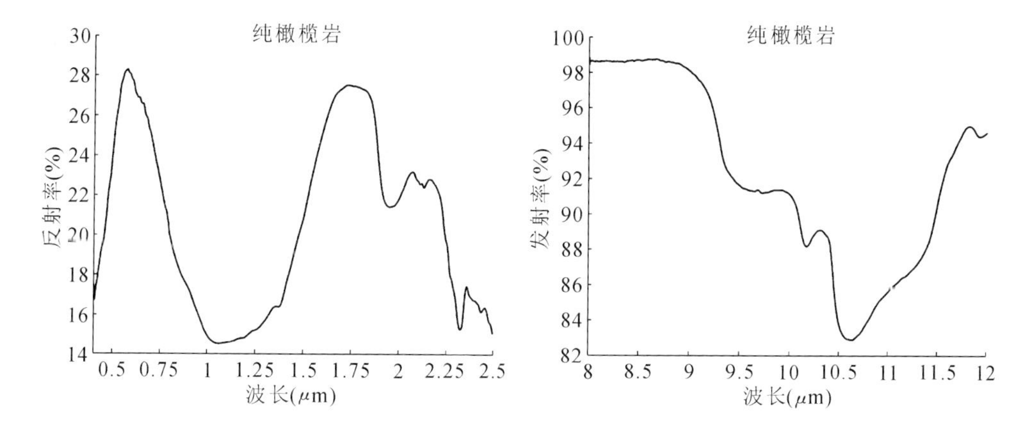

图 1.79 纯橄榄岩 0.4～2.5 μm 反射率(左图)和 8～12 μm 发射率(右图)光谱

于组成较纯，无其他吸收特征；在 8～12 μm 波段，具有 9.65 μm、10.26 μm、10.68 μm 低峰值特征，10.68 μm 热红外波段的主要低峰值特征与纯橄榄岩相近。

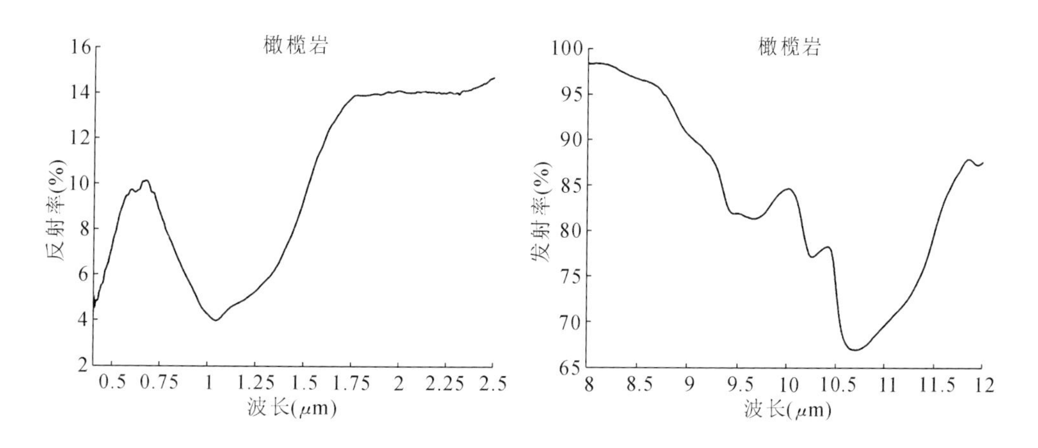

图 1.80 橄榄岩 0.4～2.5 μm 反射率(左图)和 8～12 μm 发射率(右图)光谱

2)霓霞岩-霞石岩类

霓霞岩-霞石岩类 SiO_2 含量＜45%，SiO_2 极度不饱和，(K_2O+Na_2O)含量一般为 5%～10%，σ 值＞9，故列为过碱性超基性岩。矿物成分以霞石等似长石类和碱性暗色矿物为主，以不含长石为特征。本类岩石在地表分布稀少，经常以小岩体，特别是环状中心侵入体产出，并常与中性过碱性系列岩石(霞石长岩)、基性碱性系列岩石紧密共生。在同一岩体中，岩石主要矿物的含量、结构、构造常常在很短距离内变化很大。我国四川南江坪河、宁南披砂等地分布有典型的霓霞岩类岩石，它们常与霞石正长岩类、碳酸岩共生，形成一个多期的复杂环状侵入体。山西紫金山碱性杂岩体、辽宁凤城顾家村碱性岩体、河北阳原碱性杂岩体中，亦有少量分布。喷出岩更少，我国仅见于江苏无锡、安徽女山等地。有关矿产主要是稀土矿床。

霓霞岩(ijolite)。

光谱数据来自JHU。样品编号:ijolite. H1,黑灰色到黑色,中粒到粗粒岩石。

矿物组成:40%浅绿色辉石,30%霞岩,22%棕色黑云母,7%棕色角闪石,少于1%的暗色矿物和磷灰石。微探针分析表明辉石主要是普通辉石。

光谱分析(图1.81):在0.4~2.5 μm波段,整体反射率较低,具有辉石和黑云母1.0 μm附近宽缓铁吸收特征,霞石1.9 μm水吸收特征,辉石和黑云母组合引起的短波红外2.33 μm、2.39 μm吸收特征;在8~12 μm波段,具有9.52 μm、9.89 μm、10.3 μm低峰值特征。

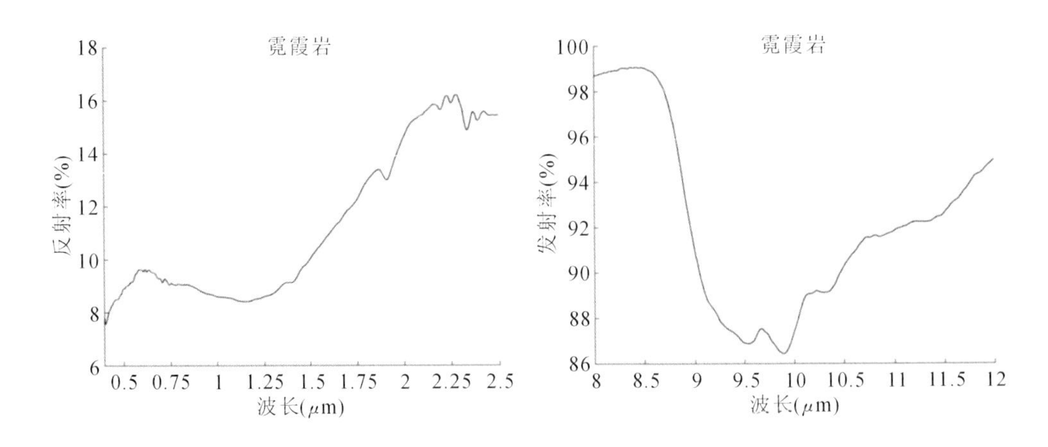

图1.81 霓霞岩0.4~2.5 μm反射率(左图)和8~12 μm发射率(右图)光谱

2. 基性岩

辉长岩-玄武岩类

本类岩石化学成分的特点是SiO_2含量(45%~53%)比超基性岩稍高,为不饱和或饱和岩类,以富CaO、Al_2O_3、MgO、FeO、Fe_2O_3,贫碱,(K_2O+Na_2O)含量约4%为特征,σ值<3.3,属钙碱性系列。在矿物成分上以基性斜长石和辉石为主要组成,也常见橄榄石,不含或少含石英及钾长石。铁镁矿物含量为40%~90%,多数在70%以下,因此色率高,比重也较大。与超基性岩的主要区别是含有相当数量的斜长石,而超基性岩则没有或有很少的斜长石。辉长岩是侵入岩的典型代表,玄武岩为喷出岩的典型代表。但辉长岩远不如玄武岩分布广。我国西南康镇"地轴"一带也广泛分布着层状基性侵入体和层状基性岩体,这些岩体普遍富集着钒钛磁铁矿床及Cu、Ni、Cr矿床。玄武岩占地球陆地的1/50。我国西南二叠纪峨眉山玄武岩地跨川、滇、黔三省,一般厚3 000 m,最厚达5 300 m,覆盖面积约26万km^2。

(1)辉长岩(gabbro)。

光谱数据来自JHU。样品编号:gabbro. H1,灰黑色中粒岩石。

矿物组成:66%斜长石,28%辉石,6%暗色矿物。微探针分析表明,斜长石主要是培长石,辉石主要是绿色的普通辉石和无色的次透辉石,暗色矿物主要是钛铁矿和磁铁矿。

光谱分析(图1.82):在0.4~2.5 μm波段,具有辉石1.0 μm附近宽缓铁吸收特征,角闪石 2.32 μm 弱吸收特征，具有 1.4 μm、1.9 μm 微弱水吸收特征；在 8～12 μm 波段，具有 8.75 μm、10.47 μm 低峰值特征，为辉石和斜长石组合引起，8.75 μm 附近的低峰值主要由辉石和斜长石的在此附近的低峰值复合产生，而 10.47 μm 的低峰值特征为矿物组合新产生的特征。

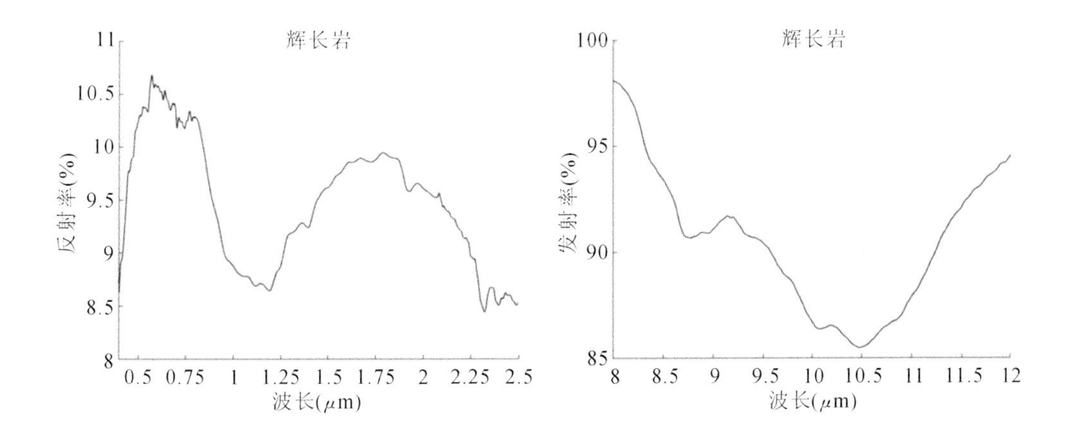

图 1.82　辉长岩 0.4～2.5 μm 反射率(左图)和 8～12 μm 发射率(右图)光谱

(2)辉绿岩(diabase)。

光谱数据来自 JHU。样品编号：diabase. H2(JHU)，长石、辉石和暗色矿物组成的中粒灰色岩石。

矿物组成：46%长石，35%斜辉石，14%斜方辉石，2%暗色矿物和 1.2%黑云母。微探针分析表明，长石组成包括拉长石和培长石，暗色矿物主要是钛铁矿和金云母。

光谱分析(图 1.83)：在 0.4～2.5 μm 波段，具有辉石 1.0 μm 附近宽缓铁吸收特征；在 8～12 μm波段，具有 9.0 μm、10.5 μm、11.2 μm 低峰值特征。

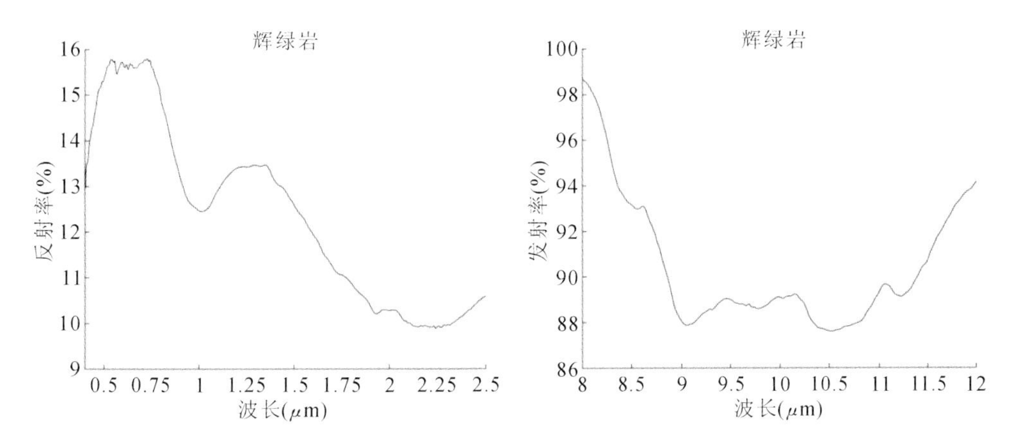

图 1.83　辉绿岩 0.4～2.5 μm 反射率(左图)和 8～12 μm 发射率(右图)光谱

(3)苏长岩(norite)。

光谱数据来自 JHU。样品编号:norite. H1,灰绿色到黑色粗粒岩石。

矿物组成:30%斜长石,60%角闪石(由辉石蚀变而来),4.6%暗色矿物,2%石英。微探针分析表明,暗色矿物中 92%是钛铁矿。

光谱分析(图 1.84):在 0.4～2.5 μm 波段,具有角闪石 1.0 μm 附近宽缓铁吸收特征,具有 1.9 μm 弱水吸收特征,具有 2.33 μm 短波红外吸收特征;在 8～12 μm 波段,具有 8.68 μm、10.0 μm 低峰值特征,10.0 μm 低峰值特征与角闪石的主要低峰值特征相近。

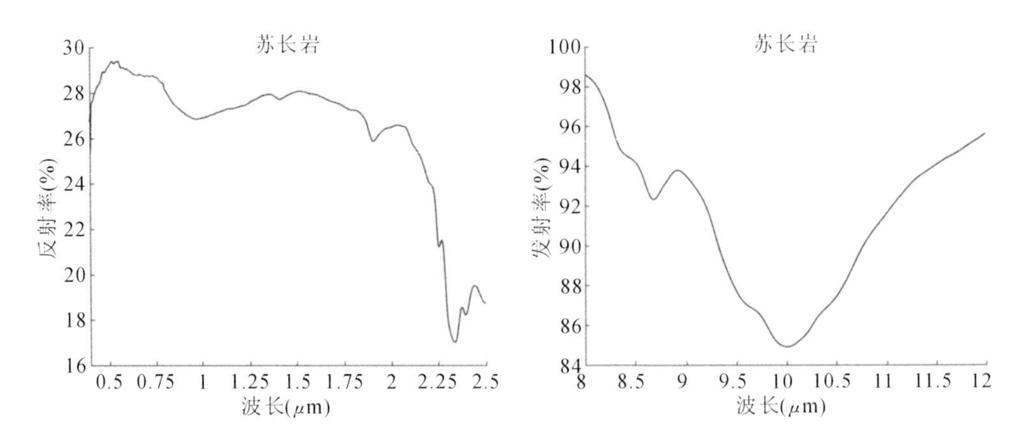

图 1.84　苏长岩 0.4～2.5 μm 反射率(左图)和 8～12 μm 发射率(右图)光谱

(4)玄武岩(basalt)。

光谱数据来自 JHU。样品编号:basalt. 7,灰色斑状多孔岩石。

矿物组成:斑晶是橄榄石,基质由斜长石、橄榄石、斜辉石、暗色矿物和玻璃质组成。

光谱分析(图 1.85):在 0.4～2.5 μm 波段,整体上反射率不高,具有 1.0 μm、2.3 μm 附近明显铁吸收特征,与橄榄石光谱特征相近;在 8～12 μm 波段,具有 9.0～10.6 μm 宽缓低值特征。

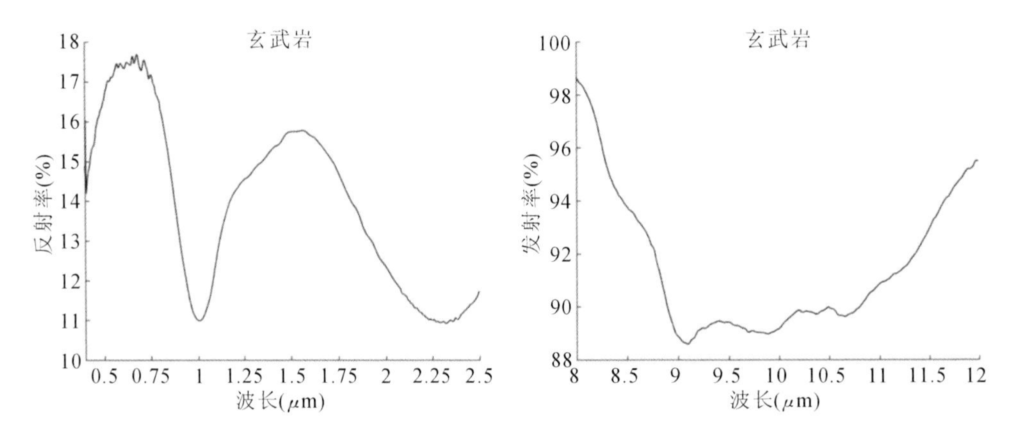

图 1.85　玄武岩 0.4～2.5 μm 反射率(左图)和 8～12 μm 发射率(右图)光谱

3. 中性岩

1)闪长岩-安山岩类

闪长岩-安山岩类,组合指数<3.3,为钙碱性系列中性岩类,属硅酸饱和及弱过饱和的岩石。矿物成分主要由中性斜长石和一种或几种暗色矿物组成。常见的暗色矿物是普通角闪石,有时为辉石或黑云母,一般含量为20%~35%。无石英或含量较少。其分布情况与基性岩类相似,侵入岩(闪长岩)分布较少,仅占岩浆岩总面积2%,而喷出岩(安山岩)则分布甚广。例如,我国山东西部中生代闪长岩体、青海茶卡闪长岩体等。闪长岩与内生铁、铜矿床关系密切,尤其是在与碳酸盐的接触带上常形成许多重要的矽卡岩型铁铜矿床。邯郸铁矿,大冶铁矿、铜矿等都是这样的例子。在我国宁芜地区的玢岩铁矿的成矿母岩就是辉长闪长岩及辉长闪长玢岩。此外,闪长岩还可作为优良的建筑材料。我国安山岩从前震旦纪到新生代都有,如中条山前寒武纪地层中、华北震旦纪底部、秦岭的熊耳群均有安山岩。中生代地壳活动强烈,我国东部出现许多陆相盆地,盆地内不少有安山岩类的广泛存在,有的与玄武岩或流纹岩共生,有的和粗面岩、响岩共生。

(1)闪长岩(diorite)。

光谱数据来自JHU。样品编号:diorite. H1,灰黑色中粒岩石。

矿物组成:51%斜长石,39%角闪石,3.4%黑云母,0.8%绿帘石,其他为绢云母和磷灰石。

光谱分析(图1.86):在0.4~2.5 μm波段,具有1.0 μm附近宽缓铁吸收特征,具有1.4 μm、1.9 μm弱水吸收特征,2.32 μm、2.38 μm角闪石双峰吸收特征,2.20 μm、2.25 μm(绿帘石)吸收特征;在8~12 μm波段,具有8.72 μm、9.93 μm低峰值特征。

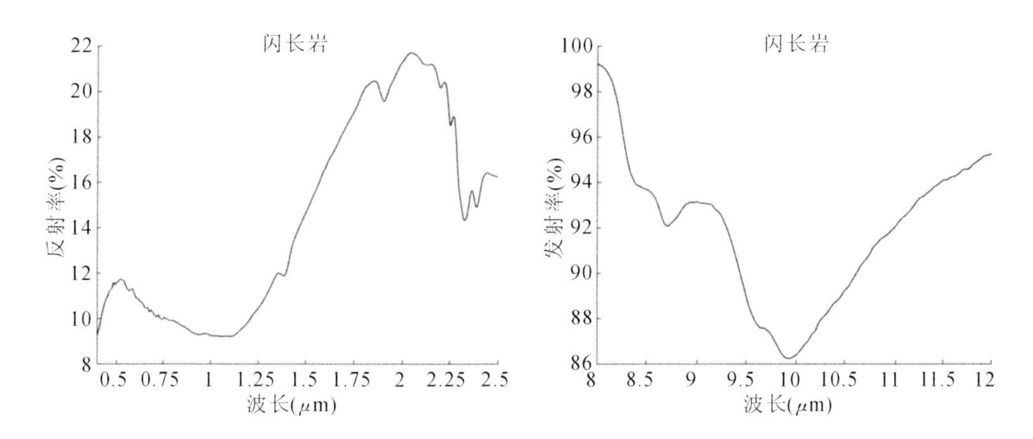

图1.86 闪长岩0.4~2.5 μm反射率(左图)和8~12 μm发射率(右图)光谱

(2)花岗闪长岩(granodiorite)。

光谱数据来自JHU。样品编号:granodior. H1,灰黑色中粒岩石。

矿物组成:47%碱性长石,20%斜长石,19.7%石英,6.3%黑云母,3.3%绿色角闪石,

1.7%无色普通辉石，少于1%的暗色矿物。

光谱分析(图1.87)：在0.4～2.5 μm波段，具有1.0 μm附近宽缓铁吸收特征，具有1.4 μm、1.9 μm弱水吸收特征，2.32 μm、2.39 μm黑云母和角闪石双峰吸收特征；在8～12 μm波段，具有8.51 μm、8.78 μm、9.25 μm、9.85 μm低峰值特征。

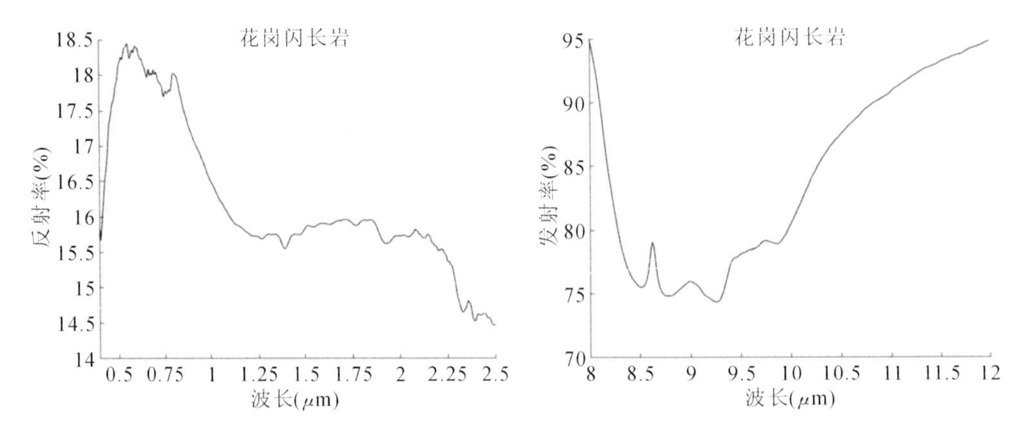

图1.87　花岗闪长岩0.4～2.5 μm反射率(左图)和8～12 μm发射率(右图)光谱

(3)安山岩(andesite)。

光谱数据来自JHU。样品编号：andesite.H1，风化面棕色，新鲜面深灰色。

矿物组成：26.75%斜长石，8.5%普通辉石，1.05%磁铁矿，0.95%紫苏辉石，62.75%基质。基质由拉长石、普通辉石、紫苏辉石、磁铁矿、钛铁矿、石英、玉髓、正长石、玻璃质组成。

光谱分析(图1.88)：在0.4～2.5 μm波段，整体反射率较低，具有1.0 μm附近铁吸收特征；在8～12 μm波段，具有9.06 μm、10.53 μm低峰值特征。

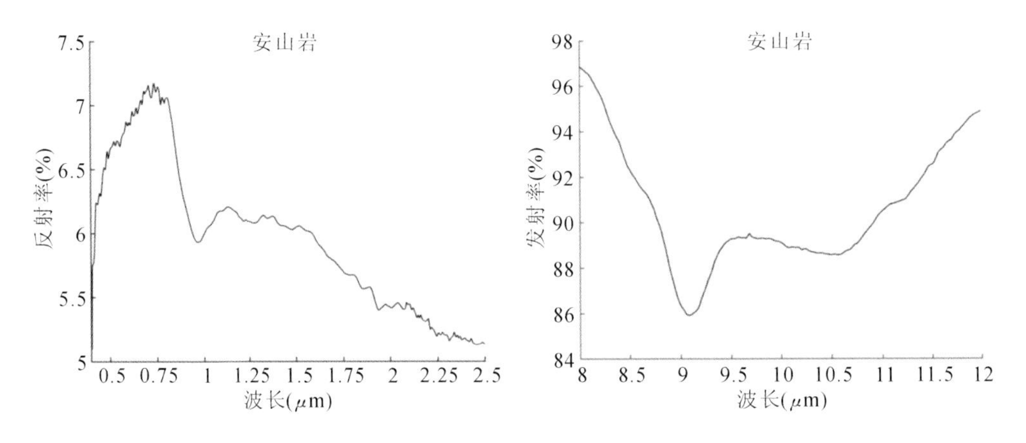

图1.88　安山岩0.4～2.5 μm反射率(左图)和8～12 μm发射率(右图)光谱

2)正长岩-粗面岩类

本类岩石 SiO_2 含量与闪长岩-安山岩类相当,也为中性岩类。但与闪长岩-安山岩类的主要区别是碱含量高,(K_2O+Na_2O)含量一般为 9%,σ 值为 3.3～9。化学成分上属于碱性岩,为介于钙碱性与过碱性之间的岩石,根据矿物成分,可细分为钙碱性及碱性岩两类。碱性岩,(K_2O+Na_2O)含量较多,以碱性长石为主,出现碱性暗色矿物及少量似长石。钙碱性岩,(K_2O+Na_2O)含量较少,有较多的斜长石及石英,无碱性暗色矿物。本类岩石色率低,一般在 20 以下。这类岩石在地壳上分布很少,仅占岩浆岩分布面积的 0.6%,如河北下花园的正长岩,山西临县的碱性正长岩与霞石正长岩,北京花塔正长岩与石英二长岩伴生,北京周口店花岗闪长岩体。粗面岩中的角斑岩从前寒武纪到古生代地槽都有产出,分布面积最大的在西北青海、甘肃等地。单独产出者少,常与细碧岩共生。

(1)碱性正长岩(alkalic syenite)。

光谱数据来自 JHU。样品编号:syenite. H1,深灰色细粒岩石,深灰色基质镶嵌白色长石颗粒。

矿物组成:90%长石,5%辉石,4%暗色矿物,1%角闪石。微探针分析表明暗色矿物主要为钛铁矿和磁铁矿,辉石主要是透辉石。

光谱分析(图 1.89):在 0.4～2.5 μm 波段,具有 1.1 μm 附近宽缓铁吸收特征,具有 1.4 μm、1.9 μm 较强水吸收特征;在 8～12 μm 波段,具有 8.75 μm、9.6 μm 低峰值特征,9.6 μm低峰值特征为主。

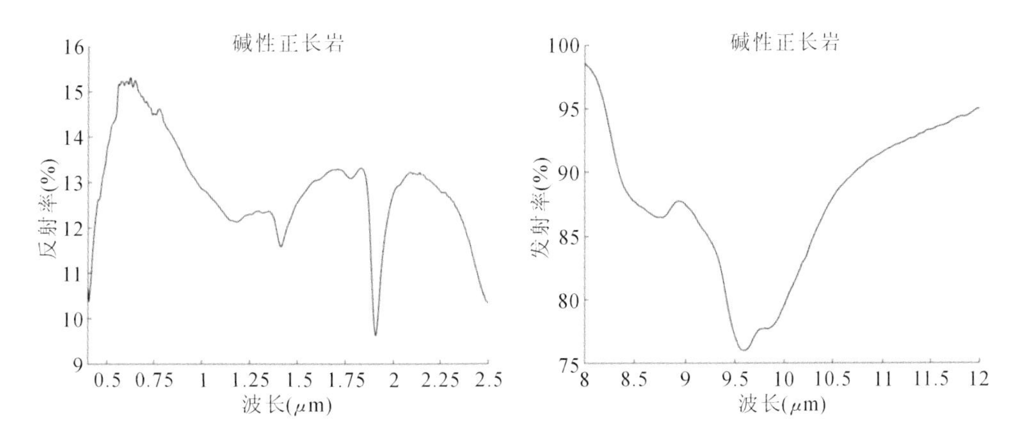

图 1.89 碱性正长岩 0.4～2.5 μm 反射率(左图)和 8～12 μm 发射率(右图)光谱

(2)粗面岩(trachyte)。

光谱数据来自 JHU。样品编号:ward17. txt,非常细粒的斑状岩石,浅灰色。

矿物组成:主要矿物是斜长石类、正长石类,次要矿物是黑云母、磁铁矿,含有一定量的绢云母。

光谱分析(图 1.90):在 0.4～2.5 μm 波段,具有 1.4 μm、1.9 μm 较强水吸收特征,

2.10 μm、2.30 μm 弱吸收特征；在 8～12 μm 波段，具有 8.26 μm、9.06 μm 低峰值特征，9.06 μm低峰值特征为主。

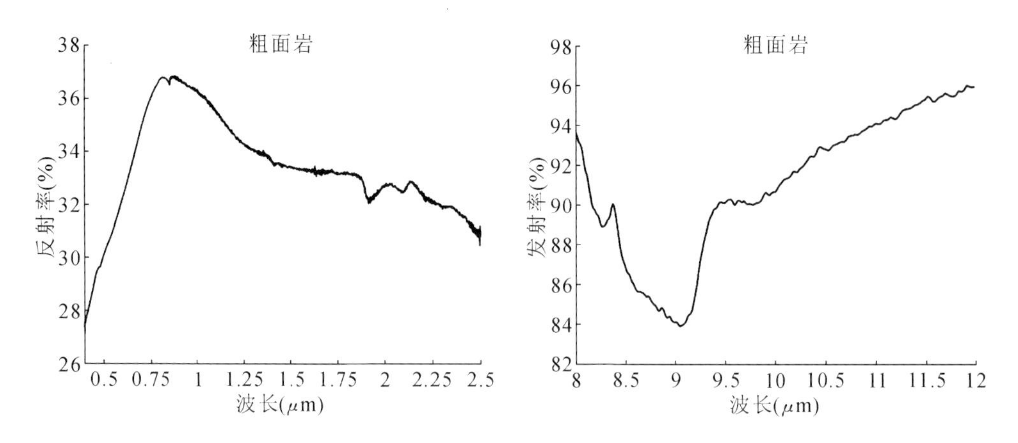

图 1.90　粗面岩 0.4～2.5 μm 反射率(左图)和 8～12 μm 发射率(右图)光谱

3)霞石正长岩-响岩类

本类岩石中(K_2O+Na_2O)含量很高(＞10％)，(K_2O+Na_2O)含量＞Al_2O_2 的含量(分子数)，σ 值＞9，属 SiO_2 不饱和的过碱性中性岩类。反映在矿物成分上，主要由碱性长石、碱性暗色矿物和似长石组成，不含石英。本岩类成分复杂，岩石种类较多，但分布稀少，面积不及岩浆岩的 1％，然而与它伴生的却有异常丰富的稀有、放射性元素矿床。霞石正长岩在我国除山西紫金山早有发现以外，近 20 年来，又在云南，四川南江永平、宁南披砂乡及幸福乡，河南原阳，辽宁凤城都有发现，以小岩体为特征。与其有关的矿产，主要是稀有和稀土元素矿床，不仅类型多，而且十分丰富，是发展现代尖端工业必不可少的矿产资源。响岩一般呈短小岩瘤或岩钟，分布面积小，约占岩浆岩的 0.1％，一般见于碱性岩分布区。在我国发现得更少，已知的江苏娘娘山、山西紫金山、西藏巴毛穷宗及辽宁顾家村四个地方。

霞石正长岩(nepheline syenite)。

光谱数据来自 JHU。样品编号：syenite. H2，中粒岩石，组成以浅色矿物为主。

矿物组成：45％斜长石，26％碱性长石，17％霞石，3％白云母(含绢云母)，1.5％黑云母。

光谱分析(图 1.91)：在 0.4～2.5 μm 波段，具有 1.4 μm、1.9 μm 较强水吸收特征，2.10 μm、2.30 μm 弱吸收特征；在 8～12 μm 波段，具有 8.6 μm、9.6 μm 低峰值特征，9.6 μm低峰值特征为主。

4.酸性岩类

酸性岩类就是通常所指的花岗岩-流纹岩类。本类岩石化学成分的特点是 SiO_2 含量高，一般超过 66％，为硅酸过饱和岩石，习惯上称酸性岩类。(K_2O+Na_2O)含量高，平均 6％～8％，而 FeO、Fe_2O_3、CaO 含量较低。矿物成分主要是石英、碱性长石和酸性斜长石。

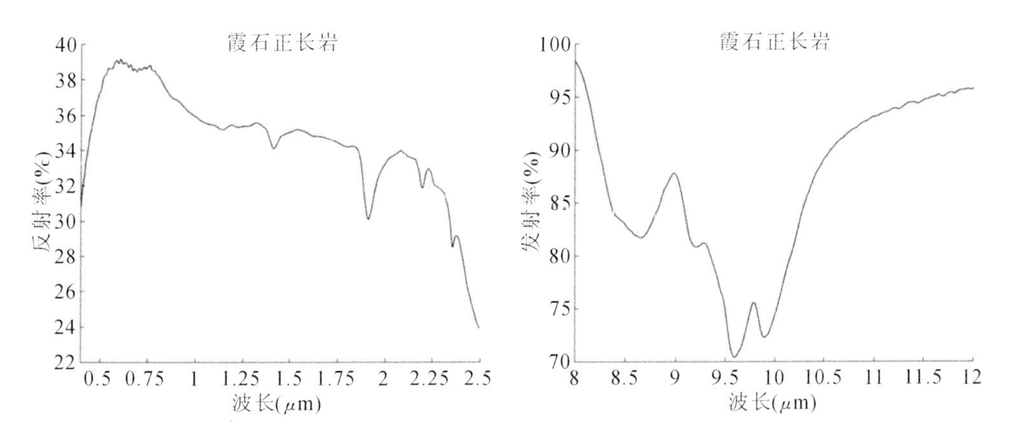

图 1.91 霞石正长岩 0.4～2.5 μm 反射率(左图)和 8～12 μm 发射率(右图)光谱

其特征是石英大量出现。暗色矿物较少，有黑云母、角闪石等约 10%，副矿物含量一般少于 1%，但种类繁多。本类岩石分布甚广，绝大多数分布于大陆地区。通常多分布于褶皱带和地台结晶基底上。花岗岩类是地壳上分布最广的一类深成岩。据统计，华南地区的花岗岩约占全区面积的 1/4，其中主要是钙碱性花岗岩类，碱性系列花岗岩类极少。从地质时代讲，伴随着每期构造运动都有花岗岩类的侵入。北京密云、河北赤城、辽宁凤城、江西乐平、陕西商洛沙河湾等地都有此类岩石出露。酸性喷出岩的产状与基性岩不同，由于酸性岩浆黏度大，常形成岩钟、岩针，所形成的岩流，其厚度变化较大。与酸性喷出岩有关的矿产主要是非金属矿产，如班脱岩、沸石岩、明矾石、叶蜡石等。新发现的富钡流纹岩与多金属矿关系密切。从我国的前震旦纪到中生代都有酸性喷出岩分布。前震旦纪有山西中条山的变质火山岩，海西期在天山地槽、兴蒙地槽有大量流纹岩及英安岩喷发。中生代时期喷发更为强烈，是我国酸性熔岩主要喷发期。在我国东部，尤其东南沿海一带，分布着面积为数万平方千米、厚为千余米的酸性喷出岩，既有熔结凝灰岩，也有熔岩和火山碎屑岩。

(1)花岗岩(granite)。

光谱数据来自 JHU。样品编号：granite. H2，灰色中粒岩石。

矿物组成：40.4%正长石，38.5%石英，19.7%斜长石，1.1%黑云母，0.3%磁铁矿。微探针分析表明斜长石主要是钠长石，钙长石不超过 5%。

光谱分析(图 1.92)：在 0.4～2.5 μm 波段，具有 1.0 μm 附近铁吸收特征，具有 1.4 μm、1.9 μm 水吸收特征，2.20 μm 吸收特征，可能存在黏土化蚀变；在 8～12 μm 波段，具有 8.52 μm、8.75 μm、9.25 μm 低峰值特征，整体上宽低峰值以 8.75 μm 为中心。

(2)白岗岩(aplite)。

光谱数据来自 JHU。样品编号：aplite. H1，细粒到中粒的岩石，组成以浅色矿物为主。

矿物组成：34%石英，27%微斜长石，36%斜长石(钠长石)，少量的黑云母(1.3%)，少于

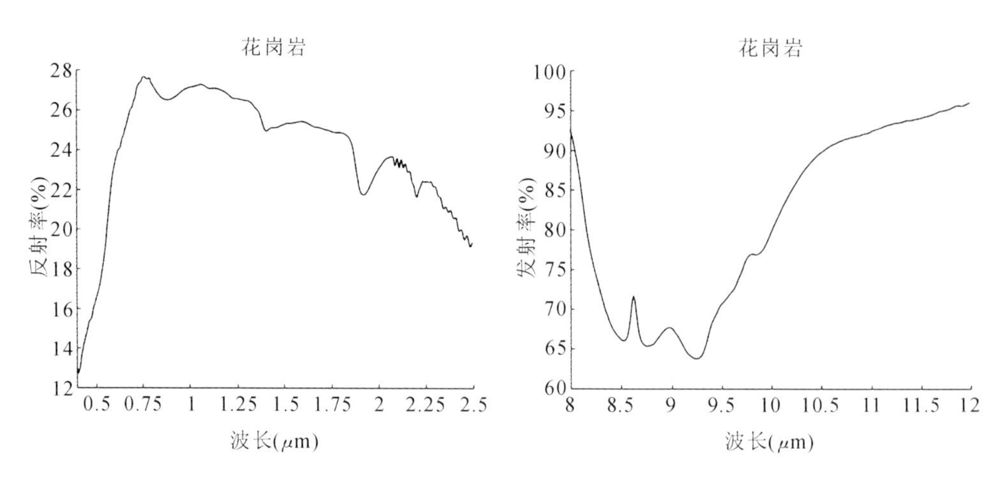

图 1.92　花岗岩 0.4～2.5 μm 反射率(左图)和 8～12 μm 发射率(右图)光谱

1%的暗色矿物。

光谱分析(图 1.93):在 0.4～2.5 μm 波段,整体反射率较高,具有 1.4 μm、1.9 μm 水吸收特征,2.20 μm 吸收特征,可能存在黏土化蚀变;在 8～12 μm 波段,具有 8.50 μm、8.75 μm、9.22 μm低峰值特征,整体上宽低峰值以 8.75 μm 为中心。

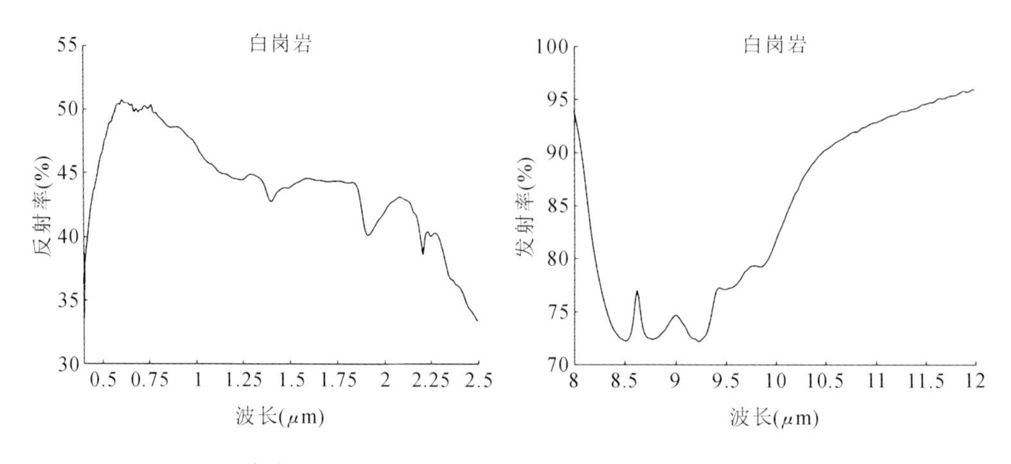

图 1.93　白岗岩 0.4～2.5 μm 反射率(左图)和 8～12 μm 发射率(右图)光谱

(3)流纹岩(rhyolite)。

光谱数据来自 JHU。样品编号:rhyolite. H1,红色条纹状斑状岩石。

矿物组成:基质是微晶和球状的玻璃质,斑晶为透长石、斜长石(一部分是奥长石)、黑云母、石英,次要矿物为磷灰石、磁铁矿。

光谱分析(图 1.94):在 0.4～2.5 μm 波段,具有 1.4 μm、1.9 μm 水吸收特征,2.20 μm、2.32 μm弱吸收特征;在 8～12 μm 波段,具有 8.89 μm、9.63 μm 低峰值特征。

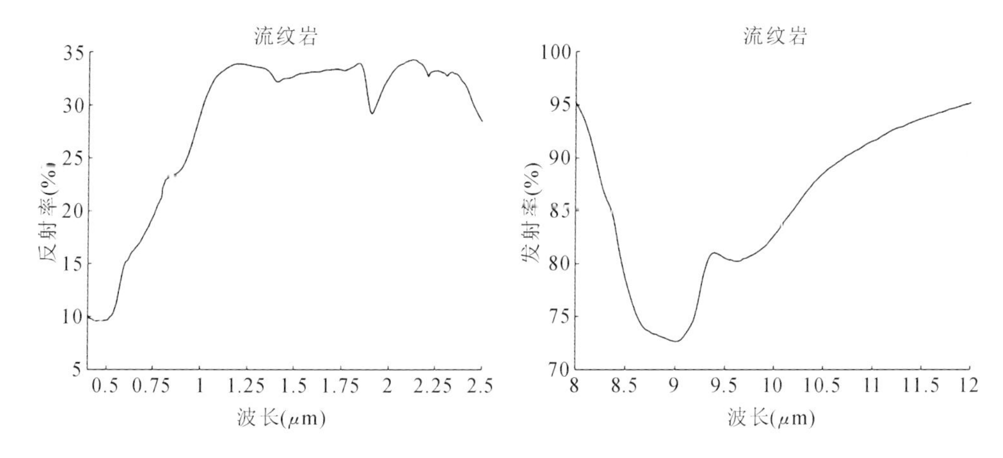

图 1.94 流纹岩 0.4～2.5 μm 反射率(左图)和 8～12 μm 发射率(右图)光谱

5.脉岩类

1)煌斑岩类

煌斑岩类是一种暗色矿物含量高的暗色脉岩。多为斑状结构,有的为等粒结构,黑云母和角闪石是最常见的暗色矿物,辉石次之,橄榄石较少,浅色矿物中长石类也是常见矿物,副矿物有磷灰石、榍石、磁铁矿和锆石。暗色矿物多,且为自形晶和自形斑晶,这是煌斑岩类的典型特征,称为煌斑结构。煌斑岩类容易风化和蚀变,形成碳酸盐、绿泥石。化学成分上,铁镁氧化物、碱、磷以及挥发成分含量较高,SiO_2 含量变化范围为 28%～52%,多数接近基性岩,少数接近超基性岩,煌斑岩色深,有的结晶较细,往往与正常的暗色脉岩和玄武岩难于区分,结构是其重要的区别之一。山东薛城发现有橄辉云斜煌斑岩。近年来,我国许多省在寻找原生金刚石过程中,不断发现这类脉岩。云南大理洱海东出现暗橄云煌岩。

煌斑岩(lamprophyre)。

光谱数据来自 JHU。样品编号:lamproph. H1,深灰色隐晶质岩石,风化成棕黑色。

矿物组成:58%透长石,28%灰绿色辉石,7.6%暗色矿物,6.3%橄榄石。橄榄石粒度小于辉石并且显示出伊丁石化蚀变。微探针分析表明,辉石为普通辉石,暗色矿物几乎全是钛磁铁矿,可能含有绢云母。

光谱分析(图 1.95):在 0.4～2.5 μm 波段,由于暗色矿物导致整体反射率较低,具有 1.1 μm附近铁吸收特征,无其他明显吸收特征;在 8～12 μm 波段,具有 9.72 μm 宽低峰值特征。

2)细晶岩类

细晶岩类为一种浅色脉岩,它以缺乏暗色矿物和全晶质细晶结构为特征。常见的为花岗细晶岩,这种细晶岩几乎全部由浅色矿物所组成,主要矿物为石英和长石,偶尔出现微量的黑云母、白云母、角闪石。细晶岩的脉体较小,宽度不大,大多数产于相应的深成岩中,偶尔也出现于岩体附近的围岩裂隙中。细晶岩的矿物成分与其伴生侵入岩体浅色矿物成分相

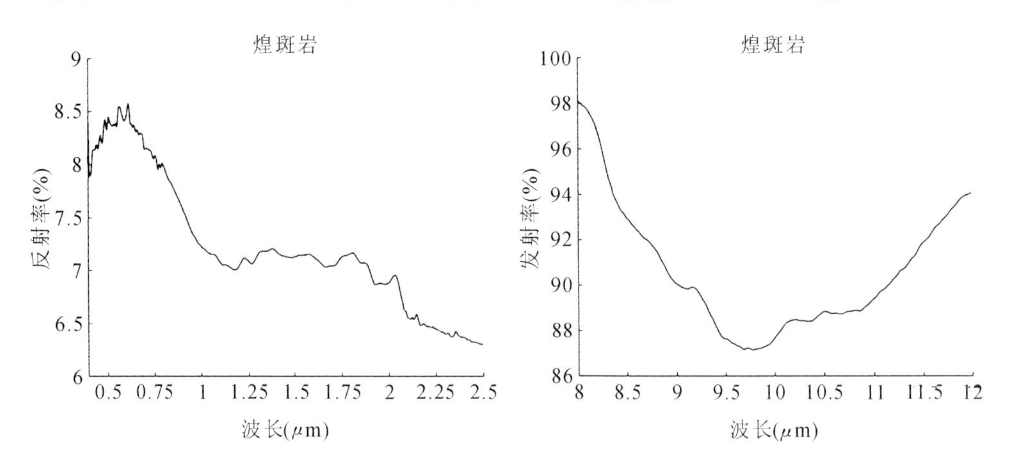

图 1.95　煌斑岩 0.4～2.5 μm 反射率(左图)和 8～12 μm 发射率(右图)光谱

似,细晶岩是全晶质细粒结构,似砂糖粒状。

细晶岩(aplite)。

光谱数据来自 JPL。样品编号:ward16(JPL),细粒品色岩石。

矿物组成:砂糖状结构,主要矿物是石英、微斜长石、正长石、斜长石。几乎一半的斜长石已经绢云母化,黑云母部分已完全蚀变为绿泥石,磁铁矿变为赤铁矿,同时含有磷灰石和钛铁矿。

光谱分析(图 1.96):在 0.4～2.5 μm 波段,具有 0.54 μm、0.67 μm、0.9 μm 附近铁吸收特征,1.4 μm、1.9 μm 水吸收特征,2.20 μm 明显吸收特征,2.34 μm 弱吸收特征;在 8～12 μm 波段,具有 8.52 μm、8.76 μm、9.21 μm 低峰值特征。

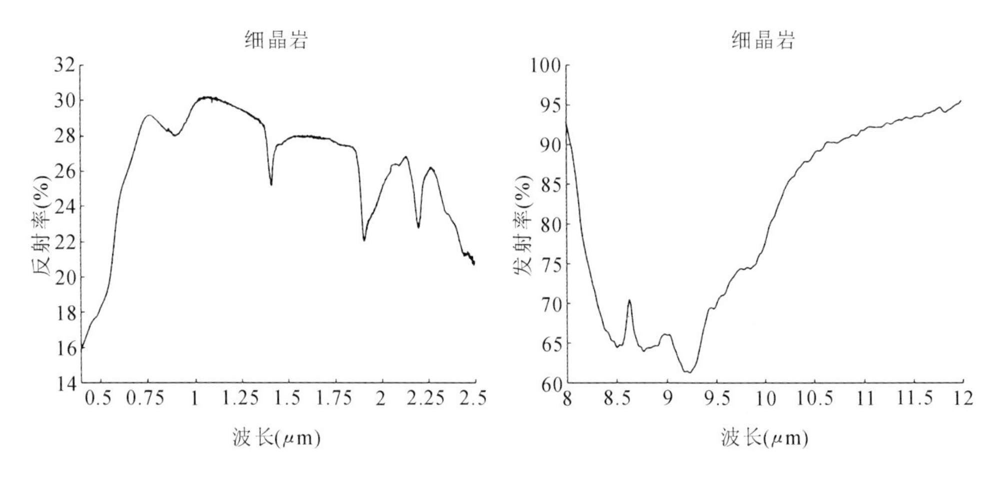

图 1.96　细晶岩 0.4～2.5 μm 反射率(左图)和 8～12 μm 发射率(右图)光谱

3)伟晶岩类

伟晶岩类是粗粒甚至巨粒的各种脉状体及团块状体。常见花岗伟晶岩,其中某些晶体大得惊人。伟晶岩体规模变化很大，一般长数米至数十米，厚数厘米到数十米，形状有板状、透镜状、串珠状及不规则状等。伟晶岩体的大小和形状对稀有元素的富集有很大的实际意义。稀有元素矿物往往聚集在厚大的伟晶岩体中。与伟晶岩相关的矿产有稀有金属、稀土元素、白云母、水晶、长石等几十种矿产。不同的伟晶岩有不同的矿物成分，它们都与相应的深成岩体在时间、空间上有成因联系。矿床的伟晶岩具有晶洞，多见于变质程度浅的褶皱地区，我国的华南、中南、华北等地有分布。具有工业意义的长石矿区是伟晶岩型，这种伟晶岩都与花岗岩有关，我国辽宁海城长石矿床规模相当大，在海城附近已经形成一个陶瓷业中心。除上述矿床外，还有磷灰石矿等。

伟晶岩(pegmatite)。

光谱数据来自 JPL。样品编号：ward15，浅灰色花岗岩。

矿物组成：主要由条纹长石、石英和少量白云母组成。

光谱分析(图 1.97)：在 0.4～2.5 μm 波段，具有 1.4 μm、1.9 μm 水吸收特征，2.20 μm 明显吸收特征，2.34 μm 弱吸收特征；在 8～12 μm 波段，具有 8.48 μm、8.71 μm、9.19 μm、9.85 μm低峰值特征。

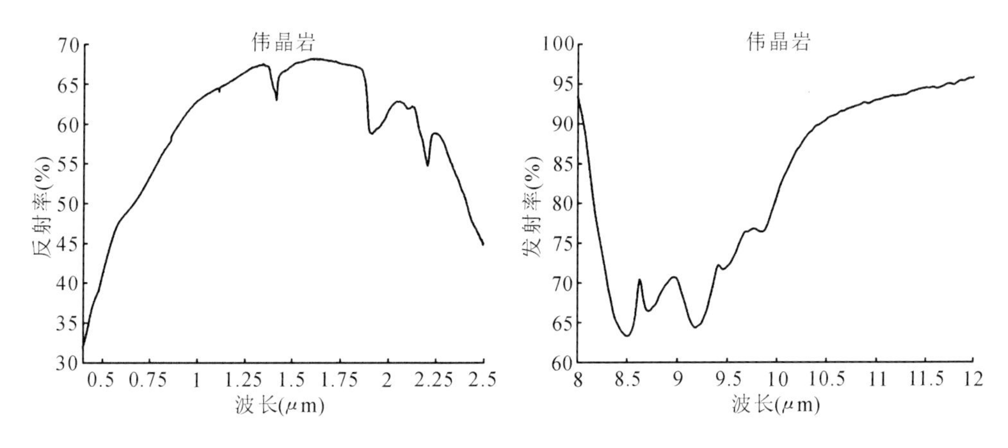

图 1.97 伟晶岩 0.4～2.5 μm 反射率(左图)和 8～12 μm 发射率(右图)光谱

1.3.2.2 沉积岩

沉积岩是在地表和地表以下不太深的地方形成的地质体。它是在常温常压下，由母岩的风化产物或由生物作用和某些火山作用形成的物质，经过搬运、沉积、成岩等地质作用而形成的层状岩石。砂岩、页岩、石灰岩都是常见的沉积岩。本节简要介绍了沉积岩的分类，选择了部分沉积岩，如灰岩、页岩、砂岩等，分析其光谱特性。

1. 陆源碎屑岩

陆源碎屑岩是母岩机械破碎的产物经搬运、沉积、成岩形成的岩石，简称碎屑岩。陆源碎屑岩由碎屑颗粒和填隙物组成，其中碎屑颗粒是岩石的主体部分，占整个岩石体积 50%以上，充填在碎屑颗粒之间的组分称为填隙物。填隙物包括杂基和胶结物，杂基是碎屑颗粒之间的细小的机械混入物。胶结物是碎屑颗粒之间的化学沉淀物。陆源碎屑有矿物碎屑和岩石碎屑两种。矿物碎屑为一个磨蚀轮廓内只有一种矿物。若一个磨蚀轮廓内由两种以上的矿物颗粒构成,则称为岩屑。石英、长石、云母是其基本组分。填隙物由胶结物和杂基组成。砂岩中的杂基一般是指直径<0.315 mm的细粉砂和黏土物质,其成分主要为黏土矿物和石英、长石碎屑的混杂物。胶结物的成分、结构、成因都比杂基复杂,它是沉积、成岩阶段中从胶体或真溶液中析出的各种矿物,其中以硅质、碳酸盐质、铁质、磷酸盐类矿物比较常见。碎屑颗粒的结构包括碎屑的粒度、圆度、球度、形状以及颗粒表面的微细特征。

1)砾岩和角砾岩

由粒径>2 mm的碎屑颗粒组成的岩石称为砾岩(或角砾岩)。其中碎屑颗粒的成分主要是岩屑,只在较细的碎屑中可见到由单矿物组成的砾石。在岩石分类命名中,砾岩中所规定的砾石含量下限比其他碎屑岩下限(50%)要低,通常砾石含量>30%。岩屑砾岩在我国中生代和新生代的陆相沉积中很发育,如北京西部中生代的坨里砾岩和新生代的长辛店砾岩。由砂粒(粒径为2~0.062 5 mm的碎屑颗粒)和填隙物组成的陆源碎屑岩,称为砂岩。除砂粒外,有时可混入一定数量的砾石和粉砂,但砂粒含量>50%。砂岩的碎屑成分以石英为主,其次是长石及各种岩屑,有时含白云母、绿泥石和重矿物。砂岩的化学成分变化极大,它决定于碎屑和填隙物的成分,与火成岩比较含 SiO_2 较高、Al_2O_2 较低。

2)粉砂岩

粉砂岩是主要由粒径为0.062 5~0.039 mm(4%~8%)的碎屑颗粒组成的岩石。其中粉砂含量>50%,按颗粒大小,又可分为粗粉砂岩(4%~6%)和细粉砂岩(6%~8%),粉砂岩的主要矿物成分是石英、白云母及黏土矿物,有时亦含长石、绿泥石,重矿物含量可达2%~3%,岩屑少见。碎屑颗粒因为细小,不易磨圆,常为棱角至次棱角状,填隙物多为黏土、铁质、钙质。粉砂岩在各种环境下均可形成,但一般都产于湖泊、海盆地、河漫滩等流水缓慢地带,在地质历史中分布很广。很多红层、杂色层及第四纪黄土大多由粉砂岩构成。其中黄土在我国最发育、剖面也最完整,分布之广、厚度之大居世界之首。全球的黄土覆盖面积已知约1000万 km^2,我国占有60万~80万 km^2,主要分布在西北黄土高原,其次分布在华北平原及东北的南部。总之,在长城以西、秦岭以北,西起青海东部,东至渤海的整个黄河流域均有分布,此外,在四川成都、江苏南京一带亦有零星分布。

2. 黏土岩

黏土岩是一种主要由粒径<0.003 9 mm的细颗粒组成并含大量黏土矿物的沉积岩。疏松者称为黏土,固结者称为泥岩和页岩。一部分黏土岩是铝硅酸盐矿物分解的产物,在原地堆积而成或在水盆地通过胶体凝聚作用形成,尤其是胶体沉积成因的黏土岩,成分较纯,常常具有一定的工业价值。黏土岩是分布最广的一类沉积岩,具有一些独特的物理性质,如可塑性、耐火性、烧结性、吸水膨胀性、吸附性,使之在工业方面有广泛的用途。近年来,在黑色页岩和碳质页岩中还发现含有镍、钼、钒、铅、铂、钯、铈等稀有、稀土元素构成具有工业价

值的矿床。黏土岩也是重要的生油岩和油气藏的盖层，所以研究黏土岩具有重要的经济意义。黏土矿物是一种含水的硅酸盐或铝硅酸盐矿物，有非晶质的，也有结晶质的。非晶质的黏土矿物无一定的晶体结构，而且往往成分不固定，如水铝英石、硅铁石。结晶质的黏土矿物又可分为层状及链层状结构两种，最常见的则是层状结构的黏土。黏土岩的主要矿物成分是黏土矿物，其次是石英、长石、云母等陆源碎屑矿物和自生的非黏土矿物。黏土矿物是构成黏土岩中粒径＜0.003 9 mm颗粒的主体，陆源碎屑矿物则主要构成黏土岩中的粉砂与砂粒部分，自生非黏土矿物是在黏土岩形成过程中生成的，它在黏土岩中的含量虽然不多，但可帮助判断黏土岩的形成环境以及成岩过程中的变化。此外，黏土岩中还常含有一些有机质，如煤屑、腐泥质、沥青质及生物遗体等。现代海洋黏土沉积物与淡水黏土沉积物中，有机质的含量变化为1％～5％，有机质中有50％～80％是出自化学成分不定的生物遗骸及氨基酸组成。

3. 火山碎屑岩

火山碎屑岩是由火山作用所产生的各种碎屑物经堆积、成岩而成的岩石，典型的火山碎屑是指火山碎屑物的含量达90％以上的岩石。其一，岩石的物质来源主要来自地下熔浆，与相应原岩有密切联系；其二，火山碎屑物喷出后，其搬运和沉积与沉积岩的形成方式类似，火山碎屑岩有陆相沉积，也有海相沉积。从前寒武纪到第四纪各时代地层中都有大量火山碎屑岩沉积。许多有用矿产与火山碎屑岩有关，如铁、锰、钾、硫、铀矿床以及铜、铅、锌等金属硫化物矿床。在金属矿床方面，它和沸石矿、膨润土矿、高岭土矿、叶蜡石矿等关系密切，玻璃质的酸性凝灰岩还是制造水泥的好材料，并可作为人造膨胀珍珠岩的原料。火山碎屑岩由于多孔，亦是良好的油、气、水的储集层。

4. 碳酸盐岩

碳酸盐岩是由方解石、白云石等碳酸盐矿物组成的沉积岩。以方解石为主的岩石称为石灰岩，以白云石为主的岩石称为白云岩。碳酸盐岩的结构组分比石灰岩复杂，基本结构组分有四种：颗粒(异化颗粒)、微晶方解石基质(微晶)、亮晶方解石胶结物(亮晶)、生物骨架。白云岩的结构以交代残余结构和结晶结构为主，也可有与石灰岩相应的某些组分。古代广阔海洋中形成的碳酸盐岩，约占地表沉积岩分布面积的1/5。在地质历史中我国碳酸盐岩主要分布于震旦纪、寒武纪、奥陶纪、泥盆纪、石炭纪、二叠纪、三叠纪及部分侏罗纪、白垩纪和第三纪的海相地层中，其中以西南地区最为发育。碳酸盐岩是重要的储层。全世界1/2的石油和天然气储存于碳酸盐岩中，世界油气产量的60％出自碳酸盐岩。我国大型油田“任丘油田”的石油就产于元古代的碳酸盐岩层中。四川省的大规模气田产自二叠纪、三叠纪及震旦纪的碳酸盐岩中。碳酸盐岩常与许多固体沉积矿藏共生，如铁矿、铝土矿、锰矿、石膏、岩盐、钾盐、磷矿等，并为许多金属层控矿床的储矿层，如汞、锑、铅、锌、铜、银、镍、钴、铀、钒等。碳酸盐岩本身还是一种很有价值的矿产，石灰岩、白云岩广泛用于建筑、化工、农业、医药、冶金等方面，菱镁矿是重要的金属矿产。碳酸盐岩中还含有一些微量元素，某些微量元素的比值可作为分析沉积环境的一种参数。

5.硅质岩

硅质岩是以 SiO_2 为主要成分的岩石，按其成因可分为两类：一类是通过机械沉积作用形成，主要由石英碎屑颗粒组成的石英质碎屑岩，如石英砂岩；另一类是由生物作用、化学作用、生物化学作用以及某些火山作用形成的，含 SiO_2 含量为70%～90%的硅质岩，它主要由隐晶质和微晶质的自生硅质矿物所组成。硅质岩的化学成分主要是 SiO_2 和 H_2O，比较纯的硅质岩 SiO_2 含量最高可达99%以上，多数的硅质岩往往含少量的混入物，混入物的成分与围岩成分有密切关系，例如与泥质岩或火山岩共生的硅质岩较富铝，而与碳酸盐岩伴生的硅质岩富钙和镁，因此，除 SiO_2 和 H_2O 外，硅质岩还常含有数量不等的其他氧化物，如 Fe_2O_3、Al_2O_3、CaO、MgO 等。组成硅质岩的主要矿物成分是自生石英、玉髓和蛋白石，此外，还常含有少量的黏土矿物、碳酸盐矿物、氧化铁矿物等，有的还含有机质、黄铁矿、海绿石等。硅质岩中可出现多种结构类型，这与硅质岩有多种成因有关，常见的有非晶质结构、隐晶和微晶结构、纤维状结构、生物结构、碎屑结构以及交代结构。硅质岩按其地质产状可划分为层状硅质岩和结核状硅质岩两类。层状硅质岩常与火山岩共生，而结核状硅质岩则主要见于石灰岩中，也可少量地出现于泥质岩或蒸发岩中。在我国各个地质时期内几乎都有分布，例如华北中元古界产有黑色层状硅质岩，华北奥陶纪、石炭纪灰岩以及华南石炭纪、二叠纪灰岩中也都产有大量结核状、条带状燧石，并在第三纪地层中多处发现具有工业价值的硅藻土矿床。

6.其他类型沉积岩

地壳中分布最广的沉积岩是陆源碎屑岩、黏土岩和碳酸盐岩，但尚有一些重要的沉积组分，如二氧化硅矿物，铝、铁、锰的氧化物和氢氧化物，磷酸盐矿物，它们既可作为次要成分产于上述岩石中，亦可聚集成岩，形成铝质岩、铁质岩、磷块岩、蒸发岩等，碳质、沥青质、液态烃类等有机物主要构成煤、石油、天然气等可燃性有机岩，又可作为次要组分出现在主要类型沉积岩中。某些铜矿物、沸石类矿物、海绿石、自然硫等，大多数附生在其他沉积岩中，因此常把含铜、沸石、海绿石等的岩石称为附生岩。上述岩类大部分具有重要的经济价值，有的还能反映一定的沉积环境，帮助恢复古地理等。

1)铝质沉积岩

铝质岩的重要矿物成分是铝的氢氧化物，其次是各种黏土矿物(高岭石、地开石等)陆源矿物(石英等)。此外，还有一些自生矿物(如菱铁矿、方解石、沸石等)。我国红土型铝土矿仅分布于华南地区，著名产地是福建漳浦、金门岛一带，产于第四纪玄武岩的风化壳中，例如我国华北地台有石炭系底部的铝土矿和铁铝黏土覆于奥陶系石灰岩的剥蚀面上，贵州中部的石炭-二叠系铝土矿覆于寒武系白云质灰岩的剥蚀面上。

2)铁质沉积岩

铁质沉积岩中常见的铁矿物类型是铁的氧化物、碳酸盐、硅酸盐和硫化物。例如我国鞍山铁矿。

3)锰质沉积岩

锰质沉积岩中常见锰矿物的类型是锰的氧化物和氢氧化物、碳酸盐及硅酸盐等。我国此类矿床的已知成矿时代有前震旦纪、震旦纪、奥陶纪、泥盆纪、二叠纪和三叠纪。湖南湘潭、辽宁瓦房子是锰质沉积岩产地,前者矿体呈层状。

4)磷块岩

磷块岩的主要矿物是磷灰石。此外,常含有方解石、白云石以及黏土矿物和海绿石。

5)蒸发岩

蒸发岩又称盐岩,是由含盐度较高的溶液或卤水,通过蒸发浓缩作用形成的化学沉积岩。蒸发岩的主要矿物成分是钾、钠、钙、镁的氧化物,硫酸盐,碳酸盐,其中尤以石膏($CaSO_4 \cdot 2H_2O$)、硬石膏($CaSO_4$)、石盐(NaCl)最为重要。常见的有海相、非海相盐类矿。

7.沉积岩光谱特性

本书选择部分常见沉积岩,分析了其光谱特征。

(1)含化石石灰岩(fossiliferous limestone)。

光谱数据来自JHU。样品编号:limestone.1。

矿物组成:样品由均一的微晶碳酸盐矿物组成,含有大量化石(主要是小的双壳类),含有少量的石英。

光谱分析(图1.98):在0.4～2.5 μm波段,具有0.87 μm铁吸收特征,1.4 μm、1.9 μm水吸收特征,2.34 μm、2.5 μm明显碳酸根振动吸收特征;在8～12 μm波段,具有碳酸盐矿物11.24 μm低峰值特征。

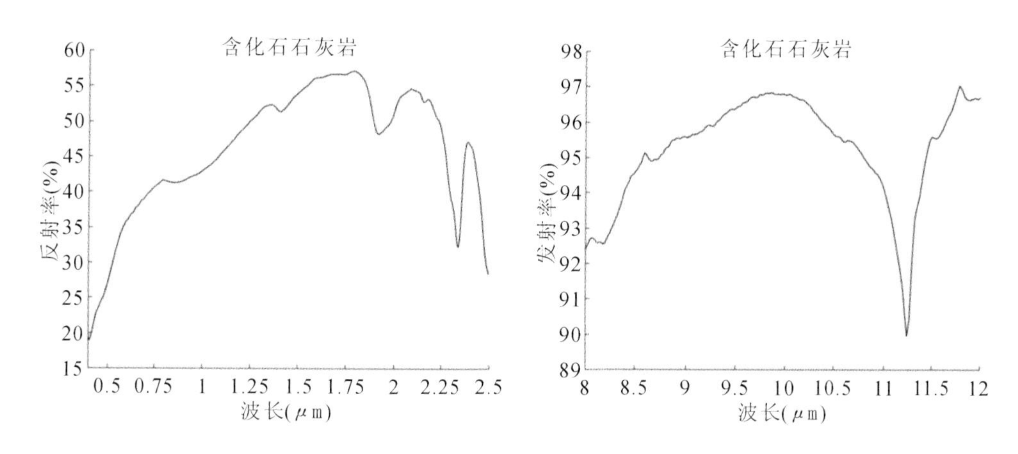

图1.98 含化石石灰岩0.4～2.5 μm反射率(左图)和8～12 μm发射率(右图)光谱

(2)微晶石灰岩(lithographic limestone)。

光谱数据来自JHU。样品编号:limestone.5。

矿物组成:均质的微晶碳酸盐岩,分散有红棕色斑点。

光谱分析(图 1.99):在 0.4~2.5 μm 波段,具有 0.87 μm 铁吸收特征,1.4 μm、1.9 μm 水吸收特征,2.335 μm、2.5 μm 明显碳酸根振动吸收特征;在 8~12 μm 波段,具有碳酸盐矿物 11.22 μm 低峰值特征,8.7 μm、11.57 μm 的低峰值特征。

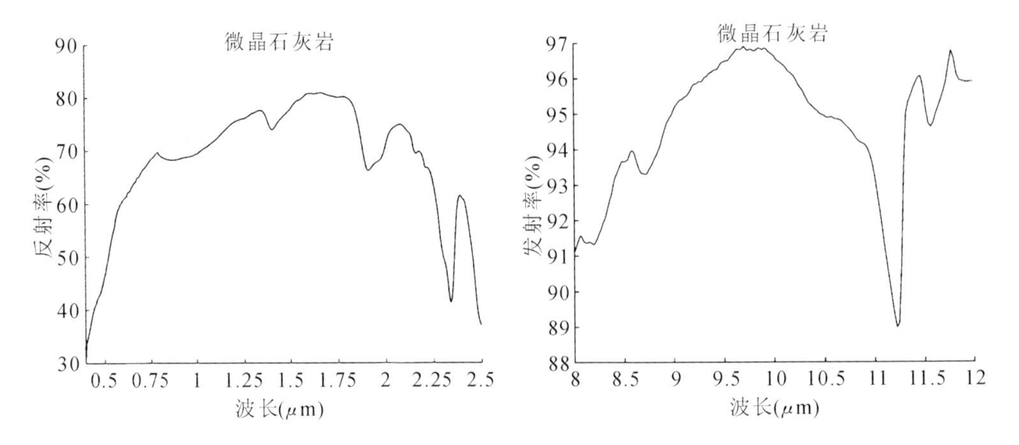

图 1.99 微晶石灰岩 0.4~2.5 μm 反射率(左图)和 8~12 μm 发射率(右图)光谱

(3)石灰华(travertine)。

光谱数据来自 JHU。样品编号:travertine.1。

矿物组成:主要含有微晶碳酸盐矿物,晶洞和气孔内充填有大颗粒的碳酸盐矿物晶体,有的充填有赤铁矿。

光谱分析(图 1.100):在 0.4~2.5 μm 波段,具有 0.52 μm、0.90 μm 铁吸收特征,1.4 μm、1.9 μm 水吸收特征,2.34 μm、2.5 μm 明显碳酸根振动吸收特征;在 8~12 μm 波段,具有碳酸盐矿物 11.26 μm 低峰值特征,8.77 μm、9.44 μm 弱低峰值特征。

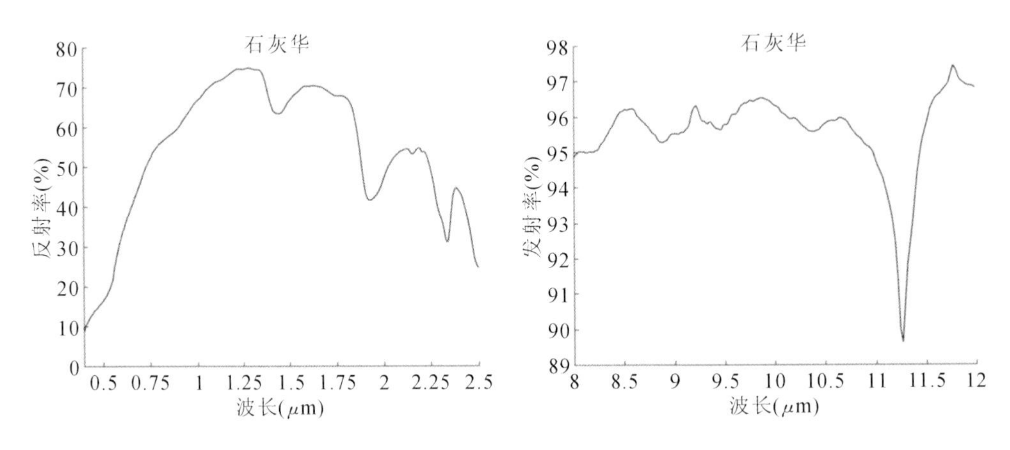

图 1.100 石灰华 0.4~2.5 μm 反射率(左图)和 8~12 μm 发射率(右图)光谱

(4)钙质页岩[shale (calcareous)]。

光谱数据来自 JHU。样品编号:shale.3。

矿物组成:样品由棕色细粒到微晶的基质组成。基质含有棕色黏土、碳酸盐矿物和少量的细粒石英。分散有很少量的暗色物质。

光谱分析(图 1.101):在 0.4～2.5 μm 波段,具有 1.1 μm 铁吸收特征,1.4 μm、1.9 μm 水吸收特征,2.34 μm、2.5 μm 明显碳酸根振动吸收特征,2.22 μm 弱吸收特征;在 8～12 μm波段,具有碳酸盐矿物 11.22 μm 低峰值特征,11.57 μm 弱低峰值特征。

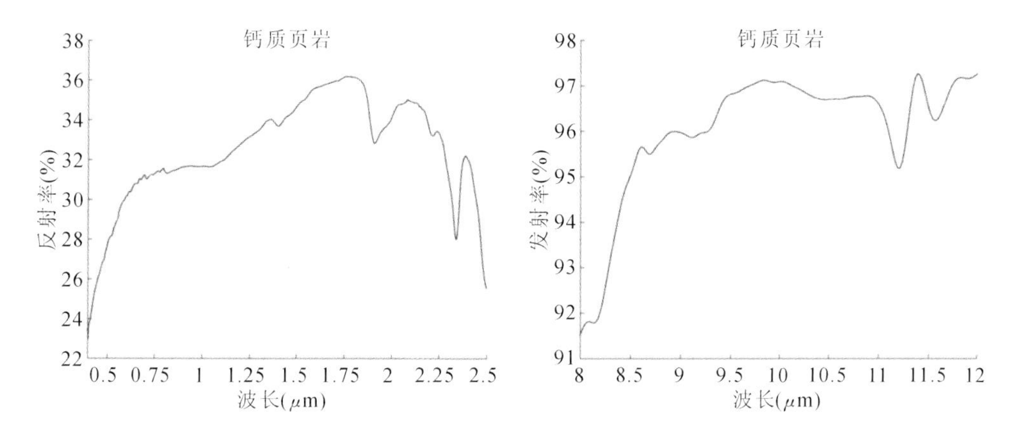

图 1.101 钙质页岩 0.4～2.5 μm 反射率(左图)和 8～12 μm 发射率(右图)光谱

(5)砂质页岩[shale (arenaceous)]。

光谱数据来自 JHU。样品编号:shale.1。

矿物组成:样品分选较好,主要由中细粒的多角到次圆形的石英和棕色黏土(高岭石或伊利石)组成,石英含有大量流体侵入特征,同时含有少量的斜长石、电气石、微斜长石和暗色矿物。

光谱分析(图 1.102):在 0.4～2.5 μm 波段,具有 1.4 μm、1.9 μm 水吸收特征,2.2 μm 不对称吸收特征(与高岭石光谱特征相近),2.38 μm 弱吸收特征;在 8～12 μm 波段,具有 8.17 μm、8.83 μm、9.30 μm 低峰值特征。

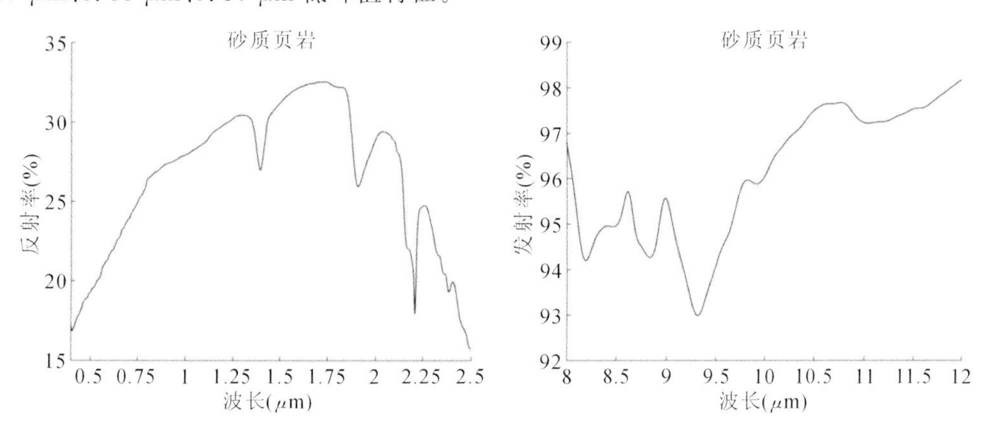

图 1.102 砂质页岩 0.4～2.5 μm 反射率(左图)和 8～12 μm 发射率(右图)光谱

(6)红砂岩[sandstone(micaceous red)]。

光谱数据来自 JHU。样品编号:sandstone.3。

矿物组成:样品由多角到次圆形的石英颗粒组成,大量(约 50%)由铁氧化物包裹,空隙里含有白云母、黑云母和碳酸盐矿物,分散有暗色矿物和小颗粒斜长石,也可能存在少量棕色的黏土矿物。

光谱分析(图 1.103):在 0.4～2.5 μm 波段,具有 0.53 μm、0.87 μm 铁吸收特征,1.4 μm、1.9 μm 水吸收特征,2.2 μm、2.34 μm、2.45 μm 吸收特征;在 8～12 μm 波段,具有 8.24 μm、9.25 μm双低峰值特征,11.22 μm 低峰值特征。

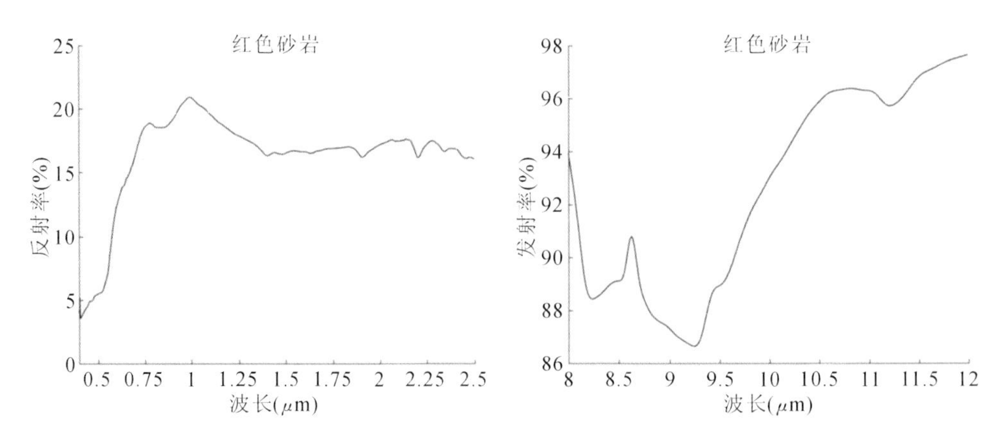

图 1.103 红色砂岩 0.4～2.5 μm 反射率(左图)和 8～12 μm 发射率(右图)光谱

(7)长石石英岩(arkosic sandstone)。

光谱数据来自 JHU。样品编号:sandstone.1。

矿物组成:中等分选的细中粒岩石,孔隙度小。圆形和次圆形的石英颗粒具有流体包裹体并受到铁染作用,与玉髓胶合在一起,含有微量的微斜长石。

光谱分析(图 1.104):在 0.4～2.5 μm 波段,具有 0.87 μm 铁吸收特征,1.4 μm、1.9 μm 水吸收特征,2.21 μm 吸收特征;在 8～12 μm 波段,具有 8.17 μm、9.27 μm 低峰值特征。

(8)泥岩(siltstone)。

光谱数据来自 JHU。样品编号:siltstone.1。

矿物组成:细颗粒的样品,主要由棕色黏土和细粒石英颗粒组成,含有少量碳酸盐矿物和暗色物质。

光谱分析(图 1.105):在 0.4～2.5 μm 波段,具有 0.87 μm 铁吸收特征,1.4 μm、1.9 μm 水吸收特征,2.2 μm、2.34 μm、2.45 μm 吸收特征;在 8～12 μm 波段,具有 8.4 μm、9.63 μm、11.15 μm 低峰值特征。

1.3.2.3 变质岩

变质作用一般的理解为地壳形成和发展过程中,已经形成的岩石,由于地质环境的改

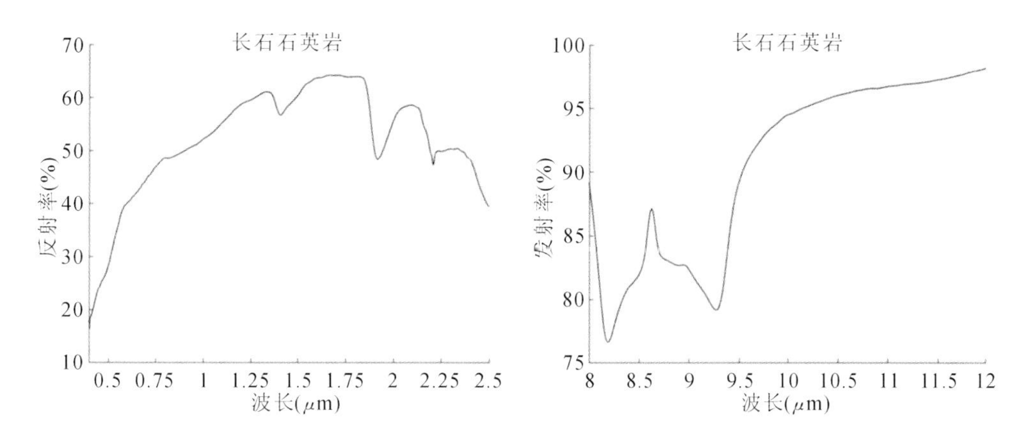

图 1.104 长石石英岩 0.4～2.5 μm 反射率(左图)和 8～12 μm 发射率(右图)光谱

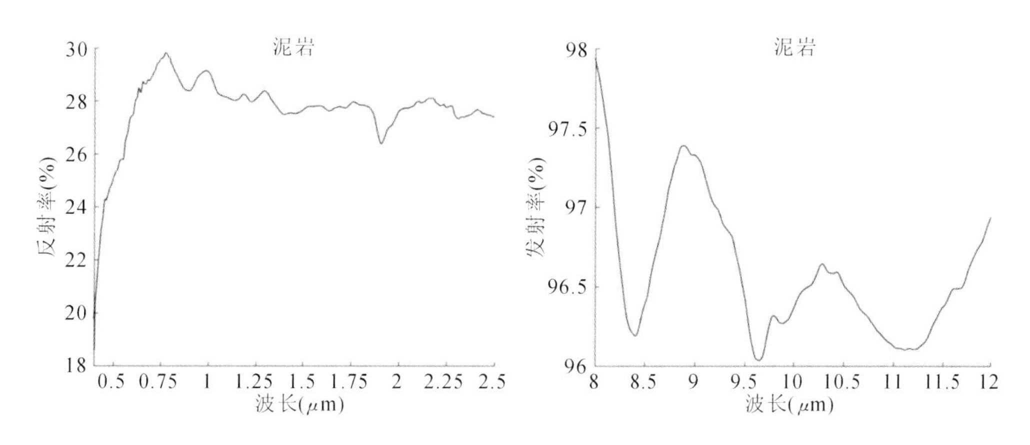

图 1.105 泥岩 0.4～2.5 μm 反射率(左图)和 8～12 μm 发射率(右图)光谱

变,物理化学条件发生了变化,促使岩石在基本固态的条件下发生矿物成分、结构、构造的变化,有时伴有化学成分的变化,在特殊条件下可以产生重熔形成部分流体相的各种作用的组合。由变质作用形成的岩石称为变质岩,它们的岩性特征一方面受原岩的控制,具有一定的继承性,另一方面由于经历了不同的变质作用,在矿物成分和结构上具有特殊性。按变质作用的类型把变质岩分为五类:动力变质岩、热接触变质岩、交代变质岩、区域变质岩和混合岩。由于变质岩的种类很多,本书仅选择了部分变质岩的光谱分析其光谱特性。

1. *动力变质岩*

主要由动力变质作用所形成的一类变质岩。因其机械破碎和变形强烈又称碎裂变质岩。动力变质作用引起岩石的结构和构造发生改变,有时还发生矿物成分的变化。矿物通常在应力的初期阶段发生变形,石英长石等出现波状消光现象,石英出现二轴晶光性,有时甚至出现解理,片状柱状矿物可能发生弯折。应力增强则产生裂纹,引起颗粒的破碎,但尚保留颗粒外形和原岩总的结构特征。变形的岩石中朝着有利方向重结晶,已破碎的矿物晶体可重新结合或重结晶加大，当在一定的温度和溶液的参与下，可形成一些新生矿物，如绢云母、绿泥石、绿帘石、钛铁矿、硬绿泥石、蓝闪石等。这些矿物常定向排列，构成动力变质岩的带状构造。根据碎裂的特征定出基本岩石名称，如破碎角砾岩、碎裂岩、糜棱岩、千枚岩、糜棱千枚岩、糜棱片岩、玻状岩和假熔岩等。在我国中—新生代断陷式或裂谷式含油气沉积盆地中，沿盆地边缘分布的深大断裂带和盆地内部的大中型断裂带，在其断裂破碎带部位都可能存在动力变质岩。

2.热接触变质岩

热接触变质作用是伴随岩浆作用而发生的一种变质现象，其主要变质作用因素是岩浆体提供的热，因此简称热变质，又因其分布较局限，主要发生于岩浆岩体周围接触带上，故习惯上称之为接触变质作用。沿接触带由里向外常循序出现不同变质程度的岩石，在平面上形成以侵入体为中心的环带状分布，称为变质圈（或变质晕）。热接触变质岩按原岩性质及化学成分特点分为四类：黏土岩或泥质岩类、碳酸盐（钙质的和镁质的）类、砂岩或长英质岩类和岩浆岩类；按组构特征主要有以下名称：斑点板岩、角岩、大理岩、接触片岩和接触片麻岩等。热接触变质岩石分布很广，一般在岩浆岩体周围都可见到，特别是中酸性岩体的周围更常见。

3.交代变质岩

交代变质作用最显著的特点是随着岩浆的侵入，岩浆和围岩之间有物质的带入和带出。从而形成与原岩不同的变质岩，称接触交代变质岩，一般指的是外接触变质带中的岩石。岩石在交代过程中发生原有矿物的溶解、消失和新矿物的取代、析出，同时还引起原岩结构构造的改变。当交代作用较弱时，也可见变余结构和构造，一般情况下主要形成变晶结构。交代变质岩在我国分布较广泛，许多交代作用常与一定的成矿作用有着成因上的联系，如钨、锡、铝、铋、铜、铅、锌、铁等矿床常与此种变质作用有关。由于不同的气水溶液与不同的围岩作用后可以形成多种多样的蚀变岩石，它们常常作为找矿的重要标志。根据成分将常见的气液变质岩概括为六类：接触交代变质化及矽卡岩、蛇纹石化和蛇纹岩、青磐岩化及青磐岩、次生石英岩化及石英岩、云英岩化及云英岩、铁绢英岩化及黄铁绢英岩。

4.区域变质岩

区域变质作用是最常见的一种变质作用类型。它以分布范围广，变质因素复杂和变质环境多样为特征，岩石以结晶片岩系，并伴有混合岩和花岗质岩石为主。区域变质岩构成我国和世界各地的最古老的基底岩系，以及元古宙、显生宙以来的造山带的褶皱岩系，通常形成长数百千米至数千千米、宽数十千米或数百千米的巨大的带。区域变质作用因素复杂，其主要受制于地壳深度及由此而引起的温度和压力升高，因此产生区域变质带的概念。分类主要有板岩类、千枚岩类、片岩类、片麻岩类、长英质粒岩类、角闪质岩类、麻粒岩类、榴辉岩类、大理岩类。变质程度深浅不同的区域变质岩在空间上常作带状分布。我国分布较广，如辽宁的辽河群、山西的滹沱群，以及中南、西南地区的浅变质岩系中都有它的存在。

5. 混合岩

混合岩是区域变质作用深度发展的产物，是由大规模的区域性岩化作用形成的。混合岩化现象和区域变质作用有着紧密的成因联系，因此混合岩和区域变质岩石往往在同一构造单元内作为互相联系的地质体而存在，因此，它的形成也受区域构造所控制。在混合岩发育地区，从混合岩化轻微的岩石到混合岩化强烈的岩石之间，往往具有一定的带状分布性质。残留构造和残留矿物组分普遍存在，经常保留原岩的层状、片状或片麻状构造。由于原岩类型的差异和混合岩化深浅程度的不同，混合岩的特质成分及构造变化较大或很大，其岩性常是不均匀的，混合岩中普遍发育交代现象。我国胶辽古陆、燕山一带、秦岭地区，以及吕梁山、五台山、大别山、武功山、康滇台背斜等地，都可见到混合岩的分布。

6. 变质岩光谱特性

变质岩石的类型复杂多样，依据变质程度和变质类型依次选取了部分典型变质岩，其光谱特征分析如下。

(1)灰色板岩(gray slate)。

光谱数据来自 JHU。样品编号：slate1，细粒到微晶浅灰色条纹状岩石。

矿物组成：碳酸盐矿物、石英、长石、黏土。

光谱分析(图 1.106)：在 0.4～2.5 μm 波段，具有 1.1 μm 附近宽缓铁吸收特征，1.4 μm、1.9 μm 微弱水吸收特征，短波红外 2.33 μm 明显吸收特征，2.22 μm、2.25 μm、2.35 μm吸收特征；在 8～12 μm 波段，具有 8.17 μm、8.52 μm、8.90 μm、9.35 μm 低峰值特征，以 8.90 μm 处的宽缓低峰值特征为主。

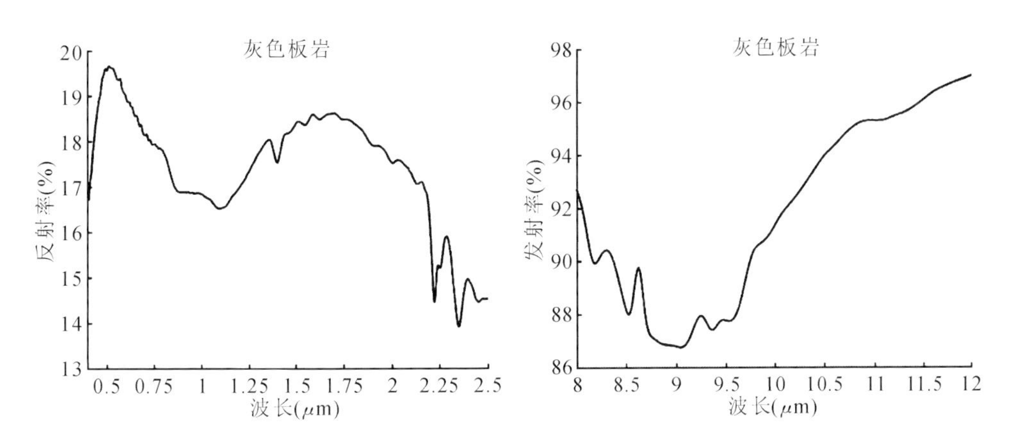

图 1.106　灰色板岩 0.4～2.5 μm 反射率(左图)和 8～12 μm 发射率(右图)光谱

(2)绿色板岩(green slate)。

光谱数据来自 JHU。样品编号：slate2，中粒含细脉岩石。

矿物组成：59.3%角闪石，25.7%钠长石，10.8%绿泥石，3%方解石，1%黄铁矿。

光谱分析(图 1.107)：在 0.4～2.5 μm 波段，具有 1.0 μm 附近宽缓铁吸收特征，1.4 μm、

1.9 μm微弱水吸收特征，短波红外 2.33 μm 明显吸收特征，2.12 μm、2.20 μm、2.255 μm、2.395 μm弱吸收特征；在 8～12 μm 波段，具有 8.75 μm、9.62 μm、10.03 μm 低峰值特征。

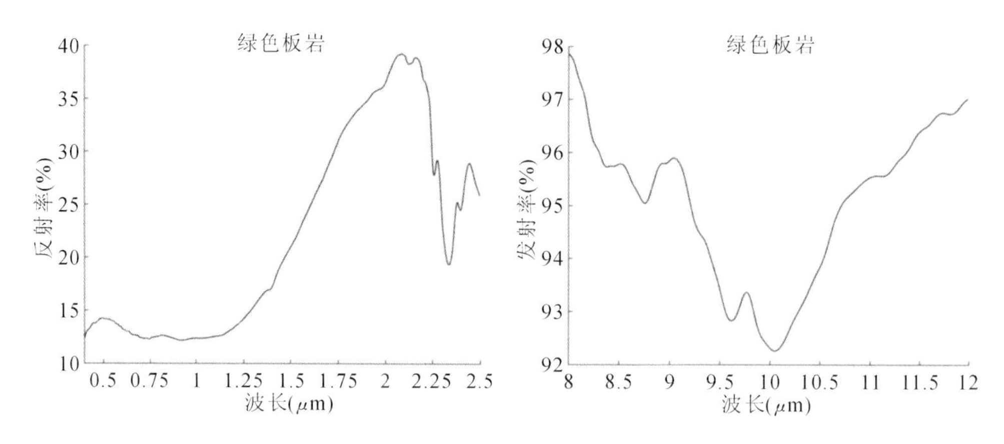

图 1.107 绿色板岩 0.4～2.5 μm 反射率(左图)和 8～12 μm 发射率(右图)光谱

(3)千枚岩(phyllite)。

光谱数据来自 JHU。样品编号：phyllit1，深灰色细粒到非常细粒岩石。

矿物组成：65.9%白云母，33.5%石英，0.5%暗色矿物和少量的碳酸盐矿物。

光谱分析(图 1.108)：在 0.4～2.5 μm 波段，反射率从 0.5 μm 递降，无明显吸收特征；在 8～12 μm 波段，具有 9.17 μm、9.60 μm 明显双低峰值特征，8.52 μm 弱低峰值特征。

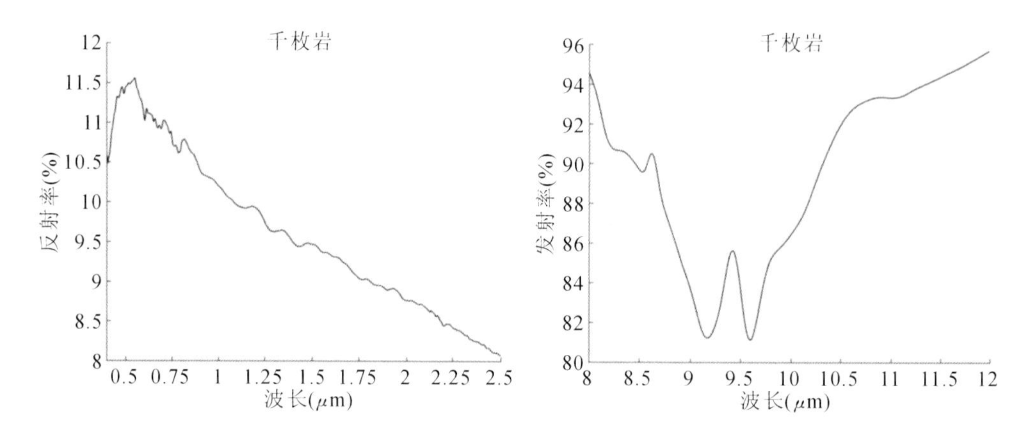

图 1.108 千枚岩 0.4～2.5 μm 反射率(左图)和 8～12 μm 发射率(右图)光谱

(4)角闪石片岩(hornblende schist)。

光谱数据来自 JHU。样品编号：schist9，粗粒到非常粗粒低级变质岩石。

矿物组成：6.9%角闪石，21.9%长石，15.7%绿泥石或蛇纹石，7.6%白云母，5.5%方解石，2.4%暗色矿物。

光谱分析(图 1.109)：在 0.4～2.5 μm 波段，具有 0.69 μm 及 1.0 μm 附近宽缓铁吸收

特征，1.4 μm、1.9 μm 微弱水吸收特征，短波红外 2.34 μm 明显吸收特征，2.20 μm、2.255 μm吸收特征；在 8～12 μm 波段，具有 10.0 μm 低峰值特征。

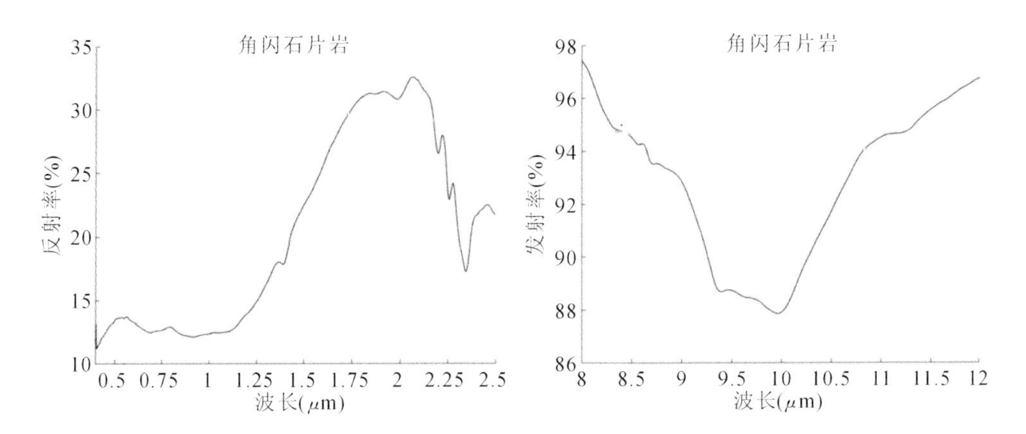

图 1.109 角闪石片岩 0.4～2.5 μm 反射率(左图)和 8～12 μm 发射率(右图)光谱

(5)绿泥石片岩(chlorite schist)。

光谱数据来自 JHU。样品编号：schist7，绿色粗粒岩石。

矿物组成：71.6%阳起石和透闪石，17.6%绿泥石，7.2%石榴石，2.8%白云母和 0.8%榍石。

光谱分析(图 1.110)：在 0.4～2.5 μm 波段，具有 1.0 μm 附近宽缓铁吸收特征，1.4 μm、1.9 μm 微弱水吸收特征，短波红外 2.255 μm、2.35 μm 明显吸收特征；在 8～12 μm波段，具有 9.5 μm、10.04 μm 低峰值特征。

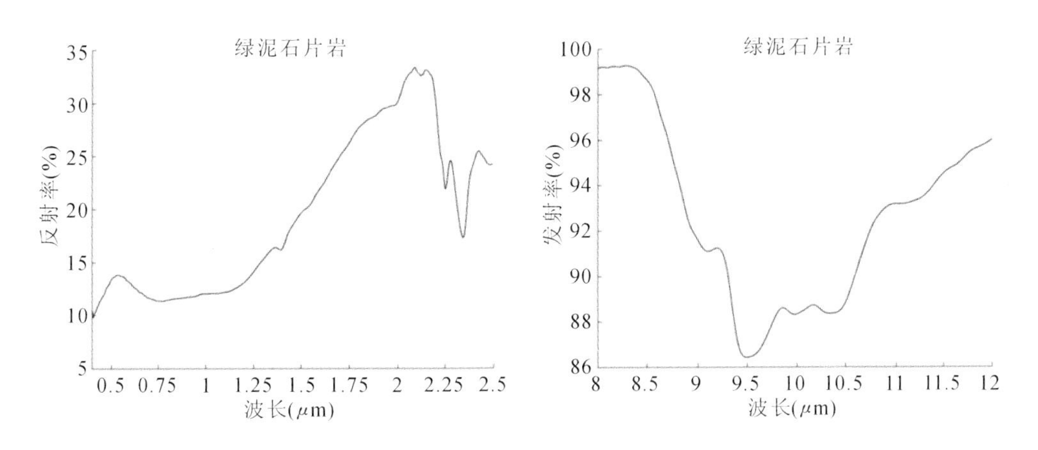

图 1.110 绿泥石片岩 0.4～2.5 μm 反射率(左图)和 8～12 μm 发射率(右图)光谱

(6)硅长质片麻岩(felsitic gneiss)。

光谱数据来自 JHU。样品编号：gneiss3，粗粒到非常粗粒岩石，绢云母化。

矿物组成：22.7%正长石，22.3%石英和钠长石，13.8%绢云母，7.7%微斜长石，5.5%

黑云母,0.7%暗色矿物。

光谱分析(图 1.111):在 0.4～2.5 μm 波段,具有 1.0 μm 附近宽缓铁吸收特征,1.4 μm、1.9 μm 水吸收特征,短波红外 2.20 μm、2.255 μm、2.35 μm 吸收特征;在 8～12 μm波段,具有 8.45 μm、8.77 μm、9.22 μm、9.58 μm 低峰值特征。

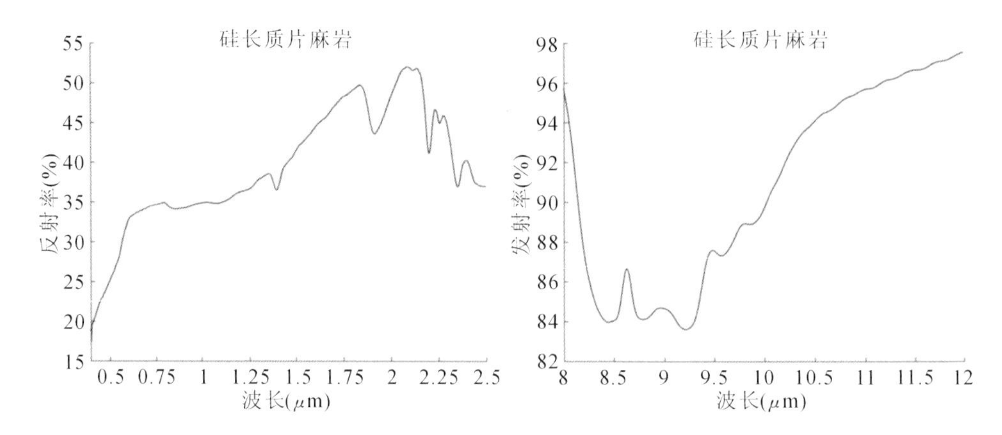

图 1.111　硅长质片麻岩 0.4～2.5 μm 反射率(左图)和 8～12 μm 发射率(右图)光谱

(7)眼球状片麻岩(augen gneiss)。

光谱数据来自 JHU。样品编号:gneiss8,弱绢云母化。

矿物组成:61.3%微斜长石,11.3%钠长石,10.1%正长石,7.4%石英,5.1%蚀变矿物(黏土或绢云母),2.8%黑云母,1.4%角闪石,0.6%暗色矿物。

光谱分析(图 1.112):在 0.4～2.5 μm 波段,具有 1.0 μm 附近宽缓铁吸收特征,1.4 μm、1.9 μm 水吸收特征,短波红外 2.20 μm、2.25 μm、2.35 μm 吸收特征;在 8～12 μm 波段,具有 8.48 μm、8.81 μm、9.27 μm、9.79 μm 低峰值特征。

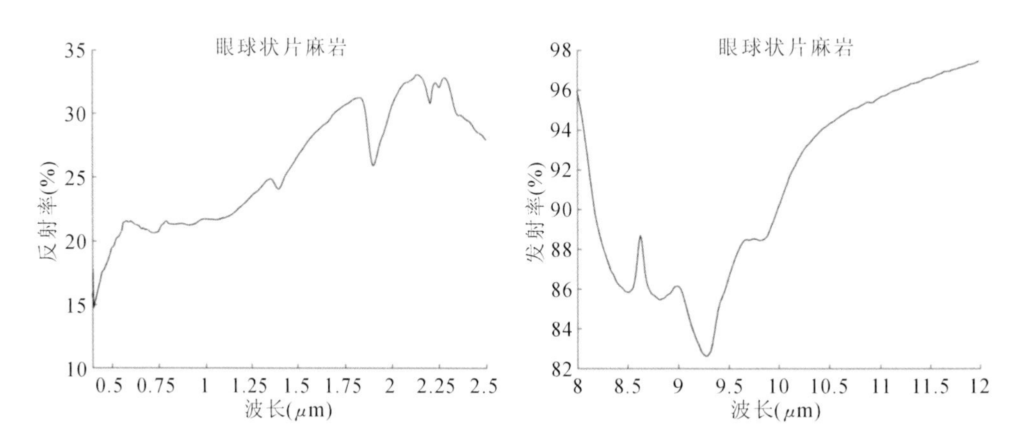

图 1.112　眼球状片麻岩 0.4～2.5 μm 反射率(左图)和 8～12 μm 发射率(右图)光谱

(8)灰色石英岩(gray quartzite)。

光谱数据来自 JHU。样品编号:qrtzit5,细粒轻微变质砂岩。

矿物组成:82.4%石英,16.4%玉髓,0.5%电气石,0.4%锆石,0.16%暗色矿物,0.11%黏土。

光谱分析(图 1.113):在 0.4～2.5 μm 波段,具有 1.4 μm、1.9 μm 水吸收特征,短波红外 2.25 μm 吸收特征;在 8～12 μm 波段,具有 8.3 μm、9.0 μm 双低峰值特征。

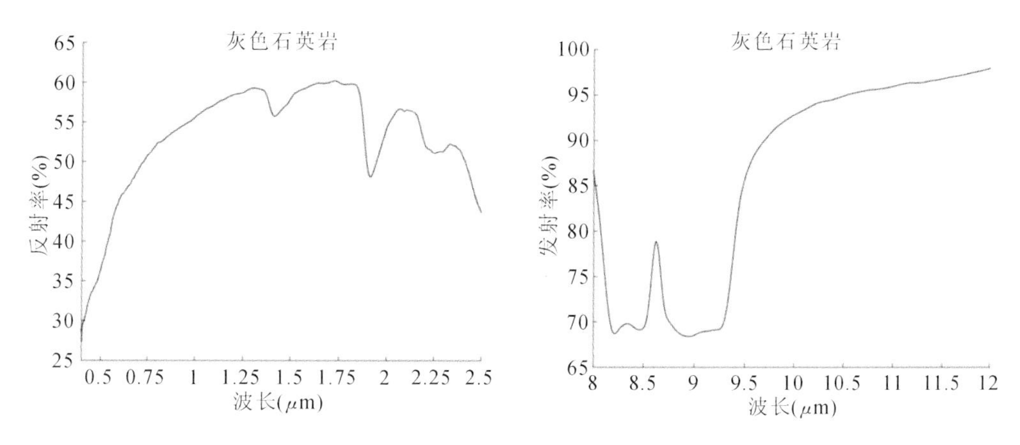

图 1.113 灰色石英岩 0.4～2.5 μm 反射率(左图)和 8～12 μm 发射率(右图)光谱

(9)粉红石英岩(pink quartzite)。

光谱数据来自 JHU。样品编号:qrtzit3,中粒变质砂岩。

矿物组成:90.4%石英,6.96%白云母,1.74%暗色矿物,0.94%其他矿物,可能含有黏土矿物。

光谱分析(图 1.114):在 0.4～2.5 μm 波段,具有 0.85 μm 附近铁吸收特征,1.4 μm、1.9 μm水吸收特征,短波红外 2.20 μm 不对称吸收特征(与高岭石特征相近);在 8～12 μm 波段,具有 8.3 μm、9.0 μm 双低峰值特征。

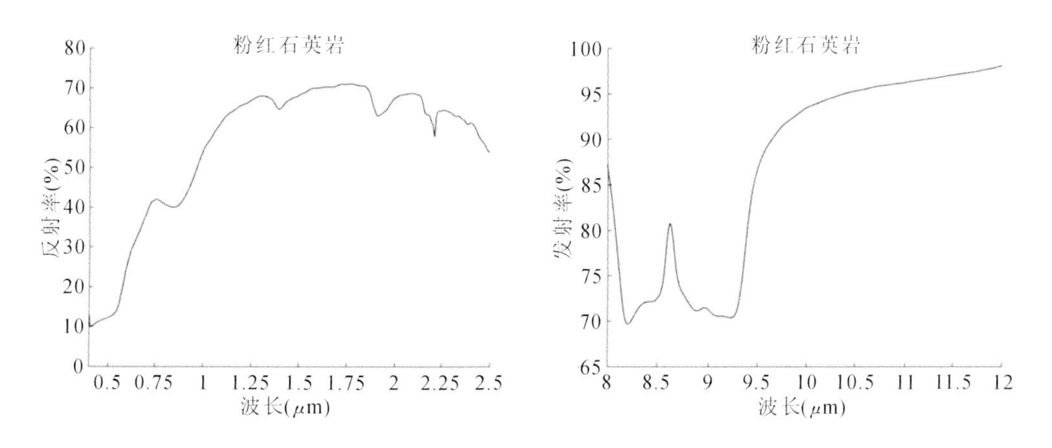

图 1.114 粉红石英岩 0.4～2.5 μm 反射率(左图)和 8～12 μm 发射率(右图)光谱

(10)白色大理岩(white marble)。

光谱数据来自JHU。样品编号:marble6。

矿物组成:主要含有粗颗粒碳酸盐矿物和次圆形的石英颗粒,少量的透闪石(部分已蚀变为滑石)。

光谱分析(图1.115):在0.4~2.5 μm波段,具有1.0 μm附近铁吸收特征,1.4 μm、1.9 μm水吸收特征,短波红外2.16 μm、2.34 μm、2.5 μm吸收特征;在8~12 μm波段,具有11.28 μm明显低峰值特征,9.0 μm、9.4 μm弱双低峰值特征。

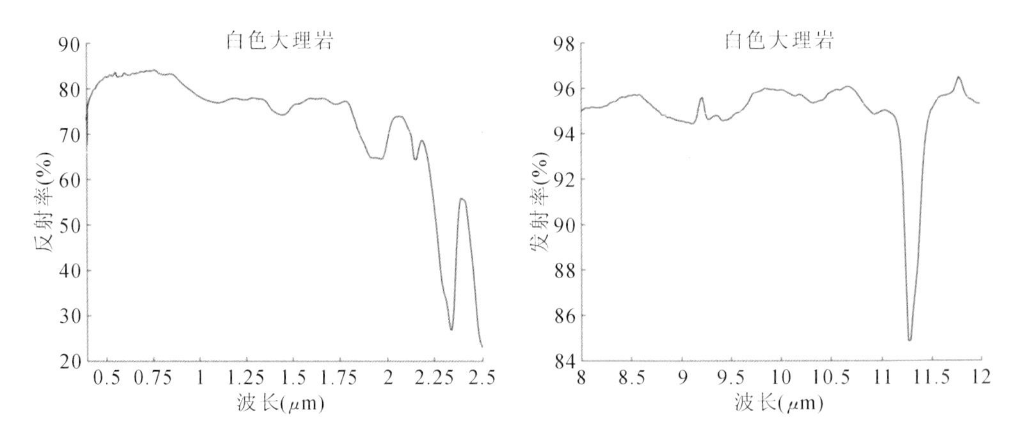

图1.115 白色大理岩0.4~2.5 μm反射率(左图)和8~12 μm发射率(右图)光谱

(11)白云石大理岩(dolomitic marble)。

光谱数据来自JHU。样品编号:marble1,中粒岩石。

矿物组成:主要含有白云石,少量钙镁橄榄石、石英和暗色矿物(黄铁矿)。

光谱分析(图1.116):在0.4~2.5 μm波段,具有2.34 μm、2.5 μm吸收特征;在8~12 μm波段,具有11.27 μm明显低峰值特征,9.0 μm、9.4 μm弱双低峰值特征。

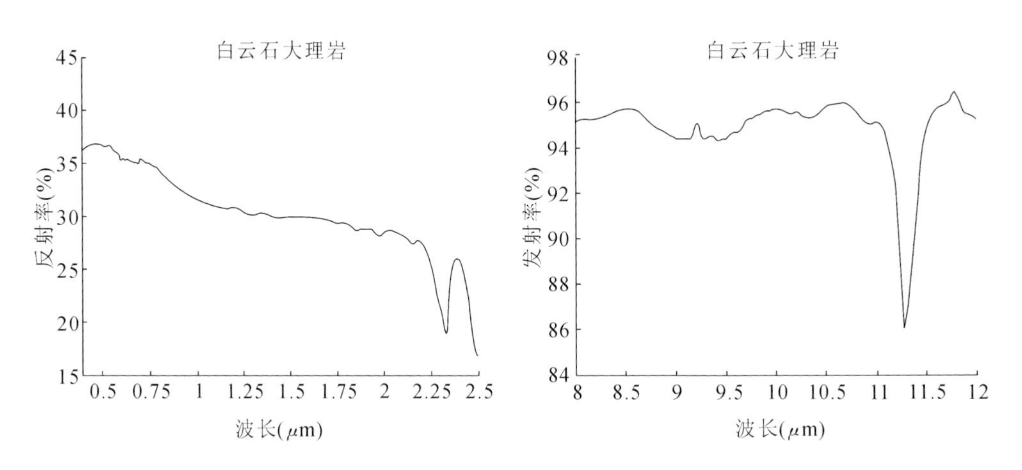

图1.116 白云石大理岩0.4~2.5 μm反射率(左图)和8~12 μm发射率(右图)光谱

(12)蛇纹石大理岩(serpentine marble)。

光谱数据来自JHU。样品编号:marble5(JHU),中粒岩石。

矿物组成:方解石强烈蚀变为蛇纹石。

光谱分析(图1.117):在0.4~2.5 μm波段,具有蛇纹石的明显特征,0.45 μm、0.65 μm三价铁吸收特征,1.4 μm、1.9 μm水吸收特征,0.94 μm、1.28 μm、2.12 μm和2.33 μm镁羟基吸收特征;在8~12 μm波段,具有方解石11.29 μm低峰值特征,及9.01 μm、9.56 μm低峰值特征。

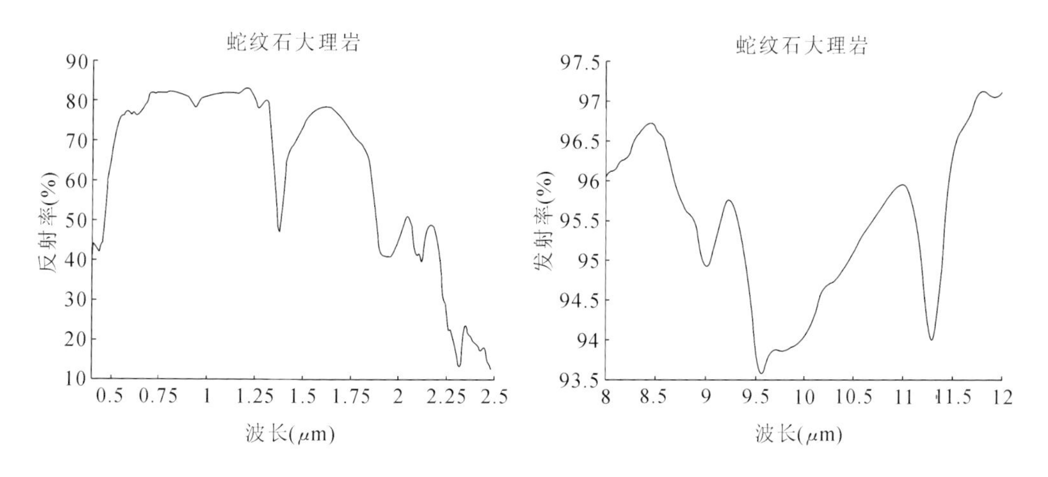

图1.117 蛇纹石大理岩0.4~2.5 μm反射率(左图)和8~12 μm发射率(右图)光谱

1.4 岩矿光谱测量与光谱库

矿物和岩石光谱在高光谱矿物填图中处于不可或缺的地位,充分理解和掌握矿物的光谱特性不仅可以在技术层面为高光谱矿物识别提供理论支撑,而且也可以保障为地质应用提供高精度的本底信息,提高区域地质填图效益,节约成本。数据库的标准数据为岩矿应用模型的建立和应用提供了基础,可以为科学工作者的定量遥感理论研究提供一个系统化和专业化的遥感科学实验平台。测量高质量的岩矿光谱数据及相关参数,并按照一定的规范整理、建立岩矿波谱库,对于地质调查、资源勘查、环境监测以及基础地质研究十分必要。同时,一套科学、严格、有效的光谱测量规范是所获光谱数据质量的根本保证。本节主要介绍了岩矿光谱测量的规范和现有的岩矿光谱库。岩矿光谱测量规范主要参考《高光谱遥感》(童庆禧等,2006)、《中国典型地物波谱知识库》(王锦地等,2009)、863项目结题报告《我国典型岩矿标准波谱数据库》(张兵,2004)、中国地质调查局技术标准《岩矿波谱测试及入库规程》(DD2014-13)。

1.4.1 室内岩矿光谱测量

岩矿光谱主要采用室内测量方案，室内测量应在遥感实验室内进行。遥感实验室又可分为遥感定标实验室和遥感光谱测量实验室，实验室环境条件、仪器设备、人员技术水平应满足光谱测量仪器定标、典型条件光谱测量的各种要求。实验室可以分为光学和红外定标与光谱测试实验室。可见光—短波红外定标设备由标准灯、参考板和光谱辐射计组成；热红外定标设备由高精度面源黑体定标源、红外光谱辐射计和高反射率反射参考板组成。仪器需配有积分球附件装置，测量采用双光束方法。

1.4.1.1 测量原理

利用积分球装置测定测量样品半球反射率，该样品光谱半球反射率值是与同样测量条件下由中国计量科学研究院传递来的标准板数值比较获取的。

1.4.1.2 测量方法

1.仪器设置

(1)按仪器操作规程，置仪器工作方式为反射方式状态，设定测量波长范围等一系列相关测量条件。

(2)把标准板分别置于积分球两个窗口处，由计算机自动进行基线校正，修正基线，如不能达到理想要求，还要反复修正，直至达到测量要求为止，这时测量方可开始。

(3)把要测量的岩石样品放入样品光束窗口处，垂直入射到样品表面上。为获得理想结果，样品应要进行一定的处理，即样品制备。

2.样品制备

(1)可采用粉状和块片状两种性状的样品。粉末样品，粒子分布大小应均匀；块片状样品，应表面均匀、平坦，这样才能够比较好地反映表面光学特性，减少测量误差。

(2)样品尺寸大小取决于积分球开口，总的要求是样品应能完全覆盖积分球的窗口。一般的仪器要求块片状大小约 30 mm，粉末状重量约 25g。

3.测试环境要求

(1)测量时须远离窗户、墙壁等对光线有较大影响的物体。

(2)测量人员应着无强反射的暗色衣物，测量时人员需与光源、探测器、样品保持一定距离。

(3)测量过程中，不得移动仪器、光源、样品、探测器等周围的物体，保证光照条件稳定。

(4)室内温度、湿度等环境需满足测量仪器的要求。

(5)测量时，需遮挡窗户减小自然光源对测量的影响，关闭除仪器光源之外的其他所有光源，减少杂散光的影响。

(6)仪器光源的所有测量谱段的辐射亮度满足测量结果信噪比的要求。

1.4.2 野外岩矿光谱测量

1.4.2.1 测量原理和方法

野外测量一般采用比较法。为使所有数据能与航空、航天传感器所获得的数据进行比较，一般情况下测量仪器均用垂直向下测量的方法，以便与多数传感器采集数据的方向一致。由于实际情况非常复杂，测量时常将周围环境的变化忽略，认为实际目标与标准板的测量值之比就是反射率之比。计算式为

$$\rho(\lambda) = \frac{V(\lambda)}{V_s(\lambda)}\rho_s(\lambda) \tag{1.1}$$

其中，$\rho_s(\lambda)$为标准板的反射率；$V(\lambda)$和$V_s(\lambda)$分别为测量物体和标准板的仪器测量值。

通常标准板用硫酸钡（$BaSO_4$）或氧化镁（MgO）制成，在反射天顶角$\theta \leqslant 45°$时，接近朗伯体，并且已经过计量部门标定，其反射率为已知值。这种测量没有考虑入射角度变化造成的反射辐射值的变化，也就是对实际地物在一定程度上取近似朗伯体，可见测量值也有一定的适用范围。

1.4.2.2 测量注意事项

为保证测量数据真实、可靠，需要注意以下事项。

1.仪器的检验与标定

（1）按地物光谱仪的标称精度对光谱分辨率、中心波长位置、信噪比等主要参数进行定期检验（交国家授权的检测机构进行）。

（2）对漫反射标准参考板，每半年需重新标定一次，以确保反射比参数的客观准确。

（3）观测过程中，每半小时左右进行一次光谱仪暗电流测定，及时校正仪器噪声对观测结果的影响。

2.观测时间与气象条件

（1）观测时段规定为地方时9:30—15:30，以确保足够的太阳高度角。

（2）观测时段内的气象要求为：地面能见度不小于10 km，太阳周围90°立体角范围内，淡积云量应小于2%，无卷云和浓积云等，风力应小于3级。

3.人员着装与操作程序

（1）为减少测量人员自然反射光对观测目标的影响，观测人员应着深色服装。

（2）观测过程中，观测员应面向太阳站立于目标区的后方，记录员等其他成员均应站立在观测员身后，避免在目标区两侧走动。

（3）转向新的观测目标区时，观测组全体成员应面向太阳接近目标区，应杜绝践踏观测区，测试结束后应沿进场路线退出目标区。

(4)观测时探头应保持垂直向下,即与机载成像光谱仪观测方向保持一致,注意观测目标的二向反射性影响。

(5)根据观测目标,确定仪器观测探头和观测目标之间正确的距离。

(6)在地物光谱仪的输出光谱数据设置项中,每条光谱的平均采样应不少于10次及测定暗电流(ASD-VNIR型)的平均采样不少于20次。

(7)对同一目标的观测(记录的光谱曲线条数)应不少于10次,每组观测均应以测定参考板开始,最后以测定参考板结束。特殊情况下,当太阳周围90°立体角范围内有微量漂移的淡积云,光照亮度不稳定时,应适当增加参考板测定密度。

4.观测对象选定、影像记录、标记和定位

(1)依据观测目标确定观测对象,观测对象的选定应能准确反映观测对象所处状态的自然特性,并具有一定的代表性。

(2)为确保观测对象与采样对象的严格一致性,完成对当前目标的光谱测量后,应及时在观测区域中心插上标志,注明编号。

(3)对所有观测目标,均要拍摄照片(数码或胶片),以真实记录目标状态。拍摄要求:投影姿态与光谱仪探头一致,照片边框短边长度略大于光谱仪观测视场直径,并在照片的短边视场边缘放置刻度清晰的长度标尺,以便准确估计光谱测量视场范围。

(4)与航空成像光谱仪同步进行地面光谱测量时,应对当天所有观测区的中心位置用亚米级的。

(5)动态差分GPS定位,确保地面光谱观测点在高光谱遥感图像上精确配准。

(6)用于高光谱遥感图像辐射校正的飞行同步场地定标光谱测量,应与飞行过顶时间保持高度的一致性,最大滞后时差不得超过10 min。

1.4.3 岩矿配套参数测量

1.4.3.1 岩石化学常量成分测量

1.测量准备

(1)测量方法。应使用能得到岩石全岩常量分析的方法。可以采用全岩湿法岩石化学分析方法,ICP法或XRF等方法。

(2)测量单位和人员。应具有国家法定技术监督单位的资格认证,有资格出具鉴定报告。

(3)实验室或设备。设备应通过国家法定的定期检测和标定,实验室应符合国家法定的标准。

(4)仪器性能。岩石常量化学成分分析精度应达到误差量级在0.01%。

2. 测量项目

(1)主要常量成分。包括 SiO_2、TiO_2、Al_2O_3、Fe_2O_3、FeO、MnO、MgO、CaO、Na_2O、K_2O、H_2O、CO_2、P_2O_5 等的含量。

(2)氧化铁的测量。当亚铁在岩石或其组成矿物中作为主要成分存在时，选用的测量方法应能有效地分别给出 Fe_2O_3、FeO 的含量。

3. 鉴定结果

(1)具有合法的鉴定报告形式。报告应有测量人、检校人签字以及有法定认证资质的鉴定机构或单位盖章。

(2)鉴定报告中应有测试方法、仪器型号的清晰标注。

4. 样品

1)样品的制备

(1)样品在测量前应进行专门的制备。

(2)样品的制备应满足拟采用分析方法的要求。

(3)样品的制备过程中应保证不带入污染。

2)样品的保存

(1)制备样在分析前应符合分析要求地存放在相应容器中。

(2)样品分析后的制备样应妥善保存以备查。

1.4.3.2 岩石显微镜下鉴定

1. 鉴定要求

(1)岩石镜下定名。

(2)矿物组成。

(3)岩石的后生变化和蚀变。

2. 鉴定样本

岩石应切成光薄片。

3. 鉴定仪器

应使用通用岩石偏光显微镜，不透明矿物可使用反光显微镜。

4. 鉴定结果

(1)应是规范化的岩石鉴定报告。报告中应表明岩石编号、定名、主要组成矿物及矿物描述、岩石结构、岩石的后生变化及蚀变等。

(2)报告应附岩石的镜下照片或素描，并注明比例尺。

5. 鉴定指标

岩石定名应符合国家采用的分类定名标准，定名应符合规范。

1.4.3.3 矿物化学成分测量

矿物组成应包括主要矿物、次要矿物、副矿物和后生蚀变矿物。矿物应有含量的半定量估计,精度达5%。

1.测量准备

(1)测量方法。应使用能得到岩石全岩常量分析的方法。可以采用全岩湿法岩石化学分析方法,ICP法或XRF等方法,也可采用电子探针方法进行矿物成分分析。

(2)测量单位和人员。应具有国家法定技术监督单位的资格认证,有资格出具鉴定报告。

(3)实验室或设备。设备应通过国家法定的定期检测和标定,实验室应符合国家法定的标准。

(4)仪器性能。矿物常量化学成分分析精度应达到误差量级在0.01%。

2.测量项目

(1)主要常量成分。包括SiO_2、TiO_2、Al_2O_3、Fe_2O_3、FeO、MnO、MgO、CaO、Na_2O、K_2O、H_2O、CO_2、P_2O_5等的含量。含有其他特征元素成分的矿物应给出相关成分的含量。

(2)氧化铁的测量。当亚铁在矿物中作为主要成分存在时,选用的测量方法应能有效地分别给出Fe_2O_3、FeO的含量。

3.鉴定结果

(1)具有合法的鉴定报告形式。报告应有测量人、检校人签字以及有法定认证资质的鉴定机构或单位盖章。

(2)鉴定报告中应有测试方法、仪器型号的清晰标注。

4.样品

1)样品的制备

(1)样品在测量前应进行专门的制备。

(2)样品的制备应满足拟采用分析方法的要求。采用电子探针分析时,样品应制成探针片。

(3)样品的制备过程中应保证不带入污染。

2)样品的保存

(1)制备样在分析前应符合分析要求地存放在相应容器中。探针测量时探针片或矿物表面应清洁并镀膜。

(2)样品分析后的制备样应妥善保存以备查。

1.4.4 岩矿光谱库

1.4.4.1 国外岩矿光谱库

地物光谱特性研究可以追溯到20世纪三四十年代,当时苏联对370种地物的可见光光谱进行测量,1947年出版了国际上第一部地物光谱反射特性的专著——《自然物体的光谱反射特征》,书中包含了植被、土壤、岩矿、水体四大类地物的光谱反射特性,是研制各类专用胶片、发展航空摄影遥感的主要参考书,之后苏联科学家又进行了许多基础性测量研究。

美国国家航空航天局(National Aeronautics and Space Administration,NASA)在20世纪60年代末到70年代初建立了地球资源波谱信息系统(earth resources information system,ERIS),共包括植被、土壤、岩矿和水体四大类地物的电磁波光谱特性数据。

20世纪80年代后期,在美国地质调查局(United States Geological Survey,USGS)牵头十几个国家参与的国际地质比对计划中,研究内容包括光谱仪、定标、测量规范、数据库结构与格式、光谱特性与地质的关系分析等,并专门就岩矿光谱特性进行了比较全面的研究。USGS对各种主要岩石矿物类型进行了比较系统的光谱测量,测量中除了采用实验室及野外地面光谱测量方法外,还采用了遥感光谱学的测量方法,即利用航空高光谱成像方法测量地物目标的光谱特征,并建立了光谱数据库。现在的光谱库版本是Splib06a,包含近500条矿物光谱数据,覆盖光谱范围为0.4～3.0 μm。USGS正在进一步丰富其光谱库内容,增加更多的矿物、混合矿物等光谱。由于光谱库建设耗费巨大的人力、财力,USGS下一个光谱库版本的推出日期还没有确定(Clark,2007)。

美国喷气推进实验室(Jet Propulsion Laboratory,JPL)用Beckman UV-5240型号的仪器对160种不同粒度的常见矿物进行了测试,并同时进行了X射线测试分析。最后按照小于45 μm、45～125 μm、125～500 μm三种粒度,分别建立了三个光谱库JPL1、JPL2和JPL3,突出反映了粒度对反射率光谱的影响。BeckmanUV-5240光谱仪其光谱波段宽度在400～800 nm为1～4 nm,800～2 200 nm为小于20 nm,2 200～2 500 nm为20～40 nm。除光谱数据外,JPL还规范了样品采集、样品纯度和组分分析方法(Salisbury et al.,1991)。

20世纪90年代,美国约翰·霍普金斯大学(Johns Hopkins University,JHU)建立了包括岩石、矿物、地球土壤、月球土壤、人工材料、陨石等光谱数据库。其中,矿物和陨石采用双向反射光谱测量,光谱覆盖范围为2.08～25 μm,其他大都采取半球反射测量,光谱覆盖范围略有不同,但大致在0.3～15 μm范围内(Korb,1996;Salisbury,1994)。采用的光谱仪为BeckmanUV-5240和FTIR,其中2.03～2.5 μm的光谱数据由Beckman UV-5240测试得到,2.08～15 μm的光谱数据则由FTIR测试得到。

亚利桑那州立大学(Arizona State University,ASU)地质系的行星探测实验室建立了ASU红外光谱波谱库,包含硅酸盐、碳酸盐、硫酸盐、磷酸盐、卤化物和氧化物等150种矿物的发射光谱,光谱范围5～45 μm,样品的制备、分析过程和光谱在网上发布(http://tes.asu.edu/speclib/index.html)(Christensen,2000)。

1990年,美国在IGCP-264工程实施过程中,为了比较光谱分辨率和采样间隔对光谱特征的影响,对26种矿物样本,采用5种分光计测试,并同时进行了SEM、XRD分析测试,建成了IGCP-264光谱库,包括5个子库(Kruse,1992)。

2000年5月,为配合NASA Terra平台的ASTER(advanced spaceborne thermal emission reflection radiometer)传感器在地质和其他方面的应用研究,加利福尼亚技术研究所建

立了 ASTER 自然和人造物质的光谱库,其中包含大量岩石和矿物的光谱(矿物类 1 348 种,岩石类 244 种)。光谱数据主要来源于 JPL 光谱库、JHU 光谱库和 USGS 光谱库。最新的版本(V2.0)已经发布(http://speclib.jpl.nasa.gov),其中包含超过 2 300 条光谱,其中大部分是矿物和岩石的光谱,光谱范围 0.4~15.4 μm(Baldridge,2009)。

目前主要的遥感图像处理软件,都具有高光谱数据处理功能模块并挂接了国际上比较通用的岩矿光谱库。例如 ENVI 中拥有光谱库管理、编辑及分析模块。它包含了 USGS 光谱库、JPL 光谱库、JHU 光谱库以及 1990 年作为 IGCP-264 计划的光谱库,从而使用户可进行岩石和矿物的分析和填图。在 PCI 软件的高光谱分析(hyperspectral data analysis)模块中也提供了基于 USGS 光谱库的岩矿光谱库。ERDAS 软件中提供了 USGS 的 500 种地物光谱和 JPL 的 160 种矿物光谱(0.4~2.5 μm)。ERMapper 中也同样挂接了 USGS 光谱库。这些光谱库与相应软件模块在地质科学中都发挥了巨大作用。用光谱库来定义各种矿物和材料类型,然后利用光谱角填图分类法对像素进行分类,即可探测特定矿物。这些都充分显示出光谱库在遥感发展中不可或缺的基础性地位。

1.4.4.2 国内岩矿光谱库

我国地物光谱测量研究可以从 20 世纪 70 年代末的腾冲航空遥感试验算起,在利用直升机进行遥感飞行试验的同时,也进行了地物光谱测量工作。

1982 年,由中国科学院空间科学与应用研究中心主持,10 多个研究所参加,制定了地物光谱测试规范,获得了该地区岩矿、水体、土壤、植被及农作物的 1 000 多条光谱曲线,出版了《中国地球资源光谱信息资料汇编》一书,包含有大量岩石和矿物光谱。

"七五"期间,在国家攻关项目"高空遥感实用系统"的子课题(75-73-01-06)支持下,在全国范围建立了 13 个遥感基础实验场,全面规范了典型地物光谱的收集和分析方法,在中国科学院安徽光学精密机械研究所和中国科学院遥感与数字地球研究所等众多单位的共同努力下,收集并建立了包括植被、土壤、岩矿、水体和人工目标五大类地物 300 余种、约 15 000 条光谱组成的地物光谱数据库。数据库中除野外测量光谱外,还有选择地收集了一部分 380~2 500 nm 的室内光谱数据及 400~1 100 nm 的航空光谱数据,并配套了相应的环境参数、大气参数及理化参数,最后由中国科学院安徽光学精密机械研究所主持汇总建立了具有 15 000 余条标准化数据的《全国地物光谱特性数据库》,同样包括大量岩石和矿物的光谱。此外,中国科学院遥感与数字地球研究所在 20 世纪 80 年代末出版了《中国典型地物光谱及其特征分析》一书,其中给出了 173 种植物、31 种土壤、66 种岩石、7 种水体,共计 277 种中国典型地物光谱特征(张兵,2004)。

中国科学院遥感与数字地球研究所高光谱遥感研究团队在 1998 年建立了基于 FoxPro 的高光谱数据库,其中岩石 125 条,配备了测量的地学属性数据,如风速、云量、太阳高度角等测量的仪器参数。该系统主要实现了数据库基本的查询、检索、添加、删除、修改等功能,可以为对象的光谱画出曲线,并且可以实现去除包络线以突现特征波段。尤其是这个高光谱数据库与高光谱图像处理系统建立了系统化的联系，使得光谱数据库在光谱图像处理中得到了实际应用(白继伟，2002)。

在国家高技术研究发展计划(863 计划)课题的支持下，中国科学院遥感与数字地球研究所高光谱遥感研究团队建立了我国岩矿样本最齐全、测量参数最完整的典型岩矿标准波谱数据库，制定了岩矿光谱和相应目标环境参量获取分析的技术标准和规范。共采集来自全国 27 个省市的典型岩石和矿物样品 522 个，获得光谱曲线及相当完备的配套参数 1 624 组，收集了我国以前测量的光谱数据和 USGS 光谱数据库及相关的配套参数 1 518 组，收集了像元波谱 100 条，图像立方体 86 个，为我国岩矿应用奠定了坚实的数据基础。同时，项目搜集并研制了岩矿应用的典型模型，包括岩矿光谱模拟模型、典型矿物波谱识别模型以及基于波谱库的典型岩矿矿物组分分析模型，实现了样品实验室光谱到像元光谱的转换，解决了岩石样品光谱与岩石风化物光谱之间的定量关系难题(863 课题验收报告《我国典型岩矿标准波谱数据库》)。

在地质应用中，在光谱库的支持下成功地进行矿物识别和填图，显示出矿物波谱数据库在遥感发展中不可或缺的基础性地位。从国内外光谱数据库的建设与发展中，可以看出以下几点发展趋势：测量光谱的光谱分辨率逐渐提高，覆盖波长逐渐拓宽；光谱的配套数据逐渐完善；光谱数据库功能逐渐增多，由简单的数据库管理功能向光谱分析和模拟功能过渡；数据库逐渐走向专业化与应用化。

1.5 高光谱遥感简介

1.5.1 高光谱遥感的基本概念

遥感就是通过遥感器远距离采集目标对象的数据，并通过数据的分析来获取有关地物目标、地区或现象等信息的一门科学和技术(赵英时，2017)。在遥感技术的发展经历了全色(黑白)、彩色摄影、光谱扫描成像阶段之后，人们对高光谱遥感(hyperspectral remote sensing)信息的需求愈益强烈，对高光谱遥感技术的发展也日益重视。

高光谱遥感是将成像技术和光谱技术相结合的多维信息获取技术，使原本在多光谱遥感中无法有效探测的地物，在高光谱遥感中得以探测。因此，高光谱遥感被认为是最有前景的遥感技术，它的基础是测谱学。测谱学早在 20 世纪初就被用于解析原子与分子的能级与几何结构、特定化学过程的反应速率、某物质在太空中特定区域的浓度分布等多方面的微观与宏观性质。根据测谱方法的不同，习惯上把光谱分为反射光谱、发射光谱、吸收光谱与散射光谱。这些不同种类的光谱学从不同方面提供物质微观结构知识及不同的化学分析方法。20世纪80年代初期成像光谱概念的出现，使光学遥感进入了一个崭新的阶段——高光谱遥感。高光谱遥感具有的光谱分辨率，在可见光—短波红外波段其光谱分辨率达纳米数量级。高光谱遥感通常具有波段多的特点，光谱通道数多达数十甚至数百个以上，而且各光谱通道间往往是连续的，因此高光谱又通常被称为成像光谱(imaging spectrometry)。在遥感的发展历史上，高光谱遥感的出现可以说是一个概念上和技术上的创新(童庆禧，1990，1999)。图1.118展示了高光谱遥感技术的基本概念。

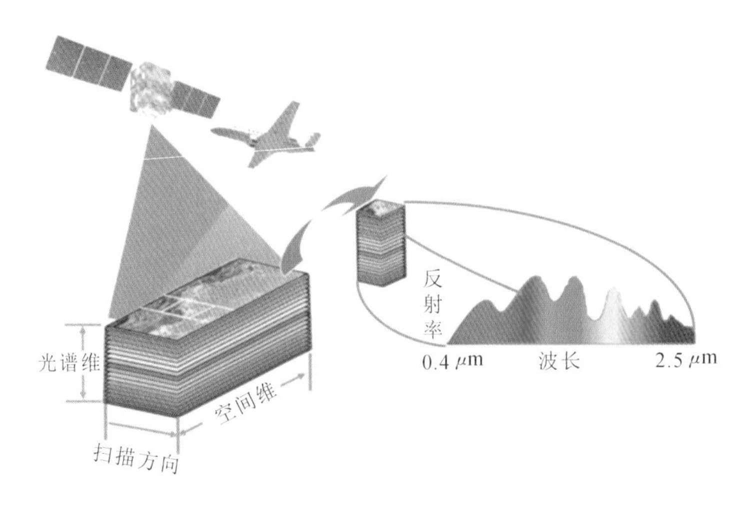

图1.118　高光谱遥感的基本概念(张兵，2016)

1.5.2　航空航天遥感技术的发展

成像光谱仪的发展是高光谱遥感发展的技术基础，尤其是星载高光谱传感器能通过卫星的重访周期对感兴趣区域进行重复监测，表1.3给出了已发射和计划发射的星载高光谱传感器。从中可以看出美国在航天成像光谱技术研究方面的投入一直遥遥领先，尤其是地球轨道一号(EO-1)带有三个基本遥感系统，其中高光谱成像仪(hyperion)是新一代商业化航天成像光谱仪的代表。2000年7月发射的MightSat-II卫星上搭载的傅立叶变换高光谱成像仪(Fourier transform hyperspectral imager，FTHSI)是干涉成像光谱仪的成功典范。2002年3月美国成功发射了Envisat卫星，其上搭载的MERIS为一总视场角为68.5°的推扫式中分辨率成像光谱仪，在可见光—近红外光谱区有15个波段，主要任务是进行沿海区域的海洋水色测量。值得一提的是MERIS虽然只有15个波段，但可通过程序控制选择和改变光谱布局，这为未来高光谱遥感器波段的设计和星上智能化布局开拓了新的思路。2001年10月欧洲太空局成功发展了基于PROBA小卫星的紧凑型高分成像光谱仪(CHRIS)并发射成功，这一计划主要目标是获取陆地表面的成像光谱影像。美国计划发射的 HyspIRI 高光谱传感器可应用于陆地和海洋生态系统常规监测，又能服务于全球自然灾害的调查与监测。

表 1.3 已发射和计划发射的星载高光谱传感器

传感器/卫星	高度(km)	像元尺寸(m)	波段数	光谱范围(nm)	光谱分辨率(nm)	瞬时视场角(μrad)	幅宽(km)
Hyperion/EO-1	705	30	220	400～2 500	10	42.5	7.5
FTHSI/Mighty Sat Ⅱ	575	30	256	450～1 050	10～50	50	13
CHRIS/PROBA	580	25	19	400～1 050	1.25～11.0	43.1	17.5
OMI/AURA	705	13 000	780	270～500	0.45～1.0	115	2 600
HICO	390	92	102	380～900	5.7	＜20	42×192
COIS/NEMO	605	30	210	400～2 500	10	49.5	30
HIS/SIMSA	523	25	220	430～2 400	20	47.8	7.7
Warfighter-1/OrbView-4	470	8	200	450～2 400	11	20	5
	470	8	80	3 000～5 000	25	20	5
EnMAP/Scheduled 2014	650	30	94	420～1 000	5～10	30	30
	650	30	155	900～2 450	10～20	30	30
HypSEO/MITA	450	20	210	400～2 500	10	40	20
MSMI/SUNSAT	660	15	200	400～2 350	10	22	15
PRISMA	695	30	250	400～2 500	10	43	30
Global Imager/ARDEOS-2	803	250～1 000	36	380～1 195	10～1 000	310～1 250	1 600
WFIS	705	1 400	630	360～1 000	1～5	2 000	2 400
ARIES-1(ARIES-1)	500	30	32	400～110	22	60	15
			32	2 000～2 500	16		
			32	1 000～2 000	31		
UKON-B	400	20	256	400～800	4～8	50	15
ARTEMIS(TacSat-3)	425	4	400	400～2 500	5	70	～10
HyspIRI	～700	60	＞200	380～2 500	10	80	145
SUPERSPEC(MYRIADE)	720	20	8	430～910	20	30	120
VENUS	720	5.3	12	415～910	16～40	8	27.5

我国高光谱卫星近年来取得了长足进展。2007 年 10 月，我国成功发射嫦娥一号探月卫星，搭载了我国首台干涉成像光谱仪(IIM)；2008 年 9 月发射的环境与减灾小卫星(HJ-1A)搭载了一台干涉型高光谱成像仪；2011 年 9 月发射的天宫一号飞行器搭载了高光谱成像仪，与目前国际上尚在运行的卫星高光谱传感器相比，在空间分辨率、光谱分辨率等成像技术上拥有相当优势；2013 年 9 月发射的风云三号气象卫星携带的中分辨率成像光谱仪(MERSI)

有20个通道，用于探测海洋水色、气溶胶、水汽总量等；2016年12月，由中国科学院微小卫星创新研究院自主研制的两颗宽幅高光谱微纳卫星(SPARK01、SPARK02)发射升空，该组卫星目前顺利运行于700 km的太阳同步轨道，具有50 m的地面像元分辨力，光谱范围覆盖可见光—近红外波段(420～1 000 nm)，谱段数多达148个，平均光谱分辨率4 nm，幅宽100 km，将为"光谱中国"乃至"光谱地球"的数据积累和实现提供有力的探测手段。2018年5月，我国高分五号卫星发射，其携带的成像光谱仪将进一步丰富国产高光谱数据。

在航空遥感器研制方面，1983年，世界第一台成像光谱仪AIS-1在美国喷气推进实验室(JPL)研制成功，并在矿物填图、植被化学等方面取得了成功，显示了成像光谱仪的巨大潜力。随着商业机载系统的出现及其在资源管理、农业、矿产和环境监测等领域的广泛应用，航空高光谱遥感已经进入遥感技术的主流。与星载高光谱传感器相比，机载系统在光谱范围、通道个数、制造工艺、空间和时间分辨率方面存在较大差别。现有的国外典型的高性能的机载高光谱成像仪主要有AisaEAGLET、AVIRIS、CASI/SASI/TASI系列、DAIS、EPS-H、HYDICE、HyMAP、Hyspex、PROBE-1、Headwall系列产品和SEBASS等，其供应商和技术指标详见表1.4。其中TASI和SEBASS是热红外高光谱传感器。尽管我们没有穷尽，但它给出了当前最具代表性的机载高光谱系统。

表1.4　现有的机载高光谱传感器及数据提供商

机载传感器	制造商	通道个数	光谱范围(μm)
AISA EAGLE(Airborne Imaging Spectrometer)	Spectral Imaging	多达410	0.40～1.00
AISA HAWK(Airborne Imaging Spectrometer)	Spectral Imaging	254	0.97～2.50
AISA DUAL(Airborne Imaging Spectrometer)	Spectral Imaging	多达500	0.40～2.50
AISA OWL(Airborne Imaging Spectrometer)	Spectral Imaging	多达84	8.00～12.0
AVIRIS(Airborne Visible/ Infrared Imaging Spectrometer)	NASA Jet Propulsion Lab	224	0.40～2.50
CASI-550(Compact Airborne Spectrographic Imager)	ITRES Research	288	0.40～1.00
CASI-550 Wide-Array(Compact Airborne Spectrographic Imager)	ITRES Research	288	0.38～1.05
SASI-600(Compact Airborne Spectrographic Imager)	ITRES Research	100	0.95～2.45
MASI-600(Compact Airborne Spectrographic Imager)	ITRES Research	64	3.00～5.00
TASI-600(Compact Airborne Spectrographic Imager)	ITRES Research	32	8.00～11.5

续表

机载传感器	制造商	通道个数	光谱范围(μm)
DAIS 7915(Digital Airborne Imaging Spectrometer)	GER corporation	32	
		8	
		32	
		1	
		6	
DAIS 21115(Digital Airborne Imaging Spectrometer)	GER corporation	76	
		64	
		64	
		1	
		6	
EPS-H (Environment Protection System)	GER corporation	76	
		32	
		32	
		12	
HYDICE(Hyperspectral Digital Imagery Collection Experiment)	Naval Research Lab	210	0.40～2.50
HyMap	Analytical Imaging and Geophysics	32	0.45～0.89
		32	0.89～1.35
		32	1.40～1.80
		32	1.95～2.48
Hyspex	Norsk Elektro Optikk	128(VIS/NIR1)	0.40～1.00
		160(VIS/NIR2)	0.40～1.00
		160(SWIR1)	0.90～1.70
		256(SWIR2)	1.30～2.50
PROBE-1	Earth Search Sciences Inc.	128	0.40～2.50
Hyperspec VNIR-SWIR	Headwall Photonics Inc.	384 (VNIR); 166 (SWIR)	0.40～2.50

我国一直跟踪国际高光谱成像技术的发展前沿，于 20 世纪 80 年代中后期开始发展自己的高光谱成像系统，在国家“七五”“八五”“九五”科技攻关、“863”高技术的重大项目支持下，经历了从多波段扫描仪到成像光谱扫描，从光机扫描到面阵 CCD 固态扫描的发展过程。中国科学院上海技术物理研究所相继研制了一系列的多光谱成像仪、高光谱成像仪等，主要包括 OMIS-I、OMIS-II、MAIS、PHI、FIMS、ATIMS 等，其中 PHI 和 OMIS 的主要技术参数见表 1.5 和表 1.6。

表 1.5 推扫式成像光谱仪 PHI 主要技术参数

工作方式	面阵 CCD 推扫
总视场角	0.36 rad(21°)
瞬时视场角	1.0 mrad
波段数	244
信噪比	300
光谱分辨率	<5 nm
光谱范围	400～850 nm
行像元数	367 个
光谱采样	1.86 nm
帧频	60 Fr/s
数据速率	7.2 Mb/s
重量	9 kg

表 1.6 OMIS 成像光谱仪主要技术参数

OMIS-Ⅰ			OMIS-Ⅱ		
总波段数		128	总波段数		68
光谱范围(μm)	光谱分辨率(nm)	波段数	光谱范围(μm)	光谱分辨率(nm)	波段数
0.46～1.1	10	64	0.4～1.1	10	64
1.06～1.70	40	16	1.55～1.75	—	1
2.0～2.5	15	32	2.08～2.35	—	1
3.0～5.0	250	8	3.0～5.0	—	1
8.0～12.5	500	8	8.0～12.5	—	1
瞬时视场角(mrad)	3		1.5/3 可选		
总视场角(°)	>70				
扫描率(S/s)	5、10、15、20 可选				
行像元数(个)	512		1 024/512		
数据编码(bit)	12				
最大数据率(Mb/s)	21.05				
探测器	Si、InGaAs、InSb、MCT 线列		Si 线列、InGaAs 单元、InSb/MCT 双色		

1.5.3 高光谱遥感地质应用

高光谱遥感最先是由地质学家在研究矿物和岩石的光谱特性时提出的，经过 40 年的发展，在岩矿光谱库构建、光谱机理、矿物混合模型、岩矿信息提取技术等方面取得了长足的进步(童庆禧等,2006;张兵,2004;李庆亭,2009)。

从20世纪80年代开始,地质调查是地球观测数据最早的产业化应用之一,主要的应用部门为石油天然气公司、矿业公司以及一些政府机关。通过最近30年来的研究表明,高光谱遥感能够为地质应用的发展做出重大贡献,尤其是在矿物识别与填图、地表裸露环境下的岩层填图等方面。传统地质调查方法的成本为每平方千米150～500美元,而高光谱遥感调查每平方千米的成本仅为10～30美元。因此,高光谱遥感具有革新传统调查方法的潜力。

美国、苏联等先进发达国家,从20世纪60—70年代就开始在实验室和野外对岩矿和其他地物的光谱特性进行测试和分析,如岩石、矿物、土壤、水体、农作物、森林、草地,积累了大量有价值的光谱信息。从20世纪80年代开始,地质调查是地球观测数据最早的产业化应用之一,主要的应用部门为石油天然气公司、矿业公司以及一些政府机关。以AVIRIS为代表的航空成像光谱仪获取数据后,高光谱遥感地质方面应用一直受到重视。一些典型航空成像光谱仪,如美国的AIS、HYDICE、SEBASS和AVIRIS,加拿大的CASI/SASI/TASI,澳大利亚的HyMap和我国的OMIS-I、OMIS-II、MAIS等,以及星载高光谱成像仪,如美国的Hyperion,都针对地质对象获取过大量影像数据。人们利用这些高光谱图像取得了很多成果,比如岩矿识别及填图,蚀变、矿化信息提取等。同时也产生了一系列的数据处理和岩矿信息提取的方法,例如导数光谱分析方法、光谱匹配方法、混合模型或光谱分解方法、主成分分析法(PCA)、最大似然分类法(MLC)、线性回归法、光谱吸收指数方法、高斯模型和改进的高斯模型等。这中间较为成功的有Boardman、Kruse和Van-Der-Meer等,他们所发展的SAM、n-Dimension、MNF、PPI、LSU、CCSM等方法已在高光谱数据处理上获得了广泛的应用(徐元进,2009)。

中国科学院上海技术物理研究所相继研制的一系列的多光谱成像仪、高光谱成像仪等,工作波段在2.0～2.5 μm和8～12 μm光谱范围的早期6波段细分红外光谱扫描仪(FIMS)和热红外多光谱扫描仪(ATIMS)主要是为地质岩矿遥感而研制的,它是探测和识别蚀变岩的有效工具。此外还有用于综合遥感的通用型DGS8波段多光谱扫描仪和AMS9波段多光谱扫描仪。"八五"期间新型模块化航空成像光谱仪MAIS、PHI和OMIS研制成功,代表亚洲成像光谱仪技术水平,多次与国外合作并到国外执行飞行任务。

在岩矿应用方面主要围绕矿物填图与岩层识别、矿产资源探测以及矿区污染等进行了相关研究工作。在矿物填图与岩层识别方面,中国科学院遥感与数字地球研究所在中日合作"塔里木盆地油气资源勘探遥感应用技术共同研究"项目中利用美国GERIS成像光谱仪在新疆阿克苏西部进行了矿物光谱识别、填图研究。中国地质调查局国土资源航空物探遥感中心和中国科学院遥感与数字地球研究所在研究分析了岩矿光谱特征在高光谱地质应用各个环节中的作用和影响之后,采用HyMap对新疆东天山地区进行不同岩类分布信息,基于色调的影像光谱以及标准库光谱,区分出花岗岩、花岗闪长岩、闪长岩、辉绿玢岩、基性火山岩、火山碎屑岩、正常沉积岩等岩体、地层岩性单位。矿产资源探测方面:中国科学院遥感与数字地球研究所应用航空红外细分光谱仪(FIMS)在哈图金矿区进行蚀变矿物识别填图，在新疆博孜阿特与博格特区新发现了两条稳走的金矿化蚀变带。中国地质调查局国土资源航空物探遥感中心利用航天高光谱数据在西藏驱龙地区识别出与斑岩铜矿密切相关的蚀变矿物组合，发现了3处矿化异常和若干较小的蚀变分布区，经验证与野外实况相当吻合。中国科学院与澳大利亚合作在澳大利亚松谷 Rum Jungle 铀矿区获取了71通道成像光谱(MAIS)数据，研究表明，在类似于该铀矿区地质条件下，利用成像光谱技术和 SAI 处理模型不仅能够验证已知铀矿的存在，而且能直接圈定新的可能存在的矿化区。矿区污染方面，张兵等人(2004)利用航天 Hyperion 高光谱数据对德兴铜矿矿山污染物的识别，在对矿山野外光谱特征综合分析与总结的基础之上，综合考虑污染物的光谱特征，展开了对废矿中如黄铁矿等氧化所造成的铁污染、选冶废水所产生的水污染以及植被污染等信息的提取研究，取得了较好的效果。

高光谱遥感技术最初发展于矿产资源勘查领域，但现已进入一个全新的发展阶段。例如，在信息提取方法方面，充分考虑了遥感数据异源空间与光谱融合的手段提取蚀变信息，结果表明在识别种类、相对精度等方面均较融合前有较大幅度提升；王桂珍等(2015)基于 SREM 融合算法将 Hyperion 窄幅高光谱和 ASTER 宽幅多光谱数据进行融合，获得宽幅高光谱数据，从而进行矿物蚀变信息提取的方法和流程。结果表明 SREM 融合数据具有大幅宽和高光谱分辨率的特点，提高了矿物蚀变信息解译精度，该方法对大面积矿物填图具有示范作用。在数据源方面，基于新型卫星高光谱载荷数据提出了岩矿高光谱识别与定量反演系列模型，如利用中国天宫一号高光谱卫星数据进行蚀变信息的有效提取与矿物填图工作，利用中国嫦娥一号数据制作了全月表典型造岩矿物与太空风化分布图(Shuai et al.,2013)。火星研究方面，利用 CRISM 数据进行火星表面含水矿物丰度填图，研究了火星含水矿物空间分布及形成过程，不仅有助于火星的地质演化分析，而且对于探测地外生命也具有重要价值(Lin et al., 2016, 2017;张霞等,2016)。

参考文献

白继伟. 2002. 基于高光谱数据库的光谱匹配分类技术研究[D]. 北京：中国科学院遥感应用研究所.

查福标，谢先德，彭文世. 1993. 硼酸盐矿物的振动光谱研究Ⅱ：红外光谱特征[J]. 矿物学报，(3)：36-42.

陈平. 2005. 结晶矿物学[M]. 北京：化学工业出版社.

陈述彭，童庆禧，郭华东. 1998. 遥感信息机理研究[M]. 北京：科学出版社.

地质部情报研究所. 1980. 遥感专辑(第一辑):矿物岩石的可见—中红外光谱及应用[M]. 北京：地质出版社.

地质辞典办公室. 1981. 地质辞典(二)：矿物、岩石、地球化学分册[M]. 北京：地质出版社.

莱昂(Lyon R J P). 1996a. 风化及其他荒漠漆表层对高光谱分辨率遥感的影响(一)[J]. 环境遥感，11(2)：138-150.

莱昂(Lyon R J P). 1996b. 风化及其他荒漠漆表层对高光谱分辨率遥感的影响(二)[J]. 环境遥感，11(3)：186-194.

李庆亭. 2009. 基于光谱诊断和目标探测的高光谱岩矿信息提取方法研究[D]. 北京：中国科学院遥感应用研究所.

李庆亭，蔺启忠，张兵，等. 2012. 光谱地质剖面在蚀变填图中的应用研究[J]. 光谱学与光谱分析，32(7)：1878-188.

李兴. 2006. 高光谱数据库及数据挖掘研究[D]. 北京：中国科学院遥感应用研究所.

李兴，张兵，张霞，等. 2003. 高光谱数据仓库模型设计[J]. 遥感学报(增刊)，(7)：61-69.

潘兆橹. 1994. 结晶学与矿物学[M]. 北京：地质出版社.

帅通，张霞，张明，等. 2012. 利用嫦娥一号 IIM 模拟数据提取月表矿物端元的精度分析[J]. 遥感学报，16(6)：1213-1221.

童庆禧，田国良. 1990. 中国典型地物波谱及其特征分析[M]. 北京：科学出版社.

童庆禧，张兵，郑兰芬. 2006. 高光谱遥感:原理、技术与应用[M]. 北京：高等教育出版社.

王桂珍，张立福，孙雪剑，等. 2015. 基于 SREM 融合数据的矿物蚀变信息提取[J]. 地球科学:中国地质大学学报，(8)：1330-1338.

王锦地，张立新，柳钦火，等. 2009. 中国典型地物波谱知识库[M]. 北京：科学出版社.

徐耀鉴，徐汉南，任锡钢. 2007. 岩石学[M]. 北京：地质出版社.

燕守勋，张兵，赵永超，等. 2003. 矿物与岩石的可见—近红外光谱特性综述[J]. 遥感技术与应用，18(4)：191-201.

张兵. 2002. 时空信息辅助下的高光谱数据挖掘[D]. 北京：中国科学院遥感应用研究所.

张兵. 2004. 我国典型岩矿标准波谱数据库[R]. 国家高技术研究发展规划(863 计划)项目结题报告.

张兵. 2016. 高光谱图像处理与信息提取前沿进展[J]. 遥感学报，20(5)：1062-1090.

张兵，高连如. 2011. 高光谱图像分类与目标探测[M]. 北京：科学出版社.

张兵，李兴，燕守勋，等. 2004. 我国典型岩矿波谱数据及其应用[J]. 遥感学报(增刊)，8：36-41.

张霞，吴兴，杨杭，等. 2016. 面向火星表面层状硅酸盐识别的模型研究[J]. 光谱学与光谱分析，36(12)：3996-4000.

赵英时. 1998. 遥感应用分析原理与方法[M]. 北京：科学出版社.

中国地质调查局. 2014. DD2014-13 岩矿波谱测试及入库规程[S].

BALDRIDGE A M, HOOK S J, GROVE C I, et al. 2009. The ASTER spectral library version 2.0 [J]. Remote Sensing of Environment, 113(4): 711-715.

CHRISTENSEN P R, BANDFIELD J L, HAMILTON V E, et al. 2000. A thermal emission spectral library of rock-forming minerals [J]. Journal of Geophysical Research Planets, 105(E4): 9735-9739.

CLARK R N. 1999. Spectroscopy of rocks and minerals, and principles of spectroscopy [M]. New York: John Wiley and Sons.

CLARK R N, SWAYZE G A, WISE R, et al. 2007. USGS digital spectral library splib06a [DB]. U. S. Geological Survey.

GOETZ A F H, VANE G, SOLOMON J, et al. 1985. Imaging spectrometry for Earth remote sensing[J]. Science, 228: 1147-1153.

HUNT G R. 1979. Near-infrared (1.3 ~ 2.4 μm) spectral of alteration minerals-potential for use in remote sensing [J]. Geophysics, 44(12): 1974-1986.

HUNT G R. 1980. Electromagnetic radiation: the communication link in remote sensing [A]. In: B. Siegal and A. Gilleapie (Eds), Remote Sensing in Geology[C]. New York: Wiley.

HAPKE B. 1981. Bidirectional reflectance spectroscopy: 1. Theory [J]. Journal of Geophysical Research Solid Earth, 86(B4): 3039-3054.

HUNT G R, SALISBURY J W, LENHOFF C J. 1972. Visible and near-infrared spectra of minerals and rocks. V. Halides, phosphates, arsenates, vanadates, and borates [J]. Modern Geology, 3: 121-132.

HUNT G R, SALISBURY J W, LENHOFF C J. 1973. Visible and near infrared spectra of minerals and rocks. VI. Additional silicates [J]. Modern Geology, 4: 85-106.

KORB A R, DYBWAD P, WADSWORTH W, et al. 1996. Portable FTIR spectroradiometer for field measurements of radiance and emissivity[J]. Applied Optics, 35(10):1679-1692.

KRUSE F A, HAUFF P L. 1992. The IGCP-264 Spectral Properties Database [DB]. IUGS/UNESCO, Special Publication.

LIN H, ZHANG X. 2017. Retrieving the hydrous minerals on Mars by sparse unmixing and the Hapke model using MRO/CRISM data [J]. Icarus, 288: 160-171.

LIN H, ZHANG X, SHUAI T, et al. 2016. Abundance retrieval of hydrous minerals around the Mars Science Laboratory landing site in Gale crater, Mars [J]. Planetary and

Space Science，121：76-82.

SALISBURY J W. 1991. Infrared (2.1 ~ 25 μm) spectra of minerals [M]. Baltimore：Johns Hopkins University Press.

SALISBURY J W，WALTER L S，VERGO N，et al. 1991. Infrared (2.1 ~ 25 μm) spectra of minerals[M]. Baltimore：Johns Hopkins University Press.

SHUAI T，ZHANG X，ZHANG L，et al. 2013. Mapping global lunar abundance of plagioclase，clinopyroxene and olivine with Interference Imaging Spectrometer hyperspectral data considering space weathering effect [J]. Icarus，222(1)：401-410.

第2章　岩矿光谱模型与分析方法

高光谱遥感及其应用的不断拓展和深入，对遥感定量化模型提出了新的要求。岩石和矿物的光谱模型可以从理论上描述岩石和矿物的散射和辐射特性，已广泛应用于地球及其他行星的成分研究。本章首先介绍自然界中的岩石和矿物的混合类型，进而介绍了岩石和矿物的光谱模型，主要包括可见光—短波红外的反射光谱模型和热红外波段的发射光谱模型，最后介绍了岩矿的光谱分析方法。

2.1　岩矿反射光谱模型

遥感器所获取的地面反射或发射光谱信号是以像元为单位记录的。它是像元所对应的地表物质光谱信号的综合。图像中每个像元所对应的地表，往往包含不同的地物类型，它们有着不同的光谱响应特征，而每个像元则仅用一个信号记录。若该像元仅包含1种类型，则为纯像元(pure pixel)，它所记录的正是该类型的光谱响应特征或光谱信号。若该像元包含不止1种地物，则形成混合像元(mixed pixel)。混合像元记录的是所对应的不同土地覆盖类型光谱响应特征的综合，由于传感器的空间分辨率限制以及自然界地物的复杂多样性，混合像元普遍存在于遥感图像中(Gillespie，1990；Foody，1994)，如：野外测得的植物光谱多为植物及其下垫面土壤的混合光谱，即使裸露的地表(无植被或少植被覆盖)也是不同类型土壤、矿物等的混合光谱。

从理论上讲，混合光谱的形成主要有以下原因(童庆禧等，2006)。

(1)单一成分物质的光谱、几何结构及其在像元中的分布。

(2)大气传输过程中的混合效应。

(3)遥感仪器本身的混合效应。

其中，大气传输过程中大气的影响可以通过大气纠正加以部分克服；遥感仪器的影响可以通过仪器的校准、定标加以部分克服，这里不予讨论；单一成分物质在像元中的分布是我们要讨论的主要内容。

一般地，自然界存在4种矿物光谱混合类型(Clark,1999)：线性混合(linear mixture或areal mixture)、紧致混合(intimate mixture)、包裹(coating)与分子混合(molecular mixture)。线性混合又称真实混合，各组成成分之间没有多级散射。紧致混合为非线性混合。在包裹混合物中，每一包裹层都是散射或反射层，它们的光学厚度随着矿物性质与波长而变化。分子混合出现在分子级水平，如两种液体或固液一起混合，这种混合能够使波长偏移。

光谱混合形式从本质上可以分为线性混合和非线性混合两种模式。线性模型是假设物体间没有相互作用，每个光子仅能“看到”一种物质，并将其信号叠加到像元光谱中。而物体间发生多次散射时，可以认为是一个迭代乘积过程，是一个非线性过程，如岩石中不同矿物颗粒的作用。物质的混合和物理分布的空间尺度决定了这种非线性的程度。大尺度的光谱混合完全可以被认为是一种线性混合，而小尺度的内部物质混合是非线性的。光谱混合示意图如图2.1所示。

针对矿物和岩石，光谱混合模型包括线性光谱混合模型和非线性光谱混合模型。面状混合可以用线性光谱混合模型描述，而矿物和岩石的光谱混合往往是非线性的，本书主要介绍了Hapke和Shkuratov非线性光谱模型。

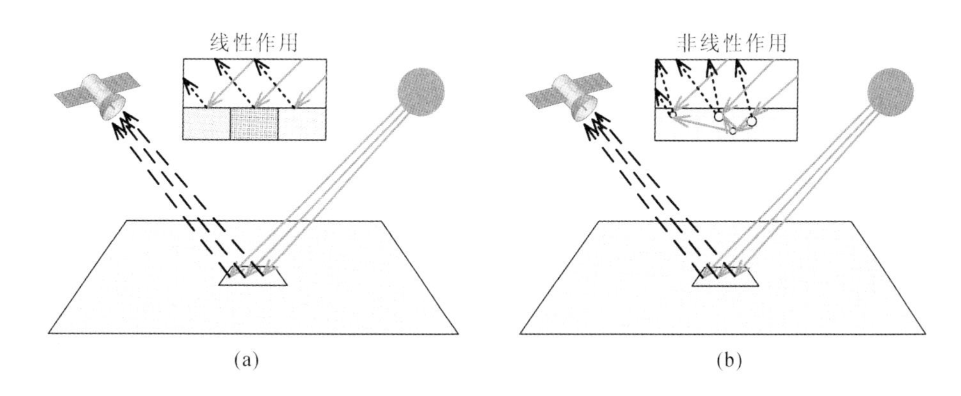

图2.1　光谱混合示意图(张兵等,2011)

2.1.1　线性混合模型

通常情况下，目标的混合光谱可以认为是其各端元(组分)光谱的线性混合(童庆禧等,2006)：

$$\boldsymbol{P}=\sum_{i=1}^{N} c_i e_i+\boldsymbol{n}=\boldsymbol{E}\boldsymbol{c}+\boldsymbol{n} \tag{2.1}$$

$$\sum_{i=1}^{N} c_i=1 \tag{2.2}$$

$$0 \leqslant c_i \leqslant 1 \tag{2.3}$$

其中，N 为端元数；$\boldsymbol{P}$ 为 L 维混合光谱向量（L 为图像波段数）；$\boldsymbol{E}=[e_1,e_2,\cdots,e_N]$ 为 $L\times N$ 矩阵，其中的每列均为端元向量；$\boldsymbol{c}=(c_1,c_2,\cdots,c_N)^{\mathrm{T}}$ 为系数向量，c_i 表示端元 e_i 所占的比例；$\boldsymbol{n}$ 为误差项。大量研究证明：$\boldsymbol{n}$ 的存在是由于线性光谱理论不能很好地说明实际的光谱混合机理，$\boldsymbol{n}$ 代表着光线在不同的单位成分物质间的相互作用效果，它具有一种非线性混合的效果。

线性混合模型一般可分为 3 种情形：公式(2.1)为第 1 种情形，为无约束的线性混合模型，加上约束条件公式(2.2)则为部分约束混合模型，再加上约束条件公式(2.3)则为全约束混合模型。线性解混就是在已知所有端元的情况下求出端元所占的比例，在高光谱图像中可以得到反映每个端元在图像中分布情况的比例系数图。利用最小二乘法可以得到方程公式(2.1)的无约束解：

$$\hat{c}=(\boldsymbol{E}^{\mathrm{T}}\boldsymbol{E})^{-1}\boldsymbol{E}^{\mathrm{T}}\boldsymbol{P} \tag{2.4}$$

再加上公式(2.2)可以得到部分约束的最小二乘解：

$$\hat{c}=\left[\boldsymbol{I}-\frac{(\boldsymbol{E}^{\mathrm{T}}\boldsymbol{E})^{-1}\boldsymbol{1}^{\mathrm{T}}}{\boldsymbol{1}^{\mathrm{T}}(\boldsymbol{E}^{\mathrm{T}}\boldsymbol{E})^{-1}\boldsymbol{1}}\right](\boldsymbol{E}^{\mathrm{T}}\boldsymbol{E})^{-1}\boldsymbol{E}^{\mathrm{T}}\boldsymbol{P}+\frac{(\boldsymbol{E}^{\mathrm{T}}\boldsymbol{E})^{-1}\boldsymbol{1}}{\boldsymbol{1}^{\mathrm{T}}(\boldsymbol{E}^{\mathrm{T}}\boldsymbol{E})^{-1}\boldsymbol{1}} \tag{2.5}$$

其中，$\boldsymbol{I}$ 为 N 阶单位矩阵，$\boldsymbol{1}$ 为分量均为 1 的 N 维列向量。研究证明，很难得到同时满足条件即公式(2.1)、(2.2)、(2.3)的全约束解。

2.1.2 非线性混合模型

线性混合模型的误差对于以提取地物精细光谱特征为手段的高光谱遥感应用而言是不利的，因此，有必要对光谱的混合机理进行更深入一步的研究。为了克服线性光谱混合模型的不足，许多学者对非线性光谱模型进行了广泛的研究（Borel et al.，1994；Knipling，1970；Gao et al.，1995），比较典型且具有一定影响力的光谱混合模型有 Hapke 和 Shkuratov 非线性光谱模型。所有利用非线性模型计算出的结果要比用线性模型计算出的结果要好些。

2.1.2.1 Hapke 混合光谱理论

Hapke 混合光谱理论是一个具有较大影响的理论（童庆禧等，2006；李庆亭，2009）。设 $I(r,\Omega)$ 代表光谱辐射能量，它代表在辐射方向 Ω 上，单位时间内通过单位面积的每单位波长间隔内的辐射能量，如图 2.2 所示。

在介质中没有其他光源的情况下，利用辐射传输方程，可以列出辐射传输等式：

$$\frac{\mathrm{d}I(r,\Omega)}{\mathrm{d}s}=-EI(r,\Omega)+\int_{4\pi}I(r,\Omega')G(\Omega',\Omega)\mathrm{d}\Omega' \tag{2.6}$$

式中，$\mathrm{d}s$ 是平行于 Ω 方向上的路径长度，它与 Z 轴的交角为 θ，E 是介质的衰减系数，$G(\Omega',\Omega)$ 是差分体积散射系数，它代表一个在 Ω' 方向传输的光子被散射是 Ω 方向上的概率。

在原模型中（Hapke，1981，1984，1986，1993，1999，2002，2005，2008）单次散射反照率被精确地计算，而对于各向同性散射即使是非各向同性散射，多次散射的贡献通过辐射传输方

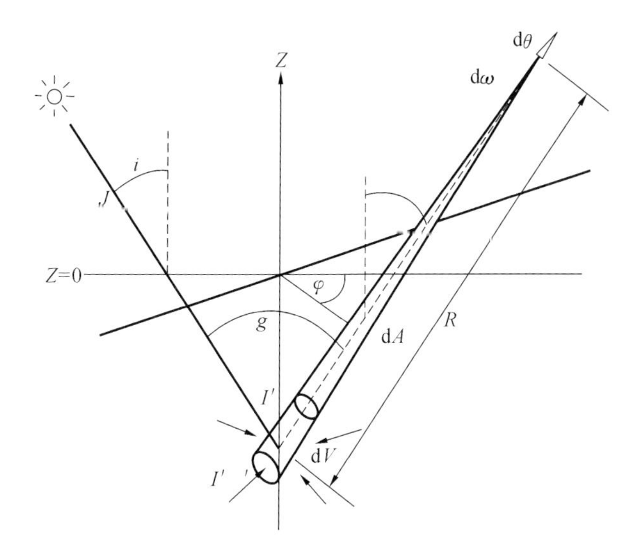

图 2.2 光谱辐射能在介质内的传播

程的二流解近似表示，因此模型涉及各向同性多次散射的近似（isotropic multiple-scattering approximation，IMSA）。在各向同性多次散射的近似模型中，光线入射天顶角 i，出射天顶角 e，相位角为 g 时（角度如图 2.3 所示），平坦半无限颗粒介质的双向反射率为

$$r(i,e,g)=\frac{w}{4\pi}\frac{\mu_0}{\mu_0+\mu}\left\{\left[1+B(g)\right]P(g)+H(\mu_0)H(\mu)-1\right\} \tag{2.7}$$

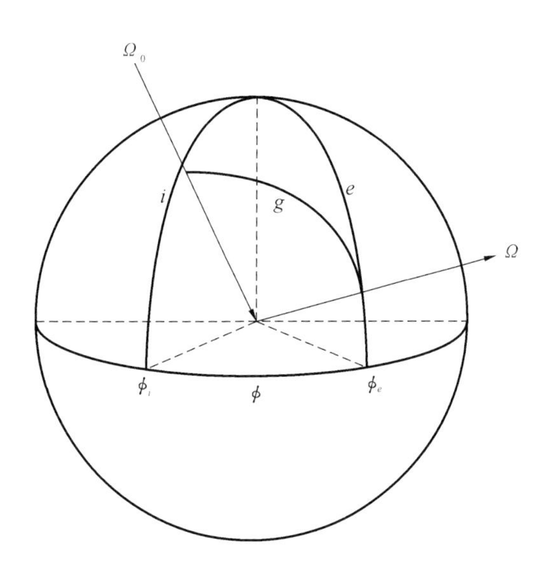

图 2.3 本书中所用到的角度的示意图

其中，$P(g)$ 为颗粒的相位函数，且

$$\frac{1}{4\pi}\int_{4\pi}P(g)\mathrm{d}\Omega=1 \tag{2.8}$$

其中，$\mu_0 = \cos i$；$\mu = \cos e$；$\mathrm{d}\Omega$ 为立体角增量。Henyey-Greenstein（1941）给出了经验相位函数：

$$P(g) = \frac{1-\psi^2}{(1+2\psi\cos g+\psi^2)^{3/2}} \tag{2.9}$$

式中，ψ 为余弦不对称因子，$\psi = \langle\cos\theta\rangle = -\langle\cos g\rangle$，对于各向同性的散射粒子，$\psi = 0$，$P(g) = 1$；当 $g=0$ 和 $g=\pi$ 时，$P(g)$ 分别等于 $(1-\psi)/(1+\psi)^2$ 和 $(1+\psi)/(1+\psi)^2$，当 $\psi > 0$ 时，$P(g)$ 随相位角（$0\sim\pi$）单调增加，当 $\psi < 0$ 时，单调减小。

w 为单次散射反照率，$w = Q_S/Q_E$，Q_E 为粒子消光率，Q_S 为粒子散射率，Q_A 粒子吸收率，$Q_E = Q_S + Q_A$。

利用等效平板模型（equivalent slab model），如图 2.4 所示，得到粒子散射率 Q_S 的表达式：

$$Q_S = S_e + (1-S_e)\frac{1-S_i}{1-S_i\Theta}\Theta \tag{2.10}$$

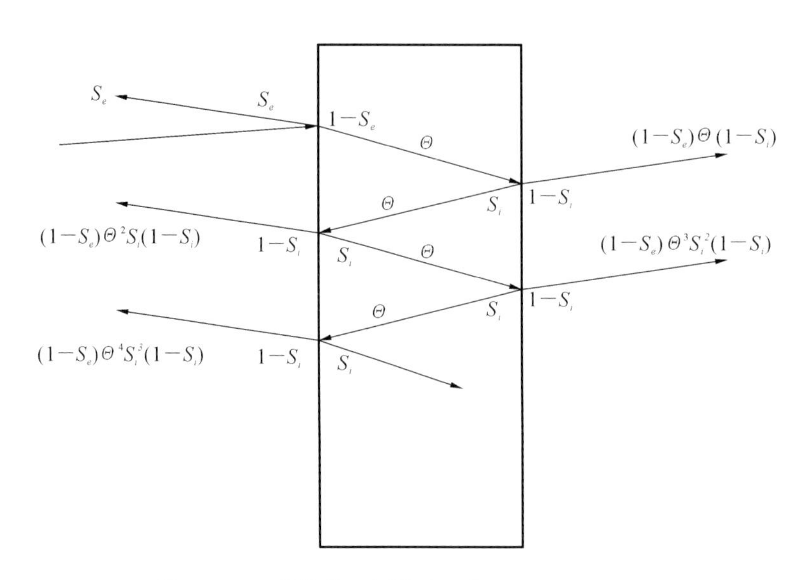

图 2.4　Q_S 的等效平板模型示意图（Hapke，2005）

其中，Θ 为内部传输系数，定义为进入颗粒的光线经过一次传输到达另一表面的部分，S_e 为镜面反射，S_i 为内部反射，通过菲涅尔（Fresnel）反射参数方程的积分可以得到。一个简化的 S_e 近似经验方程如下：

$$S_e \approx \frac{(n-1)^2+k^2}{(n+1)^2+k^2} + 0.05 \tag{2.11}$$

模型中的复折射系数为 $n^* = n + k\mathrm{i}$，k 也称消光系数，当 $k^2 \ll 1$ 和 $1.2 \leqslant n \leqslant 2.2$ 时，方程所求近似结果和实际值接近，经验方程精度较高。S_i 方程可近似表示为

$$S_i \approx 1 - \frac{4}{n(n+1)^2} \tag{2.12}$$

对于平板模型可以得出内部传输系数 Θ 的表达式，$\Theta=\exp(-\alpha\langle D\rangle)$，$\alpha$ 为吸收系数，$\alpha=4\pi k/\lambda$，$\langle D\rangle$为等效平板厚度，定义为光线在颗粒内的一次传输的平均路径长度。如果 D 为颗粒的直径，$\langle D\rangle$可由式(2.13)计算：

$$\langle D\rangle=\frac{2}{3}\left[n^2-\frac{1}{n}(n^2-1)^{3/2}\right]D \tag{2.13}$$

如果考虑颗粒内部的散射，具有吸收和散射的等效平板的内部传输系数可以表示为

$$\Theta=\frac{r_i+\exp(-\sqrt{\alpha(\alpha+\zeta)}\langle D\rangle)}{1+r_i\exp(-\sqrt{\alpha(\alpha+\zeta)}\langle D\rangle)} \tag{2.14}$$

$$r_i=\frac{1-\sqrt{\alpha/(\alpha+\zeta)}}{1+\sqrt{\alpha/(\alpha+\zeta)}} \tag{2.15}$$

其中，ζ 为内部散射系数，如果平板是纯净的，$\zeta=0$，则 $\Theta=e^{-\alpha\langle D\rangle}$。

Chandrasekhar(1960)将 H 函数近似为

$$H(x)=\frac{1+2x}{1+2\gamma x} \tag{2.16}$$

$$\gamma=\sqrt{1-w} \tag{2.17}$$

$B(g)$是后向散射系数，它可近似表示为

$$B(g)=\frac{B_0}{1+(1/h)\tan(g/2)} \tag{2.18}$$

$$B_0\approx S(0)/w_p(0) \tag{2.19}$$

其中，$S(0)$为颗粒面向光源的表面的散射；$w_p(0)$是在 0 相位角颗粒的总散射。

$$h=\frac{1}{2}N_E\langle\sigma Q_E\rangle\langle a_E\rangle=-\frac{1}{2}N\langle\sigma Q_E\rangle\langle a_E\rangle\frac{\ln(1-\varphi)}{\varphi}=\frac{1}{2}E\langle a_E\rangle \tag{2.20}$$

其中，φ 为填充因子；参数 B_0 描述后向散射的强度，对于低反照率的表面如月球或水星表面，$B_0\approx1$，则

$$B(g)\approx\left(1+\frac{1}{h}\tan\frac{g}{2}\right)^{-1} \tag{2.21}$$

不考虑阴影和粗糙度的影响，且散射为各向同性时，反射率可以表示为

$$r(i,e,g)=\frac{w}{4\pi}\frac{\mu_0}{\mu_0+\mu}H(\mu_0)H(\mu) \tag{2.22}$$

Hapke(2002)后来对模型进行了改进，提出了一个新的更精确的 H 函数表达式：

$$H(x)\approx\left[1-wx\left(r_0+\frac{1-2r_0x}{2}\ln\frac{1+x}{x}\right)\right]^{-1} \tag{2.23}$$

$$r_0=\frac{1-\gamma}{1+\gamma} \tag{2.24}$$

对于 IMSA 表达式和改进的表达式，当 $w=1$ 时，改进的表达式 H 函数的近似值和精确值的差别较小，即改进的表达式看起来更为精确，优于 1%，当 $w<1$ 时，相对差别会更小。

密致混合又称均匀混合，不同类型的颗粒紧密地混合在一起，对于这种混合一般用各组

分的比例来表示，而不用颗粒的数目表示。假设颗粒大小一致，用下标 i 表示每类颗粒的属性，如大小、形状或组成。第 i 类颗粒的横截面积为

$$\sigma_i = \pi a_i^2 \tag{2.25}$$

其中，a_i 为第 i 类颗粒的半径，其单位容积重量为

$$M_i = N_i \frac{4}{3} \pi a_i^3 \rho_i \tag{2.26}$$

其中，N_i 为单位体积内第 i 类颗粒的个数，ρ_i 为其密度，则

$$N_i \sigma_i = \frac{3}{4} \frac{M_i}{\rho_i a_i} = \frac{3}{2} \frac{M_i}{\rho_i D_i} \tag{2.27}$$

其中，$D_i = 2a_i$ 为第 i 类颗粒的等效大小。平均单次散射反照率可以表示为

$$w = \frac{S}{E} = \frac{\sum_i N_i \sigma_i Q_{S_i}}{\sum_i N_i \sigma_i Q_{E_i}} = \sum_i \frac{M_i Q_{S_i}}{\rho_i D_i} - \sum_i \frac{M_i Q_{E_i}}{\rho_i D_i} \tag{2.28}$$

$$P(g) = \sum_i \frac{M_i Q_{S_i}}{\rho_i D_i} P_i(g) - \sum_i \frac{M_i Q_{E_i}}{\rho_i D_i} \tag{2.29}$$

由于 $w = Q_{S_i}/Q_{E_i}$，公式(2.28)、(2.29)可以表示为

$$w = \sum_i \frac{M_i Q_{E_i}}{\rho_i D_i} \omega_i - \sum_i \frac{M_i Q_{E_i}}{\rho_i D_i} \tag{2.30}$$

$$P(g) = \sum_i \frac{M_i Q_{E_i}}{\rho_i D_i} \omega_i P_i(g) - \sum_i \frac{M_i Q_{E_i}}{\rho_i D_i} \omega_i \tag{2.31}$$

从式(2.30)和式(2.31)可以看出，对于 Hapke 光谱理论，反射率光谱混合是非线性的，而矿物的单散射反照率是线性混合的，因此可以利用 Hapke 理论单次散射反照率的混合特性定量计算矿物中各组分含量。

2.1.2.2 Shkuratov 光谱混合理论

Shkuratov 针对似风化层表面提出了一个反照率光谱几何光学模型(Shkuratov et al., 1999)。在 Hapke 模型中利用光线散射一维模型来估计单次散射反照率，其中，颗粒内部的多次反射被认为是一维介质中的多次散射，在一定入射角度下利用 Fresnel 参数来表示反射参数。在 Shkuratov 模型中，一个主要的思想就是将这种单次散射反照率的求取方法应用于颗粒表面反照率，并将颗粒散射系统改为等效平板散射系统，如图 2.5 所示。他们忽略了所有角度对反射率的影响，在相位角很小时，假设所计算的一维反射率可以作为三维介质的反射率。实验表明，在相位角大约 5°时所测的反照率可以认为是通过一维模型得到的反照率(反射率)。反照率可以用来估计任意相位角 a 的亮度参数：

$$R = Af(a) \tag{2.32}$$

其中，$f(a)$为相位函数；R 为双向反射率。$f(a)$可由 Hapke 模型模拟得到。

Shkuratov 模型的辐射传输示意图如图 2.6 所示，R_e 为外表面平均反射率，R_i 为颗粒内表面平均反射率，颗粒大小 S。W_m 是第 m 次散射前向和后向出射的可能性(概率)。进入

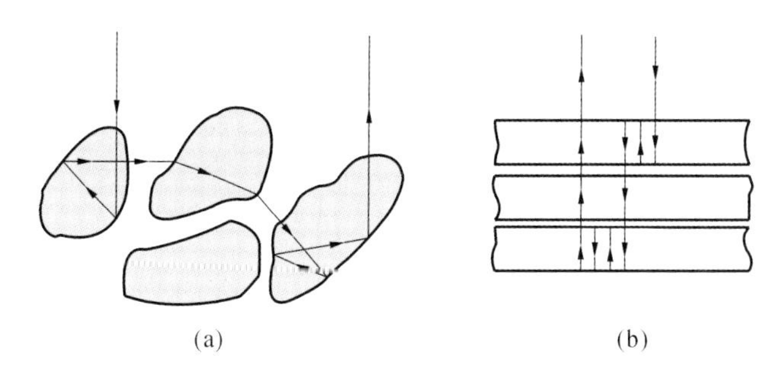

图 2.5 Shkuratov 等效平板散射系统

板层的光的一部分 $T_e=1-R_e$ 由于吸收而衰减。此影响用内部透射系数 $\exp(-\tau)$来定量表示，$\tau=4\pi kS/\lambda$，S 定义为光线在颗粒两次内部反射间传输的路径长度，他们认为大致等于颗粒的直径，这一点与 Hapke 模型不同，对光谱模拟的结果有一定的影响。然后透过板层的一部分 R_i 被内部反射，余下的 $T_i=1-R_i$ 被折射出去。整个过程沿箭头一直继续。

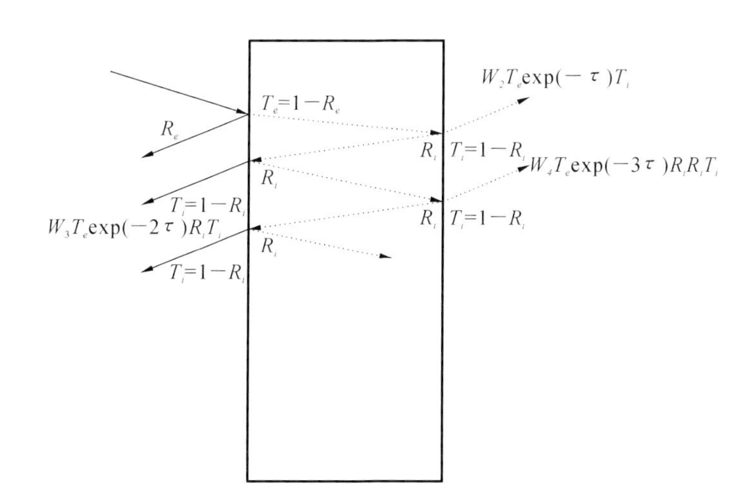

图 2.6 Shkuratov 模型的辐射传输示意图(Poulet et al.,2002)

通过以上假设得到表面反照率满足以下方程：

$$A=\rho_b+\rho_f^2A+\rho_f^2\rho_bA^2+\cdots=\rho_b+\rho_f^2A/(1-\rho_bA) \tag{2.33}$$

通过式(2.33)可得表面反照率的表达式：

$$A(n,k,S,q)=\frac{1+\rho_b^2-\rho_f^2}{2\rho_b}-\sqrt{\left(\frac{1+\rho_b^2-\rho_f^2}{2\rho_b}\right)^2-1} \tag{2.34}$$

$$\rho_b=qr_b \tag{2.35}$$

$$\rho_f=qr_f+1-q \tag{2.36}$$

模型包含 4 个参数(n,k,S,q)，颗粒复折射系数为 $n^*=n+k\mathrm{i}$，k 也称消光系数，S 为颗粒大小，q 为颗粒充填度，r_b 和 r_f 分别为颗粒后向和前向散射，可以通过一系列的多次散射来表示和计算(Shkuratov et al.,1999)。但需要对函数 W_m 做出估计,W_m 是第 m 次散射前向和后向出射的可能性(概率),精确地估计 W_m 很困难,所以假设 $W_2=0$ 且当 $m>2$ 时 $W_m=1/2$,在这种假设下,多次散射求和可以得到:

$$r_b = R_b + \frac{1}{2}T_e T_i R_i \exp(-2\tau)/[1-R_i \exp(-\tau)] \tag{2.37}$$

$$r_f = R_f + T_e T_i \exp(-\tau) + \frac{1}{2}T_e T_i R_i \exp(-2\tau)/[1-R_i \exp(-\tau)] \tag{2.38}$$

其中,$\tau=4\pi kS/\lambda$;R_b 和 R_f 是平均反射率系数(后向和前向),R_e 为外表面平均反射率,R_i 为颗粒内表面平均反射率,$R_e=R_b+R_f$。而 $T_e=1-R_e$,$T_i=1-R_i$。

通过对 R_b 和 R_f 的积分(Shkuratov et al.,1999)可以得到,$T_i=T_e/n^2$,$R_i=1-(1-R_e)/n^2$。

当 $n=1.4-1.7$ 时,R_b、R_e 和 R_i 可以利用下面的经验公式计算:

$$R_b \approx (0.28n-0.20)R_e \tag{2.39}$$

$$R_e \approx r_o + 0.05 \tag{2.40}$$

$$R_i \approx 1.04 - 1/n^2 \tag{2.41}$$

Fresnel 参数 $r_o=(n-1)^2/(n+1)^2$,由于总的内部反射,R_i 总是大于 R_e。

此模型的一个重要特征即可逆性,例如:如果反照率已知,并对参数 n、S 和 q 做出估计,就可以反算表面物质的复折射率的虚部 k。

$$k = -\frac{\lambda}{4\pi S}\ln\left[\frac{b}{a}+\sqrt{\left(\frac{b}{a}\right)^2-\frac{c}{a}}\right] \tag{2.42}$$

$$a = T_e T_i (yR_i + qT_e) \tag{2.43}$$

$$b = yR_b R_i + \frac{q}{2}T_e^2(1+T_i) - T_e(1-qR_b) \tag{2.44}$$

$$c = 2yR_b - 2T_e(1-qR_b) + qT_e^2 \tag{2.45}$$

$$y = (1-A)^2/2A \tag{2.46}$$

行星表面具有复杂的组成和结构,对于非均一的表面,不同类型的颗粒紧密混合在一起,如果由粗颗粒混合而成,颗粒大小远大于波长,第 j 类成分的比例为 c_j,一维模型的近似可以表示为

$$\rho_b = q\sum_j (c_j r_{b,j}) \tag{2.47}$$

$$\rho_f = q\sum_j (c_j r_{f,j}) + 1 - q \tag{2.48}$$

由此可以计算粗颗粒混合物的反照率(反射率),以此研究地物的混合光谱。

2.1.2.3 光谱混合模型处理过程

1. Hapke 模型

当风化层颗粒或散射物质的半径远大于波长的时候,半无限介质的反射率 $r(i,e,g)$ 可

以通过 Hapke 模型公式来计算，多组分混合介质的反射率的计算可以分为以下 3 步。

(1) 是风化层颗粒的单次散射反照率的计算。我们定义单次散射反照率为粒子散射率 Q_S 和粒子消光率 Q_E 的比值，Hapke(1981)假设颗粒直径远远大于波长，因此 Q_E 近似为 1。利用内部散射的厚度为 D 的平板代替平均颗粒，可以得出 Q_S 的表达式。Doute (1998)研究表明参数 D 可以用平均颗粒半径来表示。当假设颗粒内部散射的相函数为各向同性时，进入板内的辐射可以利用二流近似来表示。在这种假设下，Q_S 是表面初次反射率、内部入射光的反射率和内部传输系数 Θ 的函数，如进入颗粒内部的通过一次传输到达另一个表面的光。这些函数通过 Fresnel 方程的积分得到，Fresnel 方程取决于折射系数。最后，w 取决于颗粒组成物质的真实的或假设的折射率系数(n,k)、颗粒的直径 D 和颗粒内部的散射系数 ζ。参数 ζ 量度颗粒内部的散射强度，使得暗色颗粒变亮，因为更多的光线在被吸收之前就消失了。ζ 一般被假设等于 0(纯净颗粒)来避免引出其他的参数。这意味着 $\Theta=\exp(-4\pi kD/\lambda)$。整个推导过程需要颗粒的半径是 λ 的几十倍，至少也要远大于几倍的颗粒半径，这个假设非常关键。

(2) 获得均一和半无限单一物质表面的反射率 r 的表达式。对所有的颗粒非各向同性的散射，初次散射的贡献被用解析的方法加在一起。对于多次散射部分(不包括单次散射)，假设了一个各向同性颗粒的相函数，减少了 Chandrasekhar(1960)相函数估计中的多次散射的计算。可以利用二流近似的方法获得这些函数的近似值，但是对于亮色物质存在较大的误差。在 Doute 和 Schmit(1998)模型中，Hapke 单次散射反照率和 Hapke 双向反射率的改进公式一起使用，特别是 Doute 和 Schmitt 基于非各向同性的相函数用数学方法计算了单次和二次散射的贡献。Cuzzi 等(1998)把 Hapke 单次散射反照率和 Van de Hulst(1980)反射率方法结合起来，Van de Hulst(1980)反射率方法在所有次数的散射中考虑到了非各向均一颗粒的相函数。其他的影响因素如大颗粒表面的粗糙度(Hapke，1984)、阴影(Hapke，1986)、后向散射(Helfenstein et al.，1997)和孔隙度(Hapke，2008)也可以考虑到反射率 r 的计算中。

(3) 计算混合光谱。考虑到两种混合：面状混合和均匀混合。对于面状混合，首先计算每一种物质组成的表面反射率，然后把这些反射率线性组合在一起作为多组分表面的反射率。对于均匀混合，一般基于单个颗粒处理。这种情况下，可以考虑两种类型的混合：①密致或"椒盐"混合，计算每种成分颗粒的单次散射反照率然后平均；②分子混合，通过计算每个颗粒内部的折射系数的加权平均来模拟。

2. Shkuratov 模型

参考 Hapke 模型，Shkuratov 模型的公式计算也被总结为以下 3 步。

(1)得到颗粒的单次散射反照率。与 Hapke 模型相似，颗粒内部的多次反射可以认为是一维板层内的多次散射。颗粒散射的光分为进入后向空间和进入前向空间的两部分。这些几何推导取决于外部和内部反射系数 R_e 和 R_i 以及内部透射系数，内部透射系数用 exp

(一τ)来定量表示。S定义为光线在颗粒内的内部反射间的传输的平均距离，对于透明的颗粒，S应该近似等于颗粒的平均直径，对于非透明颗粒，就很难将其与测量参数建立关系。模型的这部分和Hapke模型相应部分的思路非常相似，S和Hapke模型的D具有同样的含义。

(2)获得颗粒表面的反射率。通过颗粒介质的光的传输被简化为通过一个半无限的层。按照嵌入原理求取多次散射的和，基于这一点，模型还受到孔隙度的影响。此模型的缺点是它忽略了角度的影响，因此不适合行星表面图像的直接分析。最终，模型的参数包括光学参数(n,k)、颗粒的平均直径S和充填度q。Shkuratov模型结果显示充填度对反射率的影响很小。

(3)计算混合光谱。对于粗颗粒的密致混合(或"椒盐"混合)，颗粒大小远远大于波长。单个颗粒的单次散射反照率的平均通过不同类型颗粒的r_b和r_f的线性求和获得，它们的比例与其面积对应。

3. Hapke和Shkuratov模拟光谱对比

首先比较一下每个模型中单次散射反照率w的计算。既然两种模型都认为w与颗粒属性和等效平板模型有关，单次散射反照率应该相差不会太大。图2.7为利用Hapke和Shkuratov模型得到的两种不同粒度(10 μm和100 μm)的纯冰粒的单次散射反照率曲线(Poulet et al.,2002)证实了这一点。利用Shkuratov模型，我们假设$w=r_b+r_f$。一般而言，两者较好的一致性显示颗粒反照率不是光谱的主要原因。

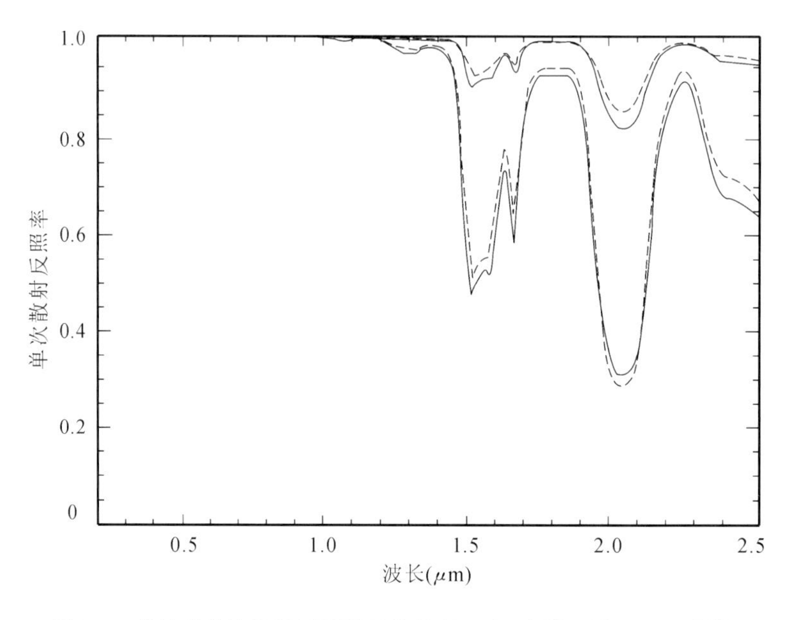

图2.7　纯冰粒单次散射反照率的比较(Hapke实线，Shkuratov虚线)

或许两个理论主要的不同是其对颗粒散射非对称性的处理不同。在Hapke模型中，颗粒的相函数通过反射率数据的最佳拟合获得，但只针对单次散射反照率。基于此模型的太阳系天体的散射特性的大量研究表明，表面颗粒的非对称参数为负值。Mishchenko 等(1994,1997)研究表明，这种差异可能源自 Hapke 模型中的近似过程，其近似不适合星球表面的致密传输介质。例如，从目标模拟中得到的任何散射方程均与表面粗糙度和单次散射反照率有关，可能导致误差。对具有各向同性内部散射表面光滑的球形颗粒，通过 Hapke 双向反射率模型和 Monte Carlo 方法的对比，Hillier(1997)研究表明 Hapke 辐射传输的计算中低估了大相位角的散射。这表明基本的散射量应更受前向散射颗粒的影响。并且，这种差异对于暗色表面也很明显，表明差异主要源于散射中的单次散射。补偿被低估的部分就要增加前向散射。考虑到 Hapke 模型的参数化，可以通过增加非对称参数 ψ 来实现，ψ 是决定了单次散射相函数。因为 Hapke 模型的公式中 ψ 仅参与一次，所以 ψ 的增加将影响表面光谱，减小吸收处的整个光谱。最终，给定一系列的折射系数后，可以改变的参数也就只有颗粒的大小了。

Hapke(1996,1999)研究结果、试验数据和理论分析都表明：①颗粒具有较强的后向散射；②颗粒最基本的散射不是后向散射或非均一颗粒的前向散射，而是颗粒本身的非均一性；③颗粒散射属性的反演误差源自相位角数据的不充分；④当把介质散射作为不连续计算时，连续的介质误差不能够消除并显现出来，例如 Monte Carlo 计算。不管怎么样，Hapke 许多星球风化层的散射函数的反演具有后向散射特点，同样也具有前向散射特点。利用 Monte Carlo 光线追踪模型，Grundy 等(2000)证实，对于颗粒大小远大于波长的不规则颗粒，其相函数具有很强的前向散射特点。这些有些矛盾的结果表明对于此问题的讨论仍有余地，因为风化物精确的物理属性难以获得。

对比 Hapke 和 Shkuratov 光谱混合模型及其处理过程，可以看出这两个模型有相似之处，但同时也有很大的不同(李庆亭，2009)。

1)相似点

模型的最大的一个相似点就是单次散射反照率 w 的计算方法和模型。因为两种模型都认为 w 与颗粒属性和等效平板模型有关，所以单次散射反照率应该相差不会太大。Poulet 等(2002)利用 Hapke(1981)和 Shkuratov(1999)得到的两种不同粒度(10 μm 和 100 μm)的纯冰粒的单次散射反照率曲线证实了这一点。虽然纯冰粒的单次散射反照率曲线表明单次散射反照率的差别不会太大，但是模型在利用近似计算时，特别是对于矿物，物理特征比冰粒复杂，由于近似计算导致的单次散射反照率的差别也会影响反射率反演的精度，这在后面对模型一致性的检验中将会体现。

2)不同点

(1)模型的方向性。Hapke 模型考虑到了光线角度的影响(入射角、出射角和相位角)，基于模型可以得到任意角度的双向反射率，但是在 Shkuratov 模型中，忽略了所有角度对反射率的影响，只是在相位角很小时，假设所计算的一维反射率可以作为三维介质的反射率。

他们实验表明，在相位角大约5°时所测的反照率可以认为是通过一维模型得到的反照率（反射率）。

（2）模型的可逆性。Shkuratov模型具有的一个很重要特征即可逆性，例如：如果反射率已知，并对参数n、S和q做出估计，就可以反算表面物质的折射率的虚部k。但是Hapke模型不具有可逆性，虽然可以通过查找表建立反射率和单次散射反照率的关系，但是操作起来所产生的数据量大，运行效率低，使用起来也不便捷。

2.1.2.4 光谱混合模型一致性验证

光谱混合模型一致性验证意在基于模拟的单矿物的物理参数（折射和消光系数n和k，粒度S和填充度q等），利用Hapke模型和Shkuratov模型计算矿物的单次散射反照率和反射率，进行对比，并分析光谱差异产生的原因。本书以橄榄石和紫苏辉石为例，对光谱混合模型的一致性进行了验证和分析，矿物的反射率数据来自USGS矿物光谱库。

1. *矿物复折射率计算*

由于矿物的复折射率是波长的函数，实际测量起来非常困难，但Shkuratov模型的可逆性为我们提供了思路，因此，本部分利用橄榄石光谱验证了利用Shkuratov模型计算矿物复折射率的可行性，并基于此模型对矿物物理参数进行模拟，即利用Shkuratov模型计算矿物的复折射率。

橄榄石：光谱数据来自USGS，样品号GDS70，岛状硅酸盐，橄榄石族，样品按照粒度筛成4个子样品，粒度分别为<60 μm、60～104 μm、104～150 μm、150～250 μm，平均粒度为25 μm、70 μm、115 μm、165 μm，其光谱如图2.8所示。

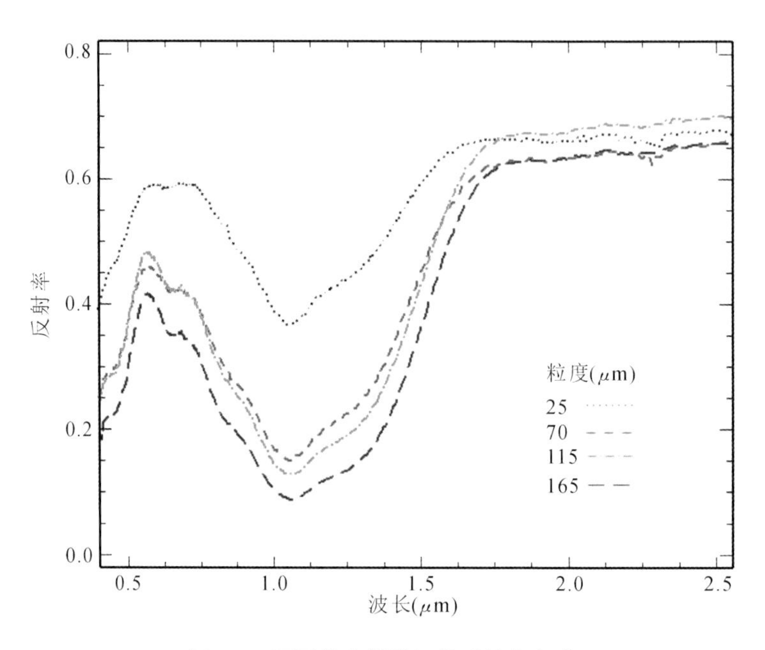

图2.8 不同粒度橄榄石的反射率光谱

假定橄榄石在所有波段的折射率均为 1.67(黄光波段的折射率。实际上,折射率是波长的函数,由于没有对应各波长的折射率,我们暂假设其各波段的折射率等于黄光波段的折射率),并估计橄榄石样品的充填度为 0.8,可利用 Shkuratov 模型计算其折射率虚部 k(k 也称消光系数),结果如图 2.9 所示。

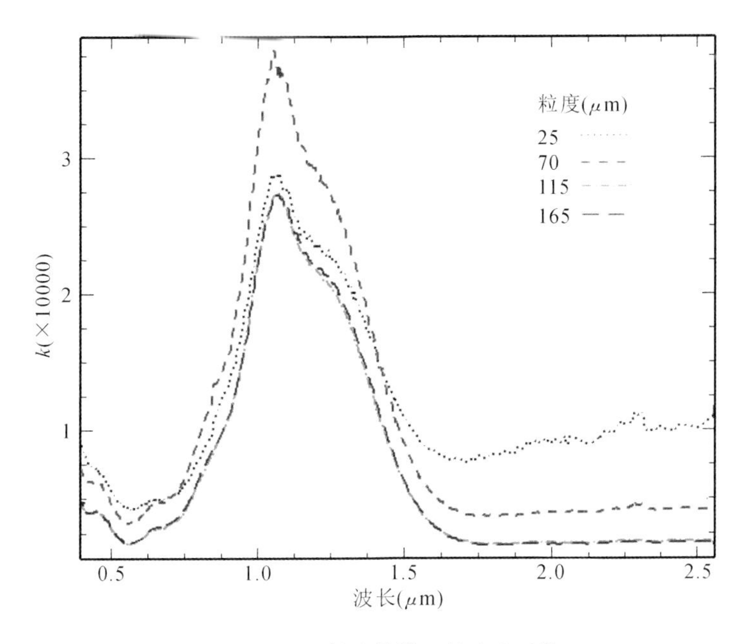

图 2.9　不同粒度橄榄石的消光系数

理论上橄榄石的 k 值应该相等,但是通过上图可以看出,不同粒度的橄榄石的 k 值差异明显,究其原因,可能是粒度、充填度和折射率实部的估计导致,也可能是制样过程导致不同粒度样品中化学组成不同,光谱测量过程也可能会有影响。但是粒度为 115 μm 和 165 μm 橄榄石反算出来的折射率虚部 k 几乎一致,很多研究表明粒度仅影响反射率的大小而对光谱的波形的影响很小,而粒度为 115 μm 和 165 μm 橄榄石的反射率谱形相似而仅反射率大小不同,其所反算出来的折射率虚部的一致性说明:在粒度、充填度、折射率实部的近似估计下,通过 Shkuratov 模型计算其折射率虚部 k 是可行的。由此可以利用反射率光谱基于 Shkuratov模型计算矿物的折射率虚部 k,完成矿物物理参数的模拟,建立矿物物理参数的模拟库。

2. 光谱模型的一致性检验

以紫苏辉石为例检验模型间的一致性,即将相同的物理参数代入模型,计算反射率。如果两个模型均能够较好地模拟物质光谱,则利用其所计算的反射率就应该一致。

紫苏辉石:光谱数据来自 USGS,样品号 PYX02,链状硅酸盐,辉石族,样品粒度 30～45 μm,平均粒度为 38 μm,折射率为 1.68,充填度估计为 0.8。其反射率光谱如图 2.10 所示。图 2.11 为利用 Shkuratov 模型计算的紫苏辉石的消光系数。

使用上面所模拟的紫苏辉石的物理参数，利用 Hapke 和 Shkuratov 光谱混合模型进行反射率和单次散射反照率的计算，由 Shkuratov 模型的可逆性可知，它的反射率光谱即为原始光谱，结果如图 2.10 和图 2.11 所示。

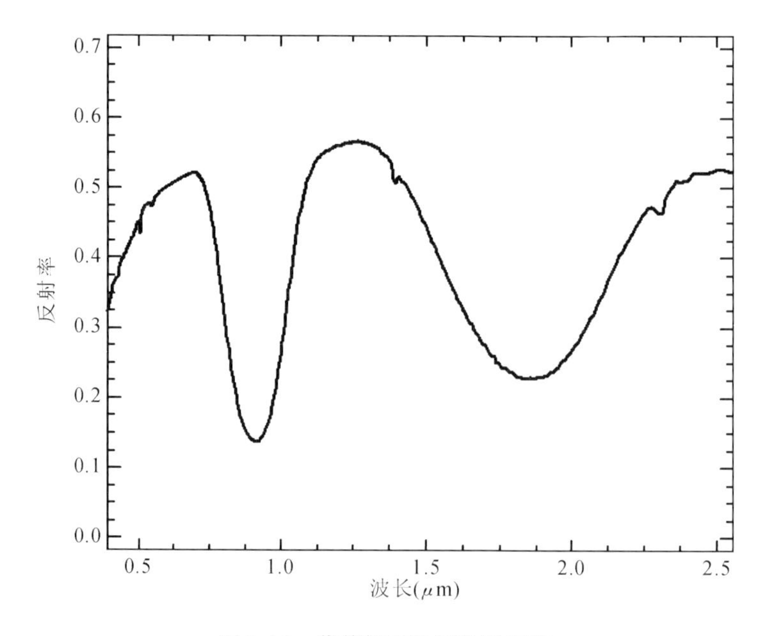

图 2.10　紫苏辉石的反射率光谱

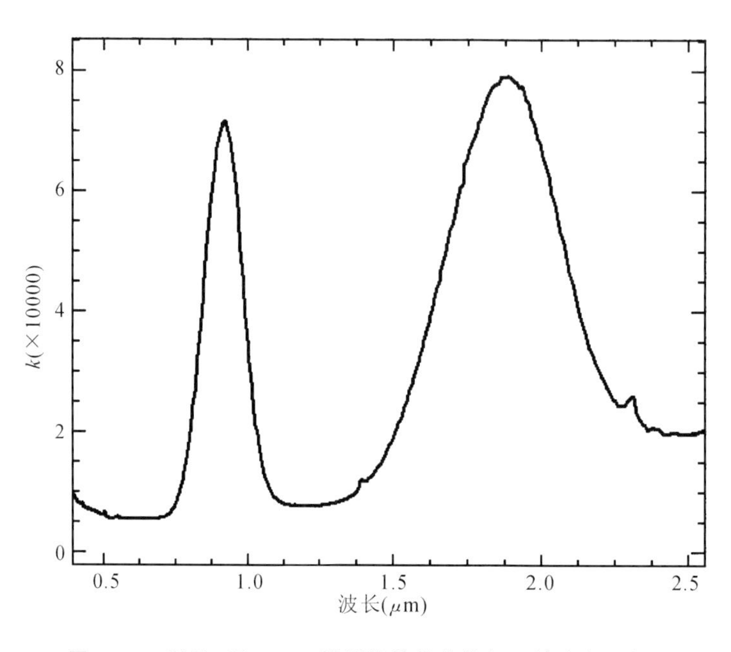

图 2.11　利用 Shkuratov 模型计算的紫苏辉石的消光系数 *k*

通过单次散射反照率的比较可以发现，Hapke 和 Shkuratov 模型所得到的结果一致性较好，但是反射率和单次散射反照率的绝对差异还是比较明显的（图 2.12，图 2.13），而反照率的差异可能是导致模型反射率结果差异较大的原因。将相同的单次散射反照率分别代入模型，即利用 Shkuratov 模型所计算的单次散射反照率代入 Hapke 模型，计算反射率，如果差异不大就可以说明单次散射反照率的差异为主要的影响因素。结果如图 2.14 所示。可以发现消除单次散射反照率的差异后，模型所计算的反射率一致性更好了，说明 Hapke 和 Shkuratov模型的一致性更好了，因此可以结合在一起进行混合光谱的模拟，但所计算的单次散射反照率的差异不可以忽略，要进一步找出其差异的原因，很有可能是单次散射反照率模型中透射率计算的近似过程所导致的，即光线在颗粒内部两次散射之间光程的估算引起的（李庆亭，2009）。下一节将对光程估计对模型模拟结果的影响做详细的分析。

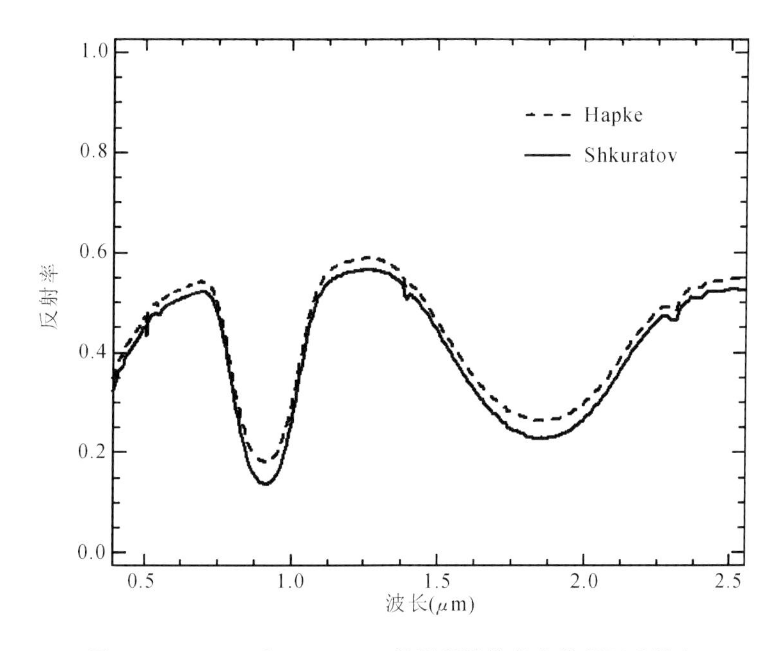

图 2.12 Hapke 和 Shkuratov 模型所计算的紫苏辉石反射率

3. 光程估计对光谱模拟的影响

通过上面的光谱模拟实验发现，光线在颗粒内的一次传输的平均路径长度即光程的估计可能是导致模型所计算的单次散射反照率和反射率差异的主要原因。从模型各自的内部传输系数 Θ 的计算公式中可以发现，在 Hapke 模型中光线在颗粒内的一次传输的平均路径长度 $\langle D\rangle$ 为颗粒直径和折射系数 n 的函数，而在 Shkuratov 模型计算中传输的平均路径长度 S 被近似等于颗粒的平均直径，$\langle D\rangle$ 和 S 具有相同的含义，而在计算中其估计方法明显不同。在 Shkuratov 模型计算中，S 的近似也应该考虑折射系数 n 的影响，应该是颗粒直径和折射系数的函数。光程 S 的两种近似下，利用 Shkuratov 模型计算的紫苏辉石的消光系数 k 如图2.15所示。第 1 种近似 $S=\langle D\rangle$，Shkuratov 模型中光程的计算采用 Hapke 模型中的公式，第 2 种光程 S 近似等于颗粒的直径。可以看出光程的估计对消光系数 k 的影响很大。

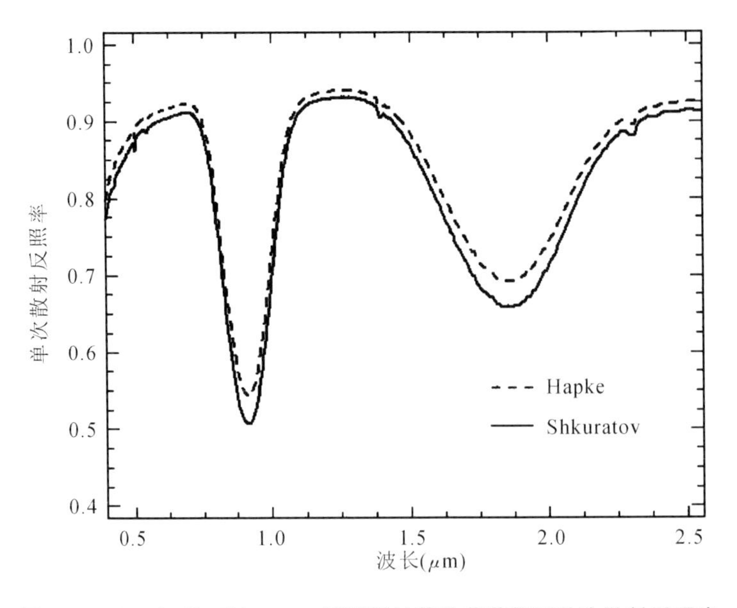

图 2.13 Hapke 和 Shkuratov 模型所计算的紫苏辉石单次散射反照率

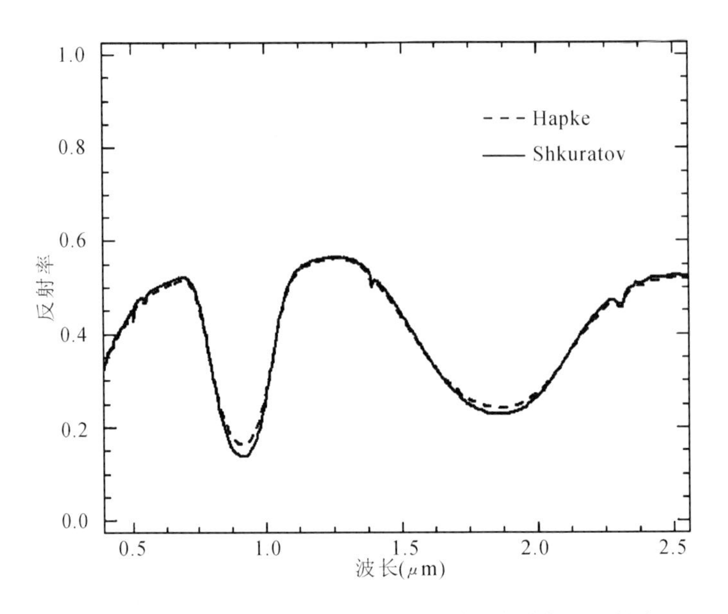

图 2.14 已知单次散射反照率下所计算的紫苏辉石反射率

利用第 1 种光程近似得到的矿物紫苏辉石的物理参数，两模型的光谱模拟结果如图 2.16 和图2.17所示，分别为单次散射反照率和反射率，模拟的结果一致性较好。

4. 充填度对光谱模拟的影响

对粒度为 115 μm 的橄榄石样品的数据(已知颗粒折射系数 $n^* = n + ki$ 和颗粒大小 S)，分别利用 Shkuratov 模型得出 5°入射角和 0°出射角下的光谱，利用 Hapke 模型得出入射角

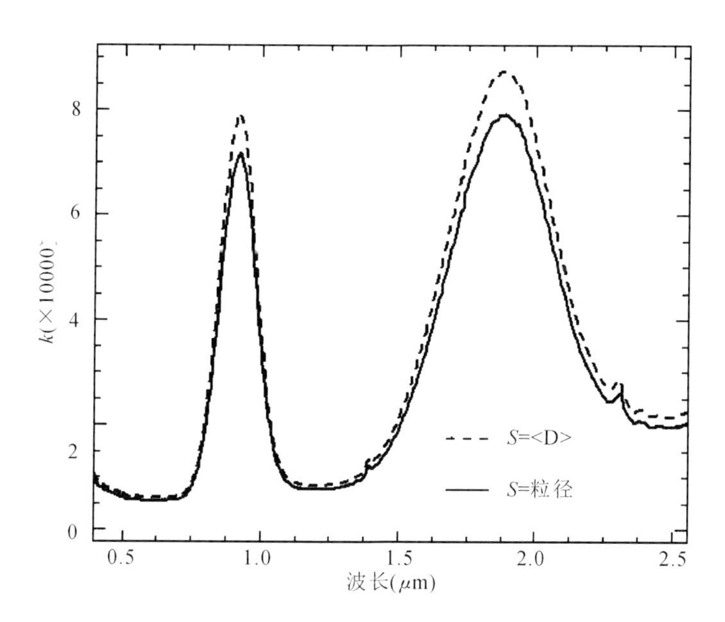

图 2.15 利用 Shkuratov 模型计算的紫苏辉石的消光系数 k

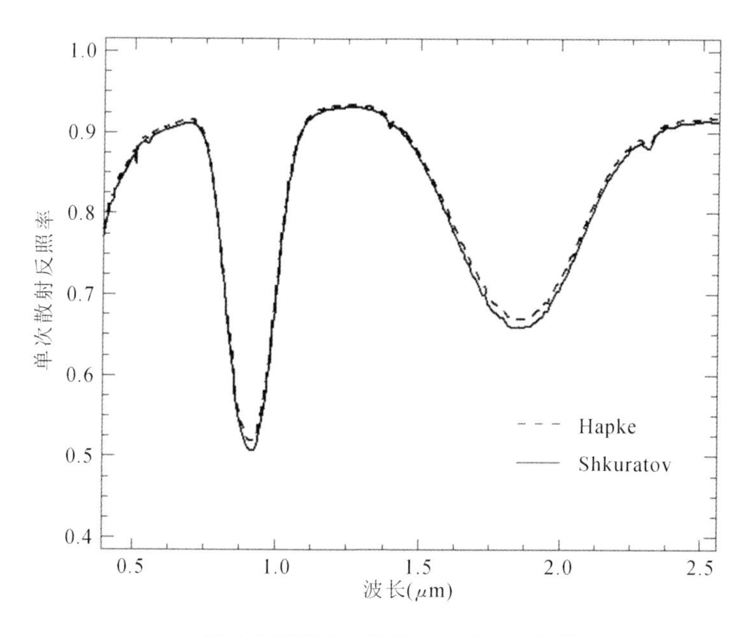

图 2.16 基于模型模拟的紫苏辉石的单次散射反照率

5°、15°、30°，出射角为 0°下的光谱，检验充填度 q 对光谱模拟的影响，设置充填度为 0.5、0.6、0.7、0.8、0.9、1，实际上充填度肯定会小于 1 的。充填度的大小和粒径的分选程度有关。光谱模拟的结果如图 2.18 所示。

Shkuratov 模型一般针对准直入射和准直出射下的光谱模拟，而 Hapke 模型可以模拟任意二向性的光谱。对于 Hapke 模型，充填度对其影响随着相位角的增大而增大，因为在

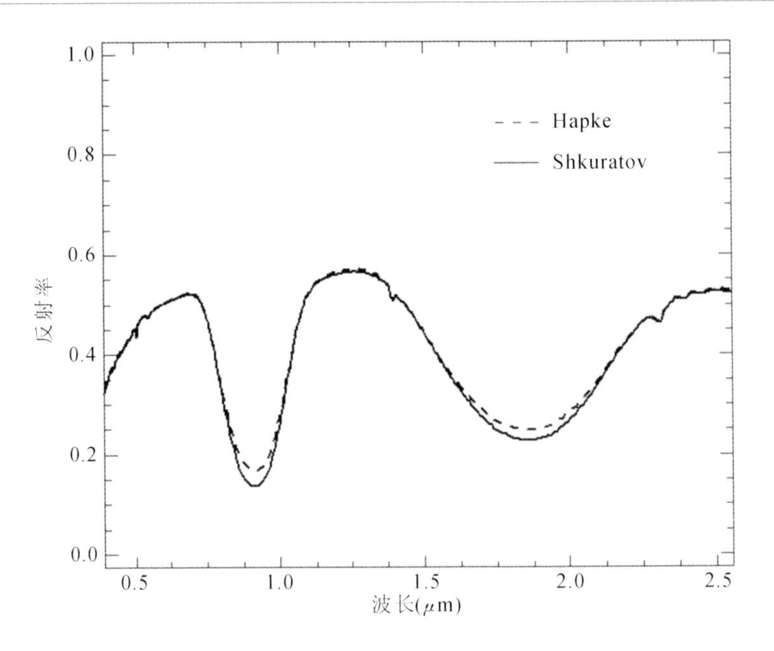

图 2.17　基于模型模拟的紫苏辉石的反射率

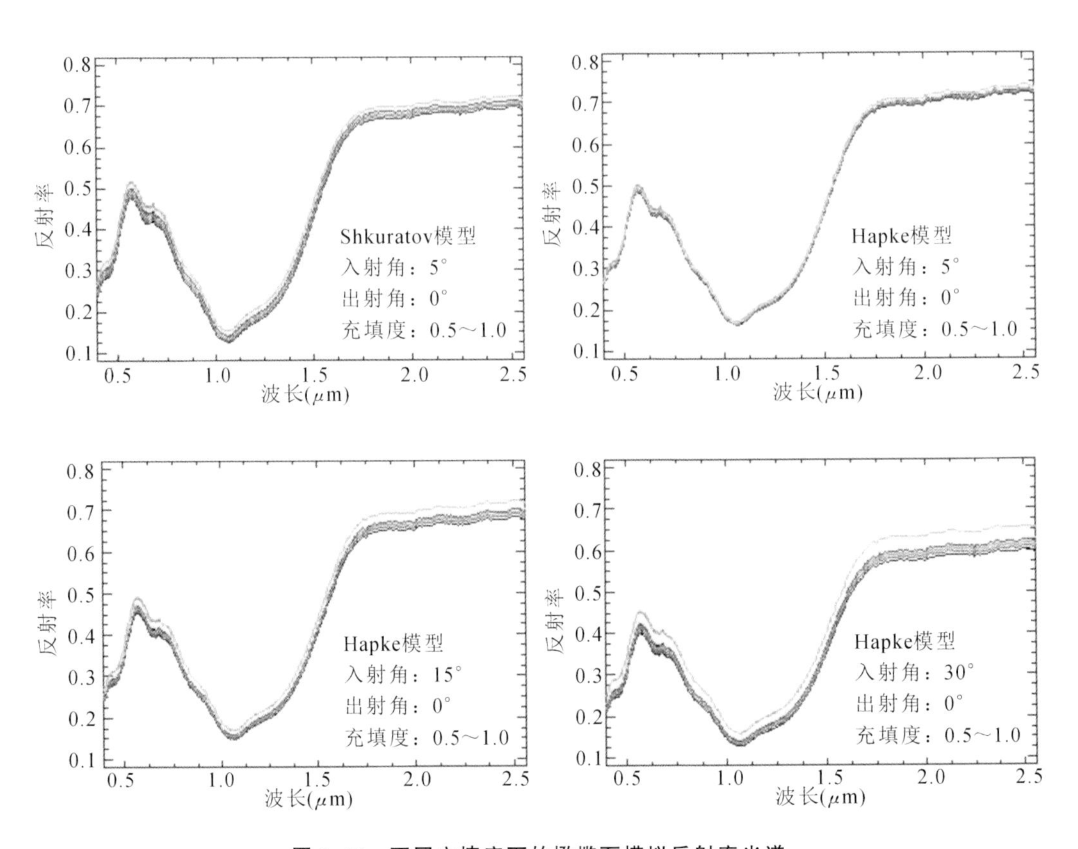

图 2.18　不同充填度下的橄榄石模拟反射率光谱

Hapke 模型中充填度直接影响后向散射系数，而后向散射系数是相位角的函数。在准直出射和入射情况下，充填度的影响很小，可以忽略，因为在准直入射情况下入射光将全部受到粒子的作用，Hapke 模型在准直情况下可以忽略充填度的影响比较符合实际。从图中可以看出 0.5～1.0充填度下，模拟反射率光谱误差小于 5%，而实际情况下我们对充填度的估计与实际充填度的差值要远远小于 0.5，充填度的估计误差对光谱模拟的影响很小。对于 Shkuratov 模型，其在 0.5～1.0 充填度下的反射率的差异也小于 5%。因此在利用书中非线性混合模型进行光谱模拟中，充填度可以利用测量值，也可以根据经验进行估计近似，其估计值和实际值的微小差异对光谱模拟结果的模拟精度影响不会很大。

2.1.2.5 混合光谱模拟模型实验验证

1. 粗粒花岗岩板材光谱测量实验验证

通过对粗粒花岗岩板材的光谱测量实验，我们可以获得板材的光谱和其对应视场内矿物的百分含量，并且可以获得各矿物的光谱。基于实测矿物的光谱和光谱库中所对应矿物光谱，利用上文提出的混合光谱模拟模型，可以模拟出板材的混合光谱。模拟光谱和实测光谱对比的结果可验证模型的可信性和可行性。由于成像光谱仪光谱范围和成像质量的限制，仅以 650～850 nm 波长范围内的模拟光谱和实测光谱进行对比分析，基于成像光谱图像所提取出的端元光谱（如图 2.19 所示）的线性和非线性混合模型模拟光谱以及所对应的 ASD 实测光谱如图 2.20 所示，可以看出本书所提出的基于 Hapke 和 Shkuratov 混合理论的光谱模拟模型明显优于线性混合模型。本书采用两个指标来表示模拟光谱和实测光谱的相似度：模拟光谱和实测光谱间的广义夹角（spectral angle，SA）和均方根误差（root mean square deviation，RMSD），其结果如表 2.1 和图 2.21、图 2.22 所示。分析可知，基于非线性混合模型的模拟光谱与实测光谱的 SA 和 RMSD 值均明显小于线性混合模型的结果，充分说明了非线性混合光谱模拟模型的可信性。

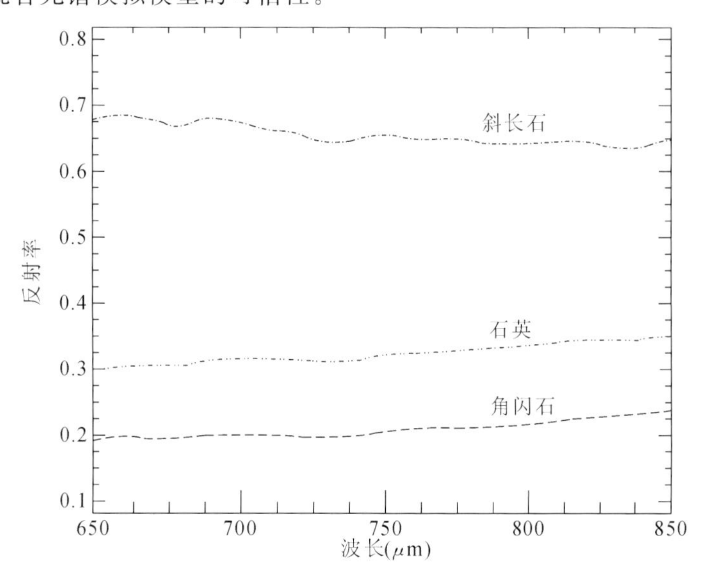

图 2.19 基于成像光谱图像所提取出的端元光谱

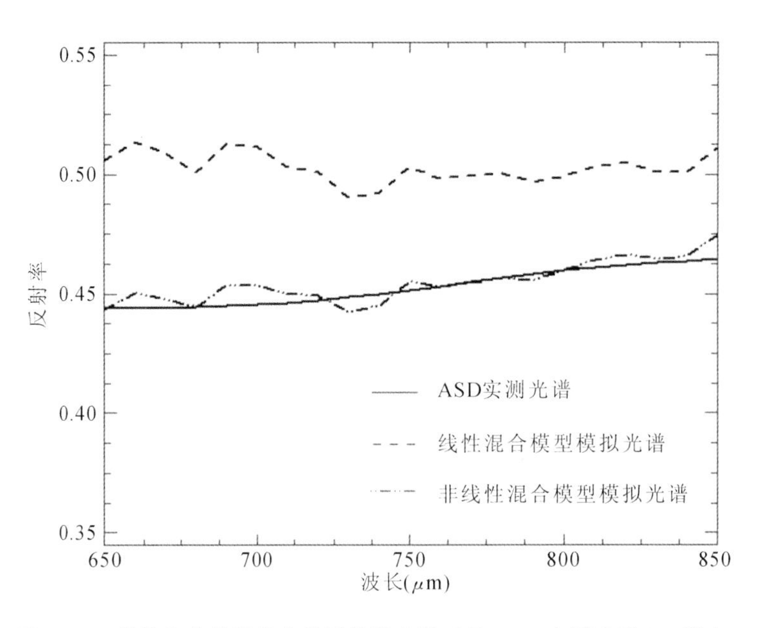

图 2.20 线性和非线性混合模型模拟光谱以及 ASD 实测光谱(14 测点)

表 2.1 非线性和线性混合模型模拟光谱与实测光谱间的相似度

测点编号	非线性混合模型		线性混合模型	
	SA	RMSD	SA	RMSD
1	0.014 975	0.007 967	0.158 954	0.044 332
2	0.008 422	0.008 841	0.154 011	0.035 008
3	0.009 845	0.019 344	0.145 801	0.028 703
4	0.016 091	0.008 328	0.158 534	0.044 062
5	0.010 013	0.024 297	0.153 170	0.023 770
6	0.010 842	0.015 922	0.152 378	0.031 485
7	0.011 975	0.018 916	0.154 753	0.061 003
8	0.009 245	0.005 512	0.146 161	0.041 968
9	0.008 604	0.007 614	0.149 106	0.039 521
10	0.009 154	0.004 053	0.148 938	0.045 055
11	0.008 884	0.004 504	0.149 714	0.051 110
12	0.008 964	0.013 351	0.152 998	0.053 523
13	0.011 653	0.015 791	0.156 744	0.032 362
14	0.009 206	0.014 403	0.150 288	0.034 786
15	0.015 121	0.014 260	0.159 847	0.035 445
16	0.009 875	0.014 900	0.149 053	0.032 043

续表

测点编号	非线性混合模型		线性混合模型	
	SA	RMSD	SA	RMSD
17	0.016 213	0.024 505	0.163 131	0.021 662
18	0.010 143	0.023 900	0.150 783	0.019 607
19	0.014 975	0.007 967	0.158 954	0.044 332
20	0.009 380	0.012 346	0.149 288	0.035 510
21	0.011 049	0.011 571	0.154 256	0.036 730

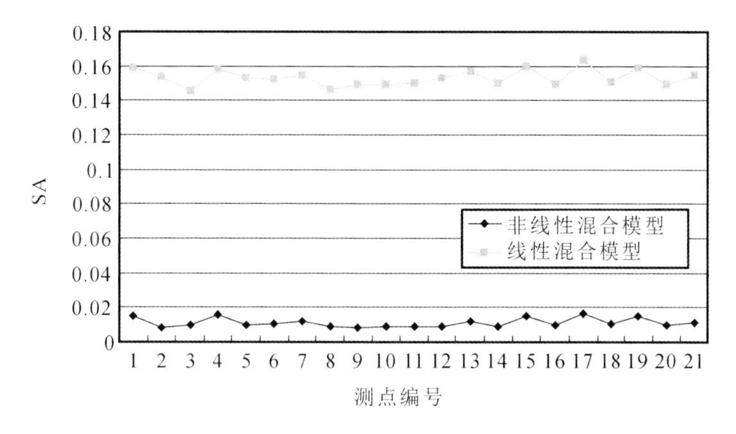

图 2.21 模拟光谱和实测光谱间的 SA

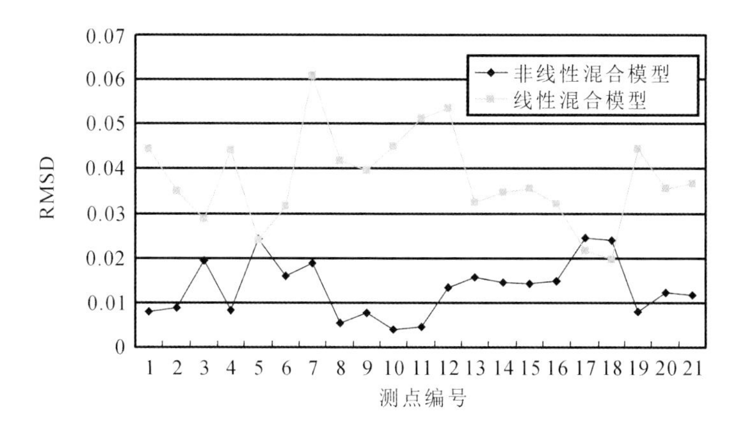

图 2.22 模拟光谱和实测光谱间的 RMSD

2.人工矿物混合实验验证

此部分实验数据来自 RELAB 实验室的光谱库，端元矿物分别为橄榄石、古铜辉石、钙长石，矿物的颗粒为 45～75 μm，平均粒径 60 μm，端元矿物的光谱如图 2.23 所示，各端元矿物在混合物中的百分含量如表 2.2 所示。分别利用本书提出的光谱混合模型和线性混合模型进行光谱模拟，并与实测光谱对比，模拟结果如图 2.24 所示，模拟光谱和实测光谱的 SA、RMSD 如表 2.3 和图 2.25、图 2.26 所示，可以看出非线性混合模型明显优于线性混合模型，和实测光谱拟合较好，验证了其可信性。

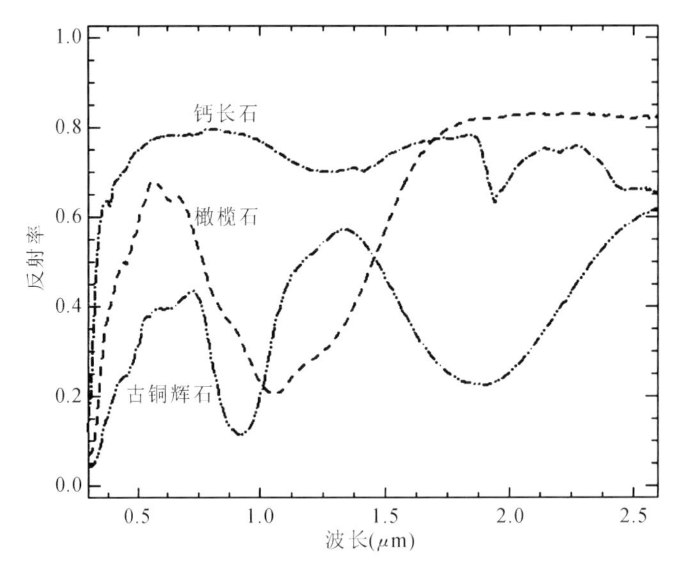

图 2.23　端元矿物的反射率光谱

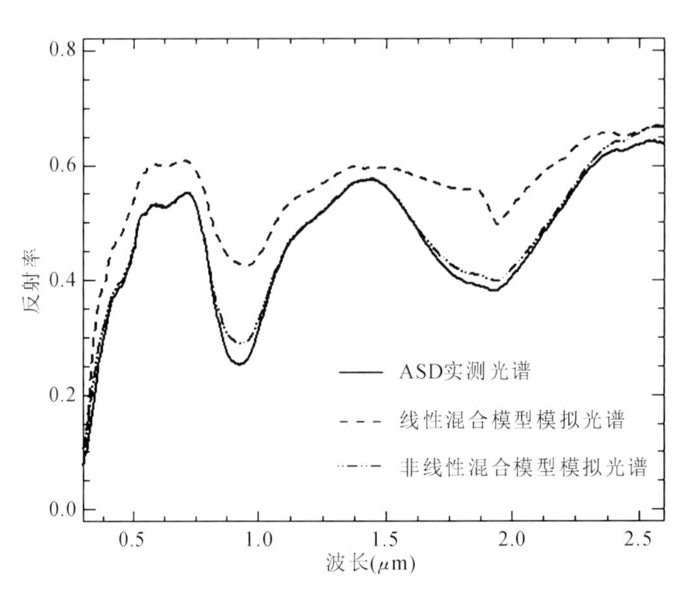

图 2.24　线性和非线性混合模型模拟光谱以及实测光谱(编号 14)

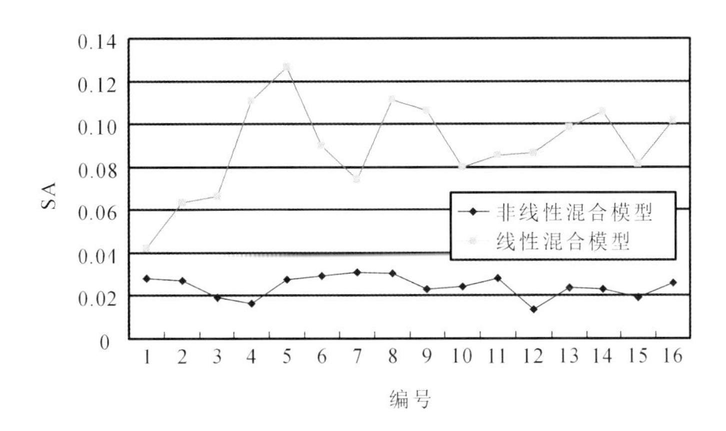

图 2.25 模拟光谱和实测光谱间的 SA

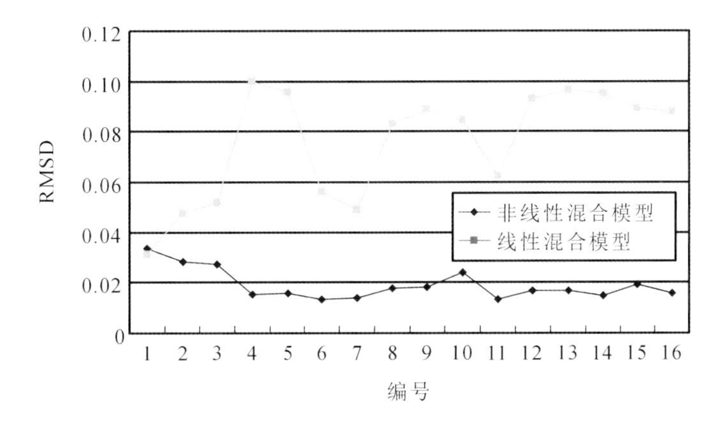

图 2.26 模拟光谱和实测光谱间的 RMSD

表 2.2 混合物中的端元矿物及其百分含量

编号	端元矿物及其百分含量(%)			编号	端元矿物及其百分含量(%)		
	橄榄石	古铜辉石	钙长石		橄榄石	古铜辉石	钙长石
1	75.00	0	25.00	9	75.00	25.00	0
2	50.00	0	50.00	10	66.67	16.67	16.67
3	25.00	0	75.00	11	16.67	66.67	16.67
4	0	25.00	75.00	12	16.67	16.67	66.67
5	0	50.00	50.00	13	33.33	33.33	33.33
6	0	75.00	25.00	14	16.67	41.67	41.67
7	25.00	75.00	0	15	41.67	16.67	41.67
8	50.00	50.00	0	16	41.67	41.67	16.67

表 2.3　非线性和线性混合模型模拟光谱与实测光谱间的相似度

编号	非线性混合模型		线性混合模型	
	SA	RMSD	SA	RMSD
1	0.027 946	0.033 702	0.041 909	0.031 237
2	0.026 723	0.028 406	0.063 813	0.047 616
3	0.019 043	0.027 206	0.066 069	0.051 772
4	0.016 490	0.015 594	0.110 515	0.100 072
5	0.027 386	0.016 051	0.126 681	0.095 498
6	0.029 499	0.013 594	0.089 734	0.056 235
7	0.030 792	0.014 141	0.074 415	0.049 154
8	0.030 190	0.017 890	0.111 421	0.083 266
9	0.022 942	0.018 222	0.106 145	0.088 890
10	0.024 033	0.024 106	0.080 047	0.084 562
11	0.028 131	0.013 236	0.085 528	0.062 355
12	0.013 461	0.016 948	0.086 848	0.093 220
13	0.023 354	0.017 013	0.098 537	0.096 455
14	0.023 277	0.014 708	0.105 941	0.094 871
15	0.018 955	0.018 995	0.081 518	0.089 291
16	0.025 857	0.015 616	0.101 955	0.087 974

2.2　岩矿热红外光谱模型

经过多年的发展，在可见光—短波红外光谱段，成像光谱遥感在地质领域的技术体系及方法已逐渐成熟并得到很好的推广应用。通过光谱分析技术，本来在常规遥感中不能识别的地物，在高光谱遥感中就能得到有效识别。高光谱遥感可识别矿物种类已达几十种(Clark，2003)。尽管取得了明显成效，可见光—短波红外遥感仍有其难以克服的缺点，主要表现在两个方面：①光谱区间有限。可见光—短波红外光谱段(0.4～2.5 μm)反映的是矿物的反射光谱特征，在此区间主要识别含羟基矿物基频振动的合频与倍频，难以探测硅酸盐矿物的 Si—O 键振动光谱，同时组成地球表面大部分岩石的阴离子如硅酸盐在这个区间缺少光谱特征(Gupta，2003)，对不含水造岩矿物也无法探测识别；②在此光谱区间，反射光谱表现为非线性混合，混合特性极为复杂，光谱解混与矿物含量反演难度很大（闫柏琨，2006）。

与反射光谱相对应，热红外波段测量的是地物的发射光谱，其光谱范围是 8～14 μm。热红外遥感在上述两个方面有优势：①可以探测硅酸盐矿物 Si—O 键振动光谱，以及 SO_4^{2-}、CO_3^{2-}、PO_4^{3-} 等原子基团基频振动及其微小变化，容易识别地表的矿物成分，包括硅酸盐（包括不含水造岩矿物）、硫酸盐、碳酸盐、磷酸盐、黏土、火成岩和铁镁硅酸岩等（Christensen，2000b；Kahle et al.，1983；Sabine et al.，1994），从而大大拓宽了遥感矿物识别的广度（矿物大类）与深度（矿物种属）；②在该波段范围内，矿物的发射光谱显示出线性可加性（Lyon，1965；Gillespie，1992；Crown，1987；Thomson，1993；Hamilton，2000），从而避免了可见光—短波红外波段的光谱非线性混合的难题，在光谱分辨率足够高的情况下，对矿物进行线性解混，从而可以精确提取矿物含量。热红外高光谱遥感数据源逐渐丰富，为深入研究地物发射率特性及地质应用创造了条件。

2.2.1 岩矿热红外高光谱遥感基础

2.2.1.1 热辐射基本定律

热红外遥感基于热辐射的四大基本定律——普朗克定律、基尔霍夫定律、斯蒂芬-玻尔兹曼定律、维恩位移定律。

1. 普朗克定律

1900 年普朗克假设辐射物质的偶极子只能够存在于分立的能态中，由实验和数学推导出有名的普朗克公式，完满地解释了黑体辐射分布规律。对于物体温度为 T、波长为 λ 的普朗克（黑体）辐射公式为：

$$M_{\lambda}(T)=\frac{c_1\lambda^{-5}}{\exp(c_2/\lambda T)-1} \tag{2.49}$$

其中，$M_{\lambda}(T)$是绝对温度为 T 的黑体辐射出射度，单位为 $W/(m^2 \cdot sr \cdot \mu m)$。$c_1$、$c_2$ 分别是普朗克常量，$c_1=1.191\times10^8\ W(\mu m)^4/(m^2\cdot sr)$，$c_2=1.439\times10^4\ \mu m\cdot K$。

表面温度与黑体（发射率 $\varepsilon=1$）发射的辐射能量和物体本身的温度有关，然而大多数自然界物体并不是黑体（$0<\varepsilon_{\lambda}<1$），其光谱发射率 ε_{λ} 是地物的辐射率与同温条件下黑体的辐射率的比值。对于这些不是黑体的物体，普朗克函数要乘以 ε_{λ}，即

$$R_{\lambda}(T)=\varepsilon_{\lambda}M_{\lambda}(T)=\varepsilon_{\lambda}\frac{c_1\lambda^{-5}}{\exp(c_2/\lambda T)-1} \tag{2.50}$$

其中，$R_{\lambda}(T)$是物体的实际辐射出射度；ε_{λ} 是地物在波长 λ 的发射率。

2. 基尔霍夫定律

在一定温度下，任何物体的辐射出射度 $M_{\lambda,T}$ 与其吸收率 $A_{\lambda,T}$ 的比值是一个与温度和波长有关的普适函数 $E_{\lambda,T}$，与物体的性质无关，即

$$\frac{M_{\lambda,T}}{A_{\lambda,T}} = E_{\lambda,T} \tag{2.51}$$

基尔霍夫定律表明:任何物体的辐射出射度和其吸收率之比都等于同一温度下的黑体辐射出射度。通常把物体的辐射出射度与同温度黑体的辐射出射度之比称之为物体的发射率,它表征物体的发射本领:

$$\frac{M_{\lambda,T}}{E_{\lambda,T}} = \varepsilon_{\lambda,T} \tag{2.52}$$

可见 $\varepsilon_{\lambda,T}=A_{\lambda,T}$,即物体的发射率等于物体的吸收率。

3. 斯蒂芬-玻尔兹曼定律

任何一个物体辐射能量的大小是物体表面温度的函数。斯蒂芬-玻尔兹曼定律表达了物体的这一性质,此定律将黑体的总辐射出射度与温度的定量关系表示为:

$$M(T) = \sigma T^4 \tag{2.53}$$

其中,$M(T)$为黑体表面发射的总辐射出射度,σ 为斯蒂芬-玻尔兹曼常数,等于 $5.669\,7\times 10^{-8}\,\mathrm{W/(m^2\cdot K^4)}$。此式表明,物体发射的总能量与物体绝对温度的 4 次方成正比。因此,随着温度的增加,辐射能量增加是很迅速的,当黑体温度增加 1 倍时,其总辐射出射度将增加为原来的 16 倍。

4. 维恩位移定律

如果将普朗克公式对波长求导,并令其为 0,即$\frac{\mathrm{d}M(\lambda,T)}{\mathrm{d}\lambda}=0$,则可以得到 $M(\lambda,T)$的极大值所对应的波长为

$$\lambda_{\max} T = 2\,897.8(\mu\mathrm{m}\cdot\mathrm{k}) \tag{2.54}$$

这就是维恩位移定律,$\lambda_{\max}$为辐射强度最大的波长。此式表明,黑体最大辐射强度所对应的波长 $\lambda_{\max}$与黑体的绝对温度 T 成反比。

维恩位移定律描述了物体辐射的峰值波长与温度的定量关系。随着黑体温度的升高(或降低),黑体最大辐射峰值波长 $\lambda_{\max}$向短波(或长波)方向变化。

2.2.1.2 热辐射传输方程

由在整层大气吸收光谱可知,红外遥感的两个大气遥感窗口的波段范围为 3~5 μm 和 8~14 μm,即中红外和热红外窗口区。两个大气窗口内传感器所接收能量主要包括三部分(图 2.27):经大气削弱后被传感器接收的地表热辐射;大气下行辐射经地表反射后再被大气削弱;最终被传感器接收的那部分能量和大气上行辐射。

不考虑散射的影响,机载/星载热红外高光谱传感器接收到的地表辐射亮度可以用下式来表达:

$$\begin{aligned} L_\lambda(\theta_r,\varphi_r) = {} & \tau_\lambda(\theta_r,\varphi_r)\varepsilon_\lambda(\theta_r,\varphi_r)B_\lambda(T_s) + L_{\mathrm{atm},\uparrow,\lambda}(\theta_r,\varphi_r) \\ & + \tau_\lambda(\theta_r,\varphi_r)\int_{2\pi}\rho_{b,i}(\theta_i,\varphi_i,\theta_r,\varphi_r)L_{\mathrm{atm},\downarrow,\lambda}(\theta_i,\varphi_i)\cos\theta_i\,\mathrm{d}\Omega_i \end{aligned} \tag{2.55}$$

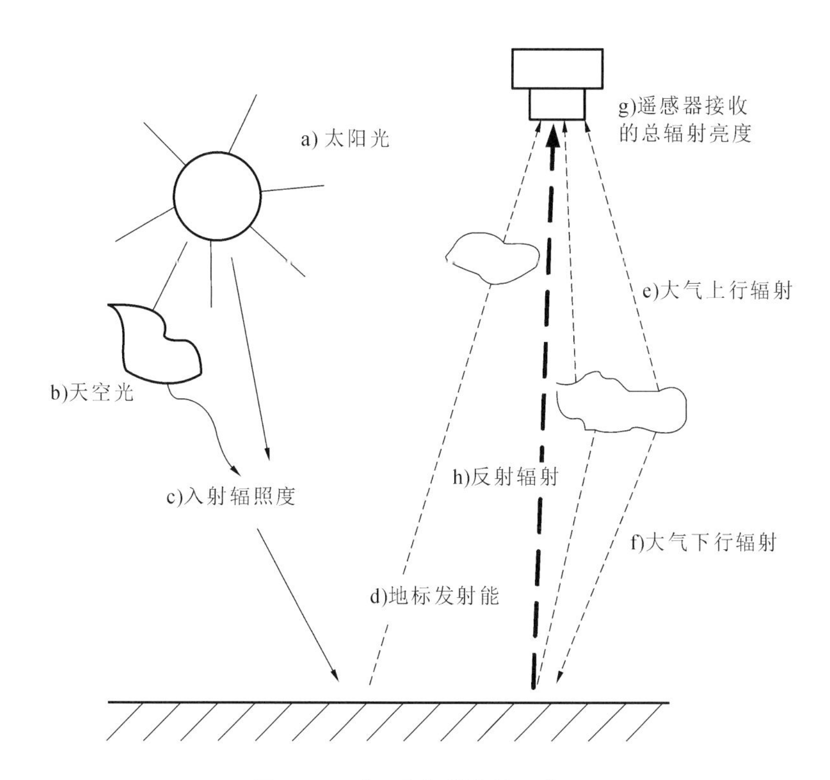

图 2.27 地—气辐射传输示意图

其中,下标 i 表示入射方向;下标 r 表示反射方向;下标 λ 表示波长;$L_\lambda(\theta_r,\varphi_r)$表示传感器接收的辐射亮度值;$\varepsilon_\lambda(\theta_r,\varphi_r)$为地表方向发射率;$B_\lambda(T_s)$表示温度为 T_s 时的普朗克函数;$L_{\text{atm},\uparrow,\lambda}(\theta_r,\varphi_r)$为大气的上行辐射;$\rho_{b,i}(\theta_i,\varphi_i,\theta_r,\varphi_r)$双向反射分布函数(BRDF);$L_{\text{atm},\downarrow,\lambda}(\theta_i,\varphi_i)$为大气的下行辐射;$\tau_\lambda(\theta_r,\varphi_r)$为大气透过率。

假设地表和大气热辐射具有朗伯体性质,大气下行辐射强度在半球空间内为常数,结合 Kirchhoff 定律,令

$$L_s = \varepsilon_\lambda B_\lambda(T_s) + (1-\varepsilon_\lambda)L_{\text{atm},\downarrow,\lambda} \tag{2.56}$$

习惯上称 L_s 为地表出射辐射(ground leaving radiance)。因此

$$\varepsilon_\lambda = \frac{L_s - L_{\text{atm},\downarrow,\lambda}}{B_s - L_{\text{atm},\downarrow,\lambda}} \tag{2.57}$$

2.2.1.3 温度与发射率分离算法

热红外遥感反演必然要进行温度和发射率分离(temperature and emissivity separation, TES),因此广义上理解所有的温度反演方法都是 TES 方法。但根据习惯,TES 方法一般是指利用热红外高光谱或多光谱的一个时相的观测来同时求取温度和发射率波谱,即狭义的 TES 方法。TES 法的核心问题是:发射率完全未知的情况下,N 个波段观测 N 个数据,但也有 N 个未知数据,再加上目标温度未知,就有 $N+1$ 个未知数,这始终是个欠定方程组,必须引入额外条件。这种额外的条件通常是对目标发射率波谱形状的某种先验知识,根据先

验知识约束条件的不同，也就决定了不同的 TES 算法类型。随着遥感科学和传感器的发展，各国学者提出了各种各样的地表温度和发射率反演算法，不同算法针对不同的遥感数据和假设，适用于不同的情况。常见方法主要有如下几种。

1. 包络线法

包络线法利用典型地物的发射率都小于等于 1 的特征，并且假设对于高光谱观测，总能找到某些波段的发射率等于 1。这样不考虑反射的假设下，地物辐射亮度的波谱曲线始终是以同温黑体的辐射亮度为包络的。通过去求地物辐射亮度的波谱曲线的包络线，就可以得到目标地物的温度，进而就可以知道目标地物的发射率。包络线法原理和算法都很简单，在高光谱热红外数据的温度与发射率分离中取得了较好的效果。但是如果目标物所有波段的发射率都小于 1，则会不可避免地高估了发射率。

包络线法计算分三步：①计算所有通道测量的辐射亮度值对应的黑体温度（亮温）；②找到所有波段中最高的一个黑体温度；③上述温度就是目标的真实温度的假设下，求解所有通道的发射率。

2. 参考通道法（RCM）

参考通道法（reference channel method，RCM）是 Kahle 等（1980）最早提出来的。该方法假定目标物某一光谱通道的发射率可以由先验知识获得，则目标真实温度就可以通过该通道的辐射亮度观测获得，而其他通道的发射率也就相应求出。此法非常简单，而且有一定的使用价值，因为植被水体冰雪等地物在 11～12 μm 波段的发射率很高，变化相对较小，可以取其平均值为 0.983。

3. 归一化发射率方法（NEM）

归一化发射率方法（normalized emissivity method，NEM）最早由 Gillespie（1985）提出，广泛应用于多波段热红外遥感数据的典型地物发射率信息提取。归一化发射率法是对包络线法和参考通道法的改进，它假设对于高光谱观测总存在某个波段，在此波段上发射率达到已知的最大值，从而得到温度和发射率的初始值，去除大气下行辐射的影响。该方法计算简单，原理上也比较合理，其效果主要取决于假定的最大发射率值的合理性。算法的精度很大程度上取决于先验知识的准确性。

4. 平均-最小最大发射率差方法（MMD）

Matsunaga 于 1992 年给出了波段平均发射率和发射率光谱的反差之间的经验关系，并用它来提取地物的发射率信息。平均-最小最大发射率差方法（maximum-minimum difference，MMD）的第一步采用一定的方法由辐射测量得到发射率的初始猜测值，再根据拟合的经验关系对初始猜测值进行调整，用调整后的发射率结合辐射测量计算出目标各个波段的温度，取其均值作为目标的温度。不断迭代，直到相邻两次计算得到的目标温差小于仪器的噪声等效温差为止。由最终的目标温度和辐射测量得到的地物发射率。算法的精度主要取决于经验关系的准确性以及仪器的噪声水平。

5. ASTER 的 TES 算法

ASTER 团队(Gillespie et al. ,1998)开发了一种新的温度、发射率分离算法,该算法综合了 3 个基本模块:NEM、ratio、MMD,增加一些外部约束,通过不断迭代优化,从而达到逐步求精的效果。

(1)NEM 模块(normalized emissivity mmethod,NEM):先假定对 N 个波段的发射率都赋予一个初始的定值 ε_0,得到一个初始的地表温度的估计值 T_0。通过多次迭代以尽可能的消除天空辐射的影响。

(2)ratio 模块:该模块通过式(2.58)得出光谱率的相对谱形,这样保持了在迭代过程中发射率光谱形状,是该模块的重要优点。

$$\beta_i = \frac{\varepsilon_i}{\varepsilon} = \frac{L_i / B_i(T_s^0)}{(\frac{1}{N}\sum_i L_i) / \left[\frac{1}{N}\sum_i B_i(T_s^0)\right]} \tag{2.58}$$

(3)MMD 模块:利用最小发射率与发射率自身最大值最小值之差的经验关系式(2.59),求出发射率的最小值。

$$\varepsilon_{\min} = a - b\text{MMD}^c \tag{2.59}$$

该经验关系在应用于不同的传感器数据时,其系数是不同的,因此应首先考虑建立与 TASI 波段设置相适应的发射率经验关系,以提高反演精度。

质量评价模块:报告温度和发射率的可靠性。

6. 光谱迭代平滑法(ISSTES)

光谱迭代平滑法(iterative spectrally smooth temperature/emissivity separation algorithm,ISSTES)最早由 Borel(1998,2008)提出。它的基本思想:对于高光谱数据而言,地表的发射率光谱比大气的下行辐射平滑,精确的地表温度能够很好地消除发射率光谱中的大气吸收线,得到一个较为平滑的地表发射率光谱,否则地表发射率光谱中就会有残留的大气吸收线,必然会使地表的发射率光谱变得粗糙。定义一个衡量光谱曲线平滑程度指数,给定一个温度的变化范围,通过不断调整温度,使得到的发射率曲线平滑度指数最小,此时温度就是目标温度的最佳估值,再由热红外的辐射传输方程就可以计算得到地表的发射率光谱。光谱迭代平滑算法最大的特点就是它利用了大气下行辐射光谱特征,而不是像其他方法那样千方百计地消除或减弱大气的影响。

7. 比值法

Watson 发现在对目标温度有一个大致估计的前提下,可以比较精确地获得两通道发射率比值,利用这个性质,与发射率归一化方法结合,就可以获得发射率随波长变化的波谱形状,该法通常成为比值法(spectral ratio method)(Watson,1992)。

8. Alpha 剩余法(ADE)

Alpha 剩余法(Alpha-derived emissivity,ADE)(Kealy and Gabell,1990; Tang et al. ,2007)这种方法由 Kealy 和 Hook(1993)提出。根据 Wien's 对普朗克公式的近似,对 $B_i(T)$

取自然对数，从而消掉表面温度

$$\alpha_i = \lambda_i \ln\varepsilon_i - \frac{1}{N}\sum_{k=1}^{N}\lambda_k \ln\varepsilon_k \tag{2.60}$$

$$\alpha_i = \lambda_i \ln B_i(T_{gi}) - \frac{1}{N}\sum_{k=1}^{N}\lambda_k \ln B_k(T_{gk}) + K_i \tag{2.61}$$

式中，K_i 是可以通过波长和普朗克第一常数计算获得，这就表示 α_i 直接从第 i 通道的处辐射度测量而得，该方法实际上反映发射率光谱曲线形状的参数。

令$\overline{X}=\frac{1}{N}\sum_{k=1}^{N}\lambda_k \ln\varepsilon_k$，根据实验室测量的发射率光谱，建立$\overline{X}$与实验室测量的发射率光谱方差之间的关系：

$$\overline{X} = c\delta^{1/M} \tag{2.62}$$

式中，c、M 是常数。

9. 独立于温度的波谱指标(TISI)法

法国热红外遥感先驱 F. Becker 和他的学生李召良在 1990 年提出了与温度无关的波谱指标(temperature-independent spectral indices，TISI)(Schmugge et al.，1998)。以该指标为基础的温度与发射率分离算法已经被美国宇航局采纳，作为 MODIS 地表温度产品的正式算法。Li 等(2000)认为三通道 TISI 有些冗长，使方法变得复杂，提出两通道的 TISI，用来提取 AVHRR 中红外波段的双向反射率，引入角度形式因子，获得中红外通道的方向发射率，再有 TISI 获得热红外通道的方向发射率。算法中的假设对算法使用的条件具有较高的要求。

10. 劈窗算法(SW)

劈窗算法(split-window，SW)(Price，1984)主要是用来反演温度，然后在此基础上获取地表发射率。该方法由 McMillin 于 1975 年最早提出，其基本原理是 AVHRR 的第四、第五通道两个相邻的波谱窗口具有不同的吸收特征，因而可以通过这两个通道辐射亮温的某种组合来消除大气影响。自从 NOAA 卫星携带 AVHRR 以来，多通道遥感反演技术迅速发展，现已成功应用于美国环境卫星数据与信息服务部业务处理系统中，可以连续提供较高精度，较高分辨率的海面温度场。劈窗算法的改进算法是至今地表温度反演中应用最为广泛的方法，其原理明确清晰，计算简单，结果在很多情况下具有较高的定量精度。

11. 查找表法

查找表法(look-up table method)是最简单最直观的方法，也称对号入座法。运用地物分类技术确定地物类型，并根据实验室或野外对地物测定的发射率值列成表，然后对号入座获取发射率。由于绝大多数都是混合像元，在一个像元里存在多种地物类型。因此利用查找表法也并非轻而易举获取地物发射率信息。如果像元内只有两种地物(如土壤和植被)，才可以利用查表和两种地物面积加权的线性方程求出发射率，然后根据发射率求取地表温度。

12. 基于噪声分离的 ISSTES 改进算法

杨杭等(2010,2011)在研究 ASTER_TES 算法和 ISSTES 算法基础上,分析了噪声导致的热辐射传输方程不闭合问题,并充分利用真实地表比辐射率光谱曲线平滑假设和比辐射率波谱形状特征并结合噪声去除发展了一种基于噪声分离的热红外高光谱数据的温度与比辐射率分离算法(temperature and emissivity separation based on noise separation, NSTES)。

对于实际实观测数据,热红外辐射传输方程是不闭合的,这是因为传感器记录的热辐射还包括了仪器本身的噪声、像元临近效应以及大气参数的不确定性等。因此热红外辐射传输方程可以改写成:

$$L_i = \tau_i \varepsilon_i B_i(T_s) + \tau_i(1-\varepsilon_i)L_{\text{atm}\downarrow,i} + L_{\text{atm}\uparrow,i} + N \tag{2.63}$$

如果令

$$L_{s,i} = \varepsilon_i B_i(T_s) + (1-\varepsilon_i)L_{\text{atm}\downarrow,i} \tag{2.64}$$

$$L_i = \tau_i L_{s,i} + L_{\text{atm}\uparrow,i} + N \tag{2.65}$$

$$L_{s,i} = \frac{L_i - L_{\text{atm}\uparrow,i}}{\tau_i} - \frac{N}{\tau_i} \tag{2.66}$$

式(2.63)中 N 代表噪声项。星载/机载热红外高光谱数据经大气校正后的噪声有放大趋势[式(2.66)]。因此即使这些噪声的绝对值相等,但是由于大气透过率的原因这些噪声最终对温度与比辐射率分离结果的影响也是不同的。因此,在进行温度与比辐射率分离时,选择性地放弃这些透过率比较低的波段,以降低噪声的影响。值得一提的是,这些低透过率波段只是不适合于本算法,在其他算法和应用中还是很重要的,比如劈窗算法正是充分利用了水汽吸收波段才使得温度反演精度提高。

于是,发射率的计算公式就变成:

$$\varepsilon_i = \frac{L_{s,i} - L_{\text{atm}\downarrow,i}}{B_i(T_s) - L_{\text{atm}\downarrow,i}} + \frac{N}{\tau[B_i(T_s) - L_{\text{atm}\downarrow,i}]} \tag{2.67}$$

实际应用中,噪声很难精确获取。这里我们依然采用式(2.57)计算比辐射率光谱,同时用用移动平均法以减小噪声项的影响。去噪后的比辐射率光谱记为 ε'_n。然后将 ε'_n 带入式(2.56)求取新的地表出射辐亮度 $L_{s,i}'$。构造代价函数:

$$E^2 = \sum_n (L_{s,i} - L_{s,i}')^2 \tag{2.68}$$

其中,$L_{s,i}$ 为大气校正后的传感器测得地表出射辐亮度;E^2 最小时对应的比辐射率和温度为最终结果。

2.2.2 岩矿热红外光谱模型

2.2.2.1 发射率模型

发射率(emissivity)又称辐射率、比辐射率,用 $\varepsilon(T,\lambda)$ 表示。发射率定义为物体在温度

T、波长 λ 处的辐射出射度 $M_S(T,\lambda)$ 与同温、同波长下的黑体辐射出射度 $M_B(T,\lambda)$ 的比值。发射率在较大的温度变化范围内为常数,故常不标注为温度的函数。因为黑体辐射全部的入射能量,则黑体的辐射能量应等同于它的入射能量,所以发射率可以看作发射能占入射能之比。

$$\varepsilon(T,\lambda) = \frac{M_S(T,\lambda)}{M_B(T,\lambda)} \tag{2.69}$$

在热红外遥感的研究中混合像元是难以回避的问题,因此像元尺度上发射率的定义问题是长久以来的难题。不同学者从不同出发点定义了像元尺度上的发射率,主要包括 Noman和 Becker(1995)定义的 e-emissivity 和 r-emissivity。

e-emissivity 被定义为自然物体表面的总辐射与同样温度分布下的黑体总辐射之间的比值。当像元中有 N 种组分时,有

$$\varepsilon_{e,i}(\theta,\varphi) = \frac{\sum_{k=1}^{N} a_k \cdot \varepsilon_{r,i,k}(\theta,\varphi) \cdot T_{R,i,k}^{n}(\theta,\varphi)}{\sum_{k=1}^{N} a_k \cdot T_{R,i,k}^{n}(\theta,\varphi)} \tag{2.70}$$

式中,a_k 是归一化后第 k 组分占像元面积的比例;$\varepsilon_{e,i}(\theta,\varphi)$ 为在(θ,φ)方向上的各种组分的发射率;$T_{R,i,k}^{n}(\theta,\varphi)$ 为普朗克黑体的近似,被称为方向辐射温度。实质上这一定义思想是对同温均质状况下发射率概念的外延,其分母上是具有相同温度分布的黑体的辐射,这显然默认了普朗克定律适用于非同温状态。

r-emissivity 是"半球-方向"反射率的补集(对于不透明物体)。

$$\varepsilon_{r,i}(\theta,\varphi) = 1 - \rho_\lambda(\theta,\varphi) \tag{2.71}$$

一个由 N 种不同组分组成的像元 $\varepsilon_{r,i}(\theta,\varphi)$ 被表达为

$$\varepsilon_{r,i}(\theta,\varphi) = \sum_{k=1}^{N} a_k \cdot \varepsilon_{r,i,k}(\theta,\varphi) \tag{2.72}$$

该式中包含了多次散射效应,但在对 $\varepsilon_{r,i}(\theta,\varphi)$ 计算的公式中只适合于无多次散射的二维平面的热辐射特性。实质上 e-emissivity 和 r-emssivity 这两种定义都避开了多次散射的问题。

万正明和 Dozier 于 1996 年定义了两种发射率:

$$\varepsilon_1 = \frac{\int_{\lambda_2}^{\lambda_1} f(\lambda)[a_1\varepsilon_1(\lambda)L_b(\lambda,t_1) + a_2\varepsilon_2(\lambda)L_b(\lambda,t_2)]\mathrm{d}\lambda}{\int_{\lambda_2}^{\lambda_1} f(\lambda)[a_1L_b(\lambda,t_1) + a_2L_b(\lambda,t_2)]\mathrm{d}\lambda} \tag{2.73}$$

$$\varepsilon_2 = \frac{\int_{\lambda_2}^{\lambda_1} f(\lambda)[a_1\varepsilon_1(\lambda) + a_2\varepsilon_2(\lambda)]\mathrm{d}\lambda}{\int_{\lambda_2}^{\lambda_1} f(\lambda)\mathrm{d}\lambda} \tag{2.74}$$

式中,λ_1、λ_2 分别代表波段的上下限;a_1 和 a_2 为两种组分的面积比例;t_1 和 t_2 为两种组分温度。

波段平均发射率(band-averaged emissivity)：相当于宽波段发射率，同一温度下，常把波段平均发射率定义为

$$\varepsilon_i(\theta)=\frac{\int_{\lambda_1}^{\lambda_2} f(\lambda)\varepsilon_\lambda(\theta,\varphi)L_{b\lambda}\,\mathrm{d}\lambda}{\int_{\lambda_1}^{\lambda_2} f(\lambda)L_{b\lambda}\,\mathrm{d}\lambda} \tag{2.75}$$

式中，$f(\lambda)$为传感器的通道响应函数，λ_1 和 λ_2 分别是波段的上、下限值，波段平均发射率是表面温度的函数。

2.2.2.2 岩矿的发射光谱混合模型

岩石是由矿物组成的固体集合体。自然界大多数岩石是由不同矿物成分组成的，单矿物组成的岩石相对比较少见。在遥感地质应用中，获取的地表岩石发射光谱数据中很少存在纯净的单矿物光谱，绝大部分是由其组成矿物的发射光谱混合而成，其光谱特征并不是单一矿物的光谱特征，而是几种矿物光谱特征的混合反映。如果每一岩石混合光谱能够被分解，而且它的矿物组分(端元)所占的百分含量(丰度)能够求得的话，地质调查将更精确，因此岩石发射光谱解混研究是遥感矿物填图的基础，也是矿物提取定量化必要的支撑。

光谱混合从本质上可以分为线性混合和非线性混合两种模式。可见光—短波红外光谱段(0.4～2.5 μm)岩矿反射光谱混合为非线性混合，混合特性极为复杂，光谱解混与矿物含量反演难度很大，而在热红外波段，岩矿的发射光谱显示出线性可加性(Lyon，1965；Gillespie，1992；Crown，1987；Thomson，1993；Hamilton，2000)。

早在 1959 年 Lyon 就对红外吸收波谱进行了研究，发现岩石的波谱特征与矿物成分有关。此后，一些学者相继研究了岩石光谱与岩石成分的关系，Thomson 等在 1993 年通过实验证实了在热红外波段混合矿物产生的发射光谱是各个矿物光谱的线性加和。Feely 等(1999)利用线性混合模型成功定量反演火成岩中矿物组分。Ramsey(1998)对矿物颗粒混合物的实验室光谱进行了系统的线性解混试验，结果表明，矿物颗粒大于 60 μm 时遵循线性混合规律，而矿物颗粒小于 60 μm 时光谱混合偏离线性规律。线性解混技术可以准确确定端元组分多达 15 种的混合物中各端元的含量，其精度可达 5Vol%。矿物的发射光谱更接近于线性混合，其原因是相对于其他谱段矿物的吸收系数较高，这是岩矿信息提取中热红外发射率光谱优于可见光及短波红外之处。只要光谱分辨率允许，利用线性解混技术可以更好地对岩矿进行定量识别。

由于岩石的热红外波段的发射光谱曲线由各组成矿物端元发射光谱线性混合而成，各组成矿物的发射光谱在混合光谱中的比例就是岩石表面该矿物面积占岩石面积的比例，光谱解混就是求取该面积比例，将其视为矿物在岩石中的体积百分含量，每一光谱波段中单一像元的发射率表示为它的端元组分特征发射率与它们各自丰度的线性组合。

2.2.2.3 归一化 SiO_2 指数(NSDI)

SiO_2 是地质体分类及分析其成因演化的重要化学参量，也是地壳的主要成分。因此，在

遥感地质应用中，人们一直努力寻找岩石中 SiO_2 含量与光谱特征的关系，并以此作为 SiO_2 含量遥感定量反演的依据。

杨杭等(2012)在野外采集 21 个岩石样本，岩性从基性到酸性。岩石发射率测量采用加拿大 Boman 公司的 M304 快速扫描红外波谱仪。红外光谱仪的波段范围为 0.75～19.5 μm，测量光谱分辨率为 1 cm^{-1}。测量条件：晴空无云天气，且测量地点四周没有高大建筑物，M304 的镜头距离样本 0.5 m，每个样本测量 3 次取其平均值。大气下行辐射数据的实时数据是获取准确发射率的重要前提。本实验采用观测天顶角为 57°的方向辐射亮度代替整个上半球空间的大气下行辐射，每半小时测量 1 次大气下行辐射。

为了进行 SiO_2 含量的定量反演，用飞利浦 PW2404 X 射线荧光光谱仪对这 21 个岩石样本进行了 SiO_2、CaO、FeO 和 MgO 含量分析，分析方法采用 GB/T14506.28-93 硅酸盐岩石化学分析方法——X 射线荧光光谱法。

研究中采用光谱平滑迭代算法(ISSTES)进行温度与发射率的分离，取地表的发射率光谱，并将 21 个样本发射率分成两组：一组为 15 个样本作为训练样本，另一组为 6 个样本作为测试样本，用于模型精度评价。

在训练样本集上，运用逐步回归法选择岩石的特征波长，包括 9.38 μm、11.18 μm、12.36 μm、12.82 μm，然后在此基础上，建立相应 SiO_2 光谱指数。作者研究了 12 种比值指数和归一化指数对 SiO_2 含量的预测效果。研究结果表明相同波段进行组合的条件下，归一化指数的相关系数要略高于比值指数，其中 11.18 μm 与 12.36 μm 波段发射率的归一化指数(NSDI)与 SiO_2 含量的相关系数为 0.905，比值指数与 SiO_2 含量的相关系数为 0.892，可应用于 SiO_2 含量地质填图。

$$\mathrm{NSDI}=\frac{B_{12.36\ \mu m}-B_{11.18\ \mu m}}{B_{12.36\ \mu m}-B_{11.18\ \mu m}} \tag{2.76}$$

表 2.4 构建的不同 SiO_2 指数及其与 SiO_2 含量的相关系数

比值指数	相关系数	归一化指数	相关系数
B_2/B_4	0.764	$(B_2-B_4)/(B_2+B_4)$	0.769
B_3/B_2	0.892	$(B_2-B_3)/(B_3+B_2)$	0.905
B_1/B_2	0.841	$(B_2-B_1)/(B_1+B_2)$	0.846
B_1/B_4	0.741	$(B_4-B_1)/(B_1+B_4)$	0.752
B_1/B_3	0.771	$(B_3-B_1)/(B_1+B_3)$	0.780
B_3/B_4	0.472	$(B_4-B_3)/(B_4+B_3)$	0.476

注：B_1、B_2、B_3、B_4 分别代表 9.38 μm、11.18 μm、12.36 μm、12.82 μm 的发射率。

2.2.2.4 岩石 CaO 含量反演模型

张立福等(2011)通过对西藏冈底斯山东段 23 种岩石固体样本的野外发射率光谱测量，尝试寻找岩矿中 CaO 含量与高光谱发射率的关系，研究利用高光谱热红外发射率反演岩石中 CaO 含量的能力。

为了定量估计地表岩石 CaO 含量，建立地表岩石 CaO 含量的预测模型，将 CaO 含量与发射率光谱进行了回归分析。首先，在训练样本集上，利用 SPSS 软件，运用 Wilks'lambda 逐步法选择与 CaO 含量相关的发射率特征波段。然后在选定特征波长的基础上，进行多元逐步回归分析(MLR)、主成分回归分析(PCR)和偏最小二乘回归分析(PLSR)。原始发射率光谱入选的特征波段分别为(按波段入选顺序)11.28 μm、11.23 μm 和 8.23 μm，一阶微分光谱有 4 个波段入选：11.40 μm、10.76 μm、10.90 μm 和 11.53 μm，不同模型的回归方程如表 2.5 所示。

表 2.5　模型的回归系数

模型	发射率光谱			一阶微分光谱			
	11.28 μm	11.23 μm	8.23 μm	11.4 μm	10.76 μm	10.9 μm	11.53 μm
MLR	−2 720	2 635	33.664	3 732	−8 879	6 081	−5 942
PCR	−53.592	−52.837	51.092	1 587	−6 030	4 146	−3 147
PLSR	−54.316	−52.043	51.17	3 530	−9 037	6 410	−5 220

以实测的 CaO 含量为横坐标，以预测值为纵坐标，不同模型的预测结果如图 2.28～图 2.30 所示。6 个模型都通过了对模型线性的 F 检验和对每个回归系数的 t 检验，每个模型的决定系数也相当高。

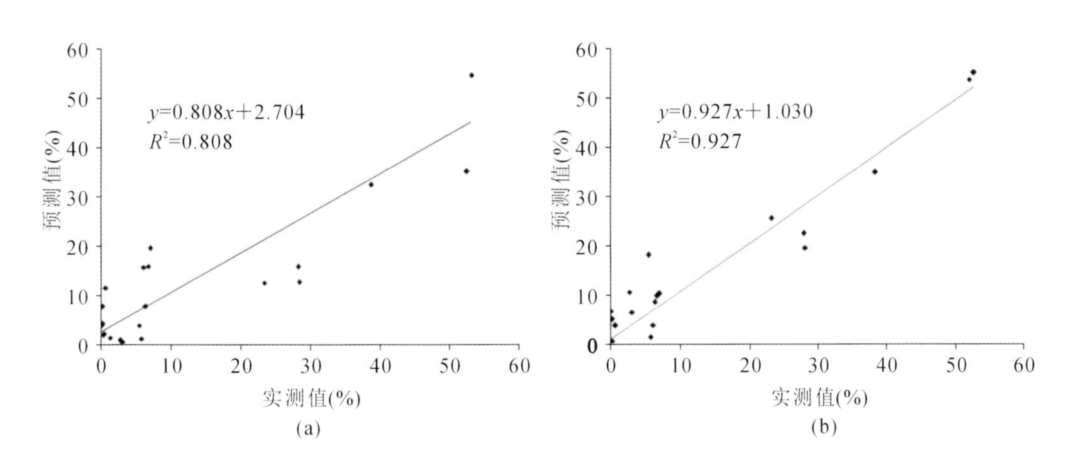

图 2.28　CaO 含量实测值与 MLR 模型预测值对比

(a)基于发射率光谱构建的 MLR 模型预测；(b)基于一阶微分光谱构建的 MLR 模型预测

对于原始发射率光谱数据，在 MLR 模型中，波长 11.23 μm 处的回归系数与其相关系数的符号相反，可知此 3 个波段间存在着严重的多重相关性，虽然相关系数较高，但不适用预测。PCR 模型和 PLSR 模型与 MLR 模型相比，其回归模型的相关系数虽然有所降低，但在 11.23 μm 处，已经不存在符号相反的现象，说明模型已经消除了多重相关性的影响，具有

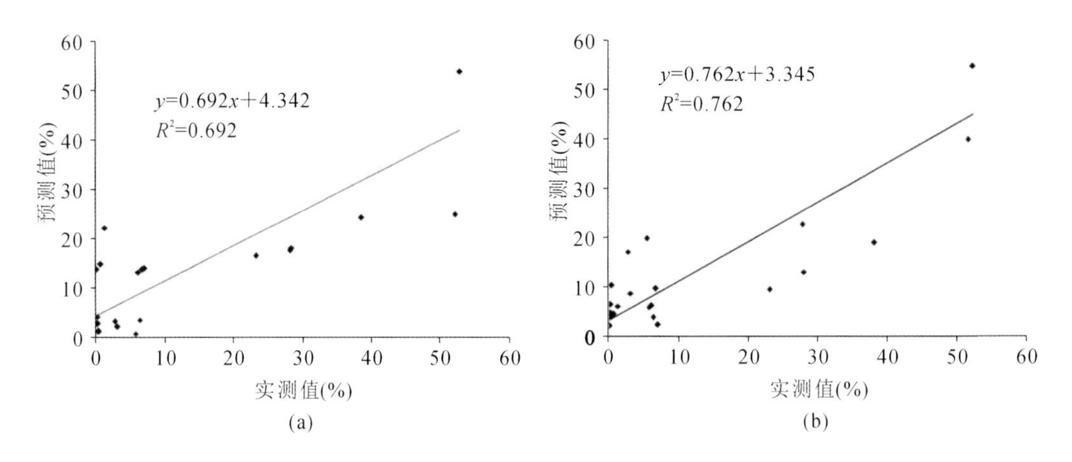

图 2.29 CaO 含量实测值与 PCR 模型预测值对比

(a)基于发射率光谱构建的 PCR 模型预测;(b)基于一阶微分光谱构建的 PCR 模型预测

较好的预测效果。PCR 模型和 PLSR 模型更适合处理具有多重相关性的原始光谱数据。

对于一阶微分光谱,全部模型的预测效果比原始光谱有大幅度的提高,其中 MLR 模型和 PLSR 模型与 PCR 模型相比,预测效果提高更为明显,且决定系数几乎相等。这说明对于一阶微分光谱,MLR 模型和 PLSR 模型具有相同的预测效果。

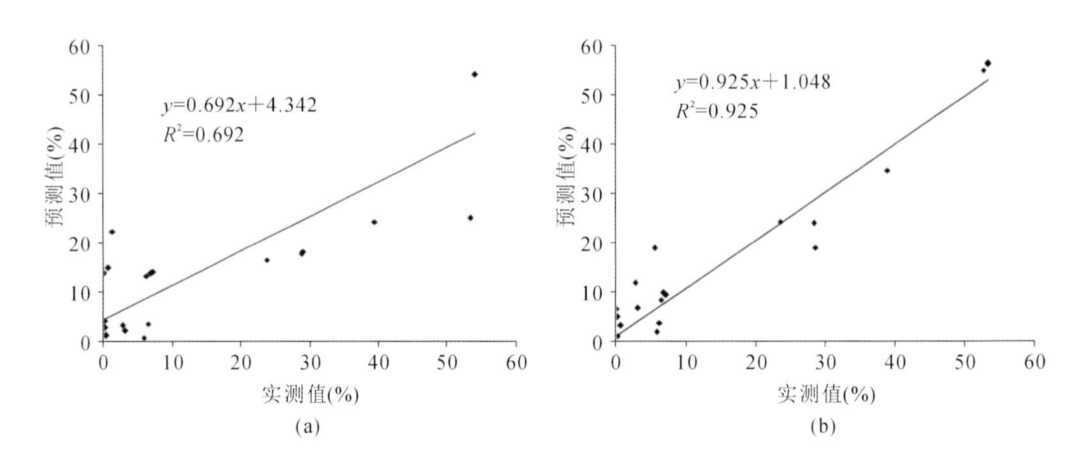

图 2.30 CaO 含量实测值与 PLSR 模型预测值对比

(a)基于发射率光谱构建的 PLSR 模型预测;(b)基于一阶微分光谱构建的 PLSR 模型预测

2.2.2.5 基于阈值的最小二乘解混算法

模拟研究表明,理想条件下,最小二乘的无约束、非负约束、归一约束和全约束的解具有相同的值,实际岩矿解混过程中,由于岩石中含有的微量矿物($w<1\%$)很难被鉴别出,因此矿物端元的和往往并不等于 1,但是在确定端元条件下,无约束和非负约束的解混结果具有相同的解。同时,非端元矿物的加入,会严重影响端元矿物的丰度反演。本章提出了基于阈

值的盲端元最小二乘线性解混算法(threshold constraint least squares,TCLS),在传统的最小二乘解混基础上,在算法中加入矿物含量阈值 Δ,同时采用无约束和非负约束模型进行解混,在解混过程中,利用非负条件,删除丰度为负值的端元,然后重新进行解混,反复迭代,直到满足无约束条件和非负约束条件的解相等为止。同时,为了解决矿物端元发射光谱不唯一的问题,利用多条光谱拟合一条最佳光谱,作为该矿物的端元光谱。算法流程如下文。

(1)光谱相似性计算:对于具有多条发射光谱的矿物端元,根据式(2.77)计算相互之间的均方根误差:

$$\mathrm{RMSE(EMA,EMB)}=\sqrt{\frac{\sum_{\lambda=1}^{M}\left[\varepsilon_A(\lambda)-\varepsilon_B(\lambda)\right]^2}{M}} \tag{2.77}$$

(2)最优端元光谱选取:剔除均方根误差明显较大的光谱,选择均方根误差最小的两条或多条光谱,计算其平均值,根据式(2.78)计算端元平均均方根误差(endmember average root mean square error,EAR),取 EAR 最小值作为该矿物的端元光谱:

$$\mathrm{EAR(EMA)}=\frac{\sum_{i=1}^{n}\mathrm{RMSE(EMA,EM}_i)}{n-1} \tag{2.78}$$

其中,$i=1,2,\cdots,n$ 为端元 EM 中的变异端元数目。EAR 描述端元中一个变异端元(EMA)拟合其他变异端元 EM_i 的能力,EAR 越小,其拟合端元能力越强(Dennison et al.,2003)。

(3)设定端元丰度百分比阈值 Δ,初始 $\Delta=0$,步长 $i=0.01$。

(4)利用最小二乘算法,分别根据不同的约束条件对岩石发射光谱进行线性解混。

(5)判断解得的端元丰度值是否小于 0。小于 0,则删除该端元光谱,转到(4);否则,转到(6)。

(6)比较无约束的解和非负约束的解的结果,不同,转到(3),调整阈值,$\Delta=\Delta+i$;否则,满足条件,终止。

2.3 光谱特征分析方法

岩矿光谱特征分析方法主要包括光谱特征增强方法、光谱特征参量化方法、光谱吸收指数模型、光谱柱状图等。这些方法基本上是从矿物的光谱特征出发,在对大量岩石光谱特征分析、归纳以及对光学辐射传输模型的深入理解基础之上发展而来。

2.3.1 光谱特征增强方法

一般来说,由于地物组成复杂,每个图像像元点对应的地物并不单一,它的光谱通常是多种物质光谱的合成，因此直接从光谱曲线上提取光谱特征不便于计算，需要对光谱特征进行增强处理。常用的方法是包络线去除方法，包络线是吸收特征叠加的背景光谱，通过将原始反射率光谱和包络线相除，可以有效地突出光谱曲线的吸收和反射特征，并且将其归一到一个一致的光谱背景上，可以极大地消除地形和光照等因素对于光谱强度和吸收特征深度的影响(Yan et al.,2010)，有利于和其他光谱曲线进行特征参量的比较，提高识别和定量反演的可靠性(Clark,1999)。但是，当某一波段区间包含多个吸收特征因子时，吸收中心波长会受这些因子综合作用的影响而形成较复杂的变化。包络线去除法并不能够直接提取出某一特定因子导致的吸收特征，而是波段范围内各个特征合成的混合特征。Zhao 等(2015)提出基于坐标系变换的参考背景光谱去除方法，能够剥离干扰因子，从而提取出纯净的目标特征光谱。

2.3.1.1 包络线去除方法

包络线是由光谱上方凸点连接而成的，从直观上来看相当于光谱曲线的“外壳”，包络线去除通过将原始反射率光谱和包络线相除得到。因为实际的光谱曲线由离散的样点组成，所以我们用连续的折线段来近似光谱曲线的包络线(图 2.31)。

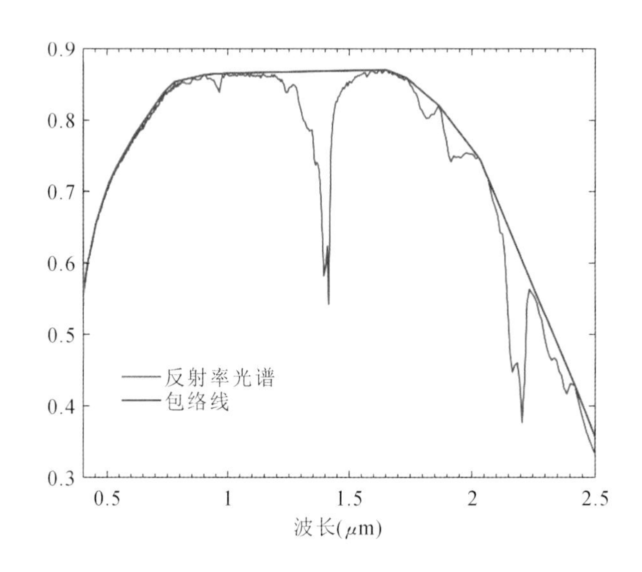

图 2.31 光谱曲线及其包络线

求光谱曲线包络线的算法描述如下：

设有反射率曲线样点数组：$r(i)$，$i=0,1,\cdots,k-1$；波长数组：$w(i)$，$i=0,1,\cdots,k-1$。

(1)$i=0$，将 $r(i)$、$w(i)$，加入包络线节点表中。

(2)求新的包络节点。如 $i=k-1$ 则结束，否则 $j=i+1$。

(3)连接 i,j；检查(i,j)直线与反射率曲线的交点，如果 $j=k-1$，则结束，将 $w(j)$、$r(j)$ 加入包络线节点表中，否则：①$m=j+1$；②若 $m=k-1$ 则完成检查，j 是包络线上的点，将

$w(j)$、$r(j)$加入包络线节点表中，$i=j$，转到(2)；③否则，求 i、j 与 $w(m)$的交点 $r_1(m)$；④如果 $r(m)<r_1(m)$，则 j 不是包络线上的点，$j=j+1$，转到(3)；如果 $r(m)\leqslant r_1(m)$，则 i、j 与光谱曲线最多有一交点，$m=m+1$，转到(2)。

(4)得到包络线节点表后，将相邻的节点用直线段依次相连，求出 $w(i)$，$i=0,1,\cdots,k-1$ 所对应的折线段上的点的函数值 $h(i)$，$i=0,1,\cdots,k-1$；从而得到该光谱曲线的包络线。显然有 $h(i)\geqslant r(i)$。

(5)求出包络线后对光谱曲线进行包络线消除：$r'(i)=r(i)/h(i)$，$i=0,1,\cdots,k-1$。

如图 2.32 所示，下面为原光谱曲线，上面为包络线消除后的光谱曲线。进行包络线消除后的反射率归一化到 0～1，光谱的吸收和反射特征也归一到一个一致的光谱背景上，并且得到了很大的增强，因此可以更加有效地和其他光谱曲线进行光谱特征数值的比较，进行光谱的匹配分析。

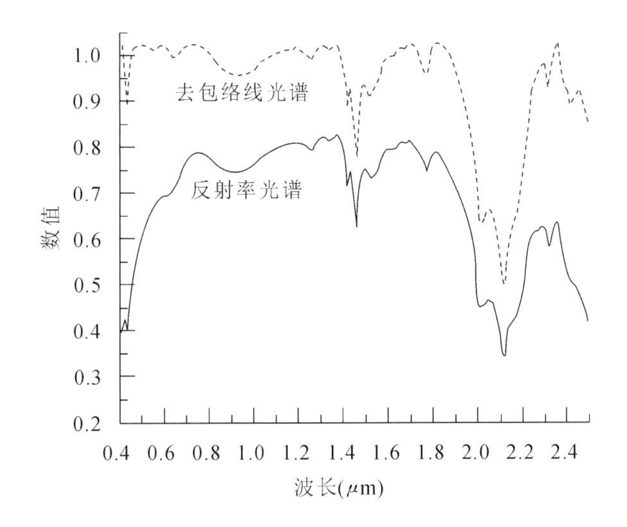

图 2.32 反射率光谱及其去包络线后的光谱

2.3.1.2 背景光谱去除方法

针对目前混合光谱中矿物吸收特征无法有效提取的现状，Zhao 等(2015)利用坐标系转换的思路提出一种参考背景光谱去除方法。该算法基于参考光谱波形在原始光谱节点间拟合出特定的背景光谱，并通过背景光谱去除处理消除背景成分当中重叠特征的干扰，提取出纯净的目标物吸收特征(图 2.33)。

采用参考背景光谱去除算法对矿物粉末混合物光谱和航空高光谱数据进行处理，得出该算法在吸收特征参量提取中有如下优点：①能够从混合光谱中提取出准确的目标物吸收中心波长和吸收宽度，且不受成分丰度含量高低的影响；②提取的吸收深度与目标物成分丰度含量呈强线性相关，对于定量反演有非常大的潜力；③能够有效提取特征吸收波形，结合

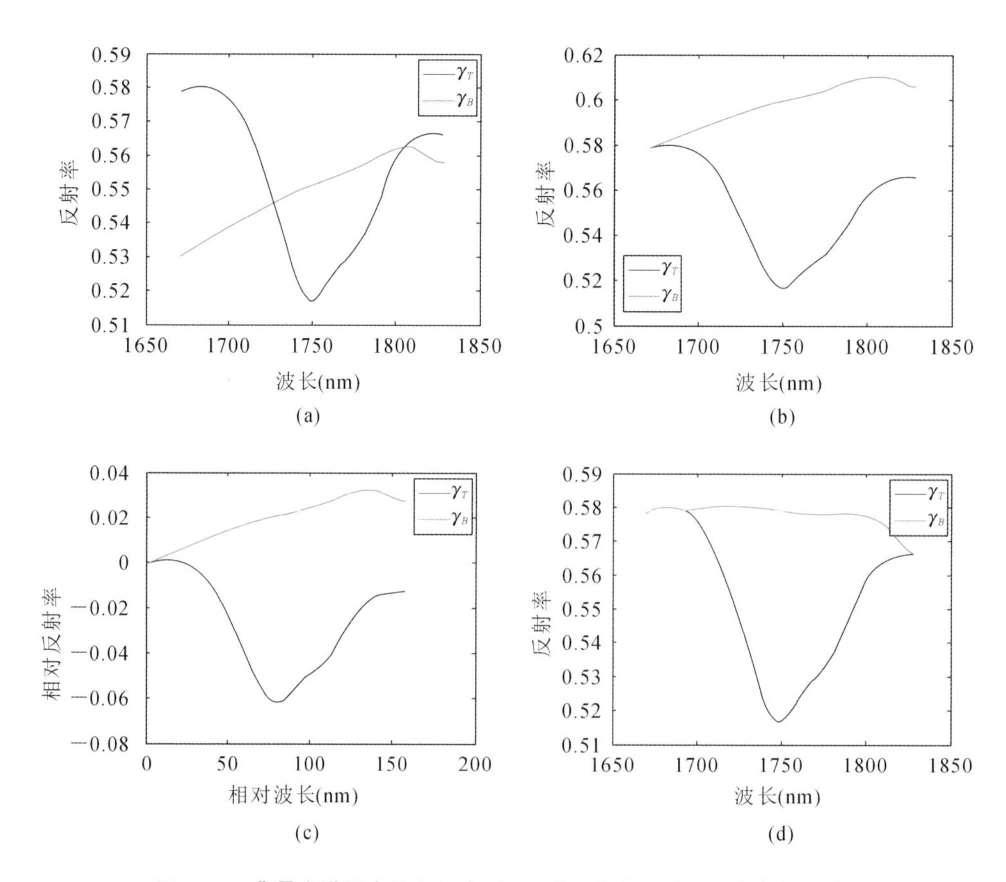

图 2.33　背景光谱拟合流程示意图(γ_T 为目标物光谱，γ_B 为背景光谱)

(a) 原始光谱；(b) 光谱平移之后；(c) 坐标系原点移动之后；(d) 最终背景光谱拟合效果

光谱角距离等光谱匹配方法能够有效识别特定矿物成分。

采用高纯度的石膏和绿帘石粉末进行精确配比得到矿物混合物，选取石膏在 1 535 nm 附近的水吸收特征来进行实验(图 2.34)。在这一特征附近，绿帘石也有微弱的水吸收特征。采用包络线去除得到的结果表明，吸收特征中心波长随着石膏含量的变化而变化，这是由于两个重叠特征随着混合物含量比例变化吸收强度此消彼长造成的结果[图 2.34(a)]。然而，参考背景光谱去除算法得到的中心波长就非常稳定，甚至在石膏含量只有 5%时，吸收中心波长仍然精确[图 2.34(b)]。包络线去除和参考背景光谱去除都能够消除斜坡效应的影响，吸收中心波长不是反射率光谱最小值所在的位置，而是吸收导致光谱斜率变化最大的位置。而就这两者比较来看，参考背景光谱去除算法能够消除背景物干扰得到更准确的目标吸收特征中心波长。

利用背景光谱去除方法对 Cuprite 地区的 AVIRIS 图像进行 2.16 μm 吸收特征提取，结果见图 2.35。明矾石和高岭石在 Cuprite 地区都广泛分布。它们有许多重叠分布，并且在影像中的感兴趣区平均光谱也非常相似。即使经过包络线去除处理后，两者的平均光谱仍

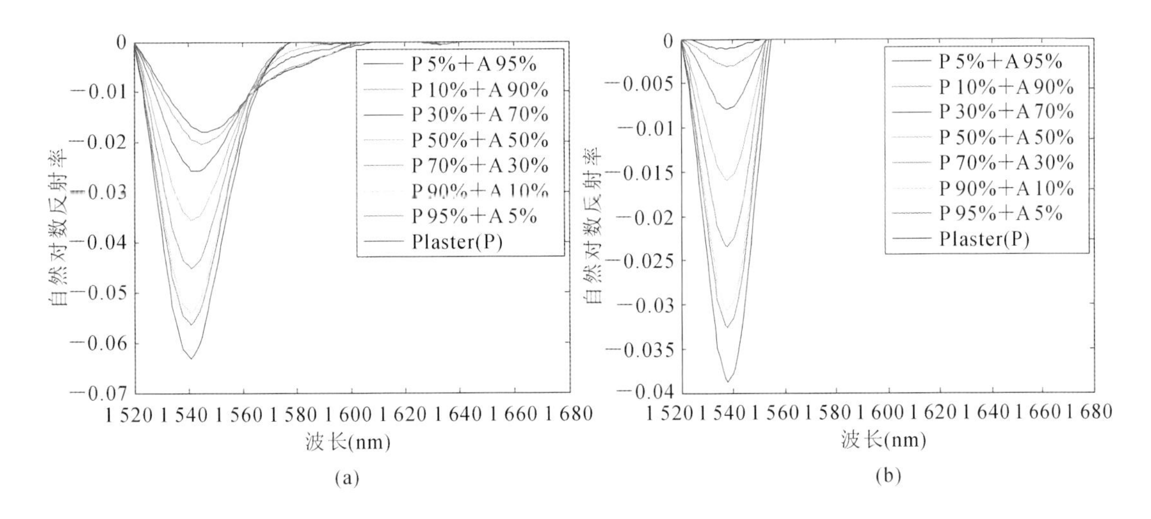

图 2.34 两种光谱特征增强方法处理结果比较(图例中 A 代表绿帘石,P 代表石膏)

(a)去包络线法;(b) 参考背景光谱去除方法

难以得到有效区分[图 2.35(b)]。若设定明矾石光谱为目标光谱,把高岭石光谱作为背景光谱,采用参考背景光谱去除算法对影像进行处理,得到的感兴趣区平均光谱如图 2.35(c)所示。可以看出,明矾石区别于高岭石的吸收特征被有效提取出来,而高岭石的特征被消除,处理后的明矾石光谱和高岭石光谱差异非常明显。明矾石的分类图[图 2.35(b)]比较。明矾石的分布可以大致通过 2.16 μm 典型吸收特征的深度图来判断。可以看出,由于高岭石的影响,包络线去除得到的结果高估了明矾石的存在范围,而本研究算法可以提取出更精准的明矾石分布图,排除高岭石的影响。

2.3.2 光谱特征参数量化方法

岩石矿物单个诊断性吸收特征可以用吸收波段位置(absorption position, AP)、吸收深度(absorption depth, AD)、吸收宽度(absorption width, AW)、吸收对称性(absorption asymmetry, AA)等参数完整地表征(陈述彭等,1998)。根据端元矿物的单个诊断性吸收波形,从高光谱数据中提取并增强这些参数信息,可直接用于识别岩矿类型。一般首先对反射率光谱曲线进行包络线去除和归一化,再对这些特征参数进行量化。图 2.36 显示的是方解石去包络线后光谱的特征参量。

1)吸收位置

在光谱吸收谷中,反射率最低处的波长,即 AP=λ,当 $\rho_\lambda = \min\rho$ 时。

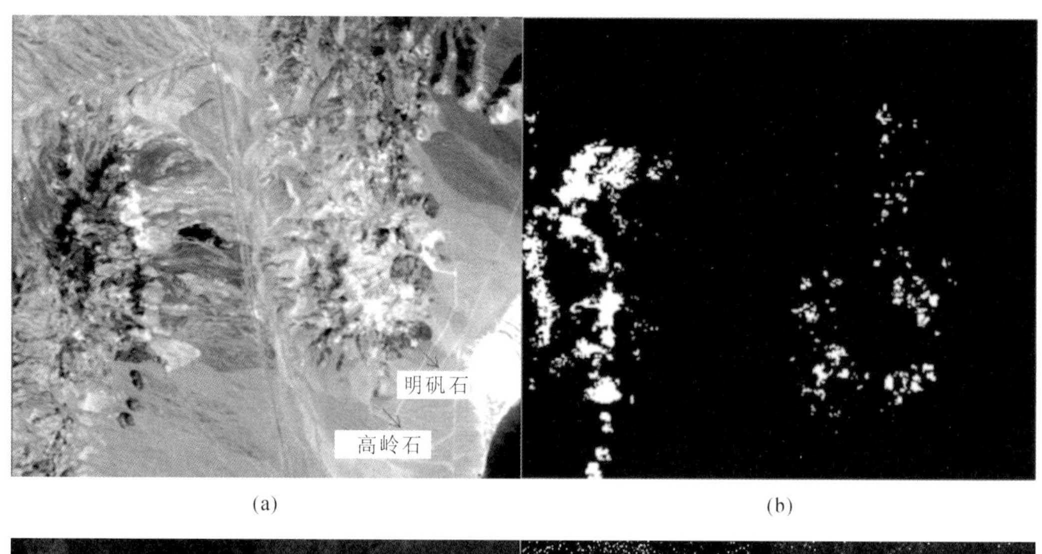

(a) (b)

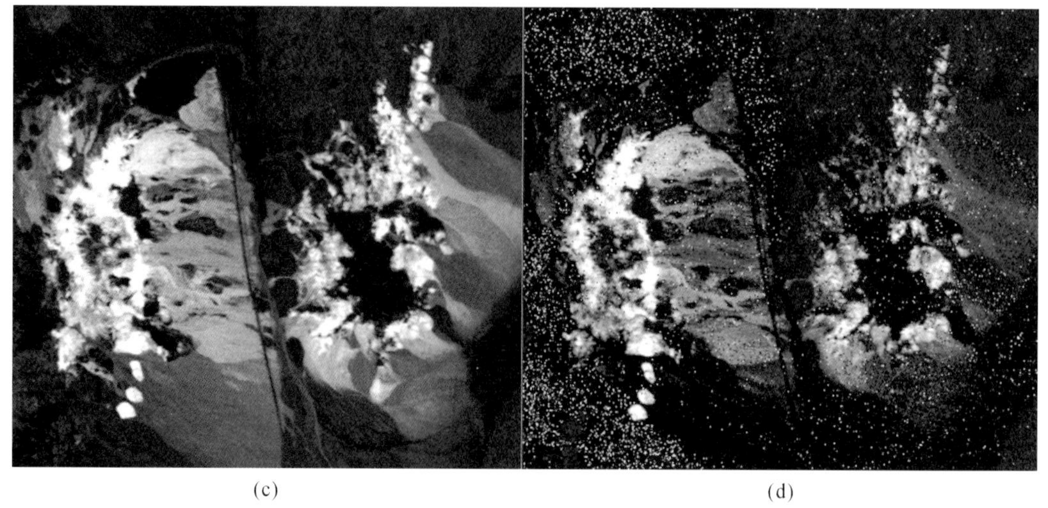

(c) (d)

图 2.35 AVIRIS **高光谱数据背景光谱去除处理结果**

(a)Cuprite 地区影像(2.16 μm)以及明矾石和高岭石的感兴趣区；
(b)基于 TETRACORDER 得到的明矾石分类结果图(Clark,2003)；
(c)利用包络线去除得到的 2.16 μm 吸收深度影像；
(d)利用参考背景光谱去除得到的 2.16 μm 吸收深度影像

2)吸收深度

在某一波段吸收范围内,反射率最低点到包络线上对应点间的距离。

$AD=1-\rho_0$,ρ_0 为吸收谷点的反射率值。

3)吸收宽度

最大吸收深度一半处的光谱带宽(full width at half the maximum depth,FWHM)

4)吸收对称性

光谱吸收对称性定义:以过吸收位置的垂线为界线,右边区域面积与左边区域面积比值是以 10 为底的对数(图 2.37)。

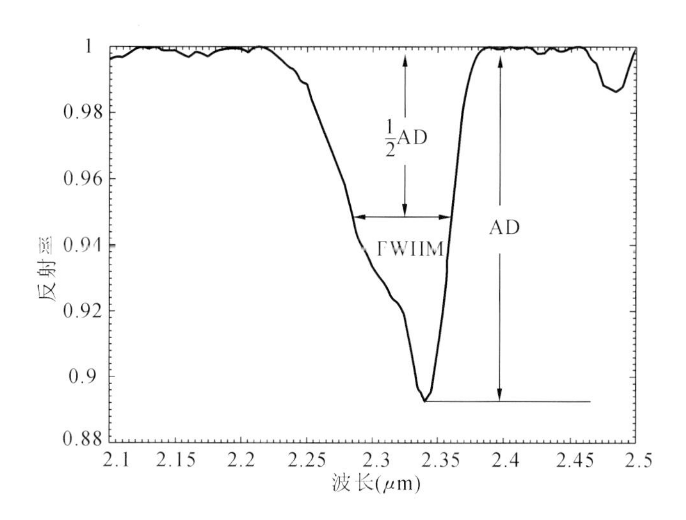

图 2.36 方解石光谱吸收特征量化

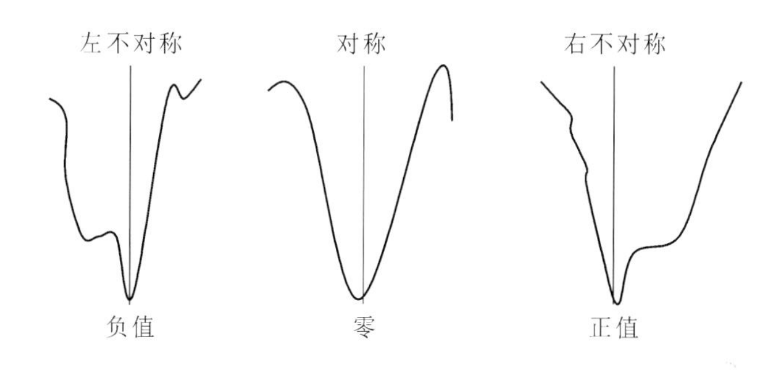

图 2.37 光谱吸收对称性分析

2.3.3 光谱吸收指数模型

根据矿物的光谱吸收特征，可以构建一系列的光谱指数，其中光谱吸收指数(spectral absorption index，SAI)在矿物识别和定量反演中应用最为广泛。一条光谱曲线的光谱吸收特征可由光谱吸收谷点 M 与光谱吸收两个肩部 S_1 的 S_2 组成(图 2.38)，S_1 与 S_2 的连线称为非吸收基线。设与光谱吸收谷点 M 相对应的波长为 λ_M、反射率为 ρ_M、谷底 M 向上垂线与非吸收基线交点对应的反射率为 ρ。肩部 S_1、S_2 对应的波长和反射率分别为 λ_{S_1}、λ_{S_2}，和 ρ_{S_1}、ρ_{S_2}。

吸收谷点 M 与两个肩端组成的“非吸收基线”的距离可以表征为光谱吸收深度 H，吸收的对称性参数 d 可表达为：$d=(\lambda_{S_M}-\lambda_{S_2})/(\lambda_{S_1}-\lambda_{S_2})$，而吸收肩端反射率差为 $\Delta\rho_S=\rho_{S_2}-\rho_{S_1}$，将吸收位置的光谱值与相应基线值的比值定义为光谱吸收指数：

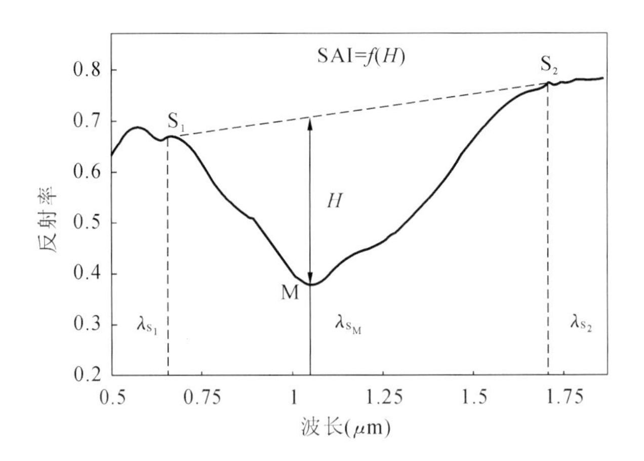

图 2.38　光谱吸收指数(SAI)原理

$$\mathrm{SAI} = \rho/\rho_{\mathrm{M}} = \frac{d\rho_{\mathrm{S}_1} + (1-d)\rho_{\mathrm{S}_2}}{\rho_{\mathrm{M}}} \tag{2.79}$$

在应用高光谱图像进行识别和定量反演时，可以直接用 DN 值计算 SAI′：

$$\mathrm{SAI}' = \mathrm{arctg}\left[\frac{d\mathrm{DN}_{\mathrm{S}_1} + (1-d)\mathrm{DN}_{\mathrm{S}_2}}{\mathrm{DN}_{\mathrm{M}}}\right] \tag{2.80}$$

其中，$\mathrm{DN}_{\mathrm{S}_1}$、$\mathrm{DN}_{\mathrm{S}_2}$、$\mathrm{DN}_{\mathrm{M}}$ 分别为吸收肩端图像与吸收图像的灰度值。

对于 SAI′，我们最为关心的是它是否表征了地表反射率的吸收深度特征，我们从成像光谱信息的传递过程分析一下 SAI′处理的合理性。

成像光谱仪所获得的辐亮度 L 为

$$L(\lambda) = \pi^{-1}E(\lambda)T\tau(\lambda)\rho(\lambda) + L\rho(\lambda) \tag{2.81}$$

其中，$E(\lambda)$为目标的辐照度；$\tau(\lambda)$为大气透过率；$L\rho(\lambda)$为大气辐射；$\rho(\lambda)$为反射率；T 为地形因子。

假定成像系统是线性的，令

$$\mathrm{DN} = C(\lambda)aL(\lambda) + b \tag{2.82}$$

其中，$C(\lambda)$为传感器的光谱响应；a 为放大系数；b 为“暗电流”值，则成像光谱图像：

$$\mathrm{DN}_i = \pi^{-1}a_i\int_{\Delta\lambda_i} E(\lambda)T\tau(\lambda)C(\lambda)\rho(\lambda)\mathrm{d}\lambda + a_i\int_{\Delta\lambda_i} L_\rho(\lambda)C(\lambda)\mathrm{d}\lambda + b_i \tag{2.83}$$

其中，$\Delta\lambda_i$ 为波段 i 的光谱采样间隔，令

$$\beta_i = \pi^{-1}a_i\int_{\Delta\lambda_i} L_\rho(\lambda)C(\lambda)\mathrm{d}\lambda + b_i \tag{2.84}$$

β_i 值包含程辐射和成像光谱仪光谱响应、放大增益等信息，β_i 值如果在灰度值中占的比例较大时则对 SAI 处理结果有明显的影响，对于反射率较低的地物 SAI 值在很大的程度依赖于 β_i，因此要获得理想的 SAI 图像，对 β 值的纠正至关重要。

针对矿物识别而言，主要可诊断的吸收特征在短波红外区(SWIR)，而在 1 200 nm 后的

SWIR 光谱范围，程辐射一般可忽略。因此，在 SWIR 图像分析中 β_i 值实际上主要包含仪器的参数，即成像光谱仪的光谱响应 C 和放大增益系数 a_i、b_i。经过仪器的辐射定标可以获得 C、a_i 与 b_i 值。在实际处理中，C、a_i 与 b_i 往往由于各种原因难以获得，可通过“零”响应值获得 β_i 值纠正。

DN_i 中剔除 β_i 因素获得新的图像：

$$DN_i = \pi^{-1} a_i E_i T \tau_i C_i \rho_i \tag{2.85}$$

从 SAI′式所获得的光谱吸收指数图像：

$$\begin{aligned} SVI' &= \frac{d(a_{S_1} E_{S_1} \tau_{S_1} C_{S_1})\rho_{S_1} + (1-d)(a_{S_2} E_{S_2} \tau_{S_2} C_{S_2})\rho_{S_2}}{(a_S E_M \tau_M C_M)\rho_M} \\ &= d\varepsilon_{S_1} \frac{\rho_{S_1}}{\rho_M} + (1-d)\varepsilon_{S_2} \frac{\rho_{S_2}}{\rho_M} \end{aligned} \tag{2.86}$$

由上可知，光谱吸收指数图像 SVI′与地物反射率光谱比值呈线性关系，同时与光谱吸收深度具有线性关系。如要进一步提高信息提取精度，则应对 ε 值进行纠正。

假设大气是稳定的，大气对波段的每一个像元影响是一致的，同样仪器的光谱响应与放大系数在某一特定波段是稳定的。则 ε 值可用图像几何均值表达，即

$$\varepsilon_{S_1} = \frac{\sum_{j=1}^{n} DN_{S_1} j}{\sum_{j=1}^{n} DN_M j} \tag{2.87}$$

$$\varepsilon_{S_2} = \frac{\sum_{j=1}^{n} DN_{S_2} j}{\sum_{j=1}^{n} DN_M j} \tag{2.88}$$

获得 β 值与 ε 值后则可以直接进行成像光谱图像光谱吸收鉴别处理。

$$SAI''(\lambda) = \mathrm{arctg}\left[\frac{(d/\varepsilon_{S_1})(DN_{S_1} - \beta_{S_1}) + (\frac{1-d}{\varepsilon_{S_2}})(DN_{S_2} - \rho_{S_2})}{(DN_M - \beta_M)}\right] \tag{2.89}$$

除了识别矿物，SAI 还被应用于矿物成分含量反演。研究表明，矿物反射率光谱是非线性混合的，直接进行线性解混反演成分丰度反演会带来较大误差，但单次散射反照率($\bar{\omega}$)主要依赖于成分含量不同而线性混合，可用线性模型进行反演，因此，可利用 Hapke 光谱模型，将反射率转换为单次散射反照率，进而进行线性解混求解丰度：

$$SAI = \frac{d\bar{\omega}_{S_1} + (1-d)\bar{\omega}_{S_2}}{\bar{\omega}_M} \tag{2.90}$$

$$\bar{\omega} = \left[\sum_i \frac{M_i}{\delta_i D_i}\omega_i\right] \Big/ \left(\sum_i \frac{M_i}{\delta_i D_i}\right) \tag{2.91}$$

式中，i 为成分的类别；M_i 为 i 成分的含量；$\bar{\omega}_i$ 为 i 成分的单散射反照率；δ_i 为类别 i 密度；D_i 为类别 i 粒度。

$$\overline{\mathrm{SAI}} = f_1\mathrm{SAI}_1 + f_2\mathrm{SAI}_2 + \cdots + f_n\mathrm{SAI}_n \tag{2.92}$$

式中，f 为每一混合成分的百分含量，其和为1。因此获得一系列典型吸收特征的SAI图像矢量，可用最小二乘法线性反演各种地物光谱混合成分的含量。

2.3.4 比值导数光谱混合分析法

通常的光谱混合分析方法假设各个波段线性混合程度相同，采用全波段光谱数据进行无差别解混运算。在实际求解过程中发现，不同波段光谱混合的非线性程度有差异，噪声大小也有所不同，由此导致对所有波段采用线性混合模型求解误差较大。Zhao(2013)提出比值导数光谱混合分析(derivative of ratio spectral mixture analysis，DRSMA)方法，首先测量若干组已知混合成分的混合物的光谱作为验证数据，通过比值导数光谱处理求得各波段处的解混结果 $f_1(\lambda_i)$，进而通过与实际丰度的比较得到各波段的误差大小 $\xi_1'''(\lambda_i)$，然后采用误差最小的波段建模，从而改进光谱混合分析模型精度。此外，不同组分 $\xi'''(\lambda_i)$ 较小的波段可能有所不同，所以对各端元组分采用不同的波段进行解混，也可以提高解混模型精度。比值导数光谱混合分析法的原理如下文。

基于线性光谱混合模型，当像元内包含两种矿物组分时，模型可简化为

$$r(\lambda_i) = F_1 r_1(\lambda_i) + F_2 r_2(\lambda_i) + \xi(\lambda_i) \tag{2.93}$$

当在公式(2.93)两侧同时除以第二种组分的光谱，等式变为

$$\frac{r(\lambda_i)}{r_2(\lambda_i)} = F_2 + \frac{F_1 r_1(\lambda_i)}{r_2(\lambda_i)} + \xi_1'(\lambda_i) \tag{2.94}$$

其中，

$$\xi_1'(\lambda_i) = \frac{\xi(\lambda_i)}{r_2(\lambda_i)}$$

对公式(2.94)两边对 λ_i 求导，则有

$$\frac{\mathrm{d}}{\mathrm{d}\lambda}\left[\frac{r(\lambda_i)}{r_2(\lambda_i)}\right] = F_1 \frac{\mathrm{d}}{\mathrm{d}\lambda}\left(\frac{r_1(\lambda_i)}{r_2(\lambda_i)}\right) + \xi_1''(\lambda_i) \tag{2.95}$$

其中，

$$\xi_1''(\lambda_i) = \frac{\mathrm{d}}{\mathrm{d}\lambda}\left[\frac{\xi_1'(\lambda_i)}{r_2(\lambda_i)}\right]$$

从公式(2.95)可以看出，此时导数光谱已经与第二种组分的含量无关。也就是说，求导之后的光谱只与一种组分的丰度线性相关，而与作为除数的组分丰度无关。两侧都除以 $\frac{\mathrm{d}}{\mathrm{d}\lambda}\left[\frac{r_1(\lambda)}{r_2(\lambda)}\right]$，则可以得到第一种组分的丰度：

$$F_1 = f_1(\lambda_i) + \xi_1'''(\lambda_i) \tag{2.96}$$

其中，

$$f_1(\lambda_i) = \frac{\frac{\mathrm{d}}{\mathrm{d}\lambda}\left[\frac{r(\lambda)}{r_2(\lambda)}\right]}{\frac{\mathrm{d}}{\mathrm{d}\lambda}\left[\frac{r_1(\lambda)}{r_2(\lambda)}\right]},\ \xi_1'''(\lambda_i) = \frac{\xi_1''(\lambda_i)}{\frac{\mathrm{d}}{\mathrm{d}\lambda}\left[\frac{r_1(\lambda)}{r_2(\lambda)}\right]}$$

可以看出，公式(2.96)右侧分为两部分：$f_1(\lambda_i)$表示比值导数光谱分析在该波段得到的解混结果；$\xi_1''(\lambda_i)$是误差补偿项，包含了非线性混合因素的影响、噪声等。同理，采用类似的处理方式可得到第二种组分的含量$f_2(\lambda_i)$及误差项$\xi_2''(\lambda_i)$。通过以上推导可以看出，比值导数法光谱分析具有严格的数学推导证明，算法简洁，避免了最小二乘法中穷举迭代的复杂运算，使得光谱解混过程得到简化。

对石膏光谱、绿帘石光谱及二者混合物光谱进行光谱比值处理，得到比值光谱图。当以绿帘石光谱作为除数时，石膏的强光谱特征得到突出[图 2.39(a)]；反之则绿帘石的强光谱特征得到突出[图 2.39(b)]。因此，光谱比值处理能够将作为除数的组分光谱特征作为背景压制，而突出其他组分对于混合光谱的影响。

对图 2.39 中的光谱求导，得到图 2.40 所示的比值导数光谱图。也就是说，通过比值导数法处理混合光谱，可以消除某种端元组分的影响，从而使得光谱值与另一种组分的线性相关。利用比值导数光谱图中的任意波段均可得到混合光谱中石膏和绿帘石的丰度反演结果(未进行归一约束)。求解时可以对不同组分采用不同的波段，实现对混合光谱中包含的端元丰度各自独立进行计算。反演结果表明：比值导数光谱混合分析可以在多个波段上获得远高于完全约束最小二乘法的反演精度，其中石膏丰度反演误差低于 1.2%，绿帘石丰度反演误差低于 2.2%。完全约束最小二乘法石膏和绿帘石反演误差为 11.43%。比值导数光谱分析模型利用部分具有强线性混合特性波段，就可以得到精度远远高于全波段求解的结果，这说明比值导数光谱混合分析模型具有比普通全波段线性混合模型更高的精度。

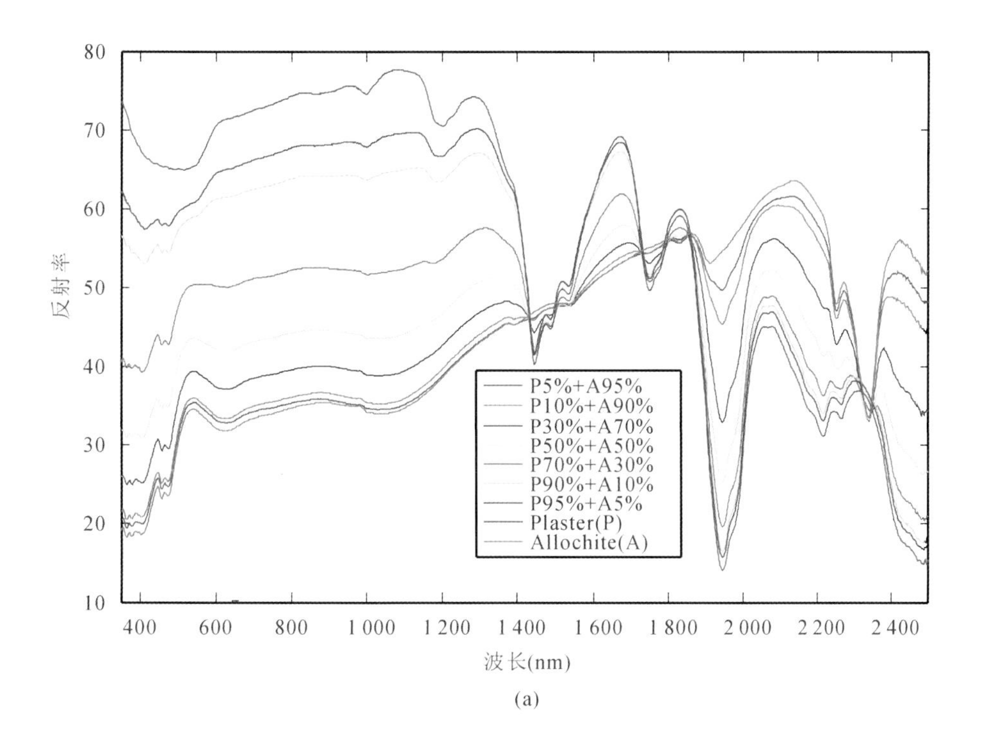

(a)

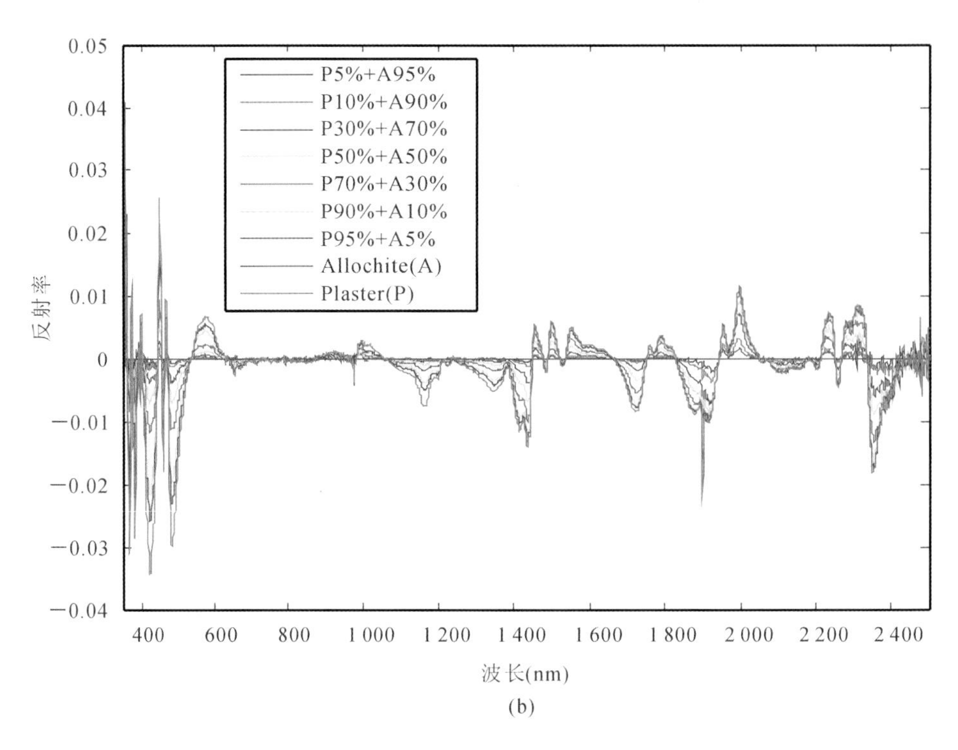

(b)

图 2.39 石膏-绿帘石端元及混合物比值光谱(图例中 P 代表石膏,A 代表绿帘石)

(a)除以绿帘石光谱得到的结果;(b)除以石膏光谱得到的结果

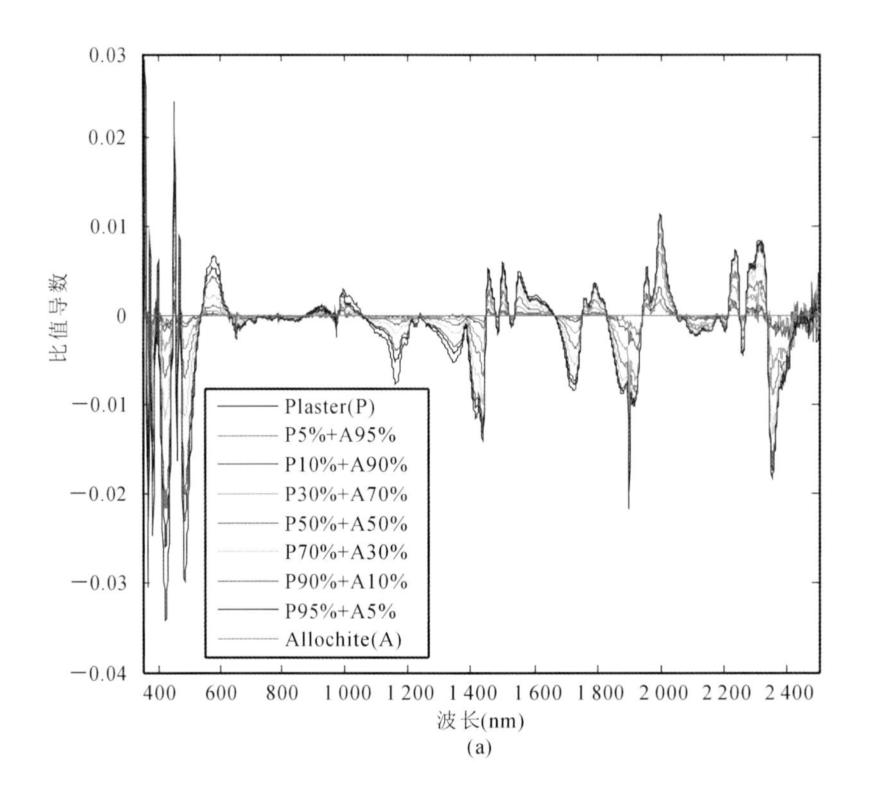

(a)

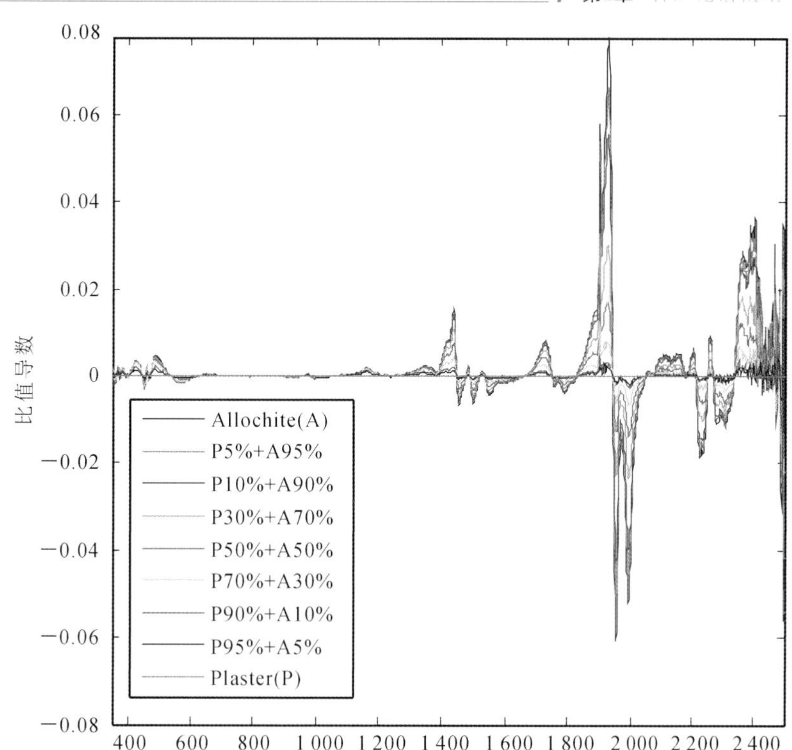

(b)

图 2.40　石膏-绿帘石端元及混合物比值导数光谱(图例中 P 代表石膏,A 代表绿帘石)

(a) 保留石膏信息的比值导数光谱;(b) 保留绿帘石信息的比值导数光谱

2.3.5　光谱柱状图

在进行更精细的分类识别过程中,针对地层中矿物的光谱曲线非常相似问题(图 2.41),我们提出了地物类型序列的概念,主要目的是将这些具有相似光谱曲线的地物重新归类,属于同一地物类型序列的地物一般具有以下特点。

(1)属于同一个典型地物大类。

(2)包含的成分相近,仅各成分占有的比例不同。

(3)地物内部组织结构存在差异,外部形态略有不同。

现有方法多从统计学和模式识别的角度来探讨区分不同地物光谱,在对地物类型序列进行分析时,也很难从中生成行之有效的方法。为此我们根据光谱仪测量数据建立了地层光谱柱状图,它是将光谱反射率曲线图像化的技术(张兵,2002)。

由于同一地物类型序列内的不同地物的原始光谱曲线非常相似,一般先要采用包络线来放大这种差异。设某地物类型序列中包含 n 种地物,对应 λ_1 到 λ_m 波长有如下反射率矩阵:

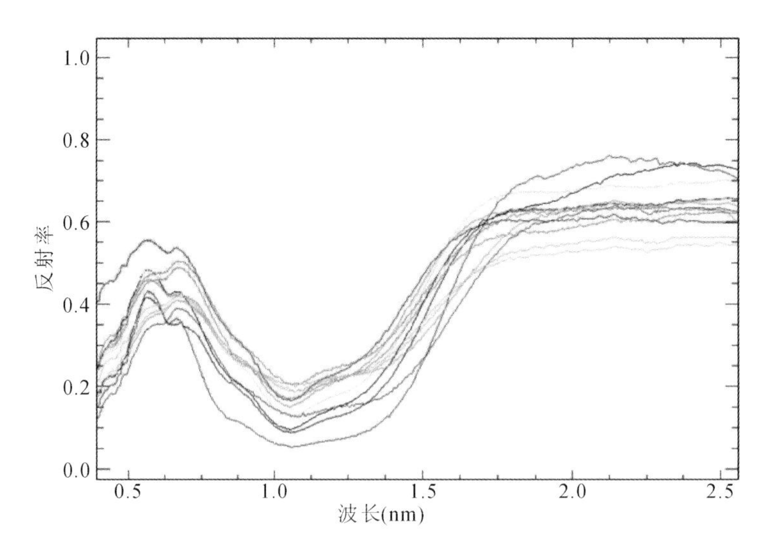

图 2.41 橄榄石类型序列图(来自 ENVI 中 USGS 光谱库)

$$\begin{bmatrix} R_{(1,1)} & R_{(1,2)} & \cdots & R_{(1,n-1)} & R_{(1,n)} \\ R_{(2,1)} & R_{(2,2)} & \cdots & R_{(2,n-1)} & R_{(2,n)} \\ \vdots & \vdots & \ddots & \vdots & \vdots \\ R_{(m-1,1)} & R_{(m-1,2)} & \cdots & R_{(m-1,n-1)} & R_{(m-1,n)} \\ R_{(m,1)} & R_{(m,2)} & \cdots & R_{(m,n-1)} & R_{(m,n)} \end{bmatrix} = \boldsymbol{R} \tag{2.97}$$

其中,m 为波段数。

设 $\alpha_i = \min[R_{(i,1)}, R_{(i,2)}, \cdots, R_{(i,n-1)}, R_{(i,n)}]$,$\beta_i = \max[R_{(i,1)}, R_{(i,2)}, \cdots, R_{(i,n-1)}, R_{(i,n)}]$,则

$$R'_{(i,j)} = \frac{[R_{(i,j)} - \alpha_i]k}{(\beta_i - \alpha_i)} \tag{2.98}$$

其中,k 为放大系数,这里设定为 250。

这样就可以得到一个新的光谱反射率特征增强的 $\boldsymbol{R}'$ 矩阵:

$$\begin{bmatrix} R'_{(1,1)} & R'_{(1,2)} & \cdots & R'_{(1,n-1)} & R'_{(1,n)} \\ R'_{(2,1)} & R'_{(2,2)} & \cdots & R'_{(2,n-1)} & R'_{(2,n)} \\ \vdots & \vdots & \ddots & \vdots & \vdots \\ R'_{(m-1,1)} & R'_{(m-1,2)} & \cdots & R'_{(m-1,n-1)} & R'_{(m-1,n)} \\ R'_{(m,1)} & R'_{(m,2)} & \cdots & R'_{(m,n-1)} & R'_{(m,n)} \end{bmatrix} = \boldsymbol{R}' \tag{2.99}$$

在此新增强的光谱反射率曲线 $\boldsymbol{R}'$ 基础上,建立一个从蓝到红渐变的 RGB 色标块图像,进行从 RGB 到 HSI 的彩色空间变换,这样就可以准确、定量地描述颜色特征。这里采用 Raines 的柱面坐标系模型:

$$I = \frac{\sqrt{3}}{3}(R + G + B)$$

$$S = \sqrt{(X-R)^2 + (X-G)^2 + (X-B)^2}$$

$$H = \tan^{-1} \frac{\sqrt{3}(G-B)}{2R-G-B}$$

$$X = \frac{R+G+B}{3} \tag{2.100}$$

其中，R、G、B 为色标块图像的红、绿、蓝三个波段。

据此，再将地层光谱反射率特性增强后的 $\boldsymbol{R}'$ 矩阵替换 IHS 彩色空间中的饱和度 S，经过彩色空间的反变换，就得到光谱柱状图，如图 2.42 所示，其横坐标表示波长，不同的颜色代表不同的波长位置，而颜色的饱和度即色彩的浓淡非常直观地反映其光谱反射率的高低。我们也可以将这种彩色的光谱图理解为地物的光谱条码，类似于商品的价格条码，“刷码”的过程其实就是对地物的光谱识别过程。

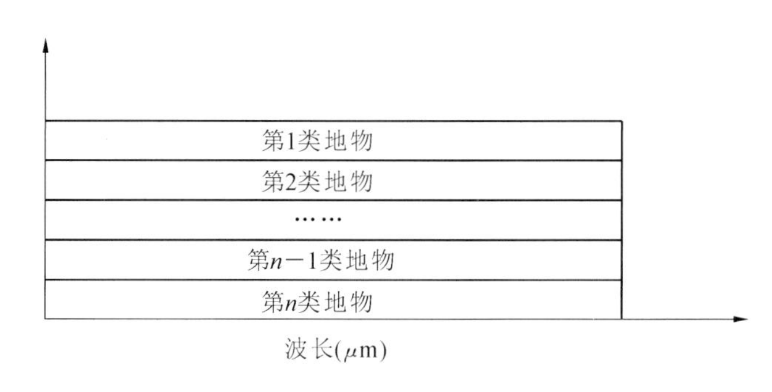

图 2.42　光谱柱状图示意图

在光谱柱状图的基础上，结合光谱地质理念和野外找矿实践，进而提出光谱地质剖面的概念。光谱剖面可以实现光谱沿剖面的存储、显示，而光谱地质剖面是基于地面实测光谱获取剖面线上蚀变类型、矿物含量等参数沿剖面线的分布，基于光谱地质剖面建立蚀变分带信息提取的参考光谱库，是光谱剖面的进一步升华。实测光谱通过地面光谱仪获得。光谱地质剖面研究可以充分利用野外实测光谱进行岩石和矿物特别是蚀变矿物空间分带信息的精确提取，从而避免了传统地质剖面制作中大量的样品制备和鉴定工作，节约大量的人力物力，提高工作效率，所提供精确的矿物分布信息，为蚀变分带模式研究提供依据，也可作为图像所提取的蚀变信息的验证，有助于利用图像所提取蚀变信息的深入理解，同时可以分析目标识别中的尺度问题，有助于遥感天空地一体化的信息提取和分析。

光谱剖面的设计是进行光谱测量和光谱分析的基础，目的是获取能够满足应用需求的光谱测量方案。包括光谱识别的目标如典型蚀变矿物、光谱测量的仪器参数、观测几何、视域大小、光谱测量点密度、光谱测量操作和记录规范、其他配套参数的获取等。设计的关键是面向应用的需求，如岩芯光谱填图、野外地质剖面制作、图像结果的验证、蚀变分带模型的建立等。基于光谱地质剖面所获取的蚀变类型、矿物含量等参数的空间展布，结合成矿地质背景，建立典型成矿类型的蚀变分带模式，并建立参照光谱剖面，以助于基于图像的蚀变信息提取。

参考文献

甘甫平，王润生. 2004. 遥感岩矿信息提取基础与技术方法研究[M]. 北京：地质出版社.

李庆亭. 2009. 基于光谱诊断和目标探测的高光谱岩矿信息提取方法研究[D]. 北京：中国科学院遥感应用研究所.

童庆禧，张兵，郑兰芬. 2006. 高光谱遥感:原理、技术与应用[M]. 北京：高等教育出版社.

杨杭. 2011. 航空热红外高光谱遥感的温度与比辐射率分离及尺度影响研究[D]. 北京：中国科学院研究生院.

杨杭，张立福，黄照强，等. 2012. 基于热红外发射光谱的岩石 SiO_2 定量反演模型研究[J]. 光谱学与光谱分析，32(6)：1611-1615.

张兵. 2002. 时空信息辅助下的高光谱数据挖掘[D]. 北京：中国科学院遥感应用研究所.

张兵，高连如. 2011. 高光谱图像分类与目标探测[M]. 北京：科学出版社.

BOARDMAN J M. 1998. Leveraging the high dimensionalith of AVIRIS data for impoved sub-pixel target unmixing and rejection of false positives: mixture tuned matched filtering [C]. In: Summaries of the seventh annal JPL airborne geoscience workshop, Pasadena, CA: 55.

BOREL C C. 1998. Surface emissivity and temperature retrieval for a hyperspectral sensor [J]. Proceedings of the International Geoscience and Remote Sensing Symposium, 1: 546-549.

BOREL C C. 2008. Error analysis for a temperature and emissivity retrieval algorithm for hyperspectral imaging data [J]. Int. J. Remote Sens., 29(17/18): 5029-5045.

CHEN X, WARNER T A, CAMPAGNA D J. 2010. Integrating visible, near-infrared and short-wave infrared hyperspectral and multispectral thermal imagery for geological mapping at Cuprite, Nevada: a rule-based system [J]. International Journal of Remote Sensing, 31(7): 1733-1752.

CHENG J, LIANG S, WANG J, et al. 2010. A stepwise refining algorithm of temperature and emissivity separation for hyperspectral thermal infrared data [J]. IEEE Trans. Geosci. Remote Sens., 48(3): 1588-1597.

CHRISTENSEN P R, BANDFIELD J L, CLARK R N, et al. 2000a. Detection of crystalline hematite mineralization on Mars by the Thermal Emission Spectrometer: Evidence for near-surface water [J]. Journal of Geophysical Research-Planets, 105 (E4): 9623-9642.

CHRISTENSEN P R, BANDFIELD J L, HAMILTONV E, et al. 2000b. A thermal emission spectral library of rock-forming minerals [J]. Journal of Geophysical Research-Planets, 105(E4): 9735-9739.

CLARKR N. 1999. Spectroscopy of rocks and minerals, and principals of spectroscopy. In: remote sensing for the earth sciences: Manual of remote sensing[C]. 3 ed., Vol. 3, edited by Rencz A N, Wiley J, Sons. Inc: 3-58.

CROWN D A, PIETERS C M. 1987. Spectral properties of plagioclase and pyroxene mixtures and the interpretation of lunar soil spectra [J]. Icarus, 72(3): 492-506.

CUZZI J N, ESTRADA P R. 1998. Compositional evolution of Saturn's rings due to meteoroid bombardment [J]. Icarus, 132: 1-35.

DOUT'E S, SCHMITT B. 1998. A multilayer bidirectional reflectance modelfor the analysis of planetary surface hyperspectral images at visible and near infrared wavelengths [J]. J. Geophys. Res., 103: 31367-31390.

FOODY D. 1994. Sub-pixel land cover composition estimation Using a linear mixing model and fuzzy membership functions [J]. Intern. J. Remote sens., 15(3): 619-631.

GILLESPIE A R. 1992. Enhancement of multispectral thermal infrared images decorrelation contrast stretching [J]. Remote Sensing of Environment, 42(2): 147-155.

GILLESPIE A R. 1985. Lithologic mapping of silicate rocks using TIMS [R]. The TIMS Data User's Workshop, JPL Propulsion Laboratory, Pasadena, CA.

GILLESPIE A R, COTHEM J. 1998. In-Scene Atmospheric Characterization and Compensation in Hyperspectral Thermal Infrared Images [R]. TIMS Workshop Pasadena, CA, USA.

GILLESPIE A R, KAHLE A B, Palluconi F D. 1984. Mapping Alluvial Fans in Death-Valley, California, Using Multichannel Thermal Infrared Images [J]. Geophysical Research Letters, 11(11): 1153-1156.

GRUNDY W, DOUT'E S, SCHMITT B. 2000. A Monte Carlo ray-tracing model for scattering and polarization by large particles with complex shapes [J]. J. Geophys. Res., 105: 29290-29314.

GUPTA R P. 2003. Remote sensing geology [M]. Berlin: Springer Verlag.

HAMILTON V E. 2000. Thermal infrared emission spectroscopy of the pyroxene mineral series [J]. Journal of Geophysical Research, 105: 9701-9716.

HAPKE B. 1981. Bidirectional reflectance spectroscopy 1. Theory [J]. J. Geophys. Res., 86: 3039-3054.

HAPKE B. 1984. Bidirectional reflectance spectroscopy 3. Correction for macroscopic roughness [J]. Icarus, 59: 41-59.

HAPKE B. 1986. Bidirectional reflectance spectroscopy 4. The extinction coefficient and the opposition effect [J]. Icarus, 67: 264-280.

HAPKE B. 1993. Theory of reflectance and emittance spectroscopy [M]. Cambridge, UK: Cambridge Univ. Press.

HAPKE B. 1996. Are planetary regolith particles backscattering? Response to a paper by M. Mishchenko [J]. J. Quant. Spectrosc. Radiat. Trans., 55: 837-848.

HAPKE B. 1999. Scattering and diffraction of light by particles in planetary regoliths [J]. J. Quant. Spectrosc. Radiat. Trans., 61: 565-581.

HAPKE B. 2002. Bidirectional reflectance spectroscopy 5. The coherent backscatter opposition effect and anisotropic scattering [J]. Icarus, 157: 523-534.

HAPKE B. 2005. Theory of reflectance and emittance spectroscopy [M]. Cambridge: Cambridge Univ. Press.

HAPKE B. 2008. Bidirectional reflectance spectroscopy 6. Effects of porosity [J]. Icarus, 195: 918-926

HELFENSTEIN P, VEVERKA J, HILLIER J. 1997. The lunar opposition effect: A test of alternative models [J]. Icarus, 128: 2-14.

KAHLE A B, GOETZ A F H. 1983. Mineralogic Information from a New Airborne Thermal Infrared Multispectral Scanner [J]. Science, 222(4619): 24-27.

KAHLE A B, MADURA D P, SOHA J M. 1980. Middle Infrared Multispectral Aircraft Scanner Data: Analysis for Geological Applications [J]. Applied Optics, 19(14): 2279-2290.

KEALY P S, GABELL A R. 1990. Estimation of emissivity and temperature using alpha coefficients [C]. Proceedings of the Second TIMS Workshop. Pasadena, CA: Jet Propulsion Laboratory, JPL Publication: 90-55.

LI Q T, LU L L, ZHANG B, et al. 2012. The recognition of altered rock based on spectral modeling and matching using hyperspectral data [C]. 2nd International Conference on Remote Sensing, Environment and Transportation Engineering, RSETE 2012-Proceedings.

LI Z, PETITCOLIN F. 2000. A physically based algorithm for land surface emissivity retrieval from combined mid-infrared and thermal infrared data [J]. Science in China Series

E: Technological Sciences, 43: 23-33.

LYON R J P. 1965. Analysis of rock spectra by infrared emission (8 to 25 microns) [J]. Economic Geology, 60(4): 745-750.

MATSUNAGA T A. 1992. A temperature-emissivity separation method using an empirical relationship between the mean, the maximum and the minimum of the thermal infrared emissivity spectrum [J]. Journal of Remote Sensing Society of Japan, 42: 83-106

MISHCHENKO M I. 1994. Asymmetry parameters of the phase function for densely packed scattering grains [J]. J. Quant. Spectrosc. Radiat. Trans, 52:95-110.

MISHCHENKO M I, MACKE A. 1997. Asymmetry parameters of the phase function for isolated and densely packed spherical particles with multiple internal inclusions in the geometric optics limit [J]. J. Quant. Spectrosc. Radiat. Trans., 57: 767-794.

MOUNTRAKIS G, IM J, OGOLE C. 2011. Support vector machine in remote sensing: a review [J]. ISPRS, 66(3): 247-259.

NORMAN J M, BECKER F. 1995. Terminology in thermal infrared remote sensing of natural surfaces [J]. Remote Sensing Reviews, 12(3-4): 153-166.

POULET F, CUZZI J N, CRUIKSHANK D P, et al. 2002. Comparison between the Shkuratov and Hapke scattering theories for solid planetary surfaces: Application to the surface composition of two centaurs[J]. Icarus, 160: 313-324.

PRICE J C. 1984. Land surface temperature measurements from the split window channels of the NOAA 7 Advanced Very High Resolution Radiometer [J]. J. Geophys. Res., 89: 7231-7237.

SABINE C, REALMUTO V J, TARANIK J V. 1994. Quantitative estimation of granitoid composition from thermal infrared multispectral scanner (TIMS) data, Desolation Wilderness, northern Sierra Nevada, California [J]. Journal of Geophysical Research, 99(B3): 4261-4271.

SCHMUGGE T, HOOK S J, COLL C. 1998. Recovering surface temperature and emissivity from thermal infrared multispectral data [J]. Remote Sens. Environ., 65: 121-131.

SHKURATOV Y, STARUKHINA L, HOFFMANN H, et al. 1999. A model of spectral albedo of particulate surfaces: Implications for optical properties of the Moon [J]. Icarus, 137:235-246.

TANG S H, LI X, WANG J, et al. 2007. An improved TES algorithm based on the corrected ALPHA difference spectrum [J]. Science in China Series D: Earth Sciences, 50 (2): 274-282.

THOMSON J L, SALISBURY J W. 1993. The midinfrared reflectance of mineral mixtures (7-14-Mu-M) [J]. Remote Sensing of Environment, 45(1): 1-13.

VAN DE HULST H C. 1980. Multiple Light Scattering [M]. New York: Academic Press.

WAN A, LI Z L. 1997. A physics-based algorithm for retrieving land surface emissivity and temperature from EOS/MODIS data [J]. IEEE Trans. Geosci. Temote Sens., 35: 980-996.

WAN Z, DOZIER J. 1996. A generalized split-window algorithm for retrieving land-surface temperature from space [J]. IEEE Transactions on Geoscience & Remote Sensing, 34(4): 892-905.

WARREN S G. 1984. Optical constants of ice from the ultraviolet to the microwave [J]. Appl. Opt., 23: 1206-1225.

WATSON K. 1992. Spectral ratio method for measuring emissivity [J]. Remote Sens. Environ., 42(2): 113-116.

YAN B, WANG R, GAN F, et al. 2010. Minerals mapping of the lunar surface with Clementine UVVIS/NIR data based on spectra unmixing method and Hapke model [J]. Icarus, 208(1): 11-19.

ZHANG B, GAO J W, GAO L R, et al. 2013. Improvements in the ant colony optimization algorithm for endmember extraction from hyperspectral images [J]. IEEE Journal of Selected Topics in Applied Earth Observations and Remote Sensing, 6 (6SI2): 522-530.

ZHANG B, SUN X, GAO L R, et al. 2011a. Endmember extraction of hyperspectral remote sensing images based on the ant colony optimization (ACO) endmember algorithm [J]. IEEE Transactions on Geoscience and Remote Sensing, 49(7): 2635-2646.

ZHANG B, SUN X, GAO L R, et al. 2011b. Endmember extraction of hyperspectral remote sensing images based on the discrete particle swarm optimization algorithm [J]. IEEE Transactions on Geoscience and Remote Sensing, 49(11): 4173-4176.

ZHAO H Q, ZHANG L F, WU T, et al. 2013. Research on the model of spectral unmixing for minerals based on derivative of ratio spectroscopy [J]. Spectroscopy and Spectral Analysis, 33(1): 172-176.

ZHAO H Q, ZHANG L F, ZHANG X, et al. 2015. Hyperspectral feature extraction based on the reference spectral background removal method [J]. IEEE Journal of Selected Topics in Applied Earth Observations and Remote Sensing, 8(6): 2832-2844.

GILLESPIE A R, SMITH M O, ADAMS J B, et al. 1990. Spectral mixture analysis of multispectral thermal infrafed images[R]. Proc. Airborne Sci. Workshop: TIMS, JPL Publication 90-55, Jet Propulsion Laboratory, Pasadena, CA., 6 June.

GILLESPIE A R, MATSUNAGA T, ROKUGAWA S, et al. 1998. A temperature and emissivity separation algorithm for advanced spaceborne thermal emission and reflection radiometer (ASTER) images [J]. IEEE Trans. Geosci. Remote Sens., 36 (4): 1113-1126.

第3章　岩矿光谱识别与填图方法

自1983年第一台成像光谱仪 AIS-1 问世以来，高光谱遥感就在地质领域得到了成功的应用，并逐步走向工程化应用。通过近几十年的工程化应用，已形成了一套高光谱遥感岩石矿物填图的技术流程和技术体系。在获取航空航天的高光谱数据后，可在短时间内实现从数据预处理到高光谱岩石矿物填图，将高光谱数据快速转化为找矿信息，充分显示了高光谱遥感在矿产资源调查中的特有优势。本章主要介绍岩矿光谱识别和填图的流程和主要技术方法，进而针对蚀变组合信息提取的应用需求，分别介绍了不同的蚀变组合的光谱特性。

3.1　光谱识别和填图主要方法

3.1.1　岩矿识别和填图基本流程

高光谱遥感数据分析包括“从上到下”和“从下到上”两种方法（燕守勋等，2004）。前一种方法用野外图件训练遥感图像、探测特定的目标特性，要求野外调查和遥感图像与野外图件的精确配准，一般不需要大气校正。后一种方法用地面或实验室光谱为参照与像元光谱比较来识别地物特性，大气校正绝对必要，成像光谱岩矿识别填图的技术方法大都是这一类。大量的研究和应用示范形成了高光谱岩矿识别填图的技术流程和技术方法，如图3.1所示，包括数据的几何校正、大气校正和光谱重建、图像光谱的真实性检验、岩矿光谱识别等。

岩矿识别和填图主要包含以下关键技术和步骤。

3.1.1.1　大气校正和几何校正

高光谱成像的原始数据是地物光谱反射辐射信息受到大气辐射传输效应、地形效应、传感器扫描系统等多种因素影响的结果，其像元光谱是这些因素相互作用的综合反映。高光

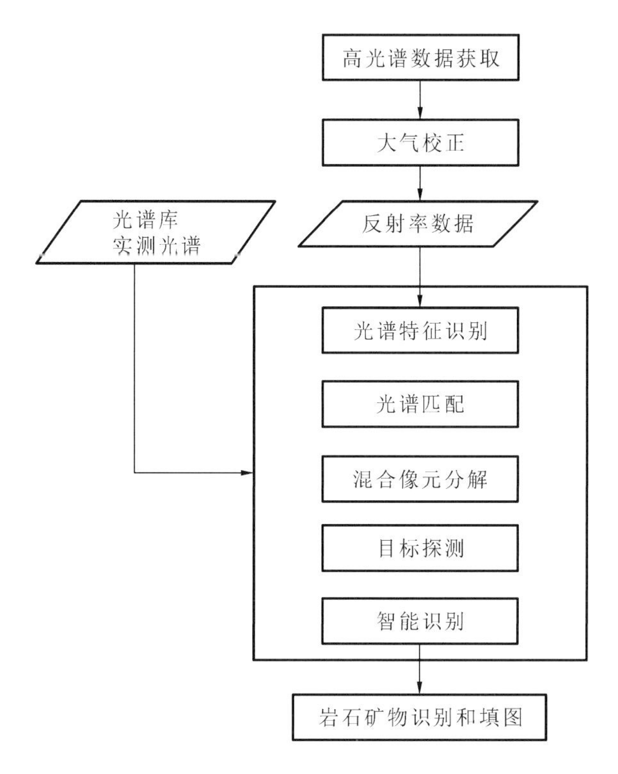

图 3.1 岩石矿物识别填图的一般流程

谱对地物的识别依赖于地物精细的光谱特征，为了从图像中获取地物真实的光谱特征，必须进行相关数据的定标与大气校正（童庆禧等，2006）。原始数据经过辐射定标后，消除了仪器以及图像亮度差异等误差，然后利用大气校正模型逐像元进行大气影响订正，重建地物的光谱特征。

在利用模型进行大气校正时，若地面存在大面积水体时将增加对整个图像数据水汽含量的估计，误导大气校正结果，因此在实际校正中应将其掩膜。对于干旱半干旱地区，植被不发育，但是如果存在褐铁矿化，并与成矿关系密切，在进行大气校正参数选择中，应有意避开三价铁的吸收波段区间中的 940 nm 波段，选择 1 140 nm 水汽波段进行大气校正。对图像数据进行大气校正后，最直观的评价是通过对在大气校正中所生成的水汽图像进行评估来评判校正的好坏。一般而言，如果水汽图像成云雾状，表示校正得好，如果水汽图像中还能看见地物则表示校正的效果较差，需重新设定参数进行校正。

遥感成像的时候，由于飞行器的姿态、高度、速度以及地球自转等因素的影响，造成图像相对于地面目标发生几何畸变，这种畸变表现为像元相对于地面目标的实际位置发生挤压、扭曲、拉伸和偏移等，针对几何畸变进行的误差校正就叫几何校正。几何校正一般是指通过一系列的数学模型来改正和消除遥感影像成像时因摄影材料变形、物镜畸变、大气折光、地球曲率、地球自转、地形起伏等因素导致的原始图像上各地物的几何位置、形状、尺寸、方位等特征与在参照系统中的表达要求不一致时产生的变形。

3.1.1.2 图像光谱真实性检验与评价

在光谱重建过程中，由于噪声、处理方法以及在 EFFORT 处理等过程中，可能都会产生一些“伪”特征，造成图像光谱特征的失真，必须对校正后重建光谱数据进行真实性检验和评价(王锦地等，2009)。

一般地，通过对图像和实地同一位置分布的矿物的光谱特征波长位置进行比较来评价图像光谱的失真度。检测的方法是将具有光谱特征的已知点上反射光谱特征吸收波长位置与地面使用更高光谱分辨率的光谱仪实测的同点地物的光谱特征逐个进行特征吸收峰的对比，分析其吸收波长位置的偏移量，相对于高光谱仪的光谱分辨率，是否在一个合理的光谱区间。这主要是因为地面光谱仪往往比成像高光谱仪的光谱分辨率高数倍。如果完全吻合且在一个合理的光谱区间，则图像光谱代表了实际地物的光谱特征。如差异性较大，则需重新调整参数进行辐射校正等一系列的处理。

3.1.1.3 光谱特征域转换与特征分离

光谱分辨率的提高，光谱波段的细分，提高了分类识别的精度以及应用能力，但同时增加了数据的容量，也使数据高冗余、高相关。因此有效的数据压缩与特征提取势在必行。基于传统的主成分变换衍生出一系列的高光谱数据压缩与特征提取方法，如 MNF 变换(Kruse et al.，1996)、NAPC(Lee et al.，1990)、分块主成分变换(Jia et al.，1998)以及基于主成分的对应分析(Carr et al.，1999)等，空间自相关特征提取(Warner et al.，1997)、子空间投影(Harsanyi et al.，1994)和高维数据二阶特征分析(Lee et al.，1993)也得到相应的重视，利用非线性的小波、分形特征(Qiu et al.，1999)也在研究之中，MNF 变换常被用于光谱特征域转换和特征分离。

MNF 有两个重要的性质：一是对图像的任何波段做比例扩展，变换结果不变；二是变换使图像矢量、信息分量和加性噪声分量互相垂直，乘性噪声可通过对数变换转换为加性噪声，可针对性地对各分量图像进行去噪或舍弃噪声占优势的分量。

3.1.1.4 岩矿识别和填图

矿物填图是高光谱遥感最成功的也是最能发挥其优势的应用领域。基于高光谱遥感反射率数据和岩石矿物标准光谱，利用光谱识别模型和方法进行岩矿信息的识别和填图。应用高光谱数据可以直接识别与成矿作用密切相关的蚀变矿物，定量或半定量估计蚀变强度和蚀变矿物含量，分析蚀变矿物组合，评价地面化探异常，追索矿化热液蚀变中心，圈定找矿靶区。

3.1.2 岩矿识别和填图主要方法

经过近几年来的探索与发展，基于高光谱数据岩矿蚀变信息识别与提取的方法主要有：

①基于诊断性特征的光谱识别;②基于光谱相似性测度的光谱匹配;③混合像元分解方法;④目标探测算法;⑤基于光谱知识的智能识别方法等。这些方法基本上是从矿物的光谱特征出发,是在对大量岩石矿物光谱特征分析、归纳以及对光学辐射传输模型的深入理解基础之上开发而成的。因此,对矿物光谱的准确性与精确性要求较高。同时,目前在使用这些方法时也往往需要利用标准库中矿物和岩石的光谱特征直接参与进行信息的识别与提取。

3.1.2.1 基于诊断性特征的光谱识别

矿物和岩石的光谱识别主要依赖于光谱吸收特征,吸收特征的组合模式,每个吸收模式对应矿物中特定的离子、分子、电子等光谱过程(晶体场效应、振动过程等),吸收模式的组合可以对应不同的岩石光谱类型(燕守勋等,2004)。量化的光谱吸收特征包括(童庆禧等,2006):吸收位置、吸收深度、吸收宽度、吸收面积、对称性等。

基于诊断性光谱吸收特征的代表性方法有光谱吸收指数(spectral absorption index,SAI)、吸收谱带定位分析(analysis of dosorption band position,AABP)、光谱特征匹配(spectral feature fitting,SFF)等。基于光谱吸收特征的光谱识别方法往往建立在包络线去除和归一化的光谱曲线上,因为包络线去除可以突出光谱的吸收特征。包络线去除算法见《遥感信息机理研究》(陈述彭等,1998)。

光谱吸收指数定义为"非吸收基线"(谱带两肩部的连线)在谱带的波长位置处的反射强度与谱带谷底的反射强度之比,可称为"相对吸收深度",它用谱带谷底的光谱强度对吸收深度作归一化,因而减少了照度等变化所带来的干扰,增强了对地物的区分能力。

吸收谱带定位分析方法即是确定和提取各吸收谱带的精确位置,形成相应谱带波长图像,通过对谱带波长图像的分析,识别和区分不同的矿物。

光谱特征匹配是选择包含目标矿物特定吸收谱带的光谱区间,利用最小二乘拟合方法,比较像元光谱与目标光谱吸收特征的整体形态和吸收深度。首先对光谱进行包络线去除,以凸显特定的吸收特征,然后再对去包络后的目标光谱和参考光谱进行匹配(Clark et al.,1991;Debba,2005),如图 3.2 所示。$c_f(\lambda)$和 $c_e(\lambda)$分别为目标光谱和参考光谱的包络线光谱,则光谱的包络线去除可由以下公式所求(Clark et al.,1984):

$$e_c(\lambda) = e(\lambda)/c_e(\lambda)$$
$$f_c(\lambda) = f(\lambda)/c_f(\lambda) \tag{3.1}$$

其中,$e_c(\lambda)$和 $f_c(\lambda)$分别为包络线去除后的参考光谱和目标光谱。相似的,吸收特征深度定义为

$$D[e_c(\lambda)] = 1 - e_c(\lambda)$$
$$D[f_c(\lambda)] = 1 - f_c(\lambda) \tag{3.2}$$

不同矿物和化学组成的物质具有特定的最大吸收深度和吸收位置。由于参考光谱的吸收深度往往比目标光谱的吸收深度大,所以比例值是必要的,比例值 τ_S 可以利用最小二乘法拟合去包络后的目标光谱和参考光谱得到,即

$$D[f_c(\lambda)] = a + \tau_S D[e_c(\lambda)] \tag{3.3}$$

均方根误差(root-mean-squares,RMS)τ_E 定义为

$$\tau_E = \sqrt{\frac{1}{m}\sum_b \{D[f_c(\lambda_b)] - D[e_c^s(\lambda_b)]\}^2} \tag{3.4}$$

其中,λ_b 为第 b 波段的波长,$b=1,\cdots,m$;$e_c^s(\lambda)$为最小二乘法拟合得到的目标的最佳拟合光谱,$e_c^s(\lambda)=a_0+a_1e_c(\lambda)$。最后得到光谱间的拟合值 τ_F,$\tau_F=\tau_S/\tau_E$。

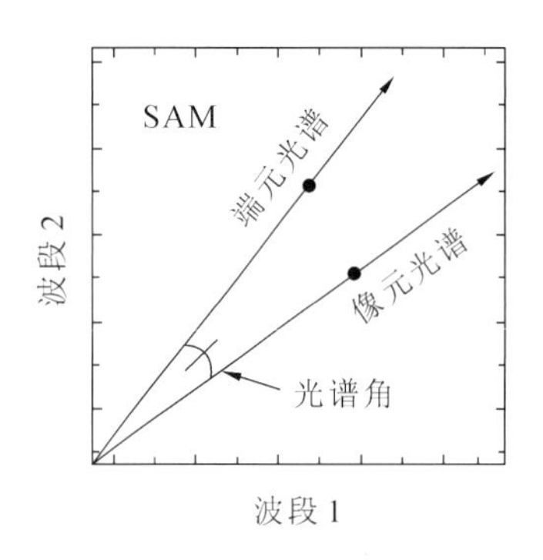

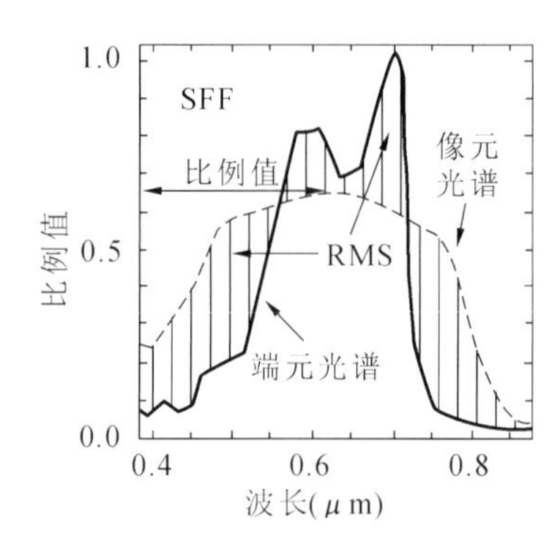

图 3.2　SAM(左图)和 SFF(右图)匹配方法的对比

光谱特征匹配和光谱吸收指数方法都强调对单个吸收特征的分析,但在实际应用中,分离位置较接近的谱带一般比较困难,特征相似的谱带有时也很难区分,特别是由于混合光谱的影响,一些谱带往往呈复合谱带或过渡状态出现。在信噪比较低时,单个谱带的特征更加难以识别,而谱带的光谱位置一般受影响较小。

3.1.2.2　基于光谱相似度的光谱匹配方法

光谱匹配是将重建光谱与参考光谱相比较,以某种测度函数度量它们之间的相似性或相关性程度,从而对矿物进行识别的方法。相似性测度函数可以是距离函数(欧氏距离、马氏距离)、相似系数、相关系数、光谱信息散度和光谱夹角等。参考光谱既可以是光谱数据库中的标准光谱,也可以是野外或实验室实测的岩矿光谱,还可以是从图像中提取的已知区的图像光谱。利用整条光谱曲线进行匹配识别,可以改善单个光谱特征的不确定性影响,其不足在于光谱受各种因素的影响会产生变异,以及对光谱差异不大的目标识别效果不理想。光谱匹配也可根据矿物吸收光谱波段,选择合适的波段范围分段匹配。常用的方法有以下几种。

1.最小距离

以像元光谱与已知区光谱集群中心(平均值)在高维光谱空间中的距离作为光谱的相似性测度(童庆禧等,2006)。因而,该法仅适用于与已知区像元光谱的比较,实际上是一种图像监督分类方法。这种方法适用于要识别的每一个类都有一个代表向量(均值向量)的情况。一般用广义距离来表述“距离”。广义距离有以下属性:

$$d(x,x)=0;d(x,y)\geqslant 0;d(x,y)=d(y,x);d(x,y)\leqslant d(x,z)+d(z,y) \tag{3.5}$$

满足上述规则的“距离”最常用的有下面两种。

1)明氏距离

$$d_{ij}(q)=\left[\sum_{k=1}^{n}\left|x_{ik}-x_{jk}\right|^{q}\right]^{\frac{1}{2}} \tag{3.6}$$

当 $q=2$ 时,即为欧几里得距离(又称欧氏距离)。

2)马氏距离

$$D_{ij}^{2}=(\boldsymbol{x}_i-\boldsymbol{x}_j)^{\mathrm{T}}\boldsymbol{\sum}_{ij}^{-1}(\boldsymbol{x}_i-\boldsymbol{x}_j) \tag{3.7}$$

式中,$\boldsymbol{x}_i$、$\boldsymbol{x}_j$ 为 n 维向量,$\boldsymbol{\sum}_{ij}$ 为协方差矩阵,$\boldsymbol{\sum}^{-1}$ 即为该矩阵之逆矩阵。马氏距离考虑了各特征参数的相关性,比明氏距离更为合理。当 $\boldsymbol{\sum}=1$,即各特征间完全不相关时,马氏距离即为欧氏距离。

2. 光谱角填图(spectral angle mathching,SAM)

以高维空间中像元光谱矢量与参考光谱矢量之间的夹角作为相似性度量,实际上也是一种距离测度,它与欧氏距离的区别是仅考虑光谱形状或光谱特征的相似性,而不考虑光谱矢量长度,即光谱强度的影响,而得到更普遍的使用。夹角越小,说明越相似(Kruse et al.,1993)。两矢量广义夹角余弦为:$\theta=\cos^{-1}\dfrac{\boldsymbol{TR}}{|\boldsymbol{T}|\,|\boldsymbol{R}|}$,即

$$\theta=\cos^{-1}\frac{\sum_{i=1}^{n}t_i r_i}{\sqrt{\sum_{i=1}^{n}t_i^2}\sqrt{\sum_{i=1}^{n}r_i^2}},\quad \theta\in\left[0,\frac{\pi}{2}\right] \tag{3.8}$$

式中,θ 值越小,$\boldsymbol{T}$ 和 $\boldsymbol{R}$ 的相似性越大。当用实验测量光谱与图像光谱比较时,需将测量光谱按照图像光谱的波长进行重采样,使得两个光谱具有相同的维数。从公式可以看出,θ 值与光谱向量的模是无关的,即与图像的增益系数无关。

如果以图像中已知区为参考光谱,则将区域中的光谱的几何平均向量为类中心。设已知某类中有 M 个点 $R_1,R_2,\cdots,R_M$,则类中心为 $\overline{\boldsymbol{R}}=\dfrac{1}{M}\sum_{i=1}^{M}R_i$ 。

3. 相似度匹配(spectral correlation matching,SCM)

由于 SAM 使用光谱矢量的绝对值作匹配,不能区别正、负相关或相似性。为此做了改进,以皮尔森相关系数代替光谱角作为光谱的相似性测度,衡量一定波长范围内光谱的相似程度(De Carvalho et al.,2000),相关系数定义为

$$R_{xy}=\frac{\sum_{i}(x_i-\bar{x})(y_i-\bar{y})}{\sqrt{\sum_{i}(x_i-\bar{x})^2}\sqrt{\sum_{i}(y_i-\bar{y})^2}} \tag{3.9}$$

其中,x、y 分别为目标光谱、参考光谱;$\bar{x}$和$\bar{y}$表示光谱平均。皮尔森相关系数将数据标准化,集中到目标光谱和参考光谱的均值上,能更有效抑制阴影、照度等对识别的影响,减少 SAM

因不能区分正、负相关而带来的误判。

4. 二值编码匹配(binary encoding)

对高光谱数据来说,由于存在较大的数据冗余度,为实施匹配,全部光谱数据的原始形式可能并不必要,所以 Goetz 提出了一系列对光谱进行二进制编码的建议(Goetz,1990),使得光谱可用简单的 0-1 来表述。最简单的编码方法是

$$h(n)=0,\text{如果 } x(n)\leqslant T$$
$$h(n)=1,\text{如果 } x(n)>T \tag{3.10}$$

式中,$x(n)$是像元第 n 通道的亮度值;$h(n)$是其编码,T 是选定的门限值,一般选为光谱的平均亮度,这样每个像元灰度值变为 1 bit。然而,二值编码匹配是比较简单的编码匹配,有时这种编码不能提供合理的光谱可分性,也不能保证测量光谱与数据库里的光谱库相匹配,所以需要更复杂的编码方式。

1)分段编码

对编码方式的一个简单变形是将光谱通道分成几段进行二值编码,对每一段来说,编码方式同上所示。这种方法要求每段的边界在所有像元矢量都相同。为使编码更加有效,段的选择可以根据光谱特征进行,例如在找到所有的吸收区域以后,边界可以根据吸收区域来选择。

2)多门限编码

采用多个门限进行编码可以加强编码光谱的描述性能。例如采用 2 个门限 T_a、T_b,可以将灰度划分为 3 个域:

$$h(n)\begin{cases}00 & x(n)\leqslant T_a\\01 & T_a\leqslant x(n)\leqslant T_b\\11 & x(n)\geqslant T_b\end{cases} \tag{3.11}$$

这样像元每个通道值编码为 2 位二进制数,像元的编码长度为通道数的 2 倍。事实上,两位码可以表达 4 个灰度范围,所以采用 3 个门限进行编码更加有效。

3)仅在一定波段进行编码

这个方法仅在最能区分不同地物覆盖类型的光谱区编码。如果不同波段的光谱行为是由不同的物理特征所主导,那么我们可以仅选择这些波段进行编码,这样既能达到良好的分类目的,又能提高编码和匹配识别效率。

一旦完成编码,则可利用基于最小距离的算法来进行匹配识别。使用二值编码匹配算法有助于提高图像光谱数据的分析处理效率。但是由于这种技术在处理编码过程中会失去许多细节光谱信息,因此只适用于粗略的分类和识别。所以编码的方法有待改进。

3.1.2.3 混合像元分解方法

目标的混合和物理分布的空间尺度大小决定了非线性的程度,大尺度的光谱混合完全可以被认为是一种线性混合,而小尺度的内部物质混合是非线性的。在高光谱应用中,利用非线性模型计算出结果要比用线性模型计算出的结果要好些,但非线性模型需要众多的输

入参数，这给实际应用带来了困难。非线性混合模型可以通过线性化转化为线性模型，而且线性模型在多种应用中取得了很好的效果。解决混合像元问题的过程称为混合像元分解或光谱解混，就是要根据遥感图像提供的信息判断出每个混合像元是由哪些纯像元以怎样的方式混合的。但是，真正严格意义上的纯像元只在理想状态下存在，实际上是不存在的，因此，我们在进行混合像元分解时通常用图像中包含某种特征地物比例很高的像元代替纯像元。这些用来代替纯像元的"近似纯像元"称为图像端元(对应于物理端元)或端元(张兵等，2011；罗文斐，2008)。

整个线性光谱解混技术流程分为端元数目的确定、降维处理以及线性光谱解混3个主要阶段。其中端元数目的确定和降维处理还隐含了对图像噪声的评估与去除的过程，能有效地改善光谱解混的精度。把图像投影到更低的维度空间进行分析，能够提高线性光谱解混的计算效率。尽管这些步骤对一些算法不是必需的，但是在整个技术流程当中起着重要作用。线性光谱解混是整个技术流程的核心和关键。

常用的端元提取方法有以下几种。

(1)纯像元指数(pure pixel index，PPI)算法(Boardman，1995)以线性光谱混合模型的几何学描述为基础，利用端元是遥感图像在特征空间中所形成的单形体的端点的特点以及单形体的向量投影性质进行端元提取。

(2)内部最大体积法(N-FINDR)算法(Winter，1999)以线性光谱混合模型的几何学描述为基础，利用高光谱数据在特征空间中的凸面单形体的特殊结构，通过寻找具有最大体积的单形体自动获取图像中的所有端元。

(3)顶点成分分析(vertex component analysis，VCA)算法(Nascimento，2005)以线性光谱混合模型的几何学描述为基础，通过反复寻找正交向量并计算图像矩阵在正交向量上的投影距离逐一提取端元。

(4)单形体投影方法(simplex projection methods，SPM)是一类方法的总称(Bajorski，2004)，这些方法的总体思路大致相同，某些细节有所区别。SPM的理论依据和最大体积法相似，但最大体积法的每次迭代是以像元到已有端元构成子空间的距离最大为标准提取新端元的，而SPM却是以像元到已有端元构成单形体的距离最大为标准。

(5)顺序最大角凸锥(sequential maximum angle convex cone，SMACC)法(Gruninger et al.，2004)可以在提取端元的同时得到丰度反演的结果。

(6)迭代误差分析(iterative error analysis，IEA)(Neville，1999)以线性光谱混合模型的代数学描述为基础，是一种不需要对原始数据进行降维或者去冗余而直接对数据进行处理的端元提取算法，以相对误差的大小作为判定端元的标准。

(7)外包单形体收缩(simplex shrink wrap algorithm，SSWA)算法(Fuhrmann，1999)仍然是利用特征空间中混合像元位于以端元为顶点的单形体中的特点，但不再假设"端元在图像中"并从已有像元点中提取端元，而试图通过寻找特征空间中包含所有像元点的体积最小的单形体来获得端元,因此其最大的优点是保证所有像元点一定在最终的端元形成的单形体之内(这正是算法名称中“外包”的含义),但缺点是提取的端元不在图像内,只能通过光谱而无法利用空间信息判断端元对应的地物。

(8)最小体积单形体分析(minimum volume simplex analysis,MVSA)(Jun et al.,2009)的原理来自最小体积变换(minimum volume transform,MVT)(Craig,1994)。与SSWA类似,也不需要假设“端元在图像中”,也是寻找包含所有像元点的体积最小的单形体来获得端元,与SSWA不同的是SSWA的最小体积是通过从外向内收缩得到的,而MVSA的最小体积是通过从内向外扩张得到的。

当获取了端元矩阵后,就要通过丰度反演求解高光谱图像中每个像元里各个端元所占的比例。丰度反演的方法主要有以下几种。

(1)最小二乘法(Heinz et al.,2001),根据满足丰度约束条件的程度可分为4种不同的最小二乘法:无约束最小二乘法(unconstrained least squares,UCLS)、“和为1”约束最小二乘法(sum-to-one constrainded least squares,SCLS)、“非负”约束最小二乘法(nonegatively constrainded least squares,NCLS)和全约束最小二乘法(fully constrainded least squares,FCLS)。

(2)滤波向量(filter vectors,FV)法(Bowles et al.,1997)是一种快速的丰度反演算法。其主要步骤是针对所有端元生成一组匹配滤波器,其中的每个滤波器只与一个端元相匹配而与其他端元正交。此算法反演结果精度不高,所以极少在实际运算中使用。

(3)迭代光谱混合分析(iterative spectral mixture analysis,ISMA)(Rogge et al.,2006)是一个端元筛选及丰度反演算法。迭代光谱混合分析方法在正式进行丰度反演之前对端元集合进行逐像元优化,也就是为每个像元生成专门的端元子集,最后,用这些子集对每个像元分别进行丰度反演。

(4)另外还有基于单形体体积和端元投影向量的丰度反演方法(耿修瑞,2005)。基于单形体体积的丰度反演方法根据替换后单形体与原单形体的体积比计算像元中端元的丰度。基于的丰度反演方法根据像元到超平面的距离与端元到超平面距离的比值计算像元中端元的丰度。

3.1.2.4 目标探测算法

与传统的基于高空间分辨率遥感影像的目标探测算法不同,高光谱遥感目标探测主要是依据地物在光谱特征上存在的差异进行检测识别。由于受到目标尺寸和地物复杂性的影响,我们所感兴趣的目标在高光谱图像中往往处于亚像元级或者弱信息状态。依据算法输入可分为:①已知目标、已知背景;②已知目标、未知背景;③未知目标、未知背景;④未知目标、已知背景。这里的“目标”和“背景”通常是指地物的反射率光谱曲线。在地质应用中,往往是目标已知而背景未知(张兵等,2011)。

对于已知目标光谱和背景光谱的情况,进行目标探测的基本思想是突出目标、抑制背景。正交子空间投影(orthogonal subspace projection,OSP)算法是这种情况下目标探测算法的代表。特征子空间投影(signature subspace projection,SSP)、斜子空间投影(oblique subspace projection,OBSP)等算法都是对OSP算法的改进。广义化似然比探测(generalized likelihood ratio test,GLRT)算法也是应用极为广泛的一种高光谱图像目标探测算法,相比于OSP算法,GLRT算法具有恒虚警率和信杂比最大化等特点。另外,还有将OBSP和GLRT结合的OGLRT算法,利用OBSP的特性解决了GLRT对背景信息精确性的依赖问题,能够在背景信息不全的情况下得到比较满意的目标探测结果。严格地说,GLRT算法是一种综合了子空间模型和概率统计模型的目标探测算法,与其类似的还有目标约束下的干扰最小化滤波(target constrained interference minimized filter,TCIMF)算法。TCIMF算法在假定目标、背景、噪声可分离的基础上寻找一个能够同时约束目标和背景的约束向量,使得目标可以被探测而背景同时被消除。

在仅知道目标地物的光谱而未知背景的情况下,可以通过三种途径来进行目标探测。第一种途径是前面提到的光谱匹配算法,如最小距离法、光谱角度填图、交叉相关光谱匹配、二值编码匹配算法等。由于这种方法既没有用到目标与背景的信息量分布的差别,也没有利用高光谱图像在其特征空间目标与背景的相对位置的差别,因而一般得不到好的目标探测效果。第二种途径利用样本相关矩阵(或者协方差矩阵)的性质进行目标探测,约束能量最小化算法(constrained energy minimization,CEM)、自适应余弦一致性评估器算法(adaptive coherence/cosine estimator,ACE)、自适应匹配滤波算法(adaptive matched filter,AMF)都是应用广泛的小目标提取算法。第三种途径是利用混合像元分解技术进行端元提取,获得背景信息,转化为已知目标、已知背景的情况。

在未知目标、未知背景的情况下有两种常见的处理方式,一种是直接根据信息量的分布进行异常目标探测;另一种是利用混合像元分解中的端元提取技术获得目标及背景信息的非监督亚像元探测。异常目标探测的经典算法都是基于概率统计模型的,主要有异常探测(I S Reed and X Yu's detector,RXD)算法、低概率目标探测(low probability target detector,LPTD)算法和均衡目标探测(uniform target detector,UTD)算法。非监督亚像元探测方法包括非监督向量量化(unsupervised vector quantization,UVQ)算法、非监督目标生成处理(unsupervised target generation process,UTGP)算法等,实质上这些都是端元提取的方法。

在岩石和矿物填图中,通过实测光谱或者光谱库光谱可以知道目标的光谱特性,即往往目标已知。下面简要介绍了几种常用的已知目标的目标探测算法。

1.正交子空间投影算法(OSP)

正交子空间投影方法最初是被用于高光谱图像的分类(Harsanyi,1994;Chang,2007)。它利用线性混合模型来解混感兴趣的目标。假设 L 是光谱的波段数,$\boldsymbol{x}$ 为高光谱图像中的 $L\times1$ 像元列向量,假设 $\{t_1,t_2,\cdots,t_p\}$ 是图像中存在的感兴趣目标集合,$\boldsymbol{m}_1,\boldsymbol{m}_2,\cdots,\boldsymbol{m}_p$ 为其对应的光谱特征，$\boldsymbol{M}$ 为 $L\times p$ 目标特征矩阵 $[\boldsymbol{m}_1,\boldsymbol{m}_2,\cdots,\boldsymbol{m}_p]$，$\boldsymbol{m}_j$ 为 $L\times 1$ 列向量，表示存在于图像中的第 j 个目标的光谱特征，p 为目标的个数。用 $\boldsymbol{\alpha}=(\alpha_1,\alpha_2,\cdots,\alpha_p)^{\mathrm{T}}$ 表示与 $\boldsymbol{x}$ 有关的 $p\times 1$ 丰度列向量，α_j 为第 j 个目标特征 m_j 在 $\boldsymbol{x}$ 中的丰度。则光谱 $\boldsymbol{x}$ 可以用下面的线性模型表示：

$$\boldsymbol{x}=\boldsymbol{M\alpha}+\boldsymbol{n} \tag{3.12}$$

其中，$\boldsymbol{n}$ 为误差项，表示噪声、测量误差或者模型误差。

公式(3.12)中必须假设目标 $\boldsymbol{M}$ 已知，我们进一步假设 $\boldsymbol{d}=\boldsymbol{m}_p$ 为所要提取的感兴趣目标光谱特征，$\boldsymbol{U}=[\boldsymbol{m}_1,\boldsymbol{m}_2,\cdots,\boldsymbol{m}_{p-1}]$ 为背景目标光谱特征矩阵，其由 $\boldsymbol{M}$ 中其余的 $p-1$ 个不需提取的目标特征组成，则方程可以表示为

$$\boldsymbol{x}=\boldsymbol{d}\alpha_p+\boldsymbol{U\gamma}+\boldsymbol{n} \tag{3.13}$$

其中，$\boldsymbol{\gamma}$ 为与 $\boldsymbol{U}$ 有关的丰度向量。公式(3.13)分离了感兴趣目标 $\boldsymbol{d}$ 和背景目标 $\boldsymbol{U}$，可以设计如下正交子空间投影，背景的正交子空间投影矩阵用 $\boldsymbol{P}_U^{\perp}$ 表示：

$$\boldsymbol{P}_U^{\perp}=\boldsymbol{I}-\boldsymbol{UU}^{+} \tag{3.14}$$

其中，“+”表示加号广义逆，也叫作 moore-penrose 逆矩阵，$\boldsymbol{U}^{+}=(\boldsymbol{U}^{\mathrm{T}}\boldsymbol{U})^{-1}\boldsymbol{U}^{\mathrm{T}}$。

将算子 $\boldsymbol{P}_U^{\perp}$ 作用于公式(3.13)，则

$$\boldsymbol{P}_U^{\perp}\boldsymbol{x}=\boldsymbol{P}_U^{\perp}\boldsymbol{d}\alpha_p+\boldsymbol{P}_U^{\perp}\boldsymbol{n} \tag{3.15}$$

可以看出这是一个标准的信号探测问题。如果以信噪比作为优化的标准，最优的方法是选择一个匹配滤波 $\boldsymbol{M}_d$，

$$\boldsymbol{M}_d(\boldsymbol{P}_U^{\perp}\boldsymbol{x})=\kappa\boldsymbol{d}^{\mathrm{T}}\boldsymbol{P}_U^{\perp}\boldsymbol{x} \tag{3.16}$$

匹配滤波对应特征值 $\boldsymbol{d}$，κ 是一个常量。当 $\kappa=1$ 时可以得到以下 OSP 探测算子(Harsanyi，1993)：

$$\boldsymbol{y}=D_{\mathrm{OSP}}(\boldsymbol{x})=\boldsymbol{d}^{\mathrm{T}}\boldsymbol{P}_U^{\perp}\boldsymbol{x}=(\boldsymbol{d}^{\mathrm{T}}\boldsymbol{P}_U^{\perp}\boldsymbol{d})\alpha_p+\boldsymbol{d}^{\mathrm{T}}\boldsymbol{P}_U^{\perp}\boldsymbol{n} \tag{3.17}$$

依据投影矩阵的幂等性质，OSP 探测算法可以看作是将样本向量 $\boldsymbol{x}$ 与目标向量 $\boldsymbol{d}$ 均投影到正交子空间 $[\boldsymbol{U}]^{\mathrm{T}}$ 中做内积，达到最大化信噪比的结果。

2. 约束能量最小化算法(CEM)

约束能量最小化方法是在仅知道感兴趣目标的光谱，而对背景一无所知的条件下对目标进行探测和提取的算法(耿修瑞，2007；童庆禧等，2006；Chang，2007；刘翔，2008)。CEM 来源于数字信号处理领域中的线性约束最小方差波束形成器，该方法的思想是提取特定方向的信号而衰减其他方向的信号干扰。这种方法很适合感兴趣的成分占图像总方差比例很小的情况，能突出某种地物信息(目标)，压制别的地物信息(背景)，从而达到从图像中分离某种地物的效果，即高光谱图像目标探测。

记 $\boldsymbol{S}=\{\boldsymbol{x}_1,\boldsymbol{x}_2,\cdots,\boldsymbol{x}_N\}$ 为所有观测样本集合，其中 $\boldsymbol{x}_i$ 为任一样本像元向量($i=1,2,\cdots,N$)，N 为像元的个数，假设 L 为图像的波段数，$\boldsymbol{d}$ 是我们所感兴趣的目标。CEM 的目的就是设计一个 FIR 线性滤波算法向量 $\boldsymbol{w}=(w_1,w_2,\cdots,w_L)^{\mathrm{T}}$，使得在如下条件下滤波输出能量

最小：

$$w^{\mathrm{T}}d = 1 \tag{3.18}$$

当输入为 x_i 时，记探测统计量 y_i 为经过滤波算法的输出，$y_i = w^{\mathrm{T}} x_i = x_i^{\mathrm{T}} w$。

于是，所有观测样本经过滤波算法 w 的平均输出能量为

$$\frac{1}{N}\left[\sum_{i=1}^{N} y_i^2\right] = \frac{1}{N}\left[\sum (x_i^{\mathrm{T}} w)^{\mathrm{T}} x_i^{\mathrm{T}} w\right] = w^{\mathrm{T}}\left(\frac{1}{N}\left[\sum x_i x_i^{\mathrm{T}}\right]\right) w = w^{\mathrm{T}} R w \tag{3.19}$$

这里 $R = \frac{1}{N}\left[\sum_{i=1}^{N} x_i x_i^{\mathrm{T}}\right]$，为样本集合 S 的样本自相关矩阵。这样，滤波算法 w 的设计可以归结为如下最小值问题：

$$\begin{cases} \min_{w}\left(\frac{1}{N}\left[\sum_{i=1}^{N} y_i^2\right]\right) = \min_{w}(w^{\mathrm{T}} R w) \\ d^{\mathrm{T}} w = 1 \end{cases} \tag{3.20}$$

对于条件极值问题，用 Langrange 乘子法求公式(3.20)的解即为 CEM 算子：

$$w^{*} = \frac{R^{-1} d}{d^{\mathrm{T}} R^{-1} d} \tag{3.21}$$

将 CEM 算子作用于图像中的每个像元，将得到目标 d 在图像中的分布情况，实现对目标 d 的探测，如下：

$$y = D_{\mathrm{CEM}}(x) = w^{*\,T} x = \left(\frac{R^{-1} d}{d^{\mathrm{T}} R^{-1} d}\right)^{\mathrm{T}} x = \frac{x^{\mathrm{T}} R^{-1} d}{d^{\mathrm{T}} R^{-1} d} \tag{3.22}$$

当 R 为病态矩阵时，即 R 的最大特征值与最小特征值之比非常大的时候。R^{-1} 的精度由于数值误差而显著下降。为了更精确地计算出 R^{-1}，一般用相关矩阵 R 的前 p 个具有显著意义的主分量来近似替代 R：

$$\hat{R} = \tilde{V} \tilde{\Lambda} \tilde{V}^{\mathrm{T}} \tag{3.23}$$

式中，$\tilde{V} = (v_1, v_2, \cdots, v_p)$ 为一 $K \times S$ 矩阵，$\tilde{\Lambda} = \mathrm{diag}(\lambda_1, \lambda_2, ..., \lambda_p)$ 为 $p \times p$ 对角矩阵，v_i 为矩阵 R 的特征值 λ_i 对应的特征向量($i = 1, 2, \cdots, p$)。在公式(3.23)中，用 $\Lambda^{-1} = \mathrm{diag}(\lambda_1^{-1}, \lambda_2^{-1}, \cdots, \lambda_L^{-1})$ 取代 $\tilde{\Lambda}$ 即可得到 R^{-1} 的近似。有时为了简便起见，也可以直接通过波段合并来处理 R 为病态矩阵的情形，使向量 x 的维数降低，再求出 R 的特征值。

3. ACE 和 AMF 探测算法

以上讨论的算法都是假设在统计背景的时候不包括目标信息得到协方差矩阵 $\sum$，但实际上统计背景的时候很难剔除目标，而是直接统计全图得到近似协方差矩阵 $\hat{\Gamma}$。自适应余弦一致性评估器(ACE)(Kraut，1999)和自适应匹配滤波算法(AMF)(Robey，1992)是广义化似然比探测算法(GLRT)的两种自适应版本。这两种方法既用到了概率统计模型，也用到了子空间投影模型，这里称为混合背景模型(Manolakis et al.，2003；刘翔，2008)。

根据定义，亚像元目标仅仅占有像元区域的部分位置。像元剩余部分由背景的一种或多种物质填充。由于地物混合的结果，观测光谱信号可以采用背景和目标光谱的线性组合

表示，而且，总会有多源加性噪声存在（主要有传感器和大气因素）。选择不同的用来描述目标和背景光谱变化的数学模型（子空间法和统计法），将导致不同的亚像元目标探测算法。

在混合背景模型中，为方便起见假设加性噪声已经包含在背景 $\boldsymbol{v}$ 中，$\boldsymbol{v}$ 依次用均值向量为 $\boldsymbol{\mu}_0$、协方差矩阵为 $\boldsymbol{\Gamma}_0$ 的多元正态分布表示。就是 $\boldsymbol{v} \sim N(\boldsymbol{\mu}, \boldsymbol{\Gamma})$。（为方便讨论，以后去掉 0 下标，从观测值 $\boldsymbol{x}$ 中移去均值 $\boldsymbol{\mu}_0$，因此自相关矩阵 $\boldsymbol{R}$ 和协方差矩阵 $\boldsymbol{\Gamma}$ 相等）完整的假设如下所示：

$$H_0: \boldsymbol{x} = \boldsymbol{v} \quad \text{目标不存在}$$
$$H_1: \boldsymbol{x} = \boldsymbol{S}a + \boldsymbol{v} \quad \text{目标存在} \tag{3.24}$$

因此，在 H_0 中 $\boldsymbol{x} \sim N(0, \boldsymbol{\Gamma})$，在 H_1 中 $\boldsymbol{x} \sim N(\boldsymbol{S}a, \boldsymbol{\Gamma})$，除此之外，我们假设有一套训练背景像素 $\boldsymbol{x}_i$，$1 \leqslant x \leqslant N$，$N$ 为像素总数量，它们是独立同分布的。假设试验像素 x 和训练背景像素在统计上独立。特别需要注意的是，由于 HSI 数据有一个非零的均值，我们必须从图像立方体和目标子空间中去除估计均值以服从该模型要求。使用背景协方差矩阵探测器有几个关键性假设：①背景均匀并可由一个多元正态分布表示；②背景光谱虽受到测试像素的光谱的干扰，但有着和参与背景训练像素相同的协方差矩阵；③测试和训练像素都是独立的；④目标和背景光谱只以加性方式相互作用。

使用无显著性似然比（generalized likelihood ratio，GLR）方法获得如下探测器（Kelly，1986）：

$$D_k(\boldsymbol{x}) = \frac{\boldsymbol{x}^{\mathrm{T}} \hat{\boldsymbol{\Gamma}}^{-1} \boldsymbol{S} (\boldsymbol{S}^{\mathrm{T}} \hat{\boldsymbol{\Gamma}}^{-1} \boldsymbol{S})^{-1} \boldsymbol{S} \boldsymbol{T} \hat{\boldsymbol{\Gamma}}^{-1} \boldsymbol{x}}{N + \boldsymbol{x}^{\mathrm{T}} \hat{\boldsymbol{\Gamma}}^{-1} \boldsymbol{x}} \overset{H_1 \quad H_0}{> <} \eta_k \tag{3.25}$$

这里 $\hat{\boldsymbol{\Gamma}}$ 是协方差矩阵的极大似然评估。

$$\hat{\boldsymbol{\Gamma}} = \frac{1}{N} \sum_{i=1}^{N} \boldsymbol{x}_i \boldsymbol{x}_i^{\mathrm{T}} \tag{3.26}$$

尽管这里没有和 GLR 测试相关联的最优性判别法（Kay，2013），它可以推导出很多实用的探测器。门限参数 η_k 同时决定了探测概率 P_{D} 和虚警概率 P_{FA}。

矩阵 $\boldsymbol{S}$ 包含目标先验可变性信息。当我们增加 P（目标子空间维数）的大小时这个信息减少，在 $P=L$ 时变为最小。这种情况下，我们只知道寻找位于数据子空间的确定性目标。由于矩阵 $\boldsymbol{S}$ 满秩，所以可求逆，公式（3.25）可推导出如下探测器：

$$D_{\mathrm{A}}(\boldsymbol{x}) = \boldsymbol{x}^{\mathrm{T}} \hat{\boldsymbol{\Gamma}}^{-1} \boldsymbol{x} \overset{H_1 \quad H_0}{> <} \eta_{\mathrm{A}} \tag{3.27}$$

$D_{\mathrm{A}}(\boldsymbol{x})$ 从背景均值估计测试像素马氏距离，简化的背景数据均值为 0。公式 3.27 算法有着 CFAR（constant false alarm rate detectors）特性，它是马氏距离目标探测公式的适应性版本，已被广泛应用在多光谱和高光谱图像应用的异常探测中。

公式（3.25）中一个关键性假设是在两种假设物质中背景协方差矩阵相同。然而，对于子像素目标，在两种假设中的背景覆盖区域数量是不相同的。因此，使用如下的假设更加合适：

$$H_0: \boldsymbol{x} = \boldsymbol{v} \quad \text{目标不存在}$$

$$H_1: \boldsymbol{x} = \boldsymbol{S}a + \sigma \boldsymbol{v} \quad 目标存在 \tag{3.28}$$

该假设意味着在 H_0 中 $\boldsymbol{x} \sim N(0, \sigma^2 \boldsymbol{\Gamma})$，在 H_1 中 $\boldsymbol{x} \sim N(\boldsymbol{S}a, \sigma^2 \boldsymbol{\Gamma})$。换句话说，背景在两种假设下有着相同的协方差结构但有着不同的方差。该方差直接关系到目标填充因数，也就是，目标物体占据像素区域的百分比。用 GLR 方法可推导出如下的适应性一致/余弦评估(ACE)探测器(Kraut，1999，2001)：

$$D_{\mathrm{ACE}}(\boldsymbol{x}) = \frac{\boldsymbol{x}^{\mathrm{T}} \hat{\boldsymbol{\Gamma}}^{-1} \boldsymbol{S}(\boldsymbol{S}^{\mathrm{T}} \hat{\boldsymbol{\Gamma}}^{-1} \boldsymbol{S})^{-1} \boldsymbol{S}^{\mathrm{T}} \hat{\boldsymbol{\Gamma}}^{-1} \boldsymbol{x}}{\boldsymbol{x}^{\mathrm{T}} \hat{\boldsymbol{\Gamma}}^{-1} \boldsymbol{x}} \overset{H_1}{>} \overset{H_0}{<} \eta_{\mathrm{ACE}} \tag{3.29}$$

该公式可以通过公式(3.25)获得，只需在分母中去掉附加项 N 即可。

对于强度有变化的目标，我们有 $P=1$ 和目标子空间 $\boldsymbol{S}$ 由单一向量 $\boldsymbol{s}$ 的方向确定的限制条件。然后前面 GLR 探测器公式可简化成：

$$\boldsymbol{y} = D(\boldsymbol{x}) = \frac{(\boldsymbol{s}^{\mathrm{T}} \hat{\boldsymbol{\Gamma}}^{-1} \boldsymbol{x})^2}{(\boldsymbol{s}^{\mathrm{T}} \hat{\boldsymbol{\Gamma}}^{-1} \boldsymbol{s})(\psi_1 + \psi_2 \boldsymbol{x}^{\mathrm{T}} \hat{\boldsymbol{\Gamma}}^{-1} \boldsymbol{x})} \overset{H_1}{>} \overset{H_0}{<} \eta \tag{3.30}$$

这里对于 Kelly 探测器有($\varphi_1 = N, \varphi_2 = 1$)，对于 ACE 有($\varphi_1 = 0, \varphi_2 = 1$)。Kelly 的算法起源于实值信号，已在多光谱目标探测得到应用(Yu et al.，1993)。最后我们注意到，如果($\varphi_1 = N, \varphi_2 = 0$)我们可以获得适应性匹配滤波(AMF)探测器。

4. 椭圆形轮廓分布探测算法(ECD)

依据前面的假设，求得背景的均值 μ 和协方差矩阵 $\boldsymbol{\Gamma}$ 后，上面的算法就用多维正态分布模型近似模拟背景。但事实上，这种正态分布模型并不能很好地描述背景的变化情况。需要用更符合实际情况的模型表述它。这里研究使用椭圆形轮廓分布(elliptically contoured distributions，ECD)模型描述背景。针对高光谱数据求取 ECD 模型下的探测算法决策边界也成为近期的研究热点(Schaum et al.，2003；Kendall，2005)。

我们先前对高光谱图像目标探测分析都是假设背景和目标信号模型为多维变量正态分布模型的。然而在实际情况中，探测算法对背景像元的实际响应模型不同于假设的高斯背景分布模型。

显然，对该探测统计量取阈值永远不可能达到最优，除非推翻背景分布为正态分布的假设，并能够用一种合理的分布描述背景。而非高斯模型进行背景统计就是一个很好的选择。如果用非高斯模型(EC 模型)设计探测算法，有时可以很好地显示出目标，提高检测概率。在自然地物场景中，更多的分布是服从 EC 分布的，因此在数学上用 ECD 分布更能够描述实际的场景高光谱图像。而针对高光谱图像目标探测，Kraut(1999)的 ACE 算法、Robey(1992)的 AMF 算法、Scharf(1994)的 GLRT 算法都是基于正态分布得出的 CFAR 探测算法。

在理论上和实际经验中，用白化变换的方法描述高光谱探测算法是非常方便的，假设变换矩阵为 $\boldsymbol{W}$。所有白化向量 $\boldsymbol{z}$ 具有零均值和单位协方差矩阵的性质。除此之外，向量中每个元素随机变量均符合 ECD 分布要求。对应到变换的高光谱图像里则表示各个波段的方差均为 1，各个波段之间的相关性为 0，各个波段 DN 值服从 ECD 分布。类似于主成分变换

(PC),但比主成分变换结果要求更加苛刻。

在白化坐标系统中,具有 CFAR 性质的线性匹配滤波算法(linear matched filter,LMF)就可以简化为如下的形式,如前面提到的 Fisher 判别准则和 CEM 算法:

$$D(\boldsymbol{z}) = \tilde{\boldsymbol{d}}_w \boldsymbol{z} \tag{3.31}$$

其中,$\tilde{\boldsymbol{d}}_w$ 代表在白化后目标均值向量在 $\boldsymbol{d}_w$ 方向上的单位向量,且

$$\boldsymbol{d}_w = \boldsymbol{W}(\boldsymbol{d} - \boldsymbol{\mu}), \tilde{\boldsymbol{d}}_w = \frac{\boldsymbol{d}_w}{||\boldsymbol{d}_w||} \tag{3.32}$$

$\tilde{\boldsymbol{d}}_w$ 取决于背景参数($\boldsymbol{\mu}, \boldsymbol{\Gamma}$)和目标均值 $\boldsymbol{d}_w$。因为 $\boldsymbol{z}$ 的分布是超球形对称的。在这样的空间中检测目标无论背景怎么变化将肯定有不变的虚警概率。但即使这样,它对目标均值的任何变化仍非常敏感。

在白化空间中,概率密度函数假设为 ECD 分布,该情况下 $p=2$,ECD 分布概率密度函数公式如下:

$$p_B(w) = N_p \exp(-\frac{||\boldsymbol{z}||^p}{c_p}) \tag{3.33}$$

公式(3.33)说明白化空间中该椭圆轮廓分布的概率密度函数只和变量 $\boldsymbol{z}$ 有关,而与背景的参数,诸如 $\boldsymbol{\mu}$、$\boldsymbol{\Gamma}$ 无关,N_p、c_p 只是对应的系数。

如果该函数代替高斯函数应用在加性目标模型中,只要 $0<p<2$,公式(3.33)将得到更加精确的决策面。该高级探测算法的一般形式为

$$D(\boldsymbol{z}) = ||\boldsymbol{z}||^p - ||\boldsymbol{z} - \boldsymbol{d}_w||^p \tag{3.34}$$

当 $p=2$ 的时候,

$$D(\boldsymbol{z}) = ||\boldsymbol{z}||^2 - ||\boldsymbol{z} - \boldsymbol{d}_w||^2 = \boldsymbol{z}^{\mathrm{T}}\boldsymbol{z} - (\boldsymbol{z} - \boldsymbol{d}_w)^{\mathrm{T}}(\boldsymbol{z} - \boldsymbol{d}_w) = 2\boldsymbol{z}^{\mathrm{T}}\boldsymbol{d}_w - \boldsymbol{d}_w^{\mathrm{T}}\boldsymbol{d}_w \tag{3.35}$$

对于向量 $\boldsymbol{z}$ 的阶数为 1 阶,此时探测算法就变成线性匹配滤波算法(LMF)系列探测算法。

当 $p=1$ 时,原始空间中的公式如下:

$$\boldsymbol{y} = D(\boldsymbol{x}) = [(\boldsymbol{x} - \boldsymbol{\mu})^{\mathrm{T}} \boldsymbol{\Sigma}^{-1} (\boldsymbol{x} - \boldsymbol{\mu})]^{1/2} - [(\boldsymbol{x} - \boldsymbol{d})^{\mathrm{T}} \boldsymbol{\Sigma}^{-1} (\boldsymbol{x} - \boldsymbol{d})]^{1/2} \tag{3.36}$$

即为这里设计需要研究的 ECD 探测算法之一:双曲线门限型 ECD 探测算法(elliptically contoured distributions detector with hyperbola threshold,ECDHyT)。

当针对一种特殊的背景变化模型时,ECD 分布模型已被专家证明在某些情况下很有用(Schaum,2007)。该模型就是协方差均衡化模型(covariance equalization,CE)。CE 模型能够敏感的预测信号随着环境的变化,而不仅仅是跟踪背景均值的变化。也就是说,ECD 分布在背景的光照强度变化、传感器暗电流、感光度、动态范围等线性参数变化情况下,(光谱响应函数、过饱和、调制传递函数、大气影响等非线性参数差异不包括在内)CE 模型是一个受限的仿射变换模型。即这些线性参数的变化导致的背景变化,并不会使背景白化空间中 ECD 分布发生改变,从而探测结果也不会改变,CFAR 恒定。

3.1.2.5 基于光谱知识的智能识别方法

对于高维与超大容量的高光谱数据以及大量的实验室光谱研究结果等迫切要求新的、高效的遥感识别与定量分析技术。因此，专家系统、人工神经网络、模糊识别等基于光谱知识的智能识别应运而生。神经网络技术是应用最广泛的识别技术，基于目标分解的神经网络分类能在一定程度上解决高光谱遥感图像目标探测中同种地物被划分为两类的问题。甘甫平等(2004)基于神经网络，利用岩矿的完全波形光谱对岩矿进行识别。Chen 等(2010)利用一种基于规则的系统对美国内华达地区矿物进行了识别，并获得明显比 SAM、SFF、最小距离法和最大似然法更好的结果。Mountrakis 等(2011)提出的支持向量机等常见机器学习算法也被用于高光谱遥感数据的光谱分析。

Zhang 等(2011a，2011b)在国际上首次引入了群智能领域的蚁群(ant colony algorithm，ACO)和粒子群(particle swarmoptimization，PSO)算法进行了端元提取建模和优化，分别提出了基于蚁群优化和基于粒子群优化的高光谱图像端元提取算法，在美国内华达地区的 ARIVIS 高光谱影像上取得成功应用。在 ACO 算法中将端元提取问题的优化模型的可行解空间描述为一个有向有权图(图 3.3)，用该图描述像元之间的关系并将端元提取问题转化为最优化中的最短路径问题，重新定义了单个蚂蚁行动规则和多个蚂蚁信息交互规则，得到了基于蚁群优化的高光谱图像端元提取算法。在 PSO 算法中对现有粒子群优化算法进行了改进，重新定义了位置和速度的表示方法和更新策略，得到了离散粒子群算法。该算法能够在离散空间中进行搜索，解决优化问题。通过定义目标函数和可行解空间，将端元提取问题转化为优化问题，最终实现了基于粒子群优化的高光谱图像端元提取。

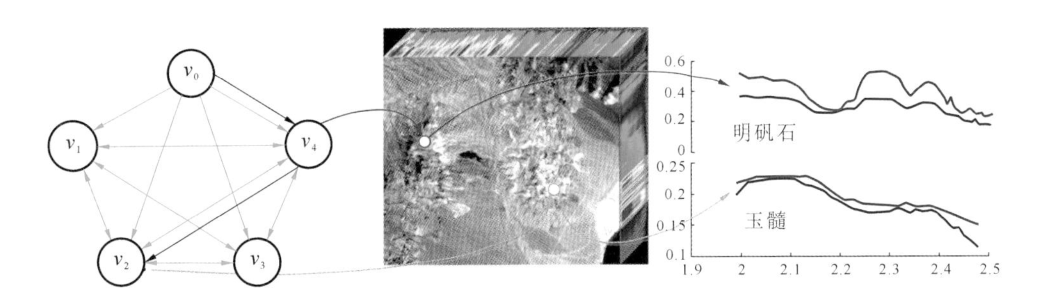

图 3.3 高光谱图像混合像元群智能优化分解

Gao 等(2015)提出了多算法集成策略优化了群智能搜索的可行解空间，通过切片处理和 VCA 提取，提高了算法计算的稳定性，并充分利用群智能算法具有高并行性的优势，基于图形处理器(graphics processing unit，GPU)实现了高精度和高效率的混合像元群智能优化分解(表 3.1)。实验结果表明，提出的 ACO 和 PSO 算法能够很好地规避现有端元提取算法由于模型原因而产生的固有缺点，对于图像噪声、维度变化和异常像元具有很好的适应能力。

表 3.1 Cuprite 地区图像各算法端元提取结果光谱夹角比较

端元提取算法	明矾石 GDS84	方解石 WS272	高岭石 KGa-1	白云母 GDS107	光谱角	RMSE
N-FINDR	6.849	6.173	5.602	6.204	6.207	4.480
PPI	11.526	6.115	6.763	7.462	7.967	5.902
VCA	6.350	4.459	5.307	6.427	5.636	4.267
ACO	4.186	4.698	5.083	6.124	5.023	3.326
DPSO	4.186	5.017	5.083	6.124	5.102	3.214

注：列出了各算法提取的端元与它们对应的光谱库光谱之间的光谱夹角，只对比了 4 种最典型的矿物类型。

基于光谱知识的智能识别技术方法与系统是应用成像光谱遥感数据进行地物信息识别、提取与量化以及实用化的发展方向，极具潜力。但也要求更高的光谱分辨率以及更为严格的配套参数的岩矿光谱。

3.1.2.6 权重综合判定方法

通过上文所提到的方法可以获得目标光谱的一系列指数，如吸收深度、吸收面积、匹配度（光谱角余弦、相似系数、特征匹配度）、丰度等，Debba（2005）针对 SAM 和 SFF 建立了权重函数。针对目标光谱的多个指数，建立了以下 3 种权重判决函数。

1. 二值权重函数（binary weights function）

利用二值权重来表示一个目标（像元）中是否存在某种矿物、蚀变或其组合。$\vec{x}$为目标光谱（像元光谱）向量，$f(\vec{x})_i$ 为目标的第 i 个指数（吸收指数或者匹配度），θ_i 为其阈值，则其二值权重 $w_b[f(\vec{x})_i]$定义为

$$w_b[f(\vec{x})_i] = \begin{cases} 0, & 若 \quad f(\vec{x})_i < \theta_i \\ 1, & 若 \quad f(\vec{x})_i \geqslant \theta_i \end{cases} \tag{3.37}$$

2. 比例权重函数（scaled weights function）

利用比例权重来表示一个目标（像元）中是某种矿物、蚀变或其组合的可能性或者丰度。$\vec{x}$为目标光谱（像元光谱）向量，$f(\vec{x})_i$ 为目标的第 i 个指数（吸收指数或者匹配度），$f(\vec{x})_i^{\max}$ 为其最大值，θ_i 为其阈值，则其比例权重 $w_s[f(\vec{x})_i]$定义如下，每个权重值规一化到 0-1：

$$w_s[f(\vec{x})_i] = \begin{cases} 0, & 若 \quad f(\vec{x})_i < \theta_i \\ \dfrac{f(\vec{x})_i - \theta_i}{f(\vec{x})_i^{\max} - \theta_i}, & 若 \quad f(\vec{x})_i \geqslant \theta_i \end{cases} \tag{3.38}$$

3. 综合权重函数（integrate weights function）

综合权重函数利用多个比例权重指数来表示一个目标（像元）中是某种矿物、蚀变或其组合的可能性或者丰度，$\vec{x}$ 为目标光谱（像元光谱）向量，$w_s[f(\vec{x})_i]$ 为第 i 个指数的比例权重，k_i 为第 i 个指数在所有参与判决的指数中的权重，$0 \leqslant k_i \leqslant 1$ 且 $\sum k_i = 1$，则综合权重定义为

$$
w_i[f(\vec{x})_i] = \begin{cases} \sum k_i w_s[f(\vec{x})_i], & \text{若} \quad w_s[f(\vec{x})_i] > 0 \\ 0, & \text{其他} \end{cases} \tag{3.39}
$$

二值权重函数可以快速提取出目标可能的分布，而综合权重函数可以利用多个指数，包括吸收指数和匹配度，可以增加判决的可信度，不过每个权重函数都要人工确定阈值，要求对研究区有一定的先验知识。

3.2 蚀变矿物组合光谱识别

围岩受到气水热液的交代作用后而发生的各种变化，称为围岩蚀变，蚀变后的围岩叫蚀变围岩或蚀变岩石。围岩经蚀变后，不仅发生化学成分和矿物成分的变化，而且结构、构造、孔隙度以至于颜色上都可发生变化。围岩蚀变是气水热液矿床最普遍和最重要的特征之一。围岩蚀变是气水热液成矿过程中的产物，所以从蚀变岩石中的矿物成分可以推测原来热液的一些物理化学性质和矿物形成的条件，从而可以帮助分析成矿物质的富集规律和矿床的形成等。

围岩蚀变是一种重要的找矿标志，因它比矿体分布范围大，故在找矿时易于发现，特别是对寻找地下盲矿体有着重要的指导意义(刘文治，1985)。利用蚀变岩石组合的组成矿物、分布范围和强度，可以预测矿产的种类、赋存位置以及富集程度。不同类型岩石中的矿物组分、不同矿种不同成因类型矿床的矿物生成序列、矿物的共生和伴生组合、蚀变类型和蚀变矿物组合及分带、标型矿物等都有其一定的内在规律，受地质活动历史和地质环境的影响和制约。在地质找矿中，蚀变矿物组合和蚀变分带比单一的蚀变矿物更具有指导和决策意义，很多情况下，并不需要逐一识别出各种单一的矿物成分，更需要的是识别出矿物的组合及其分带。因此，在找矿应用中，针对不同情况，可分别采用基于单矿物识别和基于混合矿物(蚀变带)识别两种应用模式。

矿物混合光谱特征分析是成像光谱依据矿物波形特征识别矿物及其组分的过程中最为复杂的问题，矿物混合光谱效应会产生光谱的谱带漂移、谱带的组合和叠加、特征掩匿和吸收强度的变化(甘甫平等，2004)，因此在具体的矿物识别中要根据工作区的具体情况分析混合类型，得到矿物或岩石的混合光谱。不同的蚀变带都具有不同的蚀变矿物组合，蚀变带的光谱其实是蚀变矿物组合的混合光谱，因此可以依据矿物组合的混合光谱提取蚀变带的分布，从而克服单矿物识别的困难，识别的工作量也会大大减少。蚀变带矿物组合的光谱的获取方法有两种，一种是利用标准光谱库中的单矿物光谱，按照所要识别的蚀变矿物组合，利用本书第 2 章中建立的光谱混合模型，进行光谱模拟，建立不同矿物组合的模拟光谱库；第二种是根据野外已知不同岩石矿化带的实测光谱，这种方法要求进行野外采样和光谱测试，并对样品蚀变矿物组合做分析，而且要求所获取的光谱具有一定的代表性(李庆亭，2009，2012)。

蚀变矿物及其组合的高光谱遥感识别方法如前面所述，主要包括：基于诊断性吸收光谱特征的光谱识别、基于光谱相似性测度的光谱匹配、混合像元分解方法、目标探测算法、基于光谱知识的智能识别方法等，但这些高光谱数据处理和分析的核心是地物光谱分析。在高光谱数据光谱分析中，一般首先借助于地面光谱测量和实验室光谱测量数据，分析得到具有诊断性意义的光谱特征，确定适于岩矿光谱识别的光谱范围。针对岩石和矿物的光谱特征和分布规律，不同的提取方法具有不同的实用性，因此对于不用的岩石和矿物，可以有针对性地选择效果比较好的提取算法。在光谱分辨率和信噪比都满足的条件下，基于光谱诊断性特征和基于专家知识的识别方法比较有效，而在光谱分辨率和信噪比较低的情况下，光谱匹配的方法识别效果更好一些。对于找矿有价值的蚀变矿物，往往低概率出露，特别是在植被覆盖区，此种情况下可以优先选择能够压抑背景突出小目标的目标探测算法。混合像元分解算法不仅可以提取矿物的分布信息，而且可以给出矿物的丰度信息，为遥感找矿提供了更好的信息，但同时也要求高光谱遥感数据的质量较高才能满足提取的精度。

本书简述了几种主要的蚀变类型及其所含矿物的光谱特征和用于光谱识别的光谱范围。

3.2.1 褐铁矿化

黄铁矿是最普遍的硫化物矿物，呈浅黄铜色，条痕为绿黑色或褐色。黄铁矿为不透明矿物，其光谱特征在遥感中是难以识别的。但是黄铁矿容易氧化并形成不溶解的褐铁矿化“铁帽”。褐铁矿主要是由针铁矿、水针铁矿、纤铁矿组成。在富氧的条件下，可导致黄铁矿完全氧化，而变成黄钾铁矾。

褐铁矿、针铁矿、黄钾铁矾的可见光—短波红外光谱如图 3.4 所示。褐铁矿化在 0.67 μm、0.9 μm 存在明显的铁吸收特征，黄钾铁矾在 2.28 μm 具有特征吸收。黄铁矿在可见光—短波红外波段反射率整体较低。

在 8～12 μm 波段，针铁矿具有 10.8 μm 低峰值特征，黄钾铁矾具有 9.2 μm、10 μm 弱低峰值特征。

对于褐铁矿化，0.4～1.35 μm 的可见光—近红外波段是光谱识别的主要波段。

3.2.2 矽卡岩化

由矽卡岩化形成的蚀变岩石叫矽卡岩。矽卡岩主要由石榴子石(钙铝石榴子石、钙铁石榴子石)、辉石(透辉石-钙铁辉石)及一些其他的钙、铁、镁、铝硅酸盐矿物组成的岩石。主要

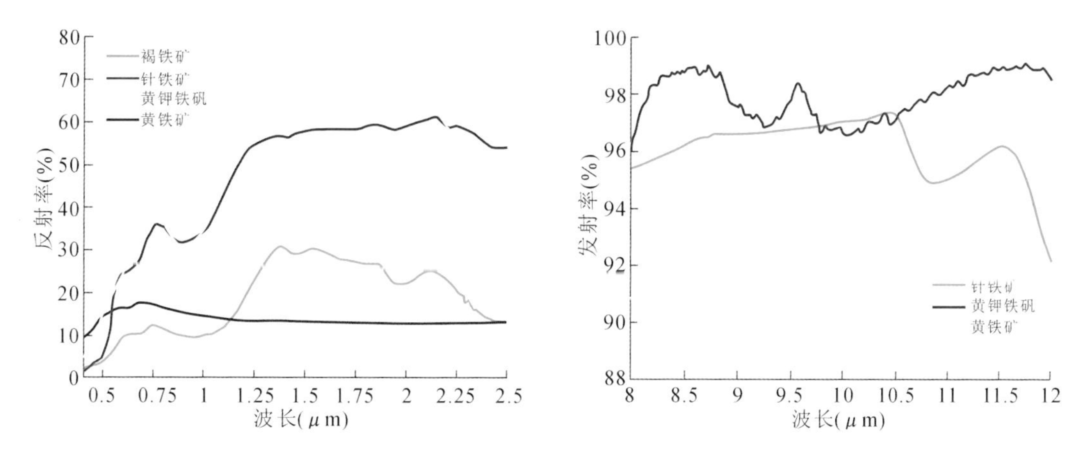

图 3.4 黄铁矿化和褐铁矿化所含主要矿物的反射率(左图)和发射率(右图)光谱

产于中酸性侵入体与碳酸盐岩石以及部分火山岩的接触带中。在中等深度条件下,由含矿的气水热液经复杂的交代作用而形成。其形成的温度属高温阶段。与矽卡岩化有关的矿产主要有铁、铜、钨、锡、钼、铅等。矽卡岩化所含主要矿物钙铝石榴子石、透辉石、钙铁辉石的光谱如图 3.5 所示。

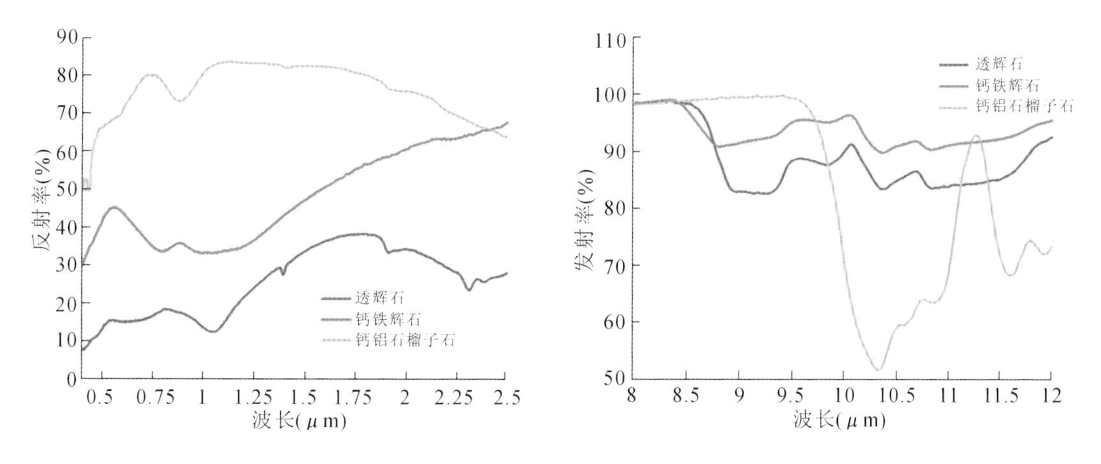

图 3.5 矽卡岩化所含主要矿物的光反射率(左图)和发射率(右图)光谱

钙铝石榴子石在 0.86 μm 存在明显的反射峰特征,具有 10.12 μm、11.05 μm、11.45 μm 低峰值特征。透辉石具有 0.65 μm、1.07 μm 吸收特征,具有 1.4 μm、1.9 μm 水吸收特征,在短波红外具有 2.3 μm 吸收特征,具有 9.2 μm、9.83 μm、11 μm 低峰值特征,9.2 μm、11 μm低峰值特征宽缓。钙铁辉石具有 1.0 μm 宽缓吸收特征,在 8～12 μm 波段,具有 8.8 μm、10.36 μm、10.84 μm 低峰值特征。

短波红外 2.3 μm 吸收特征和热红外 10 μm 和 11 μm 的低峰值特征,可以作为矽卡岩化的光谱识别依据。同时矽卡岩化往往位于火山岩和碳酸盐岩的接触带上,碳酸盐矿物和矽卡岩的分布规律也可以作为矽卡岩化的间接识别标志。

3.2.3 云英岩化

云英岩化为常见的、重要的围岩蚀变。通常为酸性岩浆岩类受高温气水热液交代蚀变的产物。云英岩的原岩，主要为花岗岩类的岩石，有时也可为片麻岩和成分相当的沉积岩（如砂岩等）。云英岩化的主要矿物组分为石英和白云母、有时还含有锂云母、铁锂云母、黄玉、电气石、萤石、绿柱石以及黑钨矿、辉钼矿、锡石、黄铁矿、毒砂等金属矿物。结构为中粒到粗粒结构。

云英岩中主要矿物石英和白云母，是由钾长石、钠长石经热液交代分解而成。

$$3KAlSi_3O_8 + H_2O \longrightarrow KAl[Si_3AlO_{10}](OH)_2 + 6SiO_2 + K_2O \quad (3.40)$$

$$3NaAlSi_3O_8 + K^+ + 2H^+ \longrightarrow KAl[Si_3AlO_{10}](OH)_2 + 6SiO_2 + 3Na^+ \quad (3.41)$$

云英岩化与钨、锡矿床有密切的成因联系。云英岩化有关的主要矿物的光谱如图3.6所示，包括石英、白云母和锂云母，云英岩化和绢云母化一样，产生了Al—OH键的特征谱带。

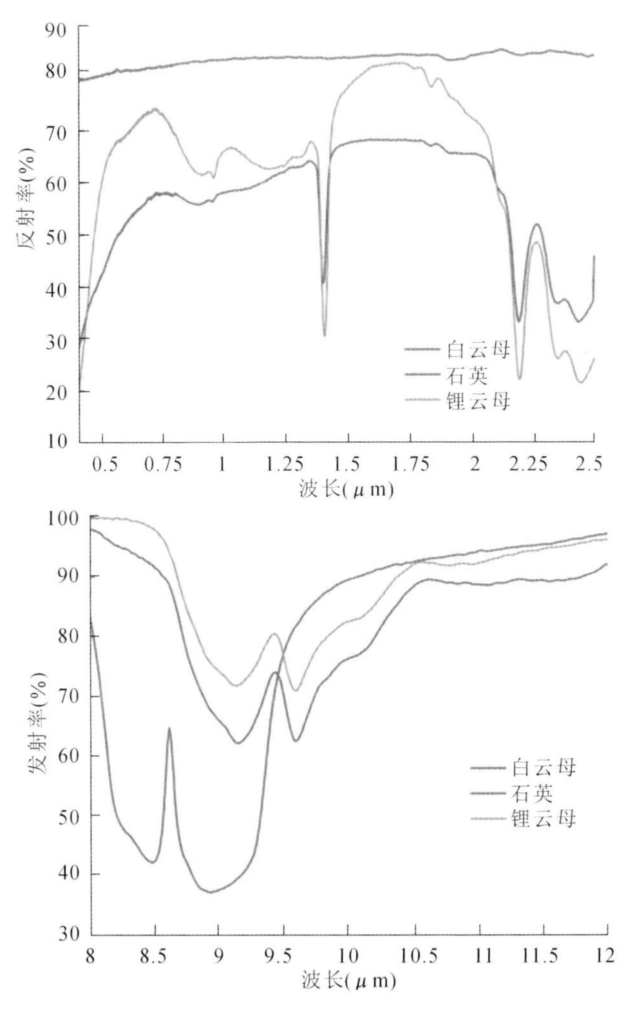

图3.6 云英岩化所含主要矿物的反射率(左图)和发射率(右图)光谱

石英在可见光—短波红外波段无明显吸收特征，在 8～12 μm 波段，具有明显的 8.5 μm、8.9 μm双低峰值特征。白云母具有 0.9 μm 铁吸收特征，1.4 μm 水吸收特征，2.195 μm、2.35 μm、2.44 μm 羟基吸收特征，在 8～12 μm 波段，具有 9.16 μm、9.60 μm 明显双低峰值特征。锂云母具有 0.9 μm、1.2 μm 铁吸收特征，1.4 μm 水吸收特征，2.195 μm、2.35 μm、2.44 μm羟基吸收特征，在 8～12 μm 波段，具有 9.16 μm、9.60 μm 明显双低峰值特征。

云母短波红外 2.195 μm、2.35 μm 的羟基吸收特征和石英云母在热红外波段的发射率低峰值特征(如 9 μm 附近的低峰值特征)可以作为云英岩化的光谱识别依据。

3.2.4 钾长石化

钾长石化包含微斜长石化和正长石化等。它们都是钾质交代的产物，即由热液向围岩带入大量钾质而引起的蚀变。钾质长石包括很多种类，有正长石、微斜长石、透长石、冰长石等，这些长石在成分上几乎完全相同，不易区别，故统称为钾长石化。钾长石化是重要的围岩蚀变，它主要发生在热液的气化高温阶段，也可以在中温阶段和低温阶段出现，在低温阶段则表现为冰长石化。

钾长石化主要见于酸性花岗岩岩体内。在斑岩型铜钼矿床中，钾长石化是一种特征性的围岩蚀变，表现为钾长石、黑云母、石英组成的钾质蚀变带，它主要形成于高中温阶段。其蚀变的强度与范围常直接与斑岩铜钼矿的矿化有关。

低温热液的钾长石化常形成冰长石(冰长石是正长石的亚种)、绢云母、石英组合，有时可见冰长石全部取代了钾长石。绢云母指变质岩中的白云母，为细小鳞片状的白云母。低温形成的钾长石化大多发生在中性、酸性的火山岩中，有时与青磐岩化密切共生，并与火山岩中的一些矿床如铜、铅、锌、黄铁矿、金、银等矿产有关。

钾长石化所含主要矿物的光谱如图 3.7 所示，有正长石、微斜长石、透长石、黑云母和绢云母。

透长石具有 8.6 μm、9.5 μm、11.6 μm 低峰值特征，正长石具有 8.7 μm、9.5 μm 低峰值特征，微斜长石具有 8.7 μm、9.5 μm 低峰值特征，黑云母具有 2.33 μm 弱吸收特征和 9.84 μm明显低峰值特征，白云母具有 2.195 μm、2.35 μm、2.44 μm 羟基吸收特征，9.16 μm、9.60 μm 明显双低峰值特征。

长石类在热红外波段 8.6 μm、9.5 μm 附近的发射率低峰值特征和白云母产生的 2.2 μm、2.35 μm 羟基吸收特征可以作为钾长石化的光谱识别依据。

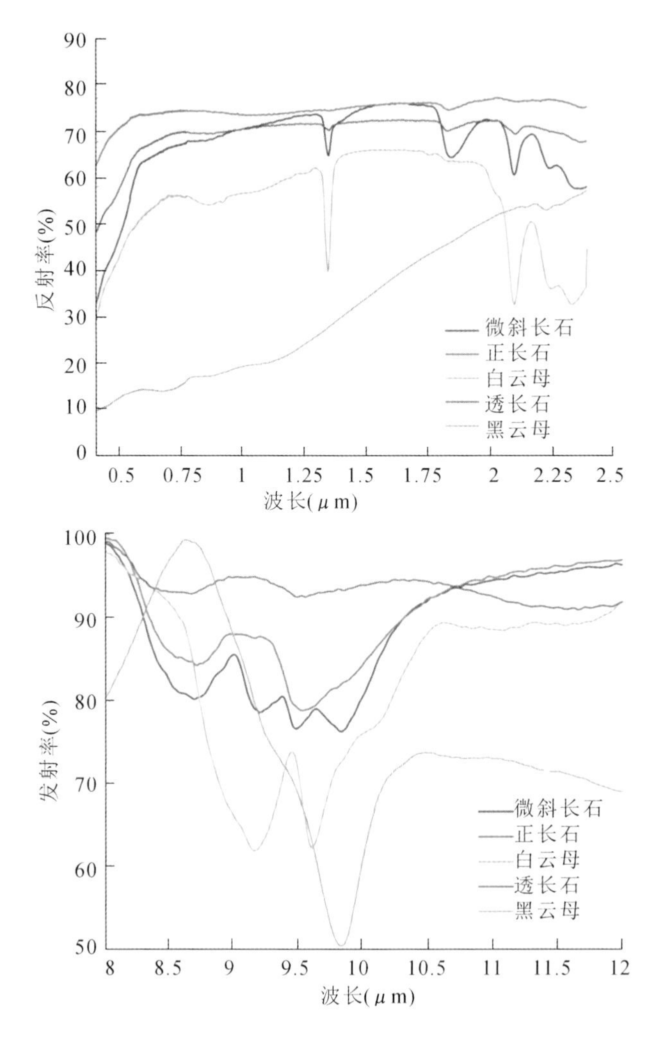

图 3.7 钾长石化所含主要矿物的反射率(上图)和发射率(下图)光谱

3.2.5 绢云母化

绢云母化是一种分布普遍而又重要的中温围岩蚀变。主要由于含钾质的碱性热液交代围岩中的长石类矿物或其他的铝硅酸盐矿物,为鳞片状的绢云母所置换。正长石的绢云母化反应式为

$$3KAlSi_3O_8 + 2H^+ \longrightarrow KAl_2[Si_3AlO_{10}](OH)_2 + 6SiO_2 + 2K^+ \tag{3.42}$$

与绢云母化有关的岩石最主要的是酸性和中性的岩浆岩以及片麻岩等。

热液成因的各种金属(如金、铜、铅、锌等)和非金属(如萤石、红柱石、水晶等)矿床中都能见到绢云母化。但最广泛和显著的绢云母化,则常与中温热液形成的金属硫化物矿床伴生。在斑岩型铜矿和黄铁矿型铜矿床中绢云母化常作为特征性的蚀变。

绢云母化常与硅化(石英化)、黄铁矿化相伴而生,形成绢云母、石英、黄铁矿组合,即黄铁绢英岩化,主要发生在弱酸性—酸性岩浆岩及其喷出岩中,这是一种典型的中温热液形成的围岩蚀变。这种蚀变是寻找斑岩铜钼矿床、黄铁矿型矿床及多金属矿床和含金石英脉矿床的找矿标志。

与绢云母化有关的主要矿物的光谱如图 3.8 所示,包括:绢云母(鳞片状白云母)、石英和黄铁矿。

绢云母具有 2.195 μm、2.35 μm、2.44 μm 羟基吸收特征,8～12 μm 波段 9.16 μm、9.60 μm明显双低峰值特征,石英在可见光—短波红外波段无明显吸收特征,具有明显的 8.5 μm、8.9 μm双低峰值特征,黄铁矿的反射率整体较低。

绢云母产生的 2.2 μm、2.35 μm 羟基吸收特征和石英云母在热红外波段的发射率低峰值特征可以作为云英岩化的光谱识别依据,和云英岩化相似。

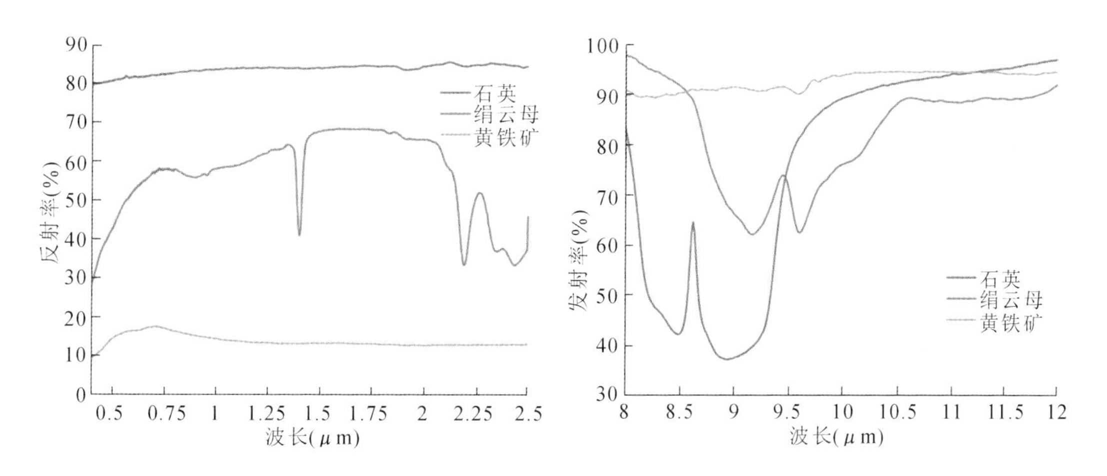

图 3.8 绢云母化所含主要矿物的光谱反射率(左图)和发射率(右图)光谱

3.2.6 绿泥石化

绿泥石化在各种围岩中均可出现,但以超基性岩、基性岩中最为发育。绿泥石主要是由铁、镁硅酸盐矿物受热液蚀变而成,一般最易蚀变成绿泥石的铁、镁硅酸盐矿物为黑云母,其次还有角闪石、辉石等。黑云母的绿泥石化反应式为:

$$2K(Mg,Fe)_3AlSi_3O_{10}(OH)_2+4H_2O \longrightarrow Al(Mg,Fe)_5AlSi_3O_{10}(OH)_8 + (Mg,Fe)(OH)_2+2KOH \quad (3.43)$$

热液蚀变形成的绿泥石化,出现范围多限于热液活动地段,并常与电气石化、绢云母化、硅化、碳酸盐化、黄铁矿化等伴生,一般很少单独出现。绿泥石化是中低温热液阶段形成的较常见的蚀变,而以中温热液最为有关。与绿泥石化有关的矿产,主要是铜、铅、锌、金、银等。

绿泥石和黑云母的光谱如图 3.9 所示。黑云母绿泥石化前后整体谱形大致一致，都产生 2.33 μm 附近的吸收特征，但以绿泥石的光谱特征为主导。绿泥石发射率具有 9.73 μm 明显低峰值特征，黑云母发射率具有 9.84 μm 明显低峰值特征。

绿泥石 2.33 μm 附近的吸收特征和热红外的发射率特征可以作为绿泥石化的光谱识别依据。

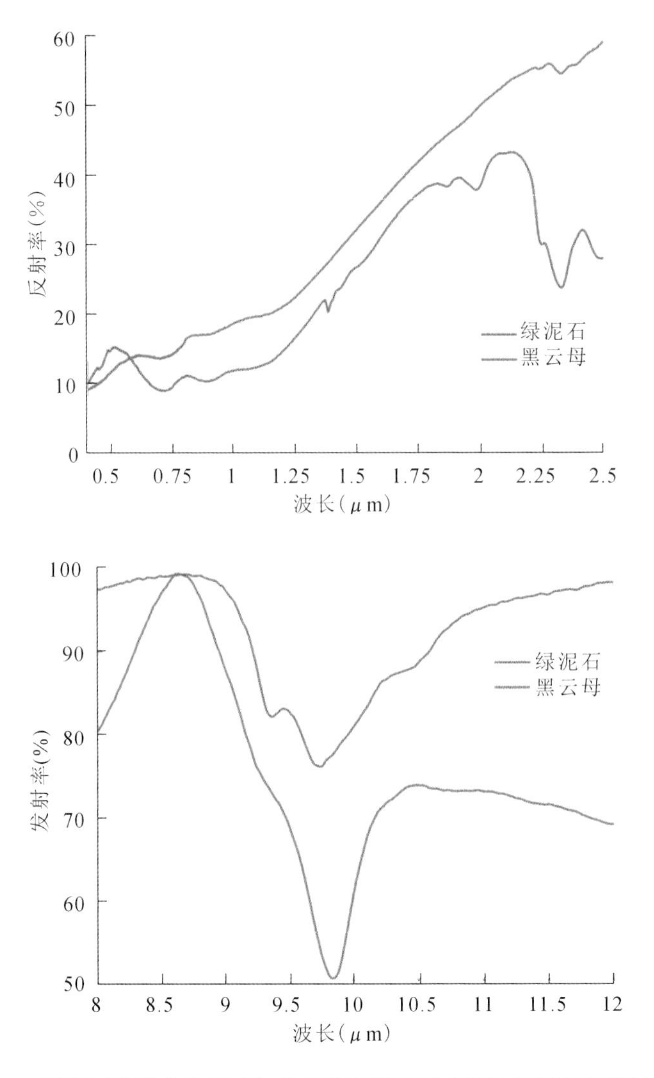

图 3.9　绿泥石化所含主要矿物的光谱反射率(上图)和发射率(下图)光谱

3.2.7　硅化

硅化是一种最普通、最为广泛的热液蚀变。硅化可以在各种围岩中进行，如中酸性、中性岩浆岩，片麻岩，砂岩以及碳酸盐岩和钙质页岩等。主要表现为 SiO_2 的加入，因此使岩石中的 SiO_2 的含量增加，岩石变坚硬，颜色变浅。有时也可因热液作用的结果，使围岩中的硅酸盐矿物分解游离出石英。由于硅化可以在广泛的地球化学环境中由热液作用形成，因此硅化常与其他蚀变如高岭土化、绢云母化、绿泥石化、云英岩化、钠长石化、钾长石化等蚀变共生。

在高温和部分中温条件下，硅化作用形成密集的石英集合体，结构较粗，称为石英化；中温、中低温和部分低温形成的硅化中石英具细粒结构，在低温条件下的硅化，可形成隐晶质的石髓及非晶质的蛋白石，称为石髓化和蛋白石化。低温硅化常与高岭土化、明矾石化相伴生，在铝硅酸盐岩石中，中温硅化常与绢云母化相伴生，高温硅化则常与云英岩化相伴生。

与硅化和次生石英岩化有关的矿产很多，主要有钼、铜、铅、锌、金、银、汞、锑及黄铁矿、明矾石、重晶石、刚玉、红柱石等。

石英在 0.4～2.5 μm 波段，反射率整体较高，无明显吸收特征，但在 8～12 μm 波段，发射率具有明显的 8.5 μm、8.9 μm 双低峰值特征，可以作为硅化的光谱识别依据。

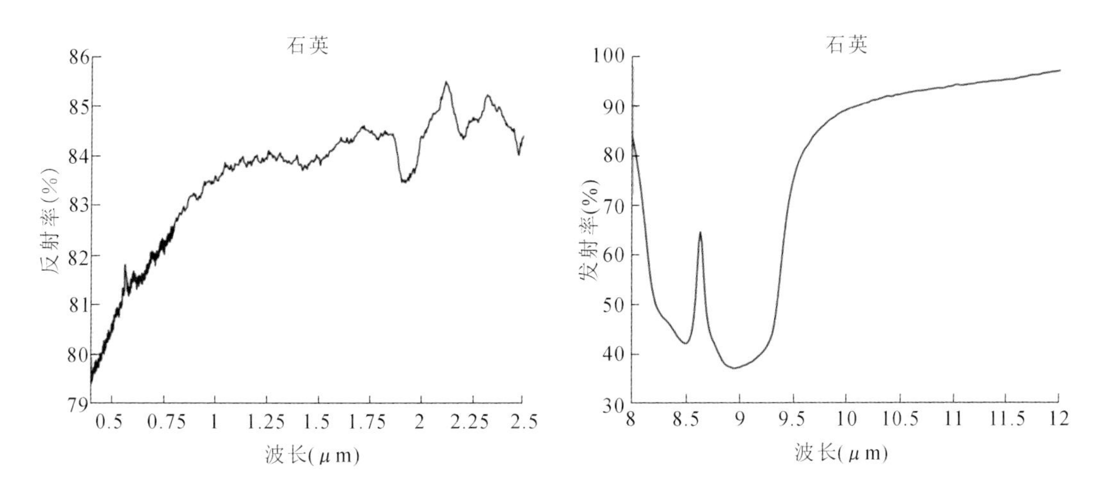

图 3.10 硅化所含主要矿物的光谱反射率(左图)和发射率(右图)光谱

3.2.8 青磐岩化

青磐岩化主要是中基性火山岩(安山岩、英安岩、玄武岩等)受中低温热液蚀变而成。也可发生在弱酸性火山岩和次火山岩等浅成侵入体中。

组成青磐岩的主要矿物有绿泥石、碳酸盐矿物、黄铁矿、绿帘石、黝帘石、钠长石、绢云母以及阳起石-透闪石和石英等。因有大量的绿泥石、绿帘石等绿色矿物，故原岩变成各种青绿色。

与青磐岩化有关的矿产主要有铜、铅、锌、黄铁矿，以及金银的碲化物、硒化物矿床。

青磐岩化有关的主要矿物绿泥石、绿帘石、方解石、钠长石和黄铁矿的光谱如图 3.11 所示。绿泥石具有 0.52 μm 反射峰，0.7 μm、0.9 μm 铁吸收特征，短波红外 2.33 μm 吸收特征，2.25 μm 弱吸收特征，发射率具有 9.73 μm 明显低峰值特征；绿帘石在 0.47 μm、0.63 μm、0.83 μm、1.0 μm 存在铁吸收特征，在 2.33 μm 存在明显的镁羟基吸收特征，发射率具有9.4 μm、10.4 μm、11.25 μm 低峰值特征；方解石具有碳酸根的倍频或合频谱带 2.16 μm、2.33 μm，发射率具有 11.23 μm 低峰值特征；纯净的钠长石在 0.4～2.5 μm 波段无明显吸收特征，在 8～12 μm 波段，发射率具有 8.7 μm、9.8 μm 低峰值特征。黄铁矿反射率整体较低。

青磐岩化的光谱主要受到方解石、绿帘石和绿泥石的影响，具有短波红外 2.33 μm 附近的吸收谱带，热红外 9.73 μm、10.4 μm、11.25 μm 的发射率底峰值，可以作为光谱识别的特征波段。

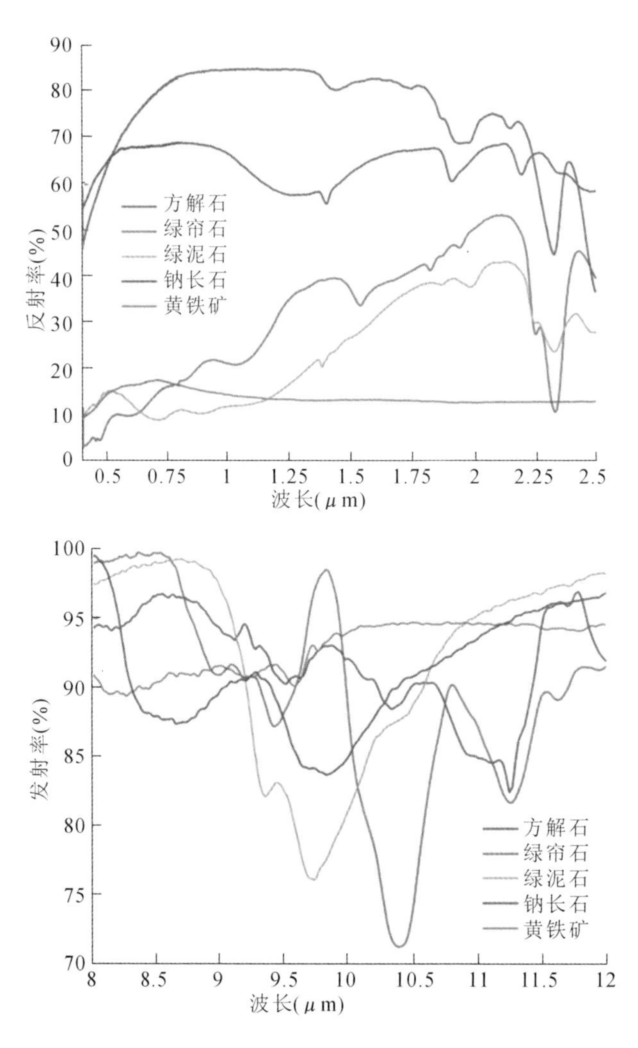

图 3.11　青磐岩化所含主要矿物的光谱反射率(上图)和发射率(下图)光谱

3.2.9 碳酸盐化

碳酸盐化是一种很普遍而重要的蚀变，当岩石受碳酸盐化后，产生相当量的碳酸盐矿物，如方解石、菱铁矿、白云石、菱镁矿等，与碳酸盐化有关的岩石分以下3种情况。

(1)基性、中性岩浆岩常可发生中低温热液的碳酸盐化蚀变，并常与绿泥石化相伴生，有关的矿产主要有铜、铅、锌等。

(2)超基性岩中发生的碳酸盐化，可以是因橄榄石在蛇纹石化过程中形成的，也可以是蛇纹石进一步分解的产物，这种碳酸盐的特点是富镁，有时可形成菱镁矿。超基性岩因表生变化也可以生成碳酸盐矿物，但这与热液无关。

(3)发生在碳酸盐类沉积岩(石灰岩、白云岩)中的碳酸盐化是一种最常见的蚀变，常见为白云岩化，或含铁、锰的方解石化及原生碳酸岩矿物的重结晶现象，它是寻找低温热液形成的铅锌、汞矿床的标志。

方解石、菱镁矿、菱铁矿、白云石和黄铁矿的光谱如图3.12所示。方解石具有碳酸根的倍频或合频谱带2.16 μm、2.33 μm，在8～12 μm波段，具有11.23 μm低峰值特征；菱镁矿具有碳酸根的倍频或合频谱带2.31 μm，在8～12 μm波段，具有11.03 μm低峰值特征；菱铁矿具有碳酸根的倍频或合频谱带2.33 μm，1.1 μm明显宽缓铁吸收特征，在8～12 μm波段，具有11.4 μm低峰值特征，可能由于含有石英导致8.36 μm、9.06 μm低峰值特征；白云石具有碳酸根的倍频或合频谱带2.33 μm的吸收特征，由于含铁导致0.87 μm铁离子电子过程吸收特征；在8～12 μm波段，具有11.17 μm低峰值特征。

碳酸岩化除了在短波红外波段具有2.33 μm附近的碳酸根的诊断谱带外，热红外波段的发射率也具有11.2 μm附近的低峰值特征，短波红外和热红外的谱带特征可以作为碳酸盐化的光谱识别依据。

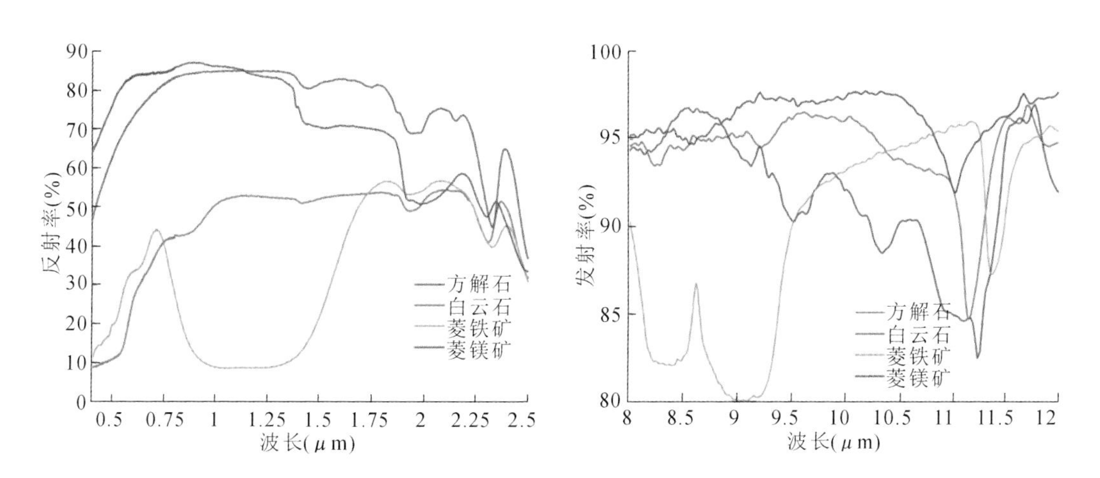

图3.12 碳酸盐化所含主要矿物的光谱反射率(左图)和发射率(右图)光谱

3.2.10 明矾石化

明矾石化是一种典型的低温蚀变，并且是在近地表条件下生成的。由于氧化作用强烈，使热液中的硫离子氧化成为亚硫酸或游离硫酸，当与铝硅酸盐矿物作用的时候，便能产生明矾石化。明矾石化一般发生在火山岩地区，明矾石化常与次生石英岩化伴生，为寻找低温金银和多金属矿床的找矿标志，如明矾石化强烈使其本身可作为矿产开采。

明矾石(Alunite，SUSTDA-20，AL706 Na，GDS84 Na03)的光谱如图 3.13 所示，明矾石在短波红外 2.165 μm 和 2.325 μm 处具有明显的吸收特征，在 8～12 μm 波段，具有 9.0 μm 明显宽缓低值特征，8.58 μm、9.74 μm 窄低值特征，可以作为明矾石化的光谱识别特征。

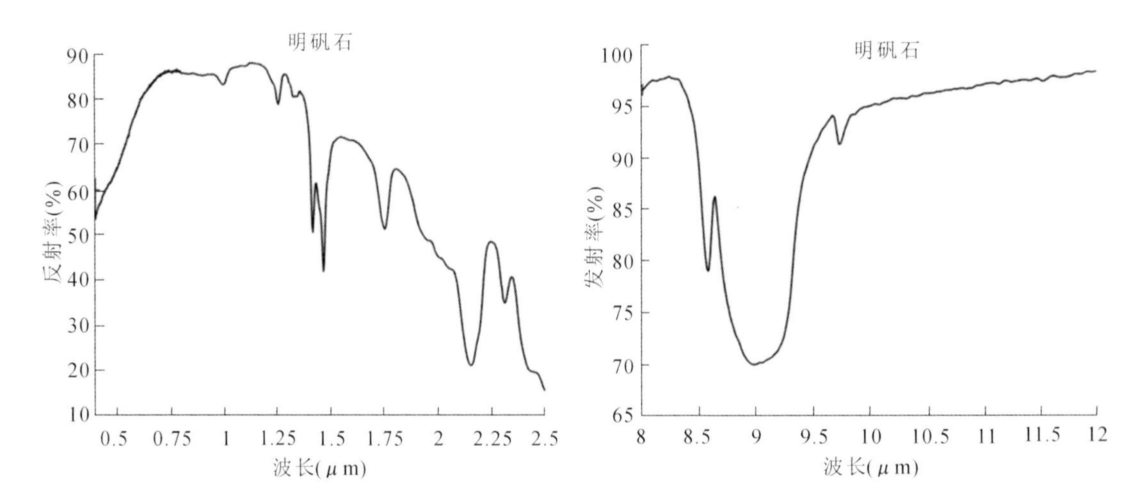

图 3.13 明矾石矿物的反射率(左图)和发射率(右图)光谱

3.2.11 高岭土化

高岭土化是一种典型的低温浅成的近矿围岩蚀变。当热液与长石或铝的硅酸盐矿物发生交代作用时，可形成高岭石等黏土矿物，并可形成一种疏松的黏土岩，这种蚀变称为高岭土化。形成高岭土化的原岩，主要是各种酸性的岩浆岩和火成岩，此外在片麻岩、长石砂岩也常见到这种蚀变。高岭土化常与低温的硅化、明矾石化、绢云母化伴生，在铜、金、银及萤石等矿床中常可见到。

高岭石和蒙脱石的光谱如图 3.14 所示。高岭石在 2.205 μm 和 2.165 μm 具有明显的吸收谱带和独特的波形热红外发射率具有 8.78 μm、9.32 μm、10.14 μm 低峰值特征；蒙脱石，具有 2.205 μm 铝羟基吸收特征和热红外波段反射率 9.5 μm、10.4 μm、11.4 μm 反射率低峰值特征。短波红外 2.20 μm 附近的吸收谱带和热红外 9.5 μm 附近的发射率低峰值特征可以作为高岭土化的光谱识别依据。

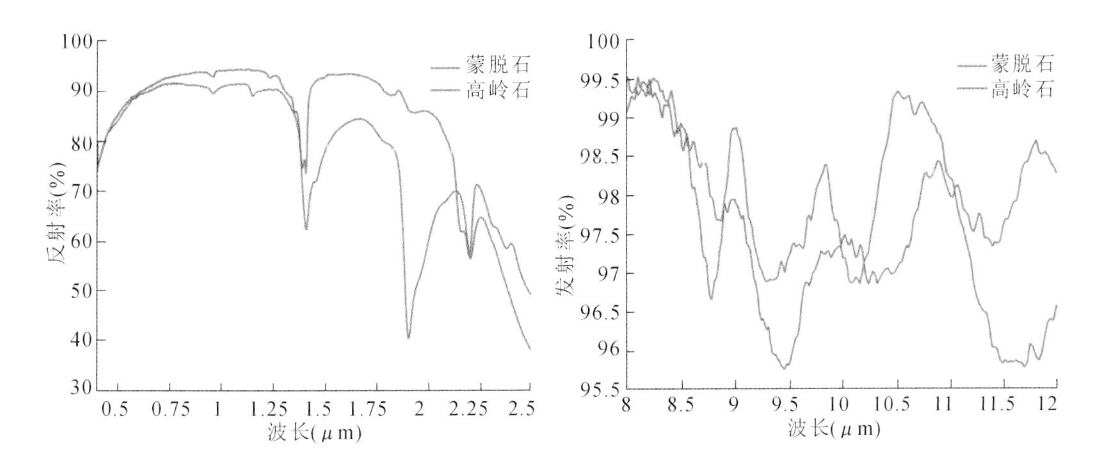

图 3.14 高岭石矿物的光谱反射率(左图)和发射率(右图)光谱

3.2.12 孔雀石化

孔雀石和蓝铜矿产于铜矿床氧化带。黄铜矿为不透明矿物,在石灰岩区易形成孔雀石和蓝铜矿,因含铁也可形成褐铁矿铁帽。

黄铜矿、孔雀石和蓝铜矿的光谱如图 3.15 所示,孔雀石和蓝铜矿在 2.0~2.5 μm 具有相似的独特波形,2.285 μm、2.355 μm"双峰"吸收特征,是区别于其他碳酸盐的光谱标志,在蓝绿光波段具有反射峰,在 8~12 μm 波段,具有 9.7 μm 低峰值特征,以上特征可以作为孔雀石化的综合识别标志。

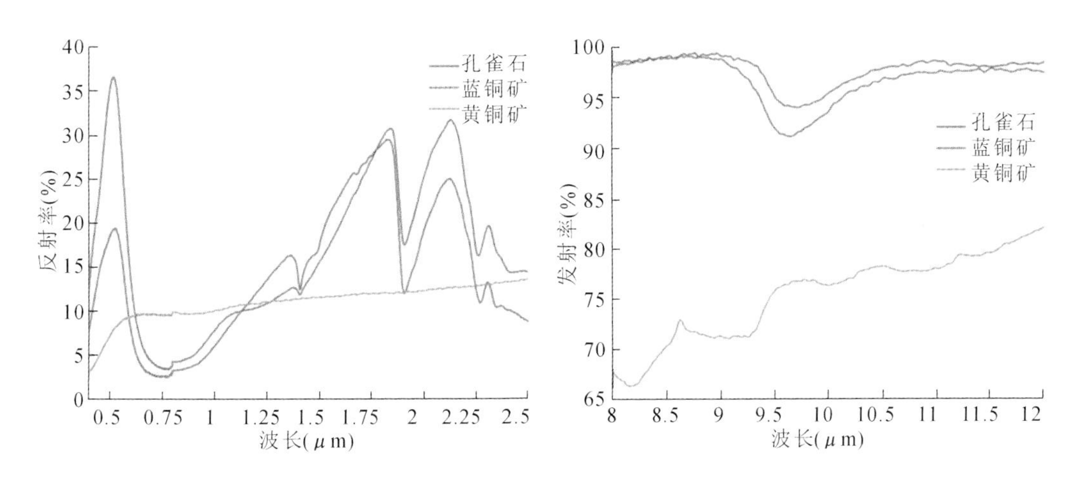

图 3.15 孔雀石化所含主要矿物的光谱反射率(左图)和发射率(右图)光谱

参考文献

陈述彭，童庆禧，郭华东. 1998. 遥感信息机理研究[M]. 北京：科学出版社.

甘甫平，王润生. 2004. 遥感岩矿信息提取基础与技术方法研究[M]. 北京：地质出版社.

耿修瑞. 2005. 高光谱遥感图像目标探测与分类技术研究[D]. 北京：中国科学院遥感应用研究所.

耿修瑞，赵永超. 2007. 高光谱遥感图像小目标探测的基本原理[J]. 中国科学 D 辑：地球科学，37(8)：1081-1087.

李庆亭. 2009. 基于光谱诊断和目标探测的高光谱岩矿信息提取方法研究[D]. 北京：中国科学院遥感应用研究所.

李庆亭，蔺启忠，张兵，等. 2012. 光谱地质剖面在蚀变填图中的应用研究[J]. 光谱学与光谱分析，32(7)：1878-188.

刘文治. 1985. 矿床学[M]. 北京：地质出版社.

刘翔. 2008. 基于光谱维变换的高光谱图像目标探测研究[D]. 北京：中国科学院遥感应用研究所.

罗文斐. 2008. 高光谱图像光谱解混及其对不同空间分辨率图像的适应性研究[D]. 北京：中国科学院遥感应用研究所.

童庆禧，张兵，郑兰芬. 2006. 高光谱遥感：原理、技术与应用[M]. 北京：高等教育出版社.

王锦地，张立新，柳钦火，等. 2009. 中国典型地物波谱知识库[M]. 北京：科学出版社.

燕守勋，张兵，赵永超，等. 2004. 高光谱遥感岩矿识别填图的技术流程与主要技术方法综述[J]. 遥感技术与应用，1：52-63.

张兵，高连如. 2011. 高光谱图像分类与目标探测[M]. 北京：科学出版社.

张兵，孙旭，高连如. 2011. 一种基于离散粒子群优化算法的高光谱图像端元提取方法[J]. 光谱学与光谱分析，31(9)：2455-2461.

BAJORSKI P. 2004. Simplex projection methods for selection of endmembers in hyperspectral imagery [J]. IGRASS，5：3207-3210.

BOARDMAN J W，KRUSE F A，GREEN R O. 1995. Mapping target signatures via partial unmixing of AVIRIS data [C]. In：Fifth JPL Airborne Earth Science Workshop (v. 1)，JPL Publication：23-26.

BOWLES J H，ANTONIADES J A. 1997. Real-time analysis of hyperspectral data sets using NRL's ORASIS algorithm [J]. Proceedings of SPIE -The International Society for Optical Engineering, 3118: 38-45.

CARR J R, MATANAWI K. 1999. Correspondence analysis for principal components transformation of multispectral and hyperspectral digital images [J]. PE & RS, 65(8): 909-914.

CHANG C I. 2007. Hyperspectral Data: Theory and application [M]. New Jersey: A John Wiley & Sons, INC. Publishers.

CHEN X, WARNER T A, CAMPAGNA D J. 2010. Integrating visible, near-infrared and short-wave infrared hyperspectral and multispectral thermal imagery for geological mapping at Cuprite, Nevada: a rule-based system[J]. International Journal of Remote Sensing, 31(7): 1733-1752.

CLARK R N, ROUSH T L. 1984. Reflectance spectroscopy: Quantitative analysis techniques for remote sensing applications. Journal of Geophysical Research [J]. 89: 6329-6340.

CLARK R N, SWAYZE G A, GORELICK N, et al. 1991. Mapping with imaging spectrometer data using the complete band shape leastsquares algorithm simultaneously fit to multiple spectral features from multiple materials [C]. Proceedings of the Third Airborne Visible/Infrared Imaging Spectrometer (AVIRIS) Workshop, 42: 2-3.

CRAIG M D. 1994. Minimum volume transforms for remotely sensed data [J]. IEEE Transactions on Geoscience & Remote Sensing, 32(3): 542-552.

DE CARVALHO O A, MENESES P R. 2000. Spectral correlation mapper (SCM): An improvement on the spectral angle mapper (SAM) [C]. Proceedings of NASA JPL AVIRIS Workshop.

DEBBA P, VAN RUITENBEEK F J A, VAN DER MEER F D, et al. 2005. Optimal field sampling for targeting minerals using hyperspectral data [J]. Remote Sensing of Environment, (99): 373-386.

FUHRMANN D R. 1999. Simplex shrink-wrap algorithm. Automatic Target Recognition (IX): 501-511.

GAO L, LI J, KHODADADZADEH M, et al. 2015. Subspace-based support vector machines for hyperspectral image classification[J]. IEEE Geoscience & Remote Sensing Letters, 12(2): 349-353.

GOETZ A F H. 1990. Hyperspectral imaging: Advances in a spectrum of applications [A]. In: Proceedings of the 5th Australian Remote Sensing Conference[C]. Perth, 8-12

October：6-10.

GRUNINGER J H，RATKOWSKI A J，HOKE M L. 2004. The sequential maximum angle convex cone (SMACC) endmember model. Algorithms and Technologies for Multispectral，Hyperspectral and Ultraspectral Imagery (X)：1-14.

HARSANYI J C. 1993. Detection and classification of subpixel spectral signatures in hyperspectral image sequences[D]. Ph. D. dissertation，Univ. Maryland，Baltimore County. HARSANYI J C，CHANG C. 1994. Hyperspectral image classification and dimensionlity reduction：an orthogonal subspace projection approach [J]. IEEE Trans. Geosci. Remote Sens.，32(4)：779-785.

HEINZ D C，CHANG C I. 2001. Fully constrained least squares linear spectral mixture analysis method for material quantification in hyperspectral imagery [J]. IEEE Transactions on Geoscience and Remote Sensing，(39-3)：529-545.

JIA B，ZHANG Y J，ZHANG N，et al. 1998. Study of a fast trinocular stereo algorithm and the influence of mask size on matching [J]. Proc. ISSPR：169-173.

KAY S M. 2013. Fundamentals of statistical signal processing [M]. Blind Equalization and System Identification. Springer London：465-466.

KELLY E. 1986. Adaptive Detection in Non-Stationary Interference，Part III，Technical Report 761，Lincoln Laboratory，DTIC# ADA-185622.

KENDALL W. 2005. The civil air patrol's ARCHER hyperspectral detection system，Proc. Specialty Group on Camouflage，Concealment，and Deception，Military Sensing Symposium.

KRAUT S，SCHARF L L. 2013. The CFAR adaptive subspace detector is a scale-invariant GLRT [J]. IEEE Transactions on Signal Processing，47(9)：2538-2541.

KRAUT S，SCHARF L L，MCWHORTER L T. 2001. Adaptive subspace detectors [J]. IEEE Transactions on Signal Processing，49(1)：1-16.

KRUSE F A，BOARDMAN J W. 1996. Characterization and Mapping of Kimberlites and Related Diatremes [J]. INT. J. Remote Sensing，17(12)：2215-2242.

KRUSE F A，LEFKOFF A B，BOARDMAN J W，et al. 1993. The spectral image processing system (SIPS) interactive visualization and analysis of imaging spectrometer data [J]. Remote Sensing Environment，44：145-163.

LEE C，LANDGREBE D A. 1993. Analysis high-dimensional multispectral data [J]. IEEE Trans. Geosci. Remote Sens.，31(4)：792-800.

LEE J B，WOODYATT A S，BERMAN M. 1990. Enhancement of high spectral resolution remote sensing data by a noise adjusted principal components transform [J]. IEEE Transactions on Geoscience and Remote Sensing, 28: 295-304.

LI J, BIOUCAS-DIAS J M. 2009. Minimum Volume Simplex Analysis: A Fast Algorithm to Unmix Hyperspectral Data[C]. Geoscience and Remote Sensing Symposium, 2008. IGARSS 2008. IEEE International. IEEE: III-250-III-253.

MANOLAKIS D, MARDEN D, SHAW G A. 2003. Hyperspectral Image Processing for Automatic Target Detection Applications [J]. 14(1): 79-116.

MOUNTRAKIS G, IM J, OGOLE C. 2011. Support vector machine in remote sensing: a review [J]. ISPRS Journal of Photogrammetry and Remote Sensing, 66(3): 247-259.

NASCIMENTO J M P, DIAS J M B. 2005. Vertex Component Analysis: A Fast Algorithm to Unmix Hyperspectral Data [J]. IEEE Trans. Geosci. Remote Sensing, (43): 898-910.

NEVILLE R, STAENZ K. 1999. Automatic endmember extraction from hyperspectral data for mineral exploration [J]. Proc. Can. Symp. Remote Sensing.

QIU H, LAM N S, QUATTORCHI D A, et al. 1999. Fractral characterization of hyperspectral imagery [J]. PE & RS, 65(1): 63-71.

ROBEY F C, FUHRMANN D R, KELLY E J, et al. 1992. A CFAR adaptive matched filter detector[J]. IEEE Transactions on Aerospace & Electronic Systems, 28(1): 208-216.

ROGGE D M, RIVARD B, ZHANG J, et al. 2006. Iterative spectral unmixing for optimizing per-pixel endmember sets [J]. IEEE Transactions on Geoscience & Remote Sensing, 44(12): 3725-3736.

SADJADI F A. 1999. Simplex shrink-wrap algorithm [J]. Proceedings of SPIE-The International Society for Optical Engineering, 3718: 501-511.

SCHARF L L, FRIEDLANDER B. 1994. Atched subspace detectors [J]. IEEE Trans. Signal Process. , 42(8): 2146-2157.

SCHAUM A, STOCKER A. 2003. Linear chromodynamics models for hyperspectral target detection [C]// Aerospace Conference, 2003. Proceedings. IEEE Xplore, 4: 1879-1885.

WARNER T A, SHANK M C. 1997. Spatial autocorrelation analysis of hyperspectral imagery for feature selection [J]. Remote Sens. of Environ. , 60: 58-70.

WINTER M E. 1999. N-FINDR: An algorithm for fast autonomous spectral endmember determination in hyperspectral data [J]. SPIE Imaging Spectrometry, (37): 266-275.

YU X, REED I S, STOCKER A D. 1993. Comparative performance analysis of adaptive multispectral detectors [J]. IEEE Trans. Signal Process., 41(8): 2639-2656.

ZHANG B, SUN X, GAO L, et al. 2011. Endmember extraction of hyperspectral remote sensing images based on the discrete particle swarm optimization algorithm [J]. IEEE Transactions on Geoscience & Remote Sensing, 49(11): 4173-4176.

第4章　地球岩矿高光谱遥感应用实例

地质应用是高光谱遥感应用最早、最成功的领域之一。中国科学院遥感与数字地球研究所高光谱遥感研究团队，一直跟踪国际高光谱成像技术和应用的发展前沿，在岩矿应用方面主要围绕矿物填图与岩层识别、蚀变信息提取、矿产资源探测以及矿区污染等进行了大量研究工作。利用GERIS成像光谱仪在新疆阿克苏西部进行了矿物光谱识别、填图研究，采用机载成像光谱仪HyMap对新疆东天山地区进行不同岩类分布信息提取，基于航空红外细分光谱仪(FIMS)在哈图金矿区进行蚀变矿物识别填图，同时，通过国际合作，在澳大利亚、智利、美国等国家开展了高光谱遥感矿物填图和蚀变信息提取等方面的研究工作，取得了良好的经济和社会效益。本章主要介绍中国科学院遥感与数字地球研究所高光谱遥感团队在地质领域的高光谱遥感应用实例，介绍了研究区背景、数据源、提取方法及结果分析等，旨在为岩矿高光谱应用起到抛砖引玉的作用。

4.1　新疆东天山岩性分类与矿物识别

4.1.1　研究区背景

东天山位于准噶尔板块东南缘活动带康古尔塔格泥盆—石炭纪岛弧带的南带和塔里木板块东北边缘活动带觉罗塔格石炭纪岛弧带的北带的对接部位，东天山铜多金属成矿带上，为中国地质调查局地质大调查西部资源勘探重点示范区之一。

自南向北，东天山可以划分为四个构造岩浆带：哈尔力克花岗岩—火山岩带、康古尔塔格—黄山镁铁—超镁铁侵入岩带、觉罗塔格花岗岩—火山岩带、尾亚—星星峡花岗岩—火山岩带。示范区横跨哈尔力克花岗岩—火山岩带、康古尔塔格—黄山镁铁—超镁铁侵入岩带、觉罗塔格花岗岩—火山岩带三个构造岩浆带。

研究区面积约800 km^2，存在金、银、铜、锌、锡、锰、钴、镍等元素异常。研究区内岩浆活动强烈，具有寻找岩浆热液型、斑岩型铜矿的地质条件，岩浆岩的分布面积约占基岩出露区的30%。出露地层为中石炭统梧桐窝子组中基性火山碎屑岩、火山熔岩,以花岗岩出露最广,闪长岩次之,碱性花岗(斑)岩再次之,基性和超基性岩零星出露,具有一定的成矿前景。区内主要矿种有铜、钼、镍、铁等多种金属;目前除已发现黄山、黄山东、土墩等大型铜、镍矿床外,还发现了三岔口铜矿、白山钼矿和一些值得检查和评价的铜、镍、钼矿及矿化点。

4.1.2 数据源及预处理

中国科学院遥感与数字地球研究所与中国国土资源航空物探遥感中心研究分析了岩矿光谱特征及其在高光谱地质应用中的作用和影响之后,对新疆东天山地区进行航空高光谱图像数据获取。2002年10月10—22日,采用澳大利亚HyVista公司128通道机载成像光谱仪HyMap在新疆东天山地区进行了高光谱数据获取。HyMap的主要技术指标见表4.1。

表4.1 高光谱仪HyMap系统的主要技术指标

参数	数值
波段数	128个
光谱范围	400~2 500 nm
光谱分辨率	10~18 nm
瞬时视场角	2.5 mrad
总视场	60°
扫描率	12~16 S/s,连续可调
扫描方式	光机旋转式
分光器件	光栅
行像元数	512
数据编码	16 bit
探测器	Si、InSb、线列
平台	三轴稳定陀螺平台
导航及数据定位	IMU与GPS

首先,对HyMap图像进行辐射校正。由于地物光谱反射辐射方向性和观测角度的非稳定性等因素导致数据边缘存在辐射畸变,造成扫描图像机下点到边缘辐射亮度发生变化,影响岩矿光谱分析和信息提取。利用小波变换技术,选择适当的小波基,提取图像中平稳变化成分作为校正的均值或基准点,进行辐射校正(郭小芳等,1998;王润生等,2000),消除图像数据的亮度差异,保持图像的纹理特征不变,避免了大气校正不均衡性。

其次,利用6S(second simulation of the satellite signal in the solar spectrum)模型与图像水汽波段进行HyMap图像大气校正,消除大气、地形等因素导致的地物光谱特征失常。利用澳大利亚开发的针对HyMap仪器、基于6S模型的专用模块"HyCorr for HyMap atmospheric correction"进行大气校正。该模块基于水汽940 nm、1 140 nm以及氧气820 nm

波段的吸收特征，逐像元进行大气校正，重建地物的光谱特征。由于数据获取、数据测量、模型内在误差及噪声等多因素的影响，累计误差会导致视反射率与实际地物反射率光谱差异较大，光谱曲线不平滑。为消除光谱曲线的锯齿，采用 EFFORT(empirical flat field optimal reflectance transformation)对光谱进行平滑和去噪处理。

最后，对 HyMap 图像进行几何校正。主要利用 GLT 文件进行几何校正，对每一航带进行人机交互式处理，并利用地面 GPS 点进行校正，以改善图像的几何精度。对不同航带图像进行匀光处理，使不同航带间亮度色调统一，在此基础上对航带进行镶嵌，最终得到研究区的反射率镶嵌图。

图 4.1(a)是从 HyMap 高光谱数据中提取的含绢云母端元矿物在 2 000～2 500 nm 波段上的特征光谱曲线，这 3 种绢云母矿物中含 Al—OH 基团分别在 2 220 nm(上)、2 210 nm(中)、2 195 nm(下)附近均有特征明显的吸收峰，特征吸收峰的波长位置依次向短波的方向移动；图 4.1(b)是使用 PIMA 光谱仪在相同地理位置上实测的绢云母样品短波红外光谱特征曲线，绢云母样品中含 Al—OH 基团分别在 2 218 nm(上)、2 206 nm(中)、2 194 nm(下)附近均有特征明显的吸收峰，特征吸收峰的波长位置也同样向短波的方向移动。这 3 种含 Al—OH 绢云母样品在地面与空中测量的波长差异分别为 2 nm、4 nm 和 1 nm。图 4.2 是相同地理位置方解石的 HyMap 图像光谱和 PIMA 光谱仪实测光谱。对比这两条光谱可以看出，航空的反射率光谱略高于地面测试的光谱，在 2 338 nm 附近都有极强的吸收特征，同时在2 156 nm附近具有次一级的吸收特征。对比结果表明，在图像光谱与地面实测光谱中，矿物的特征吸收位置差异较小，所得的 HyMap 高光谱反射率数据能够满足蚀变矿物信息提取的要求。

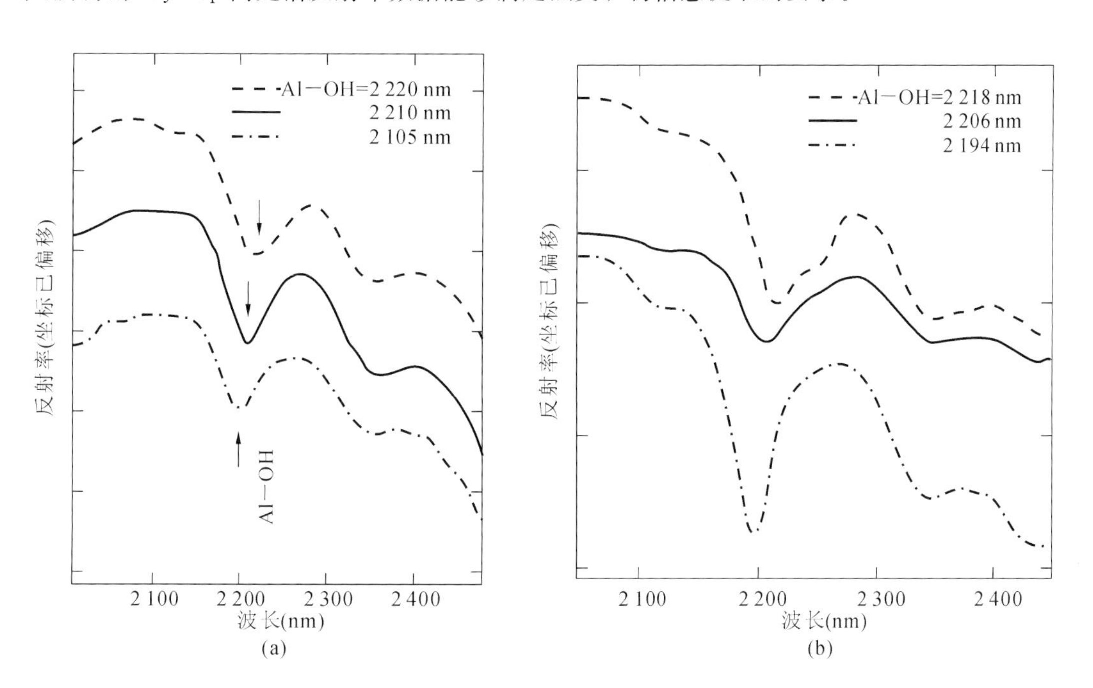

图 4.1　含绢云母样品 HyMap 图像光谱与地面 PIMA 实测光谱对比

(a) 绢云母 HyMap 图像光谱；(b) 绢云母地面 PIMA 光谱

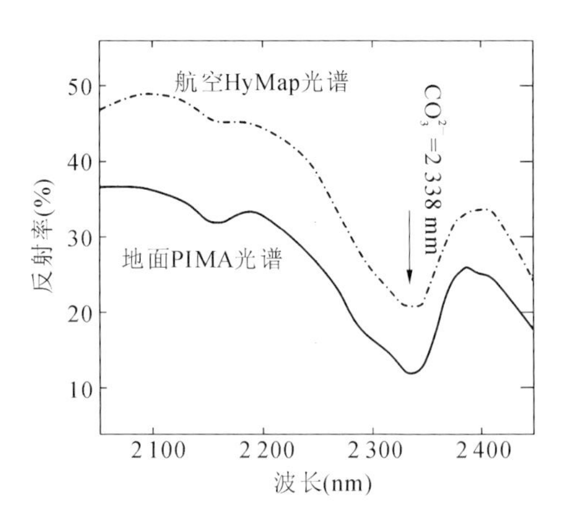

图 4.2　方解石航空 HyMap 图像和地面 PIMA 实测光谱对比

4.1.3　岩性识别与矿物填图方法

4.1.3.1　岩性分类识别

示范区出露岩体有花岗岩、花岗闪长岩、闪长岩及辉绿玢岩。地层有石炭系干墩组(C_2gn)、梧桐窝子组(C_2wd)、雅北组(C_1yb)。干墩组(C_2gn)主要由深灰色片理化沉凝灰岩、英安质玻屑凝灰岩、长石岩屑砂岩、反射虫硅质岩、细碧岩、硅质板岩组成。梧桐窝子组(C_2wd)为一套厚度巨大海底喷发基性火山岩,夹少量角斑质凝灰岩。雅北组(C_1yb)是一套以硅质岩、陆相碎屑岩为主的沉积建造。

利用高光谱遥感数据,比对 1∶200 000 地质图,合理选取 MNF 变换波段进行彩色合成,综合利用影像色调和纹理特征、地物光谱特征等,结合野外实测光谱数据进行岩性验证和修正,编绘 1∶50 000 岩性地质图。利用 MNF 变换 123 波段增强纹理特征(图 4.3),不同岩性的光谱识别特征如表 4.2 所示。

图 4.3　示范区 MNF 变换后 123 波段彩色合成图

表 4.2 地质填图岩性识别特征

图像识别特征	岩性单位	光谱识别特征	岩性单位
影像纹理无明显方向性,整体反射率较高	岩体	彩色合成图上为灰黑色、紫色,2 210 nm、2 347 nm处两个强度相当的吸收峰	花岗岩、花岗闪长岩
		2 347 nm 主吸收峰及 2 210 nm、2 245 nm 处的次级吸收峰	闪长岩
		2 347 nm 处的强吸收峰,彩色合成图上为草绿色	辉绿玢岩
影像纹理有明显方向性,整体反射率较低	地层	彩色合成图上为铁锈黄色,光谱特征类似于闪长岩	基性火山岩
		彩色合成图上为浅蓝色,绿泥石、绿帘石蚀变较强时为草绿色	正常沉积岩

4.1.3.2 矿物填图

1. *矿物端元的选择*

一方面,根据该区矿产成因及蚀变类型,分析不同蚀变矿物与成矿的关系,结合示范区岩石和矿物的光谱特征,选择云母、高岭石、方解石、绿泥石以及绿帘石作为端元矿物。另一方面,利用 PPI 算法直接从高光谱数据中提取出纯端元,利用光谱匹配方法进行端元鉴别,再进行矿物填图。利用这两种端元矿物选择方法可以充分发挥各自的优势,更有效地实现矿物识别。

2. *矿物识别*

高光谱最大的优势在于利用有限细分的光谱波段去再现像元对应地物的光谱曲线。在参考光谱与像元光谱组成的二维空间中,基于整个谱形特征的相似性,能有效地避免因岩石矿物光谱漂移或光谱变异而造成的单个光谱特征的不匹配问题,并能综合利用弱光谱信息。

在对光谱数据库中岩石矿物光谱特征分析的基础上,结合矿物端元选择,利用混合谐调匹配滤波(MTMF)方法识别矿物,主要利用所识别矿物的诊断性特征光谱位置和吸收深度的变化来确定划分阈值的大小,当光谱吸收深度及其位置和吸收深度发生变化时,便划归为另一类。

4.1.4 岩矿识别结果与分析

图 4.4 是新疆东天山 8 条航带的岩性分类镶嵌图。图 4.5 是新疆东天山 8 条航带 6 种矿物识别结果镶嵌图。6 种矿物为绿泥石、绿帘石、云母类(白云母)、高岭石、盐碱化、方解石。

在大多数的野外验证点上都发现了云母,说明云母化分布范围很广,主要是由示范区内大面积出露的花岗岩发生绢云母化蚀变导致,以及一些火山岩地层(凝灰岩、安山岩、凝灰质砂岩等)和闪长岩、辉绿岩体绢云母化产生,同时伴生绿泥石化。南部出露的大型半月状花

中国国土资源航空物探遥感中心制作

图 4.4　新疆东天山红滩地区岩性分类镶嵌图

岗岩体基本未发生蚀变。高岭石化零星分布在研究区北部。一些云母集中的地区，伴生高岭石化，它是由长石含量较高的花岗岩（如白岗岩）和闪长岩蚀变产生，部分高岭石化表面覆盖有洪积的花岗岩或闪长岩碎砾物。

绿泥石在示范区广泛分布，在研究区中部呈近东西展布（图 4.5）。火山岩和沉积岩地层及辉绿岩体普遍发生强度不同的区域性热液蚀变，岩石中角闪石、辉石等暗色矿物多被绿泥石、绿帘石交代蚀变。在大部分区段，同时存在绿泥石化和绿帘石化蚀变，但二者光谱不易区分，填图结果为绿泥石伴生绿帘石，绿泥石分布范围较绿帘石广泛。

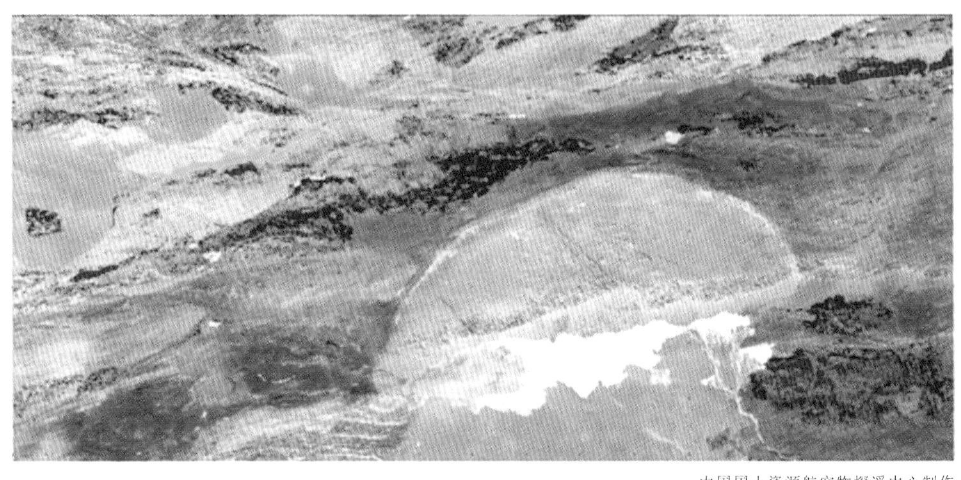

绿帘石
绿泥石
白云母
方解石
蒙脱石
盐碱化

中国国土资源航空物探遥感中心制作

图 4.5　新疆东天山红滩地区 8 条航带 6 种矿物识别结果镶嵌图

野外验证表明，方解石得到了很精确的识别和填图，方解石化沿南北两条东西向断裂分布的灰岩带展布。北部的一条灰岩带展布范围很大，沿断裂贯穿整个验证区，南部的灰岩带分布于该区西部，宽度和范围相对较小。

4.2 新疆哈图金矿带蚀变填图

4.2.1 研究区背景

哈图金矿位于新疆托里县境内，大地构造位置属于西准噶尔华力西褶皱带扎依尔—达拉布特复向斜北翼之东段。主构造线方向为北东向，与阿尔泰褶皱系、天山褶皱系的主构造线斜交。区域地层以上古生界为主，中生界次之，新生界仅在山麓边缘及河谷中零星分布。本区岩浆活动频繁，以花岗岩分布最广，中酸性脉岩次之。从侵入关系、侵入特征来看，侵入时代的下限为早石炭纪，属华力西中期或更晚些。区域上断裂发育，主要有哈图断裂、安齐断裂、达拉布特大断裂等，大致呈北东向展布，控制着本区的基本构造格局(王爱华，2013)。由于区域构造应力的影响和岩浆后期热液作用，致使区域变质作用发育，对成矿有利。另外在哈图岩体、阿克巴斯套岩体等周围分布较多的环形断裂，在这些岩体的外接触带的环形断裂或同期小岩体和岩脉附近分布着较多金矿床。哈图金矿主要赋矿地层为石炭系，安齐断裂为主要导矿构造，其次级断裂和破火山口断裂为容矿构造，金矿主要分布于安齐断裂上盘。区内地球化学异常为金、砷、铜、锌、铬、镍、钴的元素组合，异常带背景值高，与玄武岩关系密切，地表应重视砷、汞、银、铜、锑的元素组合。矿石类型以蚀变岩夹石英脉为主，成矿时间为早石炭世，与该区酸性岩体侵入同期，并严格受构造控制。初步认为矿床成因类型是与基性玄武岩、酸性花岗岩有关的中温热液充填-交代型金矿床。本区金矿体具有向下延深大于地表延长的特征，在环形断裂及放射性断裂部位应注重深部盲矿体的存在。

4.2.2 数据源与方法

在哈图金矿区，中国科学院遥感与数字地球研究所应用航空红外细分光谱仪(FIMS)进行蚀变矿物识别填图。FIMS 图像在短波红外区(2.0～2.5 μm)设置了 6 个光谱段，分别为 2.064 μm (FIMS1)、2.087 μm(FIMS2)、2.155 μm(FIMS3)、2.175 5 μm(FIMS4)、2.295 μm (FIMS5)、2.390 μm(FIMS6)。瞬时视场角为 6 mrad，飞行高度为 6 000 m 时地面分辨率为 36 m。

根据从 FIMS 图像上提取的不同类型地物光谱相对反射率曲线的分析(图 4.6)充分反映了蚀变的吸收特征。蚀变玄武岩的相对光谱曲线(B)显示了在 2.29 μm 有明显的吸收特征，反映了绿泥石化的光谱特征。绿泥石 Mg—OH 分子基团的振动导致 2.30 μm 的强吸收。蚀变凝灰岩的反射率光谱曲线(C)在 2.175 μm 波段的吸收谷，反映了绢云母 Al—OH 分子振动产生的 2.208 μm 强吸收特征，而戈壁(A)、非蚀变凝灰质砂岩(D)，则无明显吸收特征。

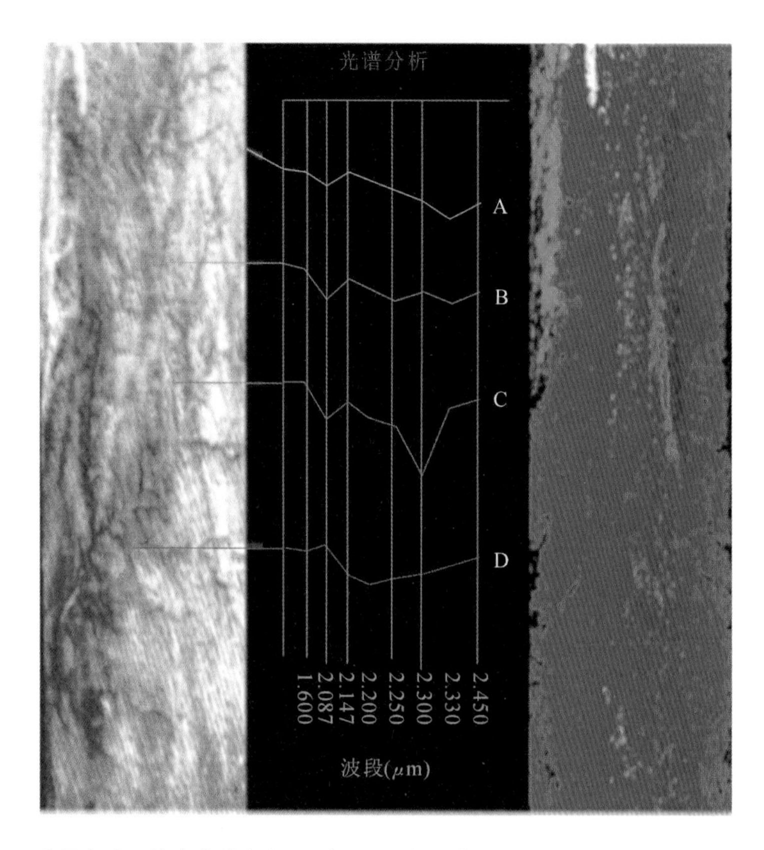

图 4.6　哈图金矿区蚀变岩信息提取(右图：绿色代表蚀变玄武岩，红色代表蚀变凝灰岩)

针对哈图金矿区 FIMS 图像，我们应用如下两个不同的光谱吸收指数 SAI 进行矿物鉴别分类。

1)2.175 μm 吸收的光谱吸收指数 $SAI_{2.175}$

吸收波段图像 M=FIMS4；

吸收的肩部图像 S_1=FIMS3，S_2=FIMS5；

吸收宽度 W=0.14 μm；

吸收对称性 d=0.85；

$SAI_{2.175}$ 主要获取蚀变凝灰岩信息。

2)2.295 μm 吸收的光谱吸收指数 $SAI_{2.295}$

吸收波段图像 M=FIMS5；

吸收肩部图像 S_1=FIMS4，S_2=FIMS6；

吸收宽度 W=0.215 μm；

吸收对称性 d=0.44；

$SAI_{2.295}$主要获取蚀变玄武岩信息。

4.2.3 岩矿分类结果

图4.6是应用SAI技术岩石分类结果，共识别了4种类型的地物：蚀变玄武岩(B)、蚀变凝灰岩(C)、凝灰质砂岩(D)、戈壁(A)。从图中可以看出，蚀变玄武岩沿安齐断裂北东向展布，这是哈图金矿的主要成矿来源。蚀变玄武岩的外侧分布着条带状蚀变凝灰岩(C)，在其外侧沿半圆环线分布着非蚀变凝灰岩(D)。这一结果与哈图地区地质图非常吻合，显示了蚀变的展布与形态，表明SAI图像对蚀变识别的有效性。同时我们也将该技术推广到未知区，在新疆博孜阿特与博格特区新发现了两条金矿化蚀变带。

4.3 新疆阿克苏地层和矿物信息提取

4.3.1 研究区背景

塔里木板块主体部分经历了古生代稳定的陆台，中、新生代陆内盆地的演化阶段，边缘部分经历了新元古代—古生代—中生代的陆壳增生和相邻洋壳的消亡。在局部地区和某些阶段，由于地壳发展的不均衡，曾发生过裂谷、裂陷槽和超壳断裂带(芮行健等，1994)。依据这一构造认识，划分了赋存于塔里木板块基底构造层、中间构造层、上部构造层、古生代裂谷系、中新生代超壳断裂带、被动边缘和陆壳增生区中的成矿系列。其中，石油、天然气、钾盐、金刚石、铜、稀有金属、铅、锌等多种矿产均具有非常巨大的找矿潜力。

4.3.2 数据源

作为中日合作“塔里木盆地油气资源勘探遥感应用技术共同研究”项目的一部分，中国科学院遥感与数字地球研究所高光谱遥感研究室利用美国GERIS成像光谱仪在新疆阿克苏西部进行了矿物光谱识别和填图研究。

GERIS成像光谱仪在0.4～2.5 μm具有63个光谱段，其中在SWIR的1.9～2.5 μm光谱域以16 nm的光谱分辨率获得32波段图像，地面分辨率为16 m(IFOV=4.5 mrad)，数据动态范围为16。数据经过像元编码处理、去噪声、辐射纠正和几何粗纠正，获得预处理后GERIS数据。

4.3.3 地层与矿物信息提取

研究区不同地层平均光谱曲线(图 4.7),显示了不同地层岩石矿物的光谱差异,主要表现在 3 个光谱吸收特征上,即二叠系与寒武奥陶系灰岩具有 2.330 μm 与 2.315 μm 附近吸收特征,泥盆系黏土化岩石具有 2.176 μm 的吸收特征,而志留系、泥盆系和二叠系砂岩则具有 2.238 μm 的光谱吸收特征,这些光谱吸收特征构成不同地层光谱识别的基础。分别计算 GERIS 波段 45、49 与 55 的光谱吸收指数(SAI)图像、在 SAI45 图像上的黏土矿物分布显示泥盆系(D_1)地层和下二叠系(P_1)地层的分布,在 SAI49 图像上,可显示志留系(S)和下泥盆系(D_2)地层的分布,而在 SAI55 的图像上识别了碳酸盐矿物,显示寒武奥陶系(ε-O)和上二叠系(P_2)的灰岩分布。图 4.7 即 SAI45、SAI49 彩色合成图像,成功区分各种地层,然而下二叠系与寒武奥陶系(ε-O)由于都是碳酸岩未能区分识别。通过进一步的光谱分析发现,这两个地层由于碳酸盐矿物(方解石和白云石)含量不同,在 2.331 μm 附近的光谱吸收特征位置存在细微的差异。

室内光谱测量表明(图 4.8),在碳酸盐矿物中,方解石的典型光谱吸收在 2.330 μm,而白云石的光谱吸收则向短波方向漂移,位于 2.315 μm。

根据野外样品分析和光谱测量,我们建立了研究区内灰岩在 SWIR 的吸收特征与矿物成分之间的关系。灰岩在 2.290~2.350 μm 的光谱吸收位置与 MgO/CaO 含量比值具有函数关系,线性回归为

$$A = 81.966 - 0.0353\lambda \tag{4.1}$$

其中,A 为岩石中 MgO/CaO 比例;λ 为吸收波长位置。

可知,二叠系灰岩以白云岩为主,含镁成分较高,主要吸收在 2.320 μm 附近,而寒武奥陶系灰岩以方解石为主,含钙质较高,主要吸收在 2.330 μm 附近,这种 10 nm 光谱吸收位置漂移将使我们有可能从 CERIS 图像上区分二叠系、寒武奥陶系这两种不同地质时代、不同沉积环境的碳酸岩。

通过分别计算 GER 波段 53、54 与 55 的光谱吸收指数 SAI 并且比较了这些 SAI 值之间的变化趋势研究有以下发现。

1)寒武奥陶系灰岩(少数例外)

$$SAI_{53}(2.299\ \mu m) < SAI_{54}(2.315\ \mu m) < SAI_{55}(2.330\ \mu m) \tag{4.2}$$

2)二叠纪系白云岩

$$SAI_{53}(2.299\ \mu m) < SAI_{54}(2.315\ \mu m) > SAI_{55}(2.330\ \mu m) \tag{4.3}$$

根据不同时代碳酸岩的光谱漂移规律,我们成功地区分了寒武奥陶系灰岩(红色)和二叠系白云岩(绿色)(图 4.9)。这种区分是基于碳酸盐矿物含量不同产生的细微光谱差异,即光谱吸收位置的漂移。实验室所得到的精细的光谱知识,在成像光谱图像应用中起到了关键作用。

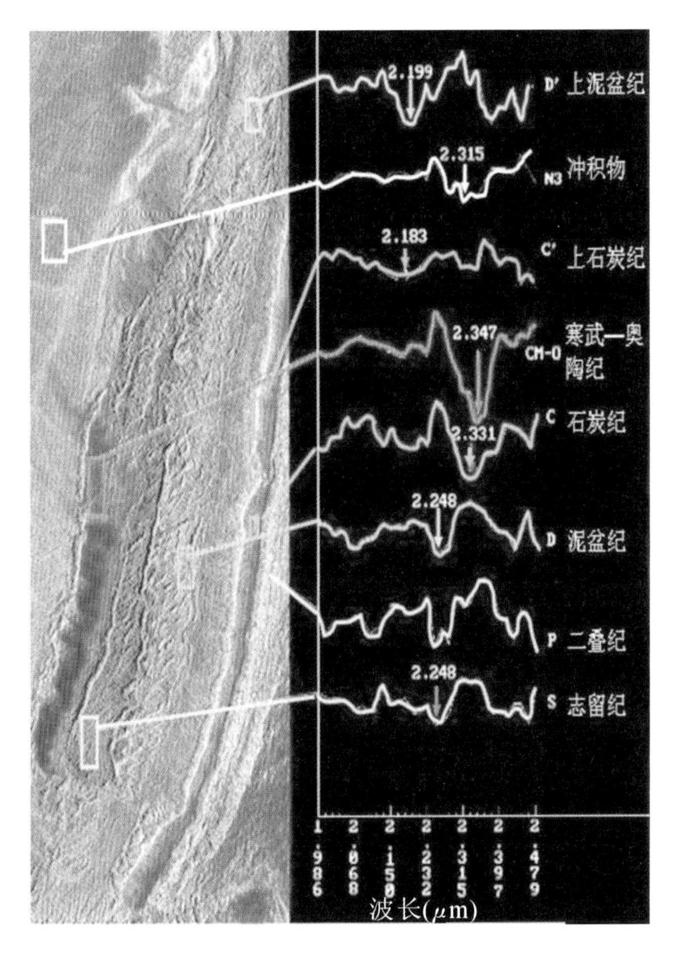

图 4.7 不同地层平均光谱曲线

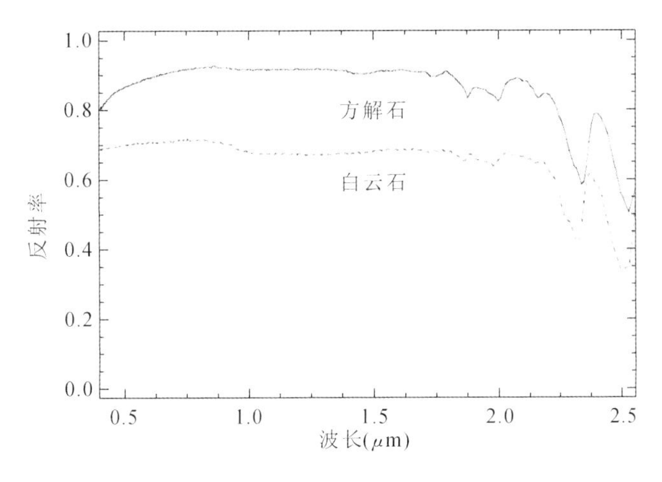

图 4.8 方解石与白云石光谱

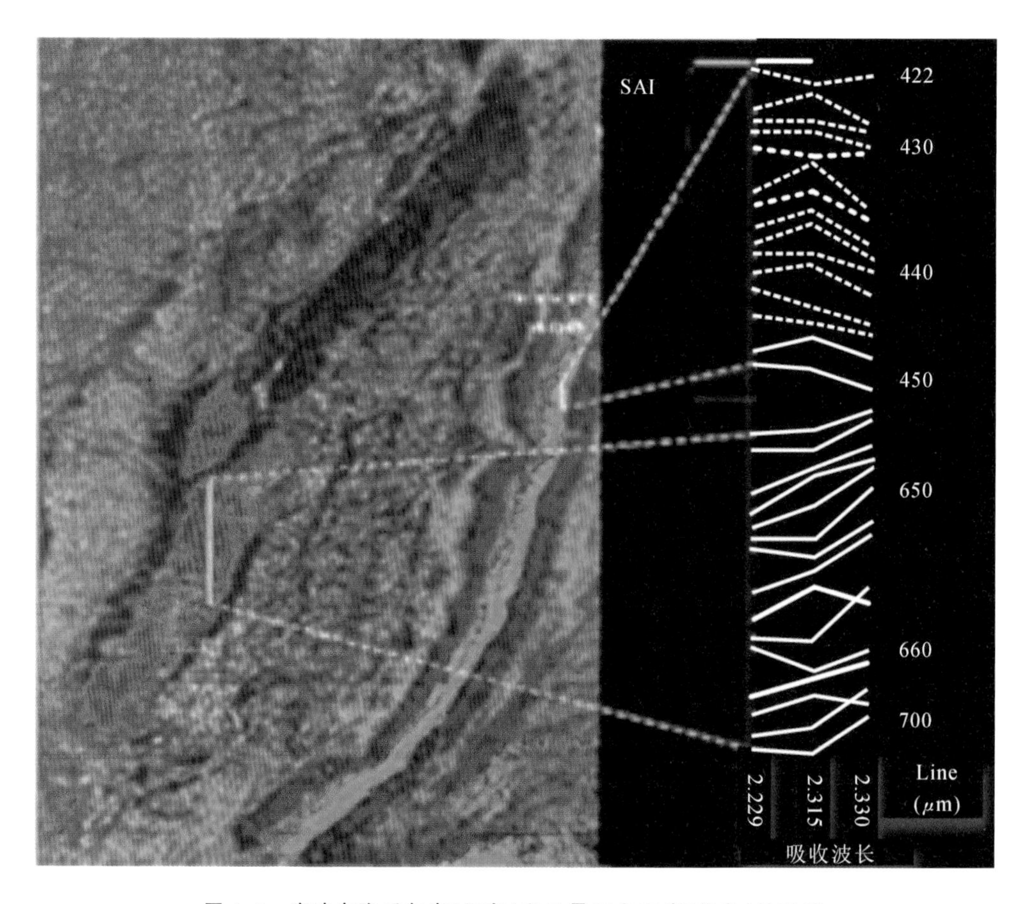

图 4.9　寒武奥陶系灰岩(红色)和二叠系白云岩(绿色)的识别

4.4　陕西镇安卡林型金矿蚀变填图

4.4.1　研究区背景

陕西镇安—旬阳地区位于南秦岭中带，北界为镇安—板岩镇断裂带，南界为安康断裂带，东与武当古陆相邻，西至佛坪古陆，是秦岭成矿带重要的汞锑、铅锌、金矿产地之一(李勇等,2003)。目前发现的金矿体大部分与有利岩性(钙质粉砂岩、粉砂质页岩等)及断裂(包括层间断裂、裂隙)控制有关(赵利青等,2001)，金矿带的控矿构造为韧性、韧脆性或脆性剪切带(张复新等,2000;马中平等,2005)。试验区镇安县丁-马金矿，属于卡林型金矿，植被覆盖率为 60%～70%。矿带长约 30 km，宽约 4 km，从东向西划分为金龙山、嵝岘、丘岭、古楼山四个矿段,容矿岩石为泥盆系和石炭系碳酸岩和泥岩,具有碳酸盐化、绢云母化、黄铁矿化和硅化等蚀变,次生变化为褐铁矿化、黄钾铁矾、黏土化,沿背斜及其轴部的正断层分布。蚀变的页岩、砂岩和灰岩是植被覆盖率较高条件下所要探测的"地质小目标"。

研究区的地质目标具有以下特征:①相对于植被覆盖背景露头稀少,而且出露范围小,稀疏分布,在大范围覆盖的背景下不容易被直接发现;②像元光谱不全是岩、矿的确定性光谱,具有岩石与植被、土壤、腐殖质等背景混合的随机性,岩石露头的纯像元稀少,其在图像上往往以混合像元或极少纯像元的形式存在(李庆亭,2009)。

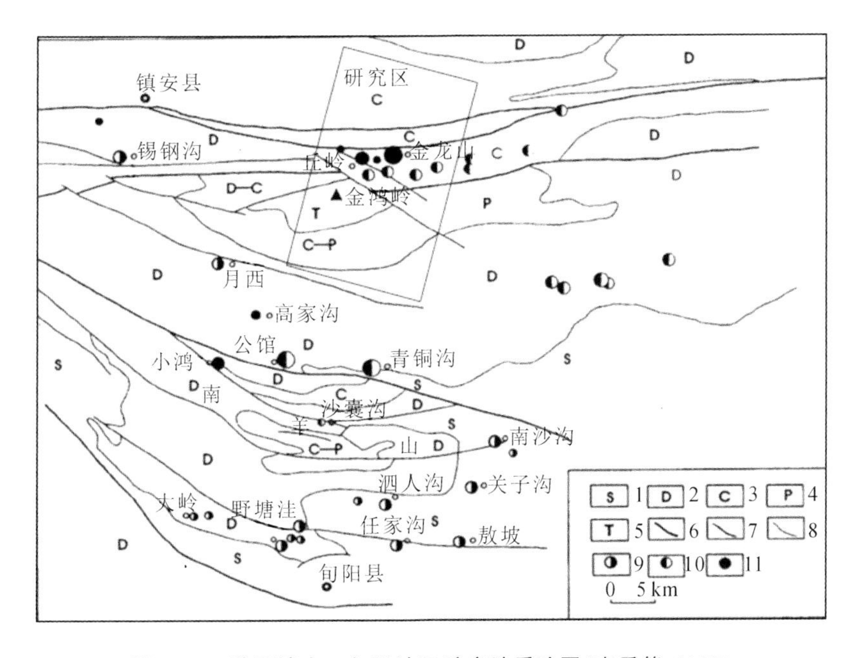

图 4.10 陕西镇安—旬阳地区矿产地质略图(李勇等,2003)

4.4.2 研究区数据及其预处理

研究区数据包括 Hyperion 成像光谱数据和野外实测光谱数据。Hyperion 数据获取时间是 2007 年 11 月 4 日,大气校正利用 ACORN 大气校正软件完成。野外实测光谱获取时间是 2007 年 12 月 1—3 日。对野外光谱数据的处理主要是反射率转换、去噪、聚类和参量化分析。

4.4.3 地面光谱分析

通过系统聚类分析,野外实测反射率光谱被分为两大类:蚀变岩、围岩(探测目标);植被(背景目标)。探测目标光谱可以分为 7 个小类,蚀变岩和围岩得到了很好的区分,反射率光谱如图 4.11 所示。第 4 类和第 7 类是最重要的探测目标，它们的光谱表现出强的铁、羟基和 CO_3^{2-} 的吸收特征，这些吸收特征是探测和识别它们的基础。背景目标被分为 3 个小类，分别为绿色植被（Ⅱ-Ⅰ）、半干枯植被（Ⅱ-Ⅱ）和干枯植被（Ⅱ-Ⅲ），光谱如图 4.12 所示，它们的差别集中在可见光—近红外波段，健康的绿色植被具有绿峰、红谷、红外反射坪以及红边等特征，半干枯植被的这些特征都在减弱，干枯植被的这些特征已经消失，反射率单调递升。在高光谱图像上，可以利用植被的这些特征把它们分别出来。从聚类结果可以看出类别内部具有相似的光谱特征，类别间光谱特征差异很大，提取分析它们的光谱特征，建立探测目标的识别规则，能够更深入地理解探测目标和背景目标。

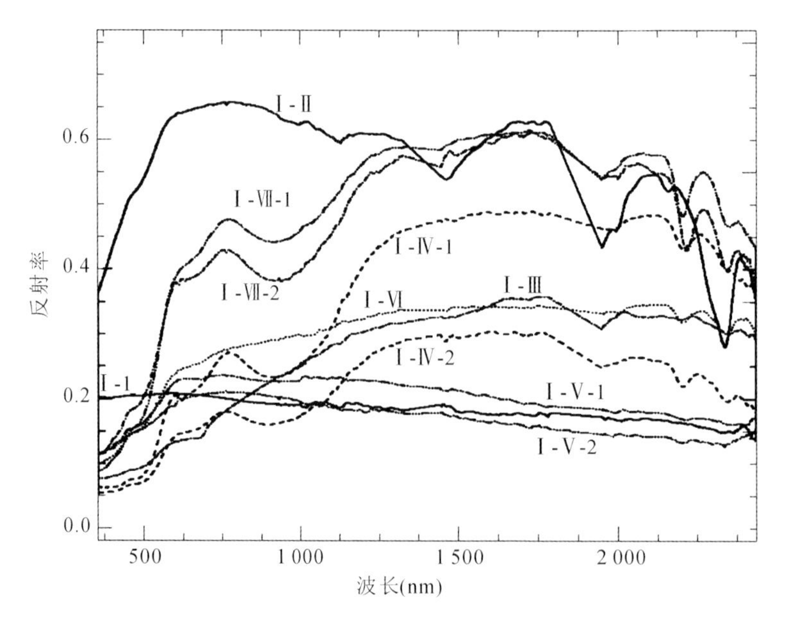

图 4.11　蚀变岩及围岩的反射率光谱

Ⅰ-Ⅰ：石灰岩；Ⅰ-Ⅱ：碳酸盐化的碳酸岩；Ⅰ-Ⅲ：泥岩风化面；Ⅰ-Ⅳ-1：褐铁矿化的粉砂岩；Ⅰ-Ⅳ-2：钙质粉砂岩矿石；Ⅰ-Ⅴ-1：中厚层的灰岩；Ⅰ-Ⅴ-2：碳质泥岩；Ⅰ-Ⅵ：碳酸岩新鲜面；Ⅰ-Ⅶ-1：氧化矿石；Ⅰ-Ⅶ-2：矿化的碳质泥岩

实测光谱的参量化分析结果如表 4.3 所示，我们感兴趣的蚀变岩具有明显的诊断性光谱特征，反映了与矿化密切相关的岩石的褐铁矿化、绢云母化、黏土化和碳酸盐化等蚀变，利用前文介绍的方法对这些吸收谱段进行了光谱特征参量的提取。蚀变和矿化都表现出了较强的吸收特征，对于同类岩石，随着蚀变和矿化的增强，铁的吸收位置向长波方向移动，吸收深度变深，吸收宽度增大，对称度减小。羟基的吸收位置比较稳定，对称度稍增大。不过，由于 Hyperion 成像光谱数据的信噪比较低，反射率反演的结果不理想（图 4.13），加上当地植被覆盖率较高，背景比较复杂，难以用诊断性光谱特征方法进行准确提取。以含矿蚀变岩（含矿钙质粉砂岩）的实测光谱为参考光谱，采用前文所选取的目标探测算法进行提取，取得了理想的结果，不仅提取出了已知分布区，而且提取出其他可能的分布区，为找矿靶区的划定提供了依据，证明了目标探测算法的应用价值。

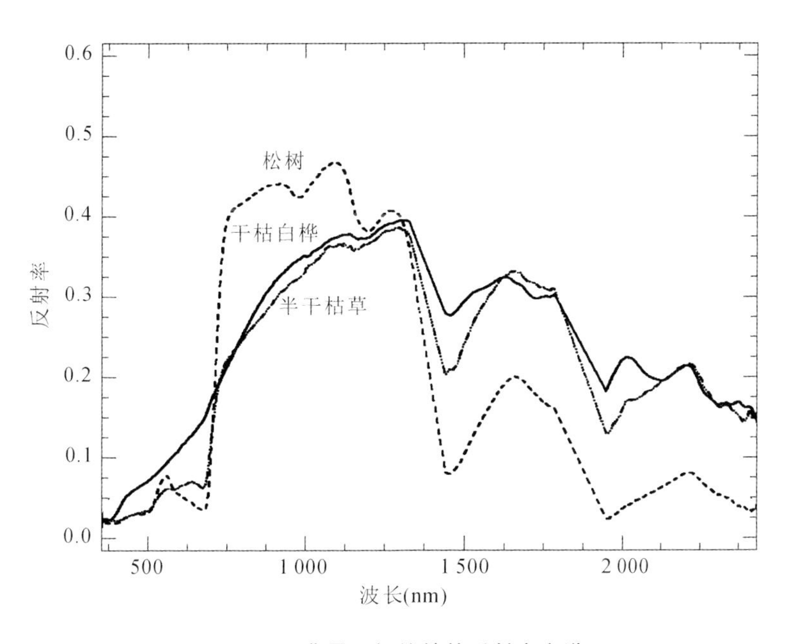

图 4.12 背景目标植被的反射率光谱

表 4.3 探测目标的光谱吸收特征参量

目标类型	吸收位置(nm)	吸收深度	宽度(nm)	左肩(nm)	右肩(nm)	对称度
铁的吸收						
泥灰岩	936	0.111 309	261	754	1 239	0.520 377
钙质粉砂岩	955	0.130 590	286	752	1 239	0.384 501
碳质泥岩	963	0.204 660	292	745	1 314	0.147 022
钙质粉砂岩风化面	965	0.147 874	292	772	1 281	0.404 997
矿化泥灰岩	993	0.411 361	332	757	1 317	−0.029 400
钙质粉砂岩矿石	972	0.249 351	300	740	1 266	−0.010 420
氧化矿石	961	0.139 563	280	754	1 223	0.147 291
羟基吸收						
泥灰岩	2 206	0.136 387	52	2 137	2 278	0.005 285
钙质粉砂岩	2 205	0.190 373	52	2 078	2 273	0.001 701
碳质泥岩	2 216	0.171 493	48	2 159	2 279	0.100 824
钙质粉砂岩风化面	2 208	0.109 731	45	2 150	2 269	−0.087 750
矿化泥灰岩	2 208	0.110 272	54	2 148	2 285	0.213 700
钙质粉砂岩矿石	2 204	0.114 755	46	2 142	2 261	0.005 755
氧化矿石	2 204	0.144 474	49	2 139	2 270	0.191 325

续表

目标类型	吸收位置(nm)	吸收深度	宽度(nm)	左肩(nm)	右肩(nm)	对称度
CO_3^{2-} 吸收						
泥灰岩	2 341	0.061 452	45	2 289	2 395	0.060 140
钙质粉砂岩	2 342	0.105 003	49	2 285	2 400	0.028 691
碳质泥岩	2 338	0.127 178	46	2 280	2 399	0.128 152
钙质粉砂岩风化面	2 343	0.083 533	41	2 269	2 399	−0.092 810
矿化泥灰岩	2 351	0.051 391	45	2 299	2 378	−0.311 110
钙质粉砂岩矿石	2 334	0.093 451	55	2 262	2 385	0.118 202
氧化矿石	2 342	0.072 410	47	2 286	2 393	0.058 072

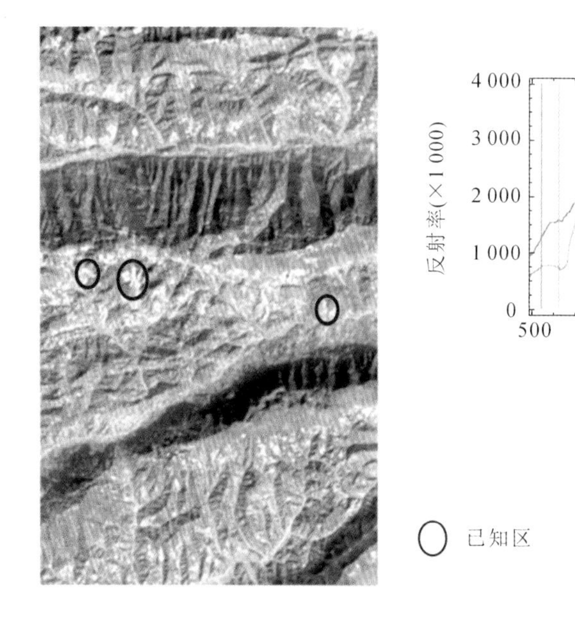

图 4.13 研究区标准假彩色合成图(左图)和图像光谱(右图)

4.4.4 图像提取结果与分析

通过上节的分析可知含矿的钙质粉砂岩是重要的探测目标,其发现意味着可以确定成矿位置。以其野外实测光谱为参考光谱,6 种目标探测算法移动 SAM、OSP、CEM、ACE、AMF 和 ECD 的结果如图 4.14 所示(目标高亮显示),以目标像元比例为 0.55%的阈值分割提取结果如图 4.15 所示(目标高亮显示)。可以看出 CEM、ACE、AMF 均能准确地提取出已知目标,丘陵矿区和金龙山矿区均被提取了出来,与野外调查情况一致,其他高亮度区域为含矿蚀变岩的可能分布区,可以作为重要的靶区,此结果对野外勘探具有很大指导意义。而 ACE 和 AMF 在提取目标的同时可以有效地压制背景,效果最好。SAM、OSP 和 ECD 的目标探测结果不是很理想。可以说目标探测算法可以识别出植被覆盖区的地质小目标。

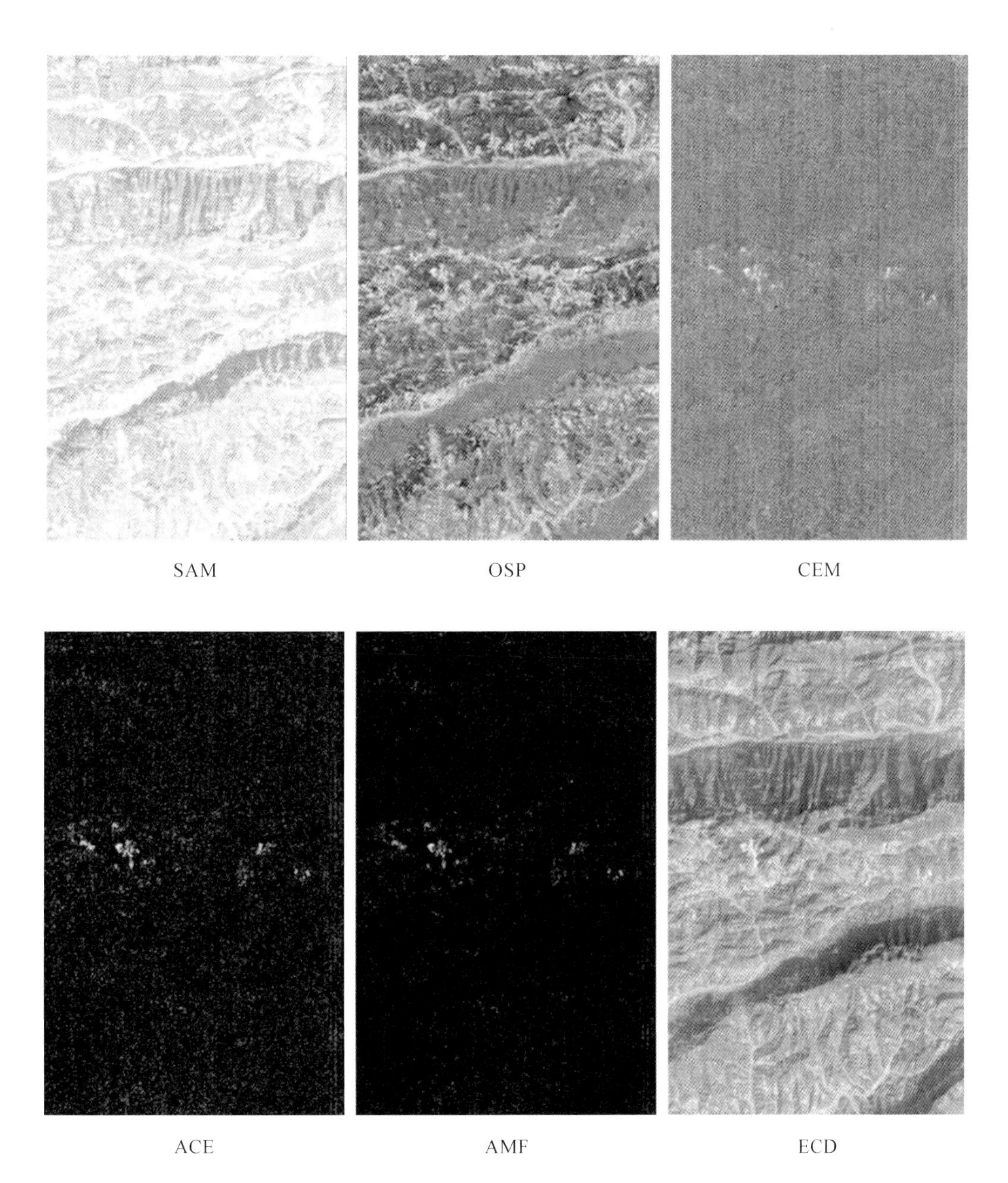

图 4.14 6 种目标探测算法结果(白色)

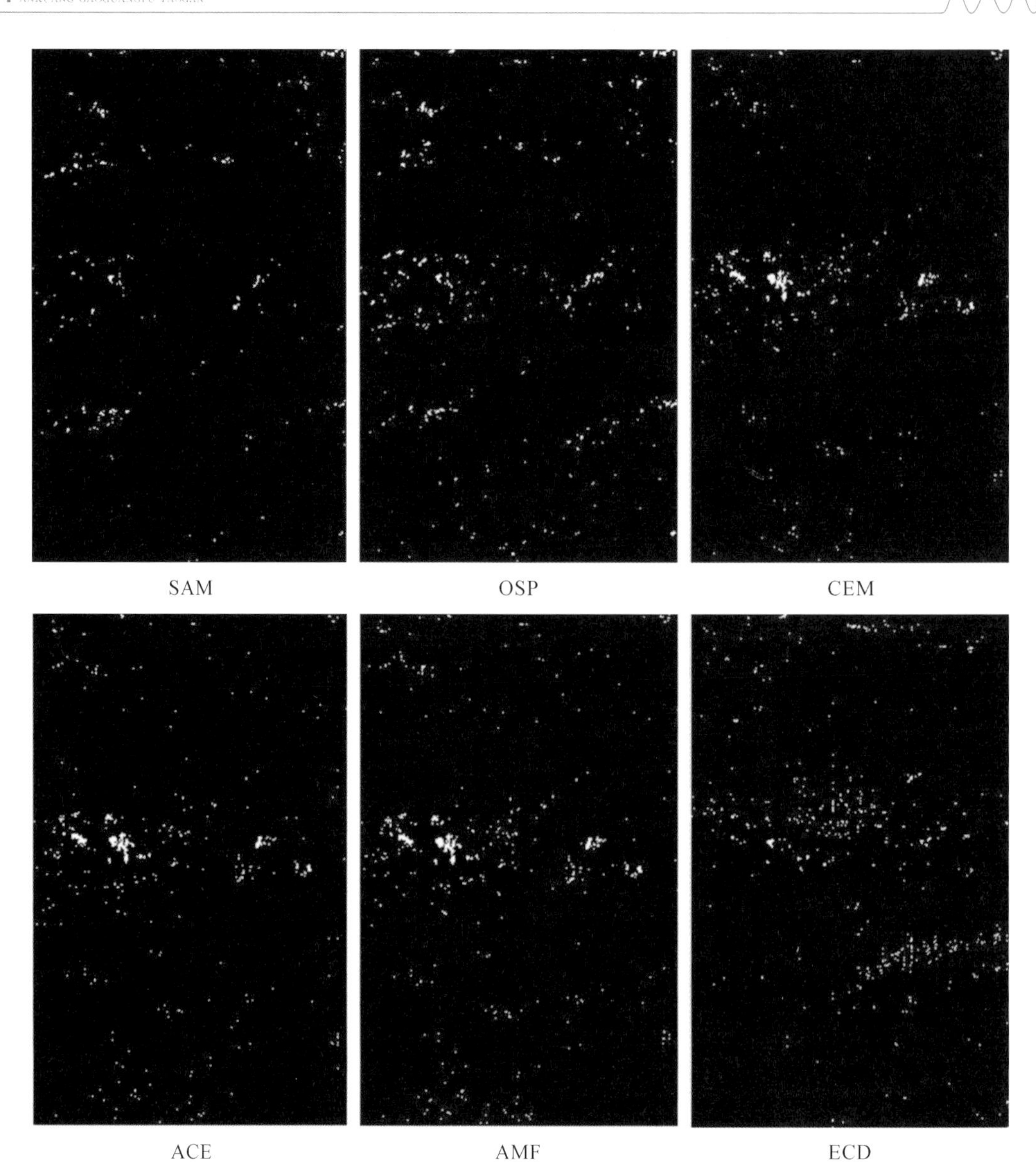

图 4.15　6 种目标探测算法的阈值分割提取结果(目标像元比例为 0.55%)

4.5　黑龙江多宝山蚀变填图

4.5.1　研究区背景

多宝山斑岩铜矿位于黑龙江省嫩江县境内，为我国北方重要的斑岩型铜矿床之一。多宝山连同其东南 4 km 的铜山铜矿探明储量累计达到铜 335 万 t，钼 15 万 t，金 73 万 t，其规模达到大型。矿集区范围内资源丰富，既有斑岩型铜(钼)矿床，又有矽卡岩型铁铜矿床，还有热液型金矿床。自 1958 年发现多宝山斑岩铜矿开始，在西北三矿沟至东南大冶约 40 km 范围内，先后发现了 14 处金属矿床点。多项地质勘查与研究工作表明，多宝山矿区找矿潜力巨大，特别是具备寻找千万吨级铜矿的潜力。多宝山弧形构造带与多宝山倒转背斜轴部及几组构造在多宝山矿区复合，比较明显的控岩控矿构造形迹有北西向弧形构造和近东西构造。大兴安岭隆起地带的区域构造线为北东向，矿田构造线为北西向，二者近于直交。多宝山的这些矿点主要分布于西北向弧形构造带上。

矿田内已知矿床点出露的地层主要为奥陶系和志留系。主要赋矿地层为中奥陶统多宝山组，它是由一套安山岩和中酸性凝灰岩所组成的火山岩系。多宝山组平均含铜丰度为 130×10^{-6}，明显高于矿田内其他地层的含铜量，是矿田成矿物质的主要来源。矿田内热液活动具有多期叠加的特征，它们在空间与时间上与花岗岩长岩、花岗闪长斑岩和斜长花岗岩的岩浆活动具有密切的关系。因此，系统研究多宝山矿集区成矿规律，对推动多宝山地区进一步找矿有重要意义。

4.5.2 数据源

采用 EO-1 Hyperion 高光谱数据，该数据具有 242 个波段，波长范围为 380～2 500 nm，光谱分辨率约为 10 nm，空间分辨率为 30 m。其在中国境内过境时间一般为北京时间上午 10 点左右。EO-1 Hyperion 高光谱传感器的详细参数如表 4.4 所示。

表 4.4 EO-1 Hyperion 传感器部分指标

参数	数值
波长范围	380～2 500 nm
波段数	242
空间分辨率	30 m
光谱分辨率	10 nm
刈幅宽	7.7 km
扫描方式	推扫式
数据记录格式	16 bit
数据记录方式	BIL

4.5.3 数据处理

4.5.3.1 数据预处理

由于仪器信噪比、传感器成像方式、仪器安装设计等方面的影响，使得高光谱遥感影像存在坏线、条带噪声、smile 效应等问题，在对高光谱影像进行大气校正前需要选择信噪比较高的波段，并去除噪声的影响。在进行蚀变信息提取前进行预处理，包括：波段选择、辐射定标、坏线/条带噪声去除、smile 效应校正和反射率的反演等。

4.5.3.2 基于改进的 SAM 方法的蚀变信息提取

传统的光谱角度填图将像元 N 个波段的光谱响应作为 N 维空间的矢量，则可通过计算它与最终光谱单元的光谱之间广义夹角来表征其匹配程度：夹角越小，说明越相似(Kruse et al.，1993)。

本研究从两个方面改进光谱角度填图方法：修改类中心的计算方法；修改分类准则。修改后的算法分为以下 3 个步骤。

1.求类中心

首先将类中的各向量投影到单位半径的超球面上，即对各向量进行归一化，归一化向量为 $\boldsymbol{R}'_i=(r_{i1},r_{i2},\cdots,r_{in})$：

$$\boldsymbol{R}'_i=\frac{\boldsymbol{R}}{\|\boldsymbol{R}\|},\text{其中：}r'_{ij}=\frac{r_{ij}}{\sqrt{\sum_{j=1}^{N}r_{ij}}} \tag{4.4}$$

归一化后的向量的几何中心也在单位超球面上，以该向量为类中心。即类中心为

$$\overline{\boldsymbol{R}}'=\frac{1}{M}\sum_{i=1}^{M}\boldsymbol{R}'_i \tag{4.5}$$

2.计算各类的统计特征

以 $\overline{\boldsymbol{R}}'$ 为类中心，根据公式(4.4)求类中各向量 $\boldsymbol{R}_i$ 与类中心的广义夹角 θ_i，$i=1,2,\cdots,M$。假设 θ 是以均值零方差为 σ 的正态分布，其概率密度函数为

$$P(\theta)=\frac{1}{\sqrt{2\pi\sigma}}e^{\frac{1}{2}\left(\frac{\theta}{\delta}\right)^2} \tag{4.6}$$

当光谱向量 $\boldsymbol{X}$ 与类 i 的中心 $\boldsymbol{R}_i$ 的广义夹角为 θ_i 时，$\boldsymbol{X}$ 属于类 i 的条件概率为 $P_i(\theta_i)$。根据最大似然参数估计，类方差为

$$\sigma^2=\frac{1}{M}\sum_{i=1}^{M}\theta_i^2 \tag{4.7}$$

3.分类准则

按照贝叶斯决策规则，当光谱向量 $\boldsymbol{X}$ 属于类 i 的条件概率 $P_i(\theta_i)$ 取最大值时，将 $\boldsymbol{X}$ 归入

类 i。为了简化计算，取 $P_i(\theta)$ 的自然对数，得

$$P'_i = \ln P_i(\theta_i) = -\frac{1}{2}\left(\frac{\theta_i}{\sigma_i}\right)^2 \tag{4.8}$$

定义分类准则，当 $P'_i = \max(P'_i)$，则将 $\boldsymbol{X}$ 归入类 i。

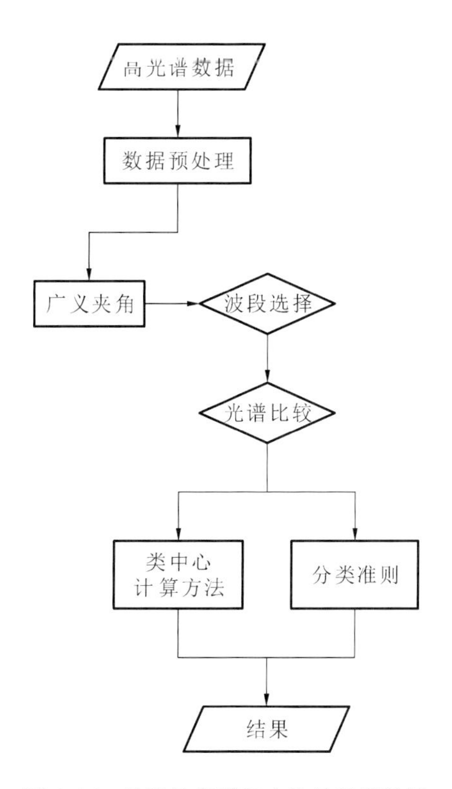

图 4.16　改进的光谱角方法处理流程图

4.5.4　结果与分析

多宝山区域的矿化蚀变主要为矽卡岩化、绢云母化、绿泥石化、绿帘石化、黄铁矿化、钾长石化等。选择钙铁石榴子石、绢云母、绿泥石、绿帘石、黄铁钾矾、钾长石等进行相应的蚀变填图。利用 USGS 光谱库中的光谱作为参考，采用光谱角算法，设定合适的角度阈值，进行选定矿物的填图。结果如图 4.17 所示。可以看出，黄铁矿化和绢英岩化比较发育。但是部分矿物分布在一定程度上呈现出沿水系发育的特点，石英和云母表现得尤为突出，这些可能并不指示成矿，应重点分析多种矿物集中分布的区域。

图 4.17 是多宝山地区被裁减后 Hyperion 影像处理的结果。可以看出，钙铁石榴子石和绢云母大面积分布，矽卡岩化和绢云母化应为主要蚀变，且部分蚀变呈环形分布，应特别注意对环形构造的研究。

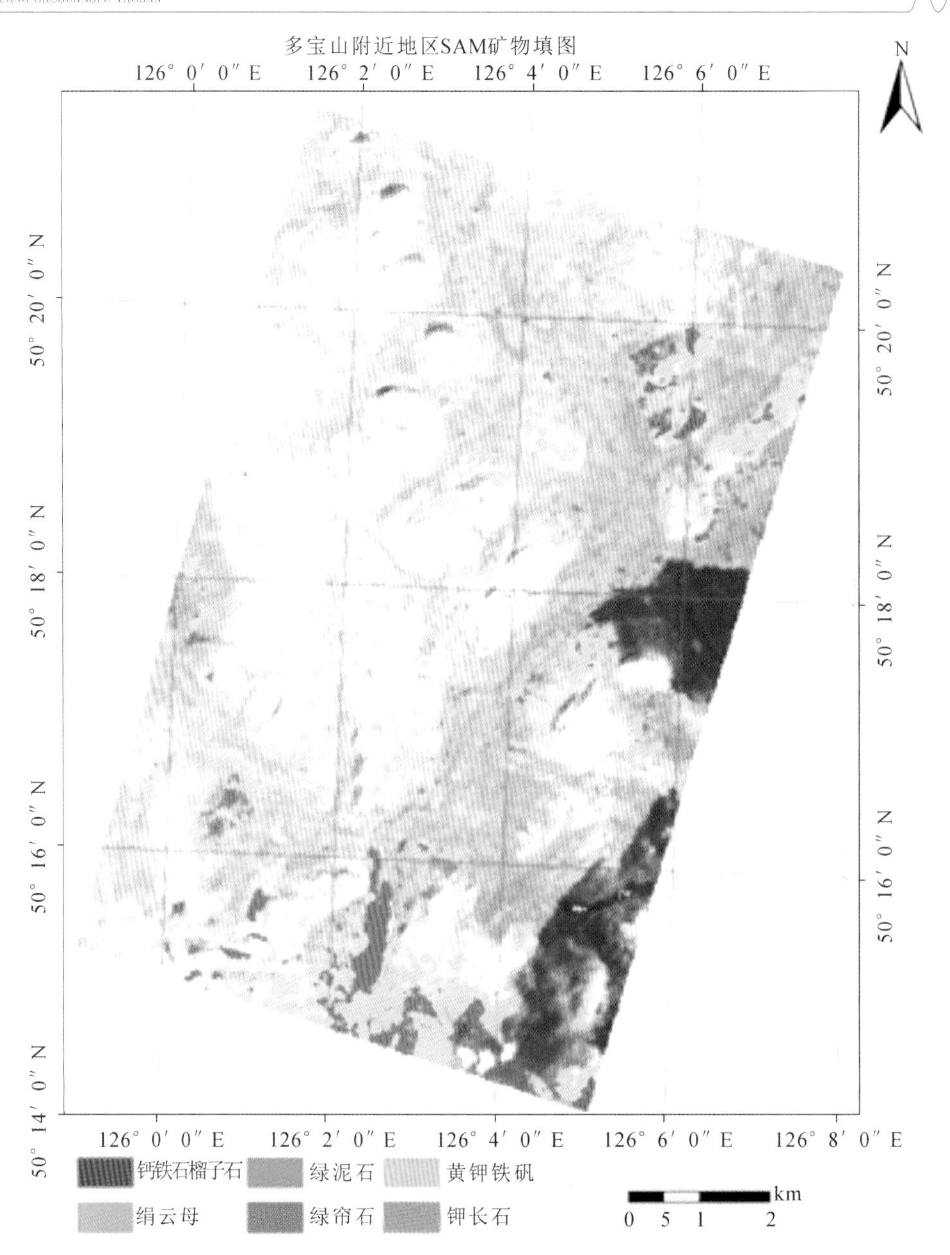

图 4.17　多宝山地区东北部矿物填图结果

4.6　甘肃北山柳园-方山口热红外矿物填图

4.6.1　研究区背景

甘肃北山是我国一处重要的金矿产地，仅柳园-方口山地区目前发现的金矿床、矿点有

20 余处(刘德长等,2015)。赋矿岩体、地层大致可分为两类:海西-印支期花岗斑岩体及其外接触带的震旦系洗肠井群变质地层;二叠系哲斯群中基性火山岩和火山岩沉积岩。矿床的成因类型可分为岩浆热液型和海相火山岩型。岩浆热液型如:拾金坡、南金滩、花牛山等矿床,海相火山岩型如:老金厂、新金厂等矿床。不论是岩浆热液型还是海相火山岩型金矿均为中低温热液型金矿床(点),受石英脉和断裂蚀变带控制明显。金矿的成矿时代主要为海西中晚期,次为印支早期。

本研究区域为甘肃省柳园镇。柳园镇位于东经 94°45′,北纬 40°50′,地势由东北向西南倾斜,平均海拔 1 797 m,总面积 9 700 km^2,镇区面积 8.9 km^2。年平均气温 5.7℃,年最高气温 37.5℃,年降水量 83.7 mm,蒸发量为 3 140.6 mm,昼夜温差大,属典型的大陆性气候。柳园镇地域广阔,有丰富的矿产资源,已探明的可供开采选冶利用的贵金属金、银产地 24 处,有色金属铜、铅、锌、铜、钛、锡等产地 12 处,黑色金属铁、钨、锰等 20 多处,花岗石、大理石、萤石、石灰石、重晶石等非金属矿 23 处。

4.6.2 数据源

本研究选用的航空热红外成像光谱系统(thermal airborne hyperspectral imager,TASI)是我国从加拿大进口,目前国内最先进的热红外成像光谱设备之一。该系统主要有 TASI-600 传感器、ICU 中央处理器、PAV30 三轴稳定平台、OS AV510、IMU 定位与惯性导航系统等组成。其中 TASI-600 传感器在 8～11.5 μm 范围内有 32 个波段,各波段中心波长见表 4.5,波段间隔为 0.109 5 μm,半波宽为 0.054 8 μm,总视场角为 40°,详细指标见表 4.6。图 4.18 为 TASI 在各波段传感器对辐亮度的灵敏度。

表 4.5 TASI 的各通道中心波长

波段号	波长(μm)	波段号	波长(μm)	波段号	波长(μm)	波段号	波长(μm)
1	8.054 8	9	8.930 8	17	9.806 8	25	10.682 8
2	8.164 3	10	9.040 3	18	9.916 3	26	10.792 3
3	8.273 8	11	9.149 8	19	10.025 8	27	10.901 8
4	8.383 3	12	9.259 3	20	10.135 3	28	11.011 3
5	8.492 8	13	9.368 8	21	10.244 8	29	11.120 8
6	8.602 3	14	9.478 3	22	10.354 3	30	11.230 3
7	8.711 8	15	9.587 8	23	10.463 8	31	11.339 8
8	8.821 3	16	9.697 3	24	10.573 3	32	11.449 3

表 4.6 TASI-600 的详细技术指标

参数	数值
光谱范围	8.0～11.5 μm
行像元数	600
连续光谱通道数	32
光斑尺寸	<0.4 像元
光谱带宽	0.125 μm
帧频(全波段)	200
垂直航线方向视场角	40°
瞬时视场角	0.068
信噪比(峰值)	4 600
量化水平	14 位
绝对辐射测量精度	±10%

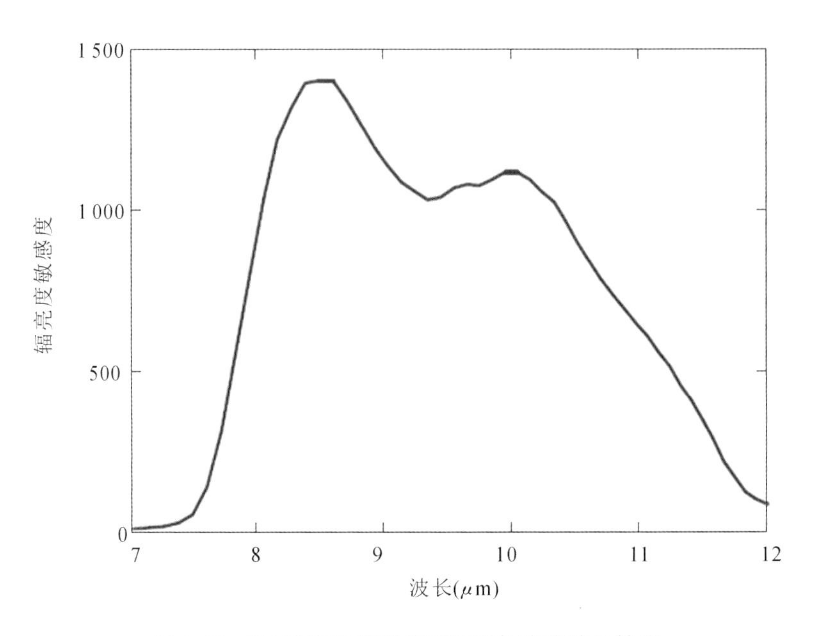

图 4.18 TASI 在各波段传感器对辐亮度的灵敏度

4.6.3 数据处理

4.6.3.1 温度与发射率反演(TES)算法

ASTER 团队(Gillespie et al.,1998)开发了一种新的温度、发射率分离算法,该算法综合了 3 个基本模块:NEM、ratio、MMD。

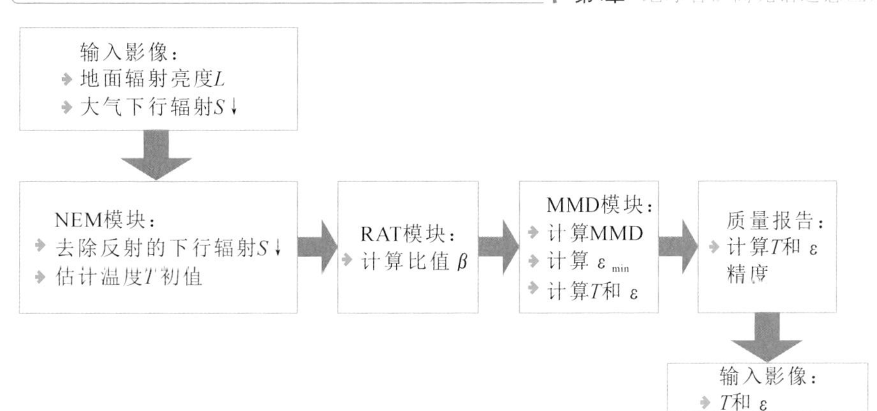

图 4.19　ASTER_TES 算法流程图

4.6.3.2　TES 发射率经验关系的建立

运用 ASTER 和 MODIS 波谱库中提供的 274 条光谱曲线，将它们统一转化成发射率曲线，地物类型包括：水体、植被、土壤、矿物、建筑材料以及部分人工地物，基于这些数据建立与 TASI 相一致的经验关系，步骤如下文。

(1)将这些数据重采样成与 TASI 波段设置相一致的发射率曲线。

(2)运用下式计算每种地物各波段发射率与该曲线均值的比值，即 β 谱：

$$\beta_i = \frac{\varepsilon_i}{\frac{1}{32}\sum_{i=1}^{32}\varepsilon_i} \tag{4.9}$$

(3)计算 MMD=max(β_i)−min(β_i) (i=1～32)。

(4)经验关系的建立。经拟合得到如下指数关系：

$$\varepsilon_{\min} = 0.9924 - 0.9174 \times \mathrm{MMD}^{0.9723}\ (r^2 = 0.988, \mathrm{SD} = 0.0156) \tag{4.10}$$

将新建立的新的发射率经验关系替代 TES 算法中的发射率经验关系，即可对 TASI 数据应用 TES 算法以获取发射率和温度信息。

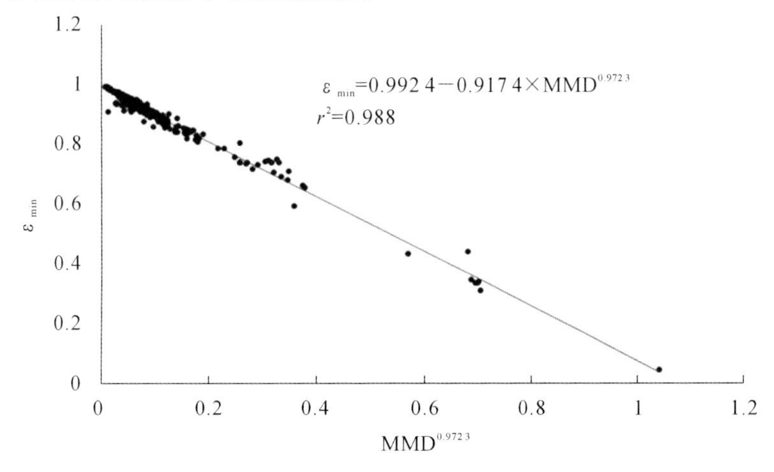

图 4.20　$\varepsilon_{\min}$ 与 MMD 的指数关系

4.6.4 结果分析

TASI 的优势在于其为高光谱仪器，但也有必要进一步分析其反演的发射率谱线与实际发射率的差异。图 4.21 显示了 3 个采样点的 TASI 发射率反演结果与地面实测结果的差异，同时我们计算了几种地物发射率光谱曲线的相关系数和 $RSME_{\varepsilon}$。分析可知地面测量的发射率曲线与反演结果在波形上很相似，3 个采样点的波形相关系数均达 0.80 以上，但是在数值上还是有一定差异的，这可能是由于地面测量的发射率与像元尺度发射率有着巨大差异，存在混合像元的尺度效应问题，且机载数据的大气效应不可能完全消除，另外 TASI 和 102F 的仪器噪声也会对反演精度造成不同程度的影响。

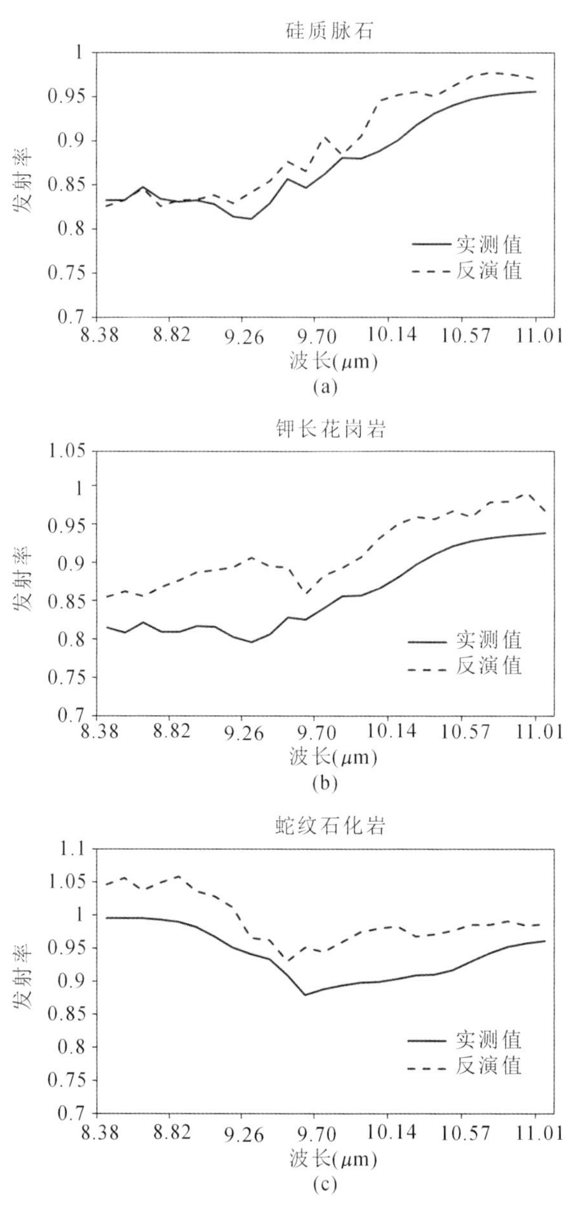

图 4.21 反演所得发射率与实验室测得发射率比较

表 4.7 反演的地表发射率光谱的均方根误差与相关系数

采样点	硅质脉石	钾长花岗岩	蛇纹石化岩
相关系数(R)	0.834 922	0.802 082	0.805 203
RMSE	0.037 565	0.060 454	0.055 644

图 4.22 为该算法反演的采样点的发射率假彩色合成图像。从发射率的反演结果看,反演发射率图像层次感比较丰富,山区阴影、山脊等信息清晰,可用于地质填图和矿物信息提取。

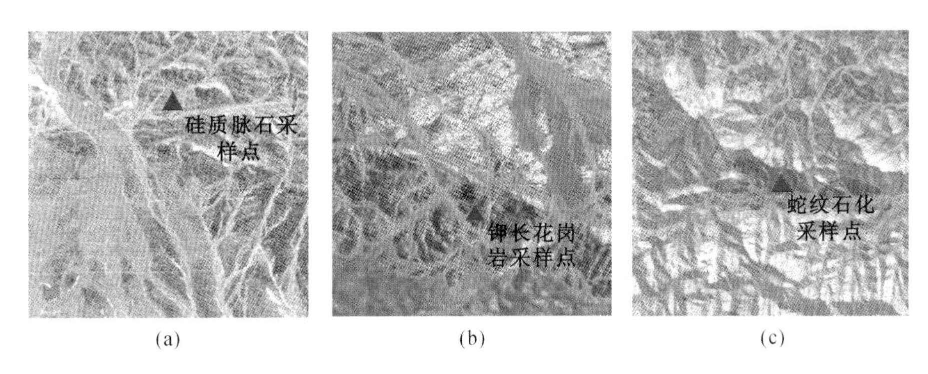

图 4.22 ASTER_TES 反演的 3 个采样点的波段 32/22/11 发射率假彩色合成图像

(a)硅质脉石采样点;(b)钾长花岗岩采样点;(c)蛇纹石化岩采样点

将温度与发射率分离算法用于航空热红外高光谱图像的温度与反射率反演,并重新构建了 ε_{min} 与 MMD 之间的关系。研究结果表明,对于 TASI 热红外高光谱数据,ε_{min} 最小值与 MMD 呈显著指数关系。发射率波谱反演结果与地面测量波谱在波形上很相似,相关系数达 0.80 以上。

接下来,用反演的热红外发射率高光谱数据进行矿物识别,图 4.23 为基于光谱角的矿物填图结果,图中绿色为硅质脉石,蓝色为钾长花岗岩,黄色为蛇纹石化岩。图 4.23 顶部图像为整条航带的识别效果,标号 1～6 为航带中局部放大效果;结果表明图的左半部分主要是硅质脉石和钾长花岗岩,右半部分主要是蛇纹石化岩,且成片分布,同时我们采样点的位置全部正确落在相应的结果中。因此,TASI 反演的发射率波谱可以用于地表地质研究、基岩绘图和资源开发利用。

4.7 澳大利亚塔斯马尼亚赤铁矿填图

4.7.1 研究区背景

塔斯马尼亚岛在澳大利亚南端,构造上属塔斯曼褶皱带的一部分,向南与南极洲相连,

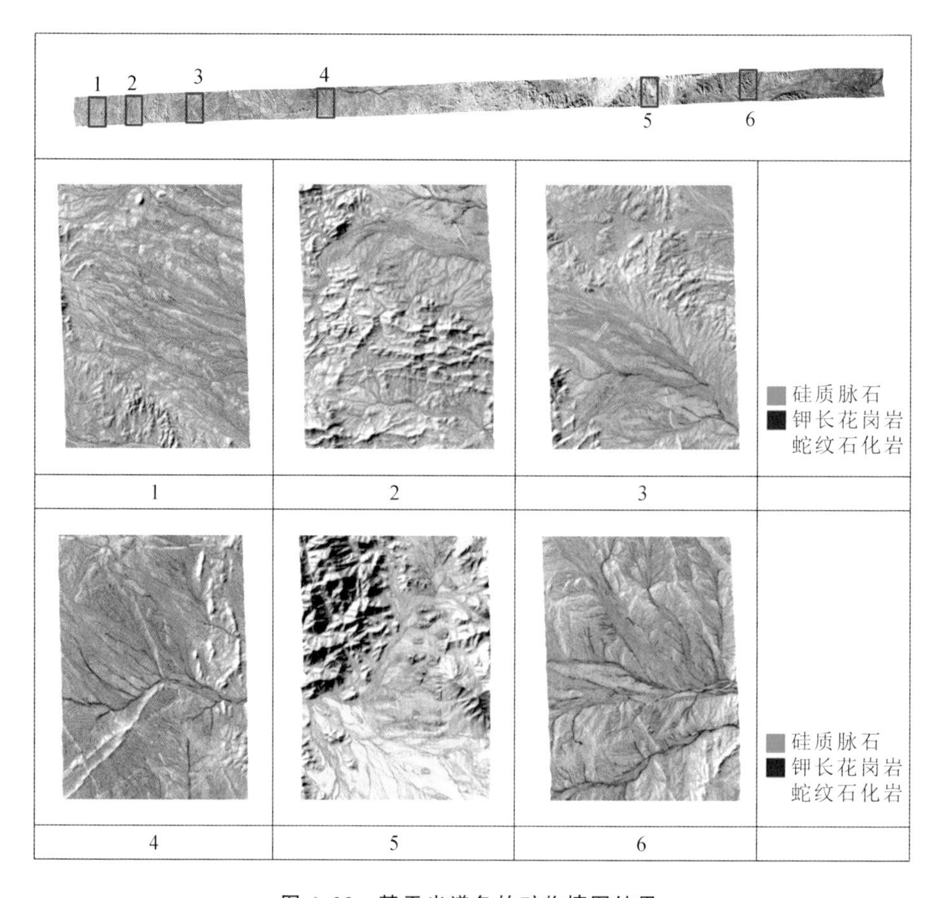

图 4.23　基于光谱角的矿物填图结果

（绿色为硅质脉石，蓝色为钾长花岗岩，黄色为蛇纹石化岩）

向北经澳大利亚东部，然后为巴布亚新几内亚所断，最后又与西印度尼西亚和马来西亚相接。自 1871 年本岛发现比绍夫山附近的锡石矿以来，100 多年来的集约开发，不可避免地给该地区的生态系统带来了负面影响，包括水位下降、地面沉降、土壤酸化、植被覆盖率降低、生态环境脆弱等，由于采矿产生了大量的含黄铁矿、石英、赤铁矿和白云石的废石和次生污染。本次实验选择塔斯马尼亚岛芒特莱尔矿区开展研究。

4.7.2　数据源

本研究采用的数据源是 HyMap 机载成像光谱系统获取的航空高光谱数据，获取时间为 2003 年。HyMap 是澳大利亚 HyVista 公司研制的生产运营型航空成像光谱系统，其详细技术指标如表 4.8 所示。HyMap 安装在三轴稳定平台上，组合惯导系统用于获取位置和姿态信息。获取的 HyMap 高光谱数据的地面分辨率为 5～10 m。

表 4.8 HyMap 技术指标

参数	数值
光谱范围	400～2 500 nm
波段数	128
光谱分辨率	可见光、近红外为 15～16 nm，短波红外为 15～20 nm
瞬时视场角	2.5 mrad
总视场角	61.3°
扫描率	12～16 S/s，连续可调
扫描率方式	光机旋转式
行像元数	512
数据编码	16 bit

4.7.3 实验数据与处理

植被生长健康状况是矿区环境问题的间接指标。近年来越来越多的研究致力于利用遥感技术对矿区植被生长状况和环境进行动态监测，进而实现矿区环境评价。本研究主要是利用植被退化指数（vegetation inferiority index，VII）和水吸收去相关指数（water absorption disrelated index，WDI）对矿区环境进行监测。处理方法如下文。

（1）计算反射率曲线在绿波段和近红外波段的反射率光谱积分，作为植被健康状况的指标：

$$\alpha = \int_{\lambda_1}^{\lambda_2} \rho(\lambda)\mathrm{d}\lambda,\ \lambda \in [497,635]$$

$$\beta = \int_{\lambda_3}^{\lambda_4} \rho(\lambda)\mathrm{d}\lambda,\ \lambda \in [700,1\ 200]$$

$$\Delta = \beta - \alpha \tag{4.11}$$

式中，α 表示反射率在绿波段的光谱积分；β 表示反射率在近红外波段的光谱积分；Δ 表示反射率在近红外波段和绿波段的光谱积分的差异。

（2）参数和的归一化处理：

$$N_\alpha = \alpha / [\sum\sum \alpha_{(x,y)} / (m \times n)]$$

$$N_\beta = \beta / [\sum\sum \beta_{(x,y)} / (m \times n)] \tag{4.12}$$

$$N_\Delta = \Delta / [\sum\sum \Delta_{(x,y)} / (m \times n)]$$

式中，N_α、N_β 和 N_Δ 分别表示归一化后的绿波段、近红外波段的光谱积分及二者之间的差异。下标 x、y 表示像元在高光谱图像中的行列号，m 和 n 表示研究区域的行数和列数。特定的研究区域中，当植被健康状况越差或者裸土条件下，N_α 值越高，N_β 值越低，N_Δ 值将减小。

(3)VII 指数的计算：

$$\mathrm{VII} = (N_\alpha - N_\beta)/(N_\alpha + N_\beta) \times 100 \tag{4.13}$$

研究区域内植被生长状况越差，则 N_α 值就越大，N_β 值就越小，VII 指数就越大。

(4)VII 指数仅能反映植被的生长健康状况，不能反映生长环境的优劣，尤其不能体现环境的重金属情况。因此需要发展一种新的指数来对植被生长环境进行判别分析，而 WDI 指数是植被覆盖区识别裸露赤铁矿的重要指数。

$$\mathrm{WDI} = \frac{\sum \mathrm{LMAI}_{1\,181}}{\sum \mathrm{LMAI}_{968}} \mathrm{LMAI}_{968} - \mathrm{LMAI}_{1\,181} \tag{4.14}$$

式中，$\sum \mathrm{LMAI}_{1\,181}$ 是整个研究区域 $\mathrm{LMAI}_{1\,181}$ 的累加值，$\sum \mathrm{LMAI}_{968}$ 是整个研究区域 LMAI_{968} 的累加值。图 4.24 显示了植被覆盖的非铁矿区水汽吸收特征。吸收特征的归一化是基于整幅图像两个累加吸收特征的统计计算的。由于植被区域两个吸收特征的强相关性，非矿物污染区域的 WDI 值接近 0，因此土壤的 WDI 为 0。然而裸露赤铁矿区和含有赤铁矿的植被覆盖区的 WDI 不为 0。本研究中 WDI 的阈值设为 0.4，即当 WDI 大于 0.4 时，两个水汽吸收通道的相关度小。图 4.26 中红色区域为裸露的赤铁矿区或者含有赤铁矿的植被覆盖区。

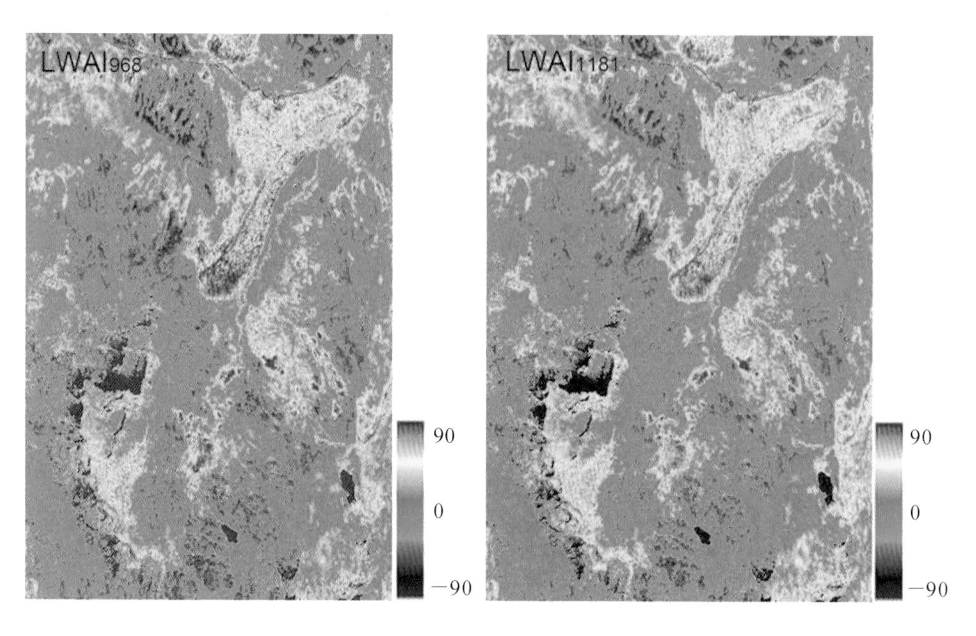

图 4.24　植被覆盖的非铁矿区水汽吸收特征

4.7.4　结果与分析

图 4.25(a)显示了研究区域的 VII 指数反演结果，可以看出，研究区域的西北和东南部

植被生长状况明显比北部和南部差。而且 VII 能够反映矿区内植被的差异和矿区环境污染范围。图 4.25(b)是 NDVI 指数分布图,与图 4.25(a)相比,NDVI 不能反映植被生长条件,因为在植被生长茂盛区 NDVI 很容易就饱和了,而且植被长势相对较差的区域,难以从环境背景中识别出植被来。为了更加清晰地体现 VII 和 NDVI 的效果,对矿区植被指数进行密度分割并用彩色显示(图 4.27),结果表明 VII 指数能清晰体现植被生长状况由好变差的过程,而 NDVI 不能体现这一优势。

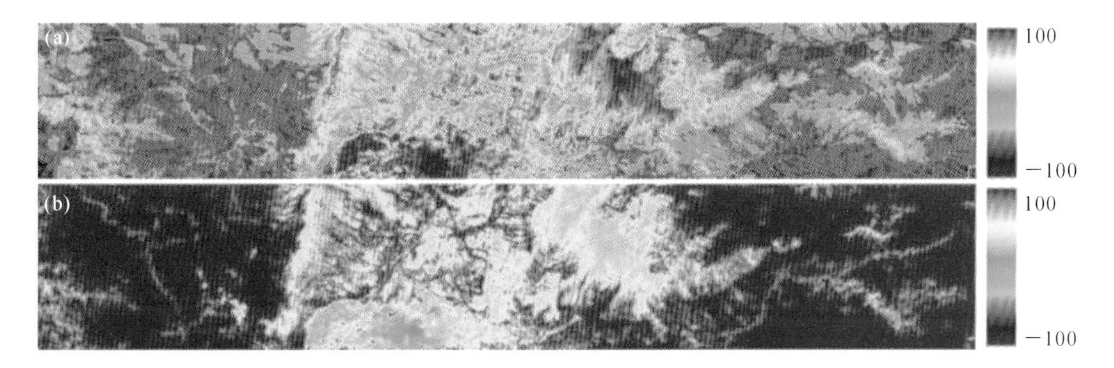

图 4.25 芒特莱尔矿区植被指数分布图 VII(a)和 NDVI(b)

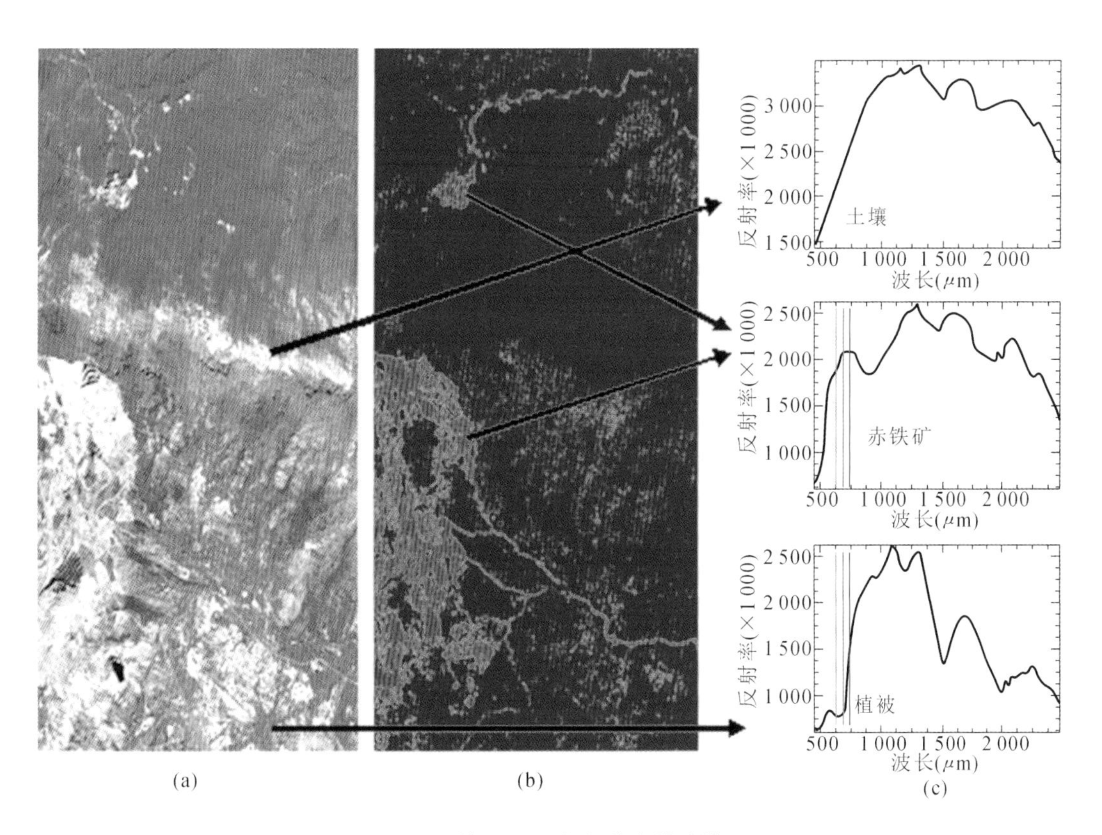

图 4.26 基于 WDI 指数的赤铁矿填图

(a)原始HyMap 图像;(b)WDI 指数提取结果;(c)目标光谱

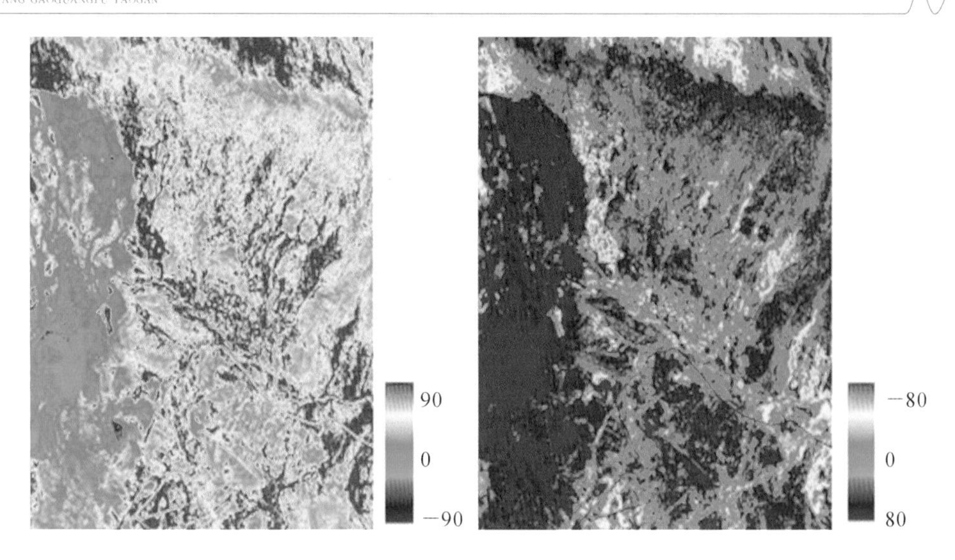

图 4.27 NDVI(左)和 VII(右)密度分割结果

图 4.26 为反演的 WDI 结果，图中红色部分显示了赤铁矿的裸露区和被赤铁矿污染的植被区。图 4.26(c)中间的光谱曲线为图 4.26(b)中红色像元的光谱曲线，该曲线与实验室测量的 Fe_2O_3 很相似，这进一步验证了本研究结果的准确性。众所周知，矿区裸露的地表含有丰富的 Fe_2O_3。根据图 4.26，矿区右侧的河道里也含有的赤铁矿，这是河流携带的赤铁矿沉积的结果。研究区域的中部也有大面积的裸露岩石和土壤，它们的光谱[图 4.26(c)上]不同于矿区的光谱。从上面分析可知 WDI 能有效区分裸露赤铁矿区和裸露的非赤铁矿区。除了裸露区域，WDI 指数还可用于植被区域(不论有没有被赤铁矿污染)识别[图 4.26(c)下]，这是因为在 0.96 μm 和 1.1 μm 两个吸收波段，赤铁矿污染的植被光谱曲线与正常植被光谱曲线不同。

总之，与 NDVI 指数相比，VII 指数能有效反映出矿区植被生长状况和环境胁迫程度。WDI 能有效反映出裸露赤铁矿和被赤铁矿污染的植被，因此 WDI 直接用于矿区污染信息提取(Zhang et al.,2012)。

4.8 澳大利亚松谷铀矿蚀变信息提取

4.8.1 研究区背景

澳大利亚松谷 Rum Jungle 位于达尔文市南部，本区域中，古生代的变质沉积岩(低级绿片岩相)不整合覆盖在太古代的花岗岩基底(Rum Jungle 杂岩体)上，地表岩石常剧烈风化，

Giant's Reef 断裂导致 4～5 km 的位移，形成湾型构造，分布有大部分的矿化带。自 1951 年以来，试验区就发现了铀矿床。碱金属矿化主要产于太古宇 Mount Paratridge 群 Whites 组，矿石 U_3O_8 含量 0.2%～0.4%。矿石矿物有镁磷铀云母，矿床的蚀变类型主要有绿泥石化、绢云母化、滑石化、碳酸盐化等，而且在其地表及其附近常有次生铀化物存在(Gavin et al.,2010)。

4.8.2 数据获取与蚀变信息提取

1991 年 9 月 26 日，中国科学院与澳大利亚合作在澳大利亚松谷 Rum Jungle 铀矿区获取了 71 个通道的成像光谱(MAIS)数据，其中可见光—近红外区 32 个波段，短波红外区 32 个波段、热红外 7 个波段，空间分辨率在可见光—近红外波段为 15 m，在短波红外波段为 22.5 m。

对所获取的实验区数据进行光谱吸收鉴别分析处理，生成了 2.336～2.367 μm 和 2.114～2.147 μm 波段的光谱吸收指数 SAI 图像(图 4.28)，图中的颜色及其深浅变化反映了光谱吸收深度信息，它与蚀变矿物水铵长石含量有关。吸收特征较强的区域与已知矿点位置吻合，说明矿区存在与铀矿化密切相关的水铵长石化蚀变。本图像不仅显示了已知铀矿区，而且图中上部与下部的异常点具有与铀矿区类似的光谱吸收深度 SAI 值。可以判断这些异常点具有与已知矿点极相近的蚀变类型，可能为未发现的矿化点。

研究表明，在类似于该铀矿区地质条件下，利用成像光谱技术和 SAI 处理模型不仅能够验证已知铀矿的存在，而且能直接圈定新的可能存在的矿化区。

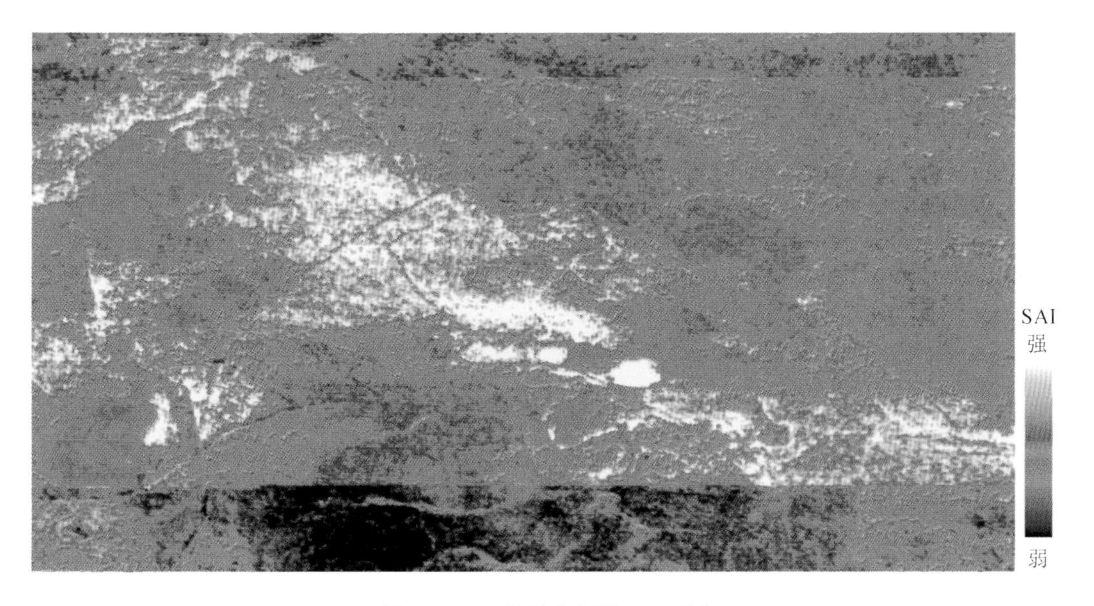

图 4.28　光谱吸收指数 SAI 图像

4.9 智利成矿远景区预测

4.9.1 研究区背景

研究区是位于南纬 22°17′，西经 68°54′的丘基卡马塔铜矿，隶属智利北部安托法加斯塔省，位于智利首都圣地亚哥以北 1 650 km，其海拔约 2 800 m，矿区面积约 800 km^2，是世界上最大的露天开采铜矿。它主要包含 3 个矿床：丘基卡马塔矿床（主矿）、埃克索提卡矿床（南矿）及潘帕诺特矿床（北矿）。区内西部断层是含矿岩体入侵及斑岩铜矿形成的重要控制因素。丘基卡马塔矿区地层主要为火山岩系列，矿区普遍存在绿泥石-绿帘石-方解石蚀变组合。沿西部断层分布的古近系的花岗斑岩（丘基卡马塔斑岩）是主要含矿岩石（Ossandón et al.，2001）。含矿斑岩体的多期侵入使花岗斑岩呈现明显的蚀变分带，由内往外依次为石英绢云母化蚀变带、高岭土化蚀变带及青磐岩化蚀变带（Lopez，1939）。石英绢云母蚀变带位于最里层，主要矿物为石英、绢云母；高岭土化蚀变带含有高岭石、蒙脱石和绿泥石等；青磐岩化蚀变带主要有绿泥石、绿帘石、方解石以及金属矿物黄铁矿、赤铁矿等（田丰等，2010）。

图 4.29 ASTER 多光谱数据与 Hyperion 高光谱数据幅宽对比图

4.9.2 实验数据与处理

4.9.2.1 实验数据

研究采用的 ASTER 数据获取于 2005 年 4 月 30 日，幅宽 60 km，拥有 14 个波段，覆盖可见光—近红外、短波红外和热红外，具体利用的是可见光—近红外到短波红外的 9 个波段。其中可见光—近红外有 3 个波段，空间分辨率 15 m，能够记录 Fe^{3+} 和植被的波谱特征的重要信息；短波红外有 6 个波段，空间分辨率 30 m，能够显示含羟基矿物和碳酸盐矿物不同的光谱吸收特征。Hyperion 数据获取于 2004 年 8 月 8 日，空间分辨率 30 m，幅宽 7.5 km，光谱分辨率 10 nm。较高的光谱分辨率使得能够更加细致地区分绢云母、伊利石和高岭石等羟基矿物类别。

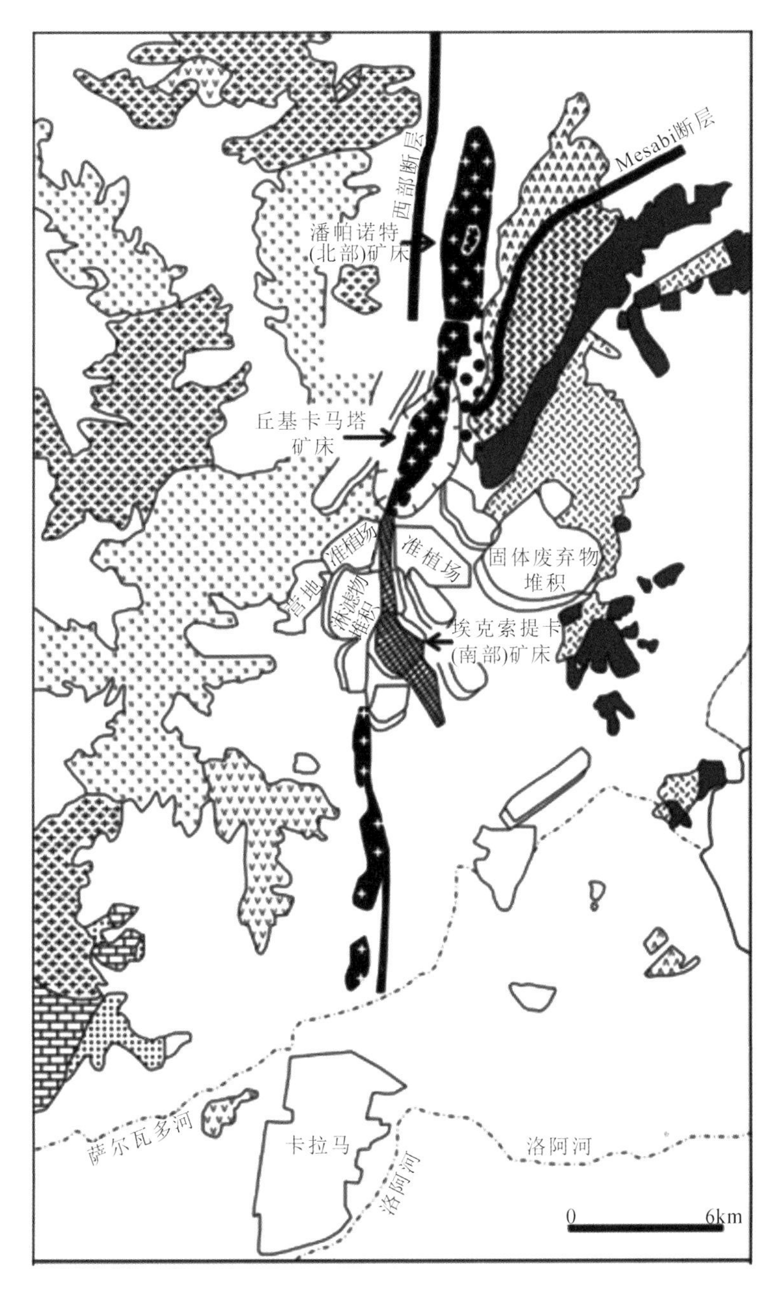

图 4.30 丘基卡马塔地质图(Ossandón et al.,2001)

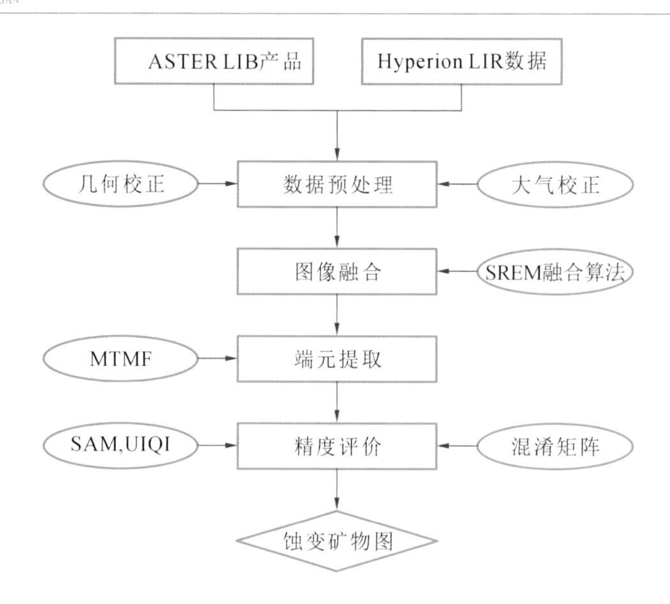

图 4.31 Hyperion **和** ASTER **数据处理流程图**

4.9.2.2 数据处理

基于 SREM(spectral resolution enhancement method)融合算法将 Hyperion 窄幅高光谱和 ASTER 宽幅多光谱数据进行融合，获得宽幅高光谱数据，从而进行矿物蚀变信息提取。具体过程如下所述。

(1)使用 Crosstal 软件消除 ASTER 数据短波红外波段的串扰现象(Iwasaki et al.，2005)，然后将空间分辨率重采样到 15 m，与可见光—近红外数据组成 9 个波段图像，并进行大气校正。

(2)对 Hyperion 数据进行波段筛选、坏线修复、条纹去除、smile 效应校正、大气校正和几何校正等处理(谭炳香等，2005)。

(3)利用最邻近法将 Hyperion 数据重采样到 15 m，并与 ASTER 数据进行几何配准。

(4)利用 SREM 算法将 ASTER 和 Hyperion 的反射率图像进行数据融合。该算法利用高光谱图像和多光谱图像重合区域不同地物类型光谱信息之间的相关关系，建立基于样本学习的数据融合模型，进行高光谱图像的重构，得到与原始多光谱图像具有相同空间分辨率，与原始高光谱图像具有相同光谱分辨率的高光谱数据立方体。

(5)针对融合数据进行矿物蚀变信息提取。使用 ENVI 软件经过 MNF 变换、PPI 计算、*N* 维可视化和 MTMF 计算实现矿物蚀变信息提取。将提取结果分 3 级显示：0.35～0.5，0.5～0.75，0.75～1.0。

(6)针对融合图像进行精度评价。分别选择光谱角度量(spectral angle mapping，SAM)和图像相似性指标(universal image quality index，UIQI)作为融合后光谱曲线和图像保真度的评价指标，选择混淆矩阵进行融合数据分类结果与 ASTER 和 Hyperion 分类结果的评价指标。

4.9.3 结果与分析

从原始 Hyperion 数据和融合高光谱数据的重合区域中，均提取出了绢云母、伊利石、高岭石、绿泥石和黄钾铁矾五种蚀变矿物(图 4.32)，它们所在像元的光谱曲线对比如图4.33所示。这五种矿物在 0.4～2.5 μm 波段范围具有不同的光谱吸收特征：①绢云母和伊利石在 2 203 nm(Hyperion 第 205 波段)处具有较为明显的吸收特征，其主要是由 Al—OH 基团的振动引起；②在 2 203 nm 处绢云母比伊利石具有更深的吸收峰，此特征可将二者区分开来；③高岭石在 2 163 nm(201 波段)和 2 203 nm(205 波段)处具有双吸收峰特征；④黄钾铁矾在 894 nm(54波段)附近呈现出较宽的吸收峰，在 2 264 nm(221波段)处呈现相对狭窄的吸收峰。可见光—近红外区域的吸收峰是由于 Fe^{3+} 电子转换所产生，而短波红外区域的吸收峰是由于 Fe—OH 基团引起的；⑤2 335 nm(218 波段)吸收峰则是绿泥石的吸收特征，其主要是由 Mg—OH 基团的振动引起。

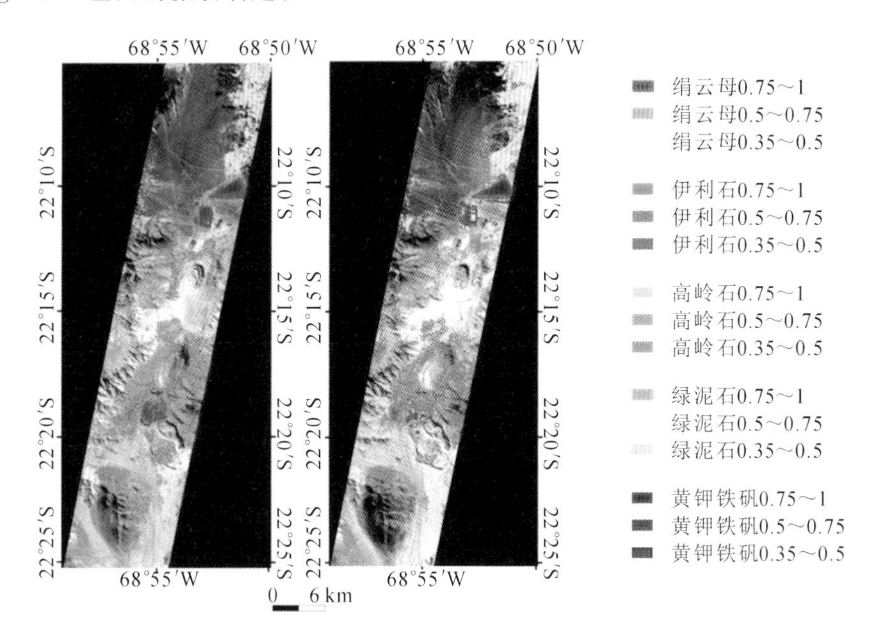

图 4.32　分别从 Hyperion 图像(左图)及其融合图像(右图)提取的蚀变矿物分布图

为了对 SREM 融合数据的信息保持性进行定量评价，采用光谱角度量(SAM)和图像相似性指标(UIQI)进行评估(图 4.33)。计算结果如表 4.9 所示，SREM 融合数据与原始 Hyperion 数据中五种蚀变矿物的 SAM 指标平均只有 3.17°，UIQI 指标平均高达 0.98，说明融合图像中绢云母、伊利石、高岭石、绿泥石和黄钾铁矾的光谱信息与原始数据具有很高的相似性，光谱特征基本保持一致。其中黄钾铁矾和绢云母 SAM 值相对较高，UIQI 值相对较小，在光谱曲线上表现为黄钾铁矾的光谱曲线在 894 nm 处的吸收深度减弱，绢云母在 2 203 nm 处吸收深度减弱，但这并不会对黄钾铁矾和绢云母的信息提取造成很大影响。

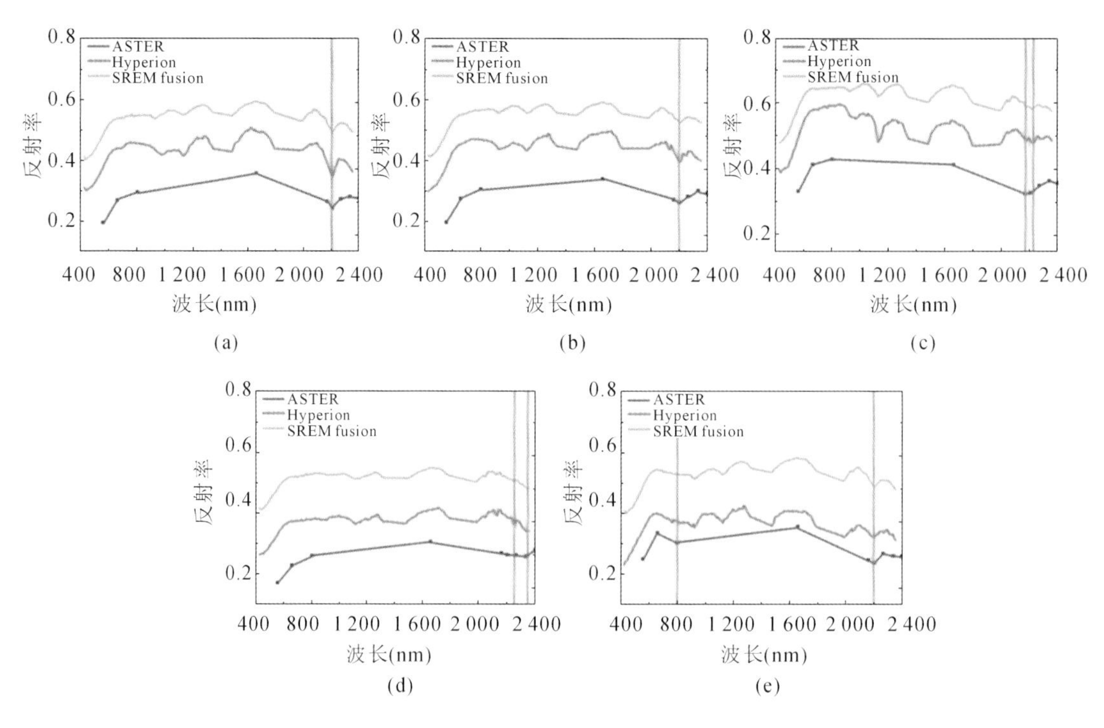

图 4.33 SREM 融合光谱与 Hyperion、ASTER 光谱曲线对比图

(a)绢云母;(b)伊利石;(c)高岭石;(d)绿泥石;(e)黄钾铁矾

表 4.9 融合前后 5 种矿物光谱指标评价结果

矿物类型	绢云母	伊利石	高岭石	绿泥石	黄钾铁矾
SAM(°)	3.332 9	2.615 5	2.356 5	2.968 3	4.590 5
UIQI	0.979 9	0.989 4	0.983 8	0.985 9	0.974 9

融合后数据提取出的矿物与 Hyperion 提取出的矿物具有很高的吻合度,矿物分布与 Hyperion 矿物分布基本一致。根据计算的误差混淆矩阵显示(表 4.10),其总体相对精度达到 92.85%,Kappa 系数为 0.897 3。融合后黄钾铁矾、高岭石和绿泥石与 Hyperion 提取结果吻合度较高,而绢云母和伊利石提取结果精度相对较低,可能是由于绢云母和绿泥石的吸收特征相似引起的。融合后数据提取的绢云母分布于丘基卡马塔矿区西部和北矿西北部,伊利石分布于绢云母周围地区,高岭石大面积出现于主矿周围,绿泥石分布于北部区域,黄钾铁矾出现于北矿北部扇形区域以及主矿南部区域,这与该区域的实际矿物分布情况是基本吻合的。

表 4.10 Hyperion 与 SREM 融合数据矿物精度分析高

图像总体评价		
总体精度		92.85
Kappa 系数		0.897 3
每类矿物制图精度(PA)(%)和用户精度(UA)(%)		
矿物类型	PA	UA

续表

图像总体评价		
伊利石	70.52	71.77
绢云母	68.97	64.45
高岭石	95.17	92.13
绿泥石	96.21	99.86
黄钾铁矾	92.18	89.74

融合后数据除了具有高光谱的特点，其空间范围与原始的 ASTER 数据保持一致，因此可以在 ASTER 数据的影像范围之内，利用高光谱信息进行精细矿物识别信息的提取。从大范围的融合图像蚀变矿物分布图[图 4.34(右图)]中可以看出，宽覆盖的融合数据可识别出与重合区域相同的绢云母、伊利石、高岭石、绿泥石和黄钾铁矾五种蚀变矿物。蚀变信息多分布于已知矿点及其周围地区，包括丘基卡马塔主矿区域、北矿(潘帕诺特)区域以及南矿(埃克索提卡)区域。同时，在未发现矿床地区的空白地带中，蚀变信息分布集中且蚀变信息强烈，据此可以进行找矿远景区的划分。绢云母出现于丘基卡马塔主矿、北矿以及远景区 1、2、3；伊利石分布于绢云母周围区域；高岭石只在丘基卡马塔矿区周围有显现；绿泥石在研究区东北部大面积出露；黄钾铁矾分布于北矿北部扇形区域和主矿南部区域，可能是由于人为地堆积铜矿石并且长期受到氧化作用形成黄钾铁矾，这些都与实际分布基本一致。

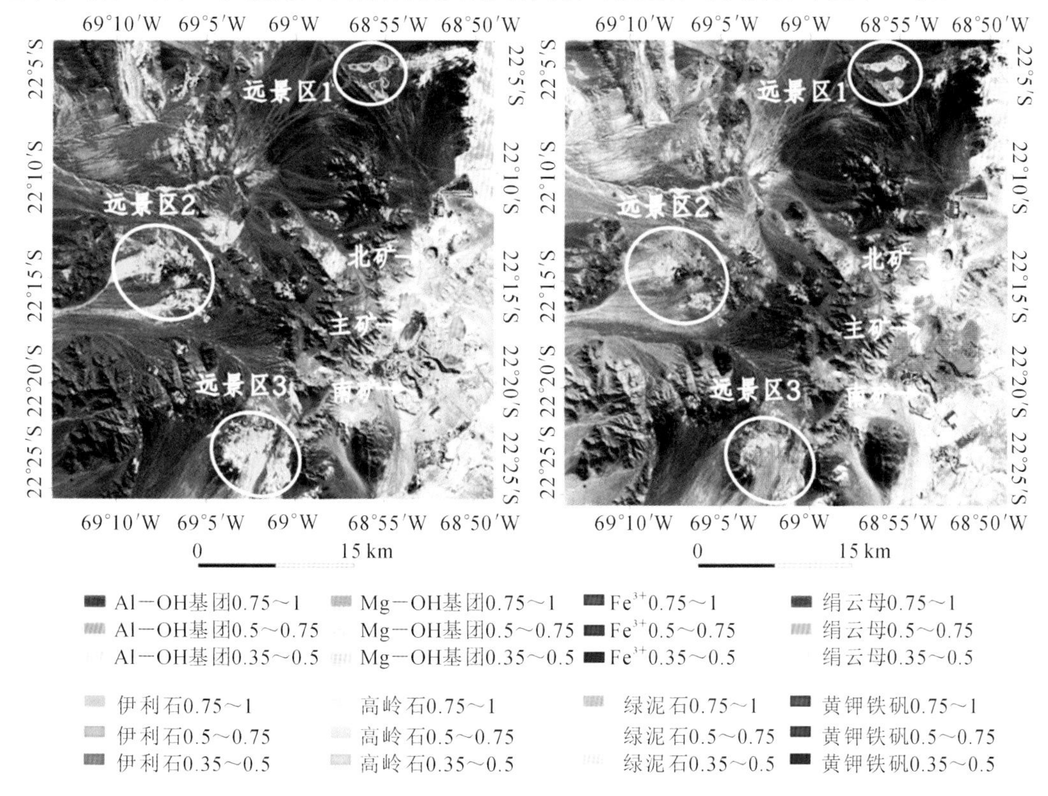

图 4.34 ASTER 蚀变矿物分布图(左图)与 Hyperion 与 ASTER 融合后蚀变矿物分布图(右图)

对比融合后图像和原始 ASTER 图像的提取结果发现，融合后数据提取出的绢云母、绿泥石和高岭石与 ASTER 数据提取的 Al—OH 基团信息分布基本吻合，且绢云母、伊利石分别对应 Al—OH 基团高值和低值区；高岭石只出现于丘基卡马塔主矿矿区周围，同样对应于 ASTER 数据提取的羟基基团。黄钾铁矾提取结果与 ASTER 数据提取的 Fe^{3+} 基团基本一致，绿泥石出露区域与 ASTER 提取的 Mg—OH 基团分布基本吻合。将绢云母、绿泥石和高岭石与 ASTER 提取的 Al—OH 基团，绿泥石与 Mg—OH 基团，黄钾铁矾与 Fe^{3+} 基团相对应，进行混淆矩阵计算，其总体精度达到 90.56%，Kappa 系数为 0.811 6。

表 4.11　ASTER 与 SREM 融合数据矿物精度分析

图像总体评价		
总体精度		90.561 7
Kappa 系数		0.811 6
每类矿物制图精度(PA)(%)和用户精度(UA)(%)		
矿物类型	PA	UA
Al—OH	95.10	90.08
Mg—OH	93.26	97.66
Fe^{3+}	85.11	60.08

针对高光谱遥感数据在矿物识别中应用的限制问题，提出了一种基于 SREM 融合算法的矿物蚀变信息提取方法和流程，融合后的数据具有大幅宽、高空间、高光谱分辨率的特点，能够提取出精细矿物类型的蚀变信息。实验结果显示，融合数据的提取结果与原始 ASTER 多光谱图像提取的矿物分布位置一致，相对精度达到 90.56%；并且提取的蚀变矿物类型更为精细，原始 ASTER 数据仅能识别出 Al—OH 基团、Mg—OH 基团和 Fe^{3+} 基团三种矿物，提出的方法能够识别出高岭石、伊利石、绢云母、绿泥石和黄钾铁矾五种蚀变矿物。同时融合图像提取结果与原始 Hyperion 高光谱数据提取结果具有很高的吻合度，相对精度达到 92.85%。研究结果证明，利用 SREM 算法融合后的数据，具有大幅宽和高光谱分辨率的特点，提高了矿物蚀变信息解译精度，该方法对大面积矿物填图具有示范意义。

4.10　美国 Cuprite 地区蚀变矿物填图

4.10.1　研究区背景

Cuprite 矿区位于美国内华达州，95 号公路西北向贯穿全区。主要出露岩层有寒武系沉积岩、古近系火山岩和新近系冲积层。寒武系仅出露于95号公路以西，为下寒武系以粉砂岩和正长石砂岩为主的Harkless组、MuleSpring灰岩和中上寒武的Emigrant组。古近系火山岩包括渐新统—中新统的流纹岩、石英安粗岩、灰流凝灰岩和灰雨凝灰岩、中新统的Siebert凝灰岩和玄武岩、上中新统—上新统Spearhead段和Trailridge段的Thirsty Canyon凝灰岩及长英岩墙。古近系火山岩热液蚀变广泛，在95号公路两边形成两个南北向拉长的蚀变区，明显可分为硅化带、蛋白石化带和泥化带，从中部向外呈同心圆状分布。硅化带主要蚀变矿物为石英和少量方解石、明矾石和高岭石；蛋白石化带分布广泛，主要为明矾石、浸染状蛋白石、方解石置换的蛋白石和高岭石；泥化带主要有高岭石、蒙脱石和少量火山玻璃生成的蛋白石(Kruse et al.,1990；Resmini et al.,1997；甘甫平等,2006)。

选择的典型蚀变矿物包括：明矾石、高岭石、方解石、白云母、玉髓和水铵长石，所选择典型蚀变矿物或为某类蚀变的主要矿物，或为主要的成岩矿物，具有特有的诊断性吸收特征，其光谱特征可以作为主要蚀变及岩石的识别依据。

4.10.2 数据源

研究区高光谱数据为2005年获取的航空可见光—近红外成像光谱仪(airborne visible/infrared imaging spectrometer,AVIRIS)图像。AVIRIS由美国航空航天局喷气动力实验室研制，共有224个波段，光谱分辨率约为10 nm，覆盖0.4～2.5 μm的光谱范围。本研究数据的空间分辨率为3.4 m，可见光665 nm波段的信噪比约为600∶1，短波红外波段(2 100～2 300 nm)的平均信噪比约为250∶1。自从20世纪80年代以来，Cuprite地区已成为地质遥感最为重要的试验场之一，开展了一系列相关研究。该数据已经使用ATREM模型进行大气校正并经过EFFORT处理。

4.10.3 提取方法和结果

首先，通过光谱吸收特征分析，确定矿物的光谱吸收特征位置、左肩和右肩位置，去除大气水汽吸收的影响，确定可用于高光谱图像的吸收宽度，左肩和右肩的宽度。

然后，基于高光谱分辨率(10 nm)、空间分辨率(3.4 m)和高信噪比(2 100～2 300 nm平均信噪比为250∶1)的AVIRIS图像，利用光谱吸收谱段的数据，综合采用光谱角匹配(SAM)、光谱特征匹配(SFF)提取矿物的分布。利用二值权重函数和综合权重函数(Debba-et al.,2005)综合利用矿物探测的匹配度指数，提高识别结果的可信度。

二值权重函数可以快速提取出目标可能的分布，而综合权重函数可以利用多个指数，包括吸收指数和匹配度，可以增加判决的可信度，不过每个权重函数都要人工确定阈值，要求对研究区有一定的先验知识。参考已有的矿物分布图确定阈值，已有的矿物分布图是Clark

基于 1995 年的 30 m AVIRIS 数据 Tricorder 3.3 提取的结果，此结果经过了地面验证。确定阈值时，除了参考已有的矿物分类图，同时也要考虑矿物分布的地质规律，尽量提取出岩石出露区的矿物，并且避免在冲积扇区提取出大量矿物。

6 种典型蚀变矿物的综合识别结果如图 4.35 所示，识别的结果与 Clark 的 1995 年 Tricorder 识别结果一致性很高。

表 4.12　典型矿物在实验图像中的比例

矿物名称	SAM 阈值	SFF 阈值	图像中的比例(%)
明矾石	0.070	80	4.42
高岭石	0.026	60	1.39
方解石	0.046	60	1.19
白云母	0.025	90	0.73
玉髓	0.026	60	2.85
水铵长石	0.025	90	0.08
其他	—	—	89.34

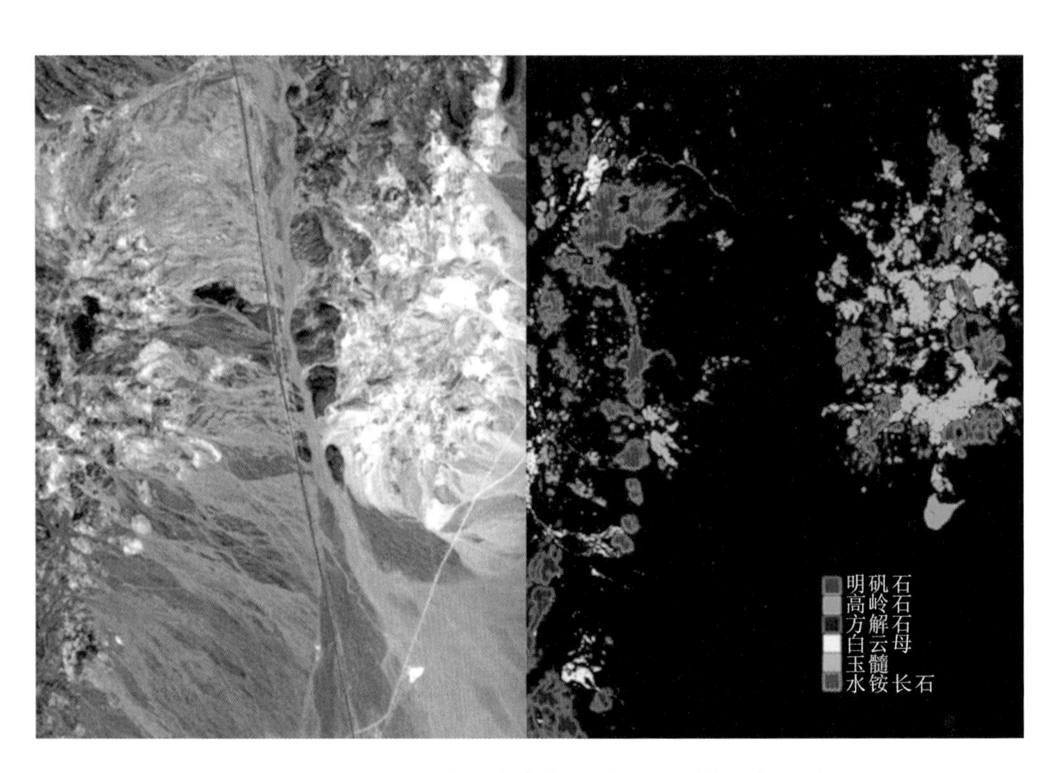

图 4.35　研究区 AVIRIS 假彩色合成图(左图)和矿物分布图(右图)

4.11 安徽铜山牌唐代冶炼遗址红烧土和地层识别

4.11.1 研究区背景

2009年秋在安徽省池州市贵池区铜山牌发掘的唐代冶炼遗址，是皖南地区首次发掘的唐代冶铜遗址，发现了炼炉灶、半地穴房址、灰坑等遗迹，以及大量炼渣堆积和陶、瓷器残片。2009年12月，在皖江流域某隋唐时期的冶炼遗址区域内，利用地面成像光谱辐射测量系统(field imaging spectrometer system，FISS)对6个探方的侧壁、坑底进行了全部或典型区域的测量，获取了30多幅成像光谱影像；同时还利用ASD光谱仪和元素分析仪采集了典型样本的点光谱数据和元素分析数据。我们将主要讨论对所获取的FISS影像进行处理、解译和分析，并结合ASD和元素分析数据进行验证，尝试利用光谱特性对冶炼遗址探方的坑壁进行地物分类和地层划分，探索FISS在小区域遥感考古中的应用可能。

4.11.2 研究区数据及处理

地面成像光谱辐射测量系统是由中国科学院遥感与数字地球研究所和中国科学院上海技术物理研究所联合研制的新型成像光谱测量设备，在测量地物光谱时能同步获取高分辨率影像，实现高光谱和高空间分辨率数据的融合。成像辐射计光谱范围：400～850 nm；分辨率：空间维464，光谱维344(刘学等，2010)。

基于地面获取的成像光谱数据，以参考板为参照，利用平场域法进行反射率反演。遗迹相关信息的提取主要采用高光谱遥感分类的思路，包括监督和非监督分类。监督分类采取人工选择训练区，分类的方法主要采用光谱角填图(spectal angle mapper，SAM)和光谱信息散度(spectal information divergence，SID)。非监督分类主要采用K-means和Isodata方法(Li Q et al.，2012)。

4.11.3 结果与分析

以T3北壁为例分析成像光谱数据的处理结果。在监督分类结果图中，相同的的颜色具有相似的光谱特征，意味着具有类似的物质组成，可以看出可以大致分出不同的文化层，作为文化层分层的参考。如图4.36中红色(类别8)代表着火烧土，在图中可以提取火烧土的分布信息。利用成像光谱数据的分类结果，划分了不同的文化层，可以作为古代炼铜活动分析的参考。

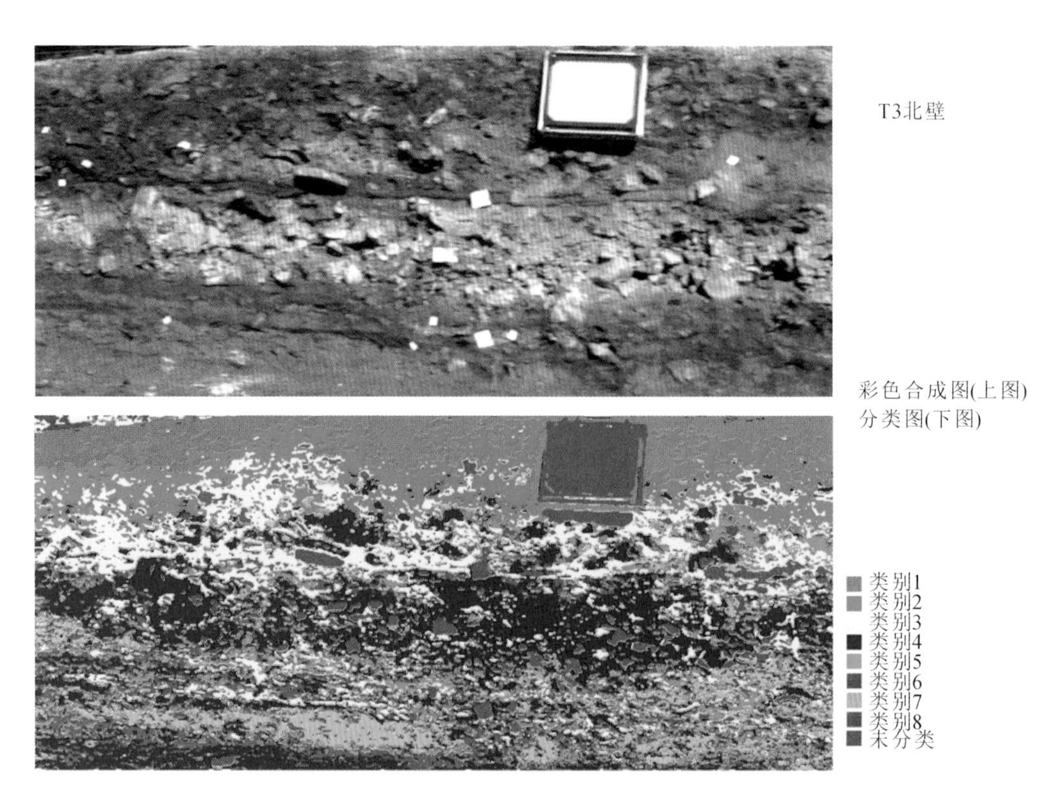

图 4.36　T3 北壁成像光谱数据分类结果

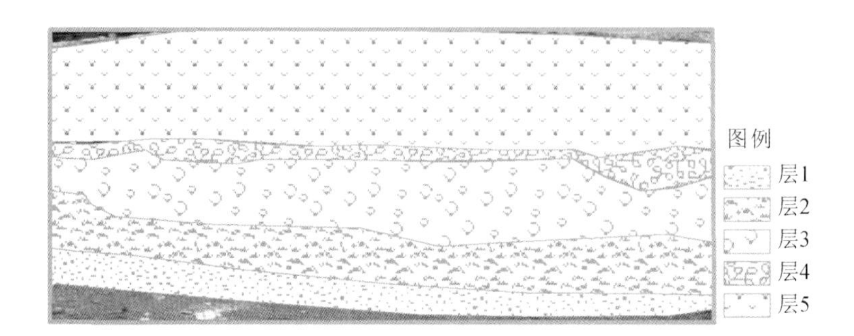

图 4.37　T3 北壁文化层分层

4.12 新疆吐鲁番火焰山地层识别

4.12.1 研究区背景

第3章光谱分析方法中介绍了光谱柱状图和光谱地质剖面的概念和方法，在新疆吐鲁番火焰山地层识别中得到了应用。

火焰山是新疆吐鲁番火焰山国家地质公园的核心地质遗迹景观，由中新生代地层杂色碎屑岩组成，其形成的构造条件、气候条件、水文条件和动力作用等十分苛刻。火焰山作为古丝绸之路上高昌国的地标，而今也是吐鲁番的地标。因此对于研究吐鲁番盆地形成演化、环境变迁具有很高的科学价值，也有它的人文历史价值。其形成的斑斓色彩的地貌与南方典型的丹霞地貌差异较大，而与西边库车的地貌极为相似，并属于库车地貌在塔里木盆地北缘的东延部分。火焰山出露的地层为中新生代杂色陆相碎屑岩，主要有侏罗系的泥岩、砂质泥岩、砂岩、粉砂岩、石英长石砂岩、砾岩互层；白垩系泥岩、泥砂岩、粉砂岩、细砾岩与砾岩；古近系砂岩、泥岩、砂泥岩、砾状砂岩、砾岩；新近系的砂岩、砂质泥岩与砾岩互层（郭建强等，2012）。火焰山出露的岩层颜色达十多种：侏罗系岩层表现的色彩为黄绿色、黄褐色、灰紫色、灰绿色、灰黄色、绿色、棕红色、樱红色、咖啡色；白垩系表现为红色、橘红色、紫红、绿色、灰蓝色；古近系的橘红色、棕红色、灰绿色、土黄色；新近系的土黄色。

4.12.2 结果分析

以火焰山背斜的14套地层为例，如图4.38所示，由于它们均属于沉积岩，成分均以石英、长石为主，其原始光谱曲线非常相似，从直观上很难精确分析其间的差异性。先采用包络线来放大这种差异。制作该地物类型序列的光谱柱状图，该柱状图清楚直观显示出各地层间反射率光谱的差异以及这种差异的大小，如图4.39所示。然后利用该光谱柱状图完成了吐鲁番背斜剖面地层的划分，如图4.40所示（张兵，2002）。

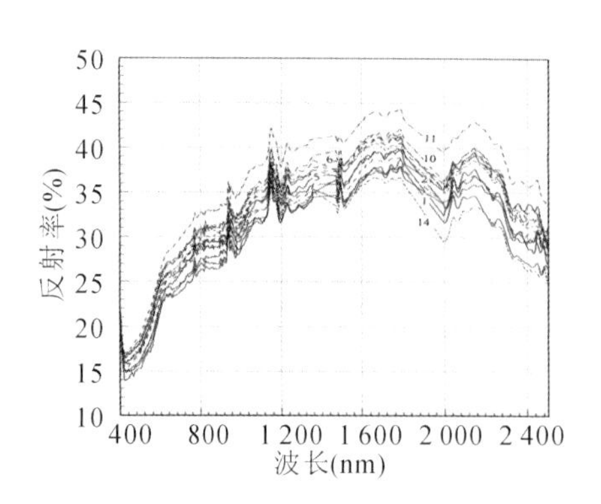

图 4.38　吐鲁番连木沁剖面地层反射光谱曲线

1-J2x　2-J2s　3-J2q　4-J3q　5-J3k　6-K15　7-K1sh　8-K1l　9-K2k　10-E1s　11-E1t　12-E2+3b　13-N1t　14-N2p

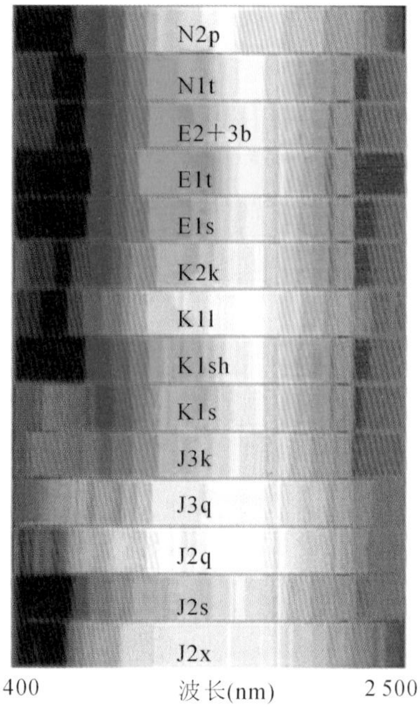

图 4.39　吐鲁番背斜剖面地层光谱柱状图

图 4.40　吐鲁番背斜剖面地层划分结果

参考文献

甘甫平，王润生. 2004. 遥感岩矿信息提取基础与技术方法研究[M]. 北京：地质出版社.

郭建强，卢志明. 2012. 新疆吐鲁番火焰山库车地貌与成因[J]. 四川地质学报，32(3)：377-381.

郭小方，王天兴，张幼莹，等. 1998. 机载多光谱扫描图象几何畸变的全自动校正[J]. 中国图象图形学报：A辑，3(5)：395-399.

李庆亭. 2009. 基于光谱诊断和目标探测的高光谱岩矿信息提取方法研究[D]. 北京：中国科学院遥感应用研究所.

李勇，周宗桂. 2003. 陕西镇安—旬阳地区汞锑、铅锌、金矿床成因及演化规律浅析[J]. 地质与资源，12(1)：19-24.

刘德长，叶发旺，赵英俊，等. 2015. 航空高光谱遥感金矿床定位模型及找矿应用:以甘肃北山柳园—方山口地区为例[J]. 地球信息科学学报，17(12)：1545-1553.

刘学，方俊永，李庆亭，等. 2010. 地面成像光谱辐射系统在冶炼遗址考古中的应用[C]. 第八届成像光谱技术与应用研讨会暨交叉学科论坛.

马中平，魏宽义. 2005. 陕西镇安丘岭微细浸染型金矿床金矿化过程中元素活动规律[J]. 西北地质，38(1)：73-77.

芮行健，杜品龙. 1994. 塔里木及其周边地区的控矿构造、成矿系列和找矿预测:大型、超大型矿床找矿预测之剖析[J]. 华东地质，(2)：53-68.

谭炳香，李增元，陈尔学，等. 2005. EO-1 Hyperion 高光谱数据的预处理[J]. 遥感信息，(6)：36-41.

田丰，董丽娜，杨苏明，等. 2010. 混合矿物组合光谱在蚀变矿物填图中的应用:以云南香格里拉地区 Hyperion 数据蚀变矿物填图为例 [J]. 地质与勘探，46(2)：331-337.

童庆禧，张兵，郑兰芬. 2006. 高光谱遥感:原理、技术与应用[M]. 北京：高等教育出版社.

王爱华. 2013. 新疆哈图金矿成矿地质特征与矿床成因分析[J]. 新疆有色金属，36(1)：35-39.

王润生，郭小方，王天兴，等. 2000. 成像光谱方法技术开发应用研究[R]. 国土资源部重点科研报告.

张兵. 2002. 时空信息辅助下的高光谱数据挖掘[D]. 北京：中国科学院遥感应用研究所.

张复新，陈衍景，李超，等. 2000. 金龙山—丘岭金矿床地质地球化学特征及成因：秦岭式

卡林型金矿动力学机制[J]．中国科学：D辑，(增刊)：73-81.

赵利青，冯钟燕．2001．有利岩性对微细浸染型金矿化的控制作用：以南秦岭金龙山金矿带为例[J]．中国科学：D辑，31(7)：563-569.

CLARK R N, SWAYZE G A. 1995. Mapping minerals, amorphous materials, environmental materials, vegetation, water, ice, and snow, and other materials [C]. The USGS Ticorder Algorithm. Summaries of the Fifth Annual JPL Airborne Earth Science Workshop, 1:39-40.

DEBBA P, RUITENBEEK F J A V, MEER F D V D, et al. 2005. Optimal field sampling for targeting minerals using hyperspectral data[J]. Remote Sensing of Environment, 99: 373-386.

GILLESPIE A R, MATSUNAGA T, ROKUGAWA S, et al. 1998. A temperature and emissivity separation algorithm for advanced spaceborne thermal emission and reflection radiometer (ASTER) images [J]. IEEE Trans. Geosci. Remote Sens., 36(4): 1113-1126.

IWASAKI A, TONOOKA H. 2005. Validation of a crosstalk correction algorithm for ASTER/SWIR [J]. IEEE Transactions on Geoscience & Remote Sensing, 43: 2747-2751.

KRUSE F A. 1990. Mineral mapping at Cuprite, Nevada with a 63-channel imaging spectrometer[J]. Photogrammetric Engineering & Remote Sensing, 56: 83-92.

KRUSE F A, LEFKOFF A B, BOARDMAN J W, et al. 1993. The spectral image processing system (SIPS)-interactive visualization and analysis of imaging spectrometer data [J]. Remote sensing of environment, 44(2): 145-163.

LI Q, LU L, LIU X, et al. 2012. The application of field imaging spectrometer system (FISS) in archeology of ancient copper smelting site[C]. International Geoscience and Remote Sensing Symposium (IGARSS):4182-4185.

LÓPEZ, VÍCTOR M. 1939. The primary mineralization at Chuquicamata Chile, S. A [J]. Economic Geology, 34(6): 674-711.

MUDD G M, PATTERSON J. 2010. Continuing pollution from the Rum Jungle U-Cu project: a critical evaluation of environmental monitoring and rehabilitation[J]. Environmental Pollution, 158: 1252.

RESMINI R G, KAPPUS M E, ALDRICH W S, et al. 1997. Mineral mapping with HYperspectral Digital Imagery Collection Experiment (HYDICE) sensor data at Cuprite, Nevada, U. S. A [J]. International Journal of Remote Sensing, 18: 1553-1570.

OSSANDÓN G. 2001. Geology of the chuquicamata mine: A progress report [J]. Economic Geology, 96: 249-270.

ZHANG B, WU D, ZHANG L, et al. 2012. Application of hyperspectral remote sensing for environment monitoring in mining areas [J]. Environmental Earth Sciences, 65: 649-658.

第5章　月球与火星的矿物识别和丰度反演

过去40年深空探测主要集中在太阳系行星际探测。月球作为地球唯一的卫星，火星作为太阳系中最有可能存在地外生命的类地行星，一直以来都是深空探测的热点。高光谱遥感在深空探测中起到了举足轻重的作用，能够进行天体表面矿物的识别和含量填图。本章主要介绍了中国科学院遥感与数字地球研究所高光谱遥感团队利用高光谱遥感数据对月球和火星表面矿物识别和丰度反演方面的最新成果。基于我国嫦娥一号干涉成像光谱仪获取的数据进行了月表主要矿物的丰度反演，得到三类主要矿物（斜长石、单斜辉石和橄榄石）的丰度，同时绘制了全月表的太空风化水平分布图。基于火星紧凑型侦查成像光谱仪数据对火星Gale撞击坑“好奇号”着陆点附近区域进行了含水矿物丰度定量反演、对Nili槽沟地区和Kashira撞击坑进行了蛇纹石和高岭石识别，含水矿物精细类别探测与丰度图不仅有助于火星的地质演化分析，而且对探测地外生命具有重要价值。

5.1　深空高光谱遥感发展简介

5.1.1　深空高光谱遥感探测器

深空探测是指脱离地球引力场，进入太阳系空间和宇宙空间的探测，探测目标主要包括金星、水星、火星、木星、土星、海王星、天王星各大行星。月球虽然不是行星，但它是离地球最近的天体，是人类走出地球摇篮、迈向浩瀚宇宙的第一步，因此通常被纳入深空探测范畴，对地球的真正了解是在20世纪50年代以后，月球探测进入深空探测阶段（欧阳自远，2005）。美国、苏联、欧洲太空局、中国及日本等先后发射了200多个深空探测器（表5.1），通过这些深空探测活动，大大扩展了人类所能观测宇宙的视野，大幅度加深了人类对太阳系及地球的认识。遥感深空探测的首要任务是对星体表面的物质成分进行探测，尤其是星体表面岩矿的组成、分布和丰度含量信息。这些信息对于了解星体的地质构造、历史演变、地外生命探测等至关重要，能够帮助人们加深对太阳系起源、现状和未来演变的理解，也是探测器着陆、实地样品分析等后续工作的研究基础。

表 5.1 截至 2012 年深空探测任务统计表(肖龙，2013)

	月球	火星	水星	金星	木星	土星	天王星	海王星
探测次数	119	41	2	44	8	4	1	1
起始年份	1958	1960	1973	1961	1972	1973	1977	1977

高光谱遥感探测器在深空探测中起到了举足轻重的作用，其能够为天体表面地物种类的识别与含量填图等提供丰富的光谱信息。目前，许多深空探测任务都搭载有可见光—热红外或热红外高光谱探测器，主要有：水星探测任务中 MESSENGER(Mercury surface, space environment, geochemistry and ranging)搭载的水星大气和表面成分光谱仪(Mercury atmospheric and surface composition spectrometer, MASCS)(McClintock et al., 2007)；金星探测任务中金星快车(Venus express, VEX)携带的可见光和热红外成像光谱仪(visible and infrared thermal imaging spectrometer, VIRTIS)(Drossart et al., 2007)；土星探测中，卡西尼-惠更斯(Cassini-Huygens)太空船搭载有可见光和红外成像光谱仪(visible and infrared mapping spectrometer, VIMS)；为研究小行星带中的两颗最大天体灶神星(Vesta)和谷神星(Ceres)，NASA 于 2007 年发射了黎明号(Dawn)宇宙探测器，搭载有可见光—近红外成像光谱仪(Rayman et al., 2006)，黎明号于 2011 年 7 月—2012 年 12 月和 2015 年 3 月—2018 年 6 月分别对灶神星和谷神星进行探测，获得了大量重要发现；月球探测任务中月亮女神(selenological and engineering explorer, SELENE)卫星上搭载的(spectral profiler, SP)探测器(Matsunaga et al., 2008b)、月船一号(Chandrayaan-1)搭载的月球矿物填图仪(moon mineralogy mapper, M3) (Boardman et al., 2010)、嫦娥一号(吴昀昭等，2009a)搭载的干涉成像光谱仪(interference imaging spectrometer, IIM)、嫦娥三号月球车(代树武等，2014)及其备份探测器嫦娥四号搭载的成像光谱仪，其中嫦娥四号已于 2018 年 12 月发射，它是世界首颗在月球背面(南极-艾肯盆地，South Pole-Aitken basin)软着陆和巡视探测的航天器(Jia et al., 2018)，能够为更加全面地科学探测月球地质、资源等方面的信息，完善月球的档案资料提供有力的数据支持；火星探测任务中火星全球勘探者号(Mars global surveyor, MGS)搭载的热辐射光谱仪(thermal emission spectrometer, TES)(Christensen et al., 2001)、火星快车轨道器(Mars express, MEX)搭载的可见光及红外矿物制图光谱仪(OMEGA)(Bibring et al., 2006)、火星勘察轨道器(Mars reconnaissance orbiter, MRO)搭载的火星紧凑型侦查成像光谱仪(compact reconnaissance imaging spectrometer for Mars, CRISM)(Murchie et al., 2007)以及“机遇号”火星车携带的微型热辐射光谱仪(miniature thermal emission spectrometer, Mini-TES)(Christensen et al., 2003b)。它们的关键技术指标如表 5.2 所示。

表 5.2　深空高光谱探测器关键技术指标

载荷		空间分辨率	光谱分辨率	波长范围(μm)	波段数	服役期
MGS-TES		3～6 km	10 或 20 cm^{-1}	6～50	148/296	1996.11—2007.1
MEX-OMEGA		300 m～4.8 km	7～20 nm	0.36～5.10	352	2003—
Spirit Rover		—	10 或 20 cm^{-1}	6～50	148/296	2004.1—2010.3
Cassini-Huygens	VIMS-V	32×32 mrad field of view	～7.5 nm	0.35～1.07	96	2004—
	VIMS-IR		—	0.85～5.10	256	
VEX	VIRTIS-M-VIS	—	1.9 nm	0.27～1.10	432	2006.4—2014.12
	VIRTIS-M-IR		9.8 nm	1.05～5.19		
	VIRTIS-H		0.6 nm	1.84～4.99	3456	
MRO-CRISM		18/36 m	6.55 nm	0.36～3.92	544	2006.11—
SELENE-SP		562 m×400 m	6～8 nm	0.52～2.60	296	2007.9—2009.6
CE-1-IIM		200 m	325.5 cm^{-1}	0.48～0.96	32	2007.10—2009.3
Chandrayaan-1-M3		140/70 m	20～40/10 nm	0.446～3.000	86/260	2008.10—2009.8
Dawn-VIR		256 m	—	0.25～1.0 0.95～5.0	432	2011.7—2012.12 Vesta;2015.3—2018.6 Ceres
MESSENGER-MASCS		—	5 nm	0.30～1.45	230	2011.3—2015.4
CE-3 Rover		—	2～7 nm	0.450～0.945	100	2013.12—2014.2
			3～12 nm	0.900～2.395	300	
CE-4 Rover		—	2～10 nm 3～12 nm	0.45～0.95 0.9～2.4	390	2018.12—

5.1.2　月球高光谱遥感岩矿填图

作为地球的天然卫星，月球有着极其重要的研究价值，它不仅是人类了解地月演变历史的最佳研究对象，也是人类深入太空需要迈出的第一步。

2007 年日本发射的 SELENE/Kaguya 探月卫星搭载了 SP 探测器，其波长范围 0.5～2.6 μm，提供的反射光谱首次揭示了月球较远一端撞击坑之前从未被识别的矿物信息：探测到含铁晶质斜长石 1.3 μm 的吸收特征；重新解译了之前被误认为是富橄榄石 Tsiolkovsky 坑中央峰的岩性，实际是斜长石和辉石的混合物质；估计了 Antoniadi 坑中央峰低钙辉石中镁含量的下限(Matsunaga et al.,2008a)。Yamamoto 等(2010)利用 SP 探测器对全月橄榄石分布进行了探测，在很多小型撞击坑发现了橄榄石，表明月壳最上部也存在橄榄石，这能够反映月幔或者镁质岩套的侵入活动。

2008 年印度 Chandrayaan-1 卫星搭载的美国 Moon mineralogy mapper(M3)高光谱探测器具有更宽的波长范围(0.42～3.0 μm),是目前最为先进的探月成像光谱仪。它以两种记录模式获取数据:①以 140 m 的空间分辨率利用 86 个通道记录全月表的光谱数据;②以 80 m 的空间分辨率利用 260 个通道记录全月表 25%～50%的光谱数据。Pieters 等(2010)基于 M3 数据在月球 Moscoviense 盆地探测到一种新的矿物尖晶石,并且探测了月表—OH/H_2O 的分布情况。Sivakumar 等(2015)使用 M3 数据研究月球高地 Wegener 撞击坑的矿物,探测到低钙辉石,表明该地区存在岩浆分异或后期层状铁镁质物质侵入。Sivakumar 等(2016)使用 M3 和月球侦察轨道器相机数据分析了南极-艾肯盆地 Eijkman 撞击坑矿物组分与地貌特征的关系,发现低钙辉石、橄榄石和尖晶石。

此外,我国于 2007 年发射的嫦娥一号探月卫星携带有干涉成像光谱仪(interference imaging spectrometer,IIM),该仪器能够获取 480～960 nm 范围内的月表高光谱数据。刘福江等通过建立线性回归模型建立了 TiO_2 和 IIM 反演参数的关系(Liu et al.,2010);吴昀昭等通过建立矿物吸收中心和驻点波长的关系反演得到了全月表矿物吸收中心的分布图(Wu et al.,2010);Wu (2012)基于 IIM 数据通过改进的偏最小二乘方法制作了月表 6 种元素(铁,钛,镁,铝,钙,硅)的丰度图;Shuai 等(2013)基于 IIM 数据使用混合像元分解算法反演了全月斜长石、单斜辉石、橄榄石的丰度,并绘制了全月太空风化水平分布图。2013 年我国成功发射了嫦娥三号探测器,是中国第一个月球软着陆的无人登月探测器。该探测器由月球软着陆探测器(简称着陆器)和月面巡视探测器(简称巡视器,又称玉兔号月球车)组成,陆续开展了"观天、看地、测月"的科学探测和其他预定任务,其中,玉兔号月球车搭载的成像光谱仪在离地 1 m 的高度获取了月表光谱图像,为人类探测月表矿物提供了新的数据和视角。Ling 等(2015)通过玉兔号月球车搭载的 X 射线仪与成像光谱仪调查了着陆点地区风化层组分,发现一种与以往月海采样点不同的新的玄武岩,它含有丰富的高钙辉石(普通辉石和易变辉石)和富铁橄榄石,并推测该种玄武岩形成于后期岩浆海洋分异时期。Lin 等(2017)利用玉兔号月球车获取的原位光谱测量数据,联合辐射传输模型和稀疏分解模型同时反演了矿物丰度及其粒径分布,结果显示:辉石、橄榄石、斜长石、熔融玻璃和钛铁矿的丰度在 4 个观测点的平均丰度分别为 28.1%、4.5%、39%、28%、0.4%,辉石的平均粒径为 166.02 μm,橄榄石为 8.34 μm,斜长石为 196.31 μm,熔融玻璃为 44.21 μm,一定程度上表明在这些观测点不同矿物对太空风化的响应不同。

5.1.3 火星高光谱遥感岩矿填图

火星作为和地球环境最为接近的行星,开展类地行星的比较行星学研究,为太阳系的起源与演化研究提供新的科学论据,是当今行星探测的聚焦点,是一项基础性、积累性和期望有突破性的探测内容。

高光谱探测器获取的数据是目前了解火星矿物组成的最主要来源之一，国内外学者利用火星高光谱数据做了大量的研究。TES热辐射光谱仪可获取火星表面矿物的发射光谱数据，由此可以得到大气和火星表面成分的发射率，由于矿物在热红外谱段的混合呈现较强的线性特征，因此线性分解方法被应用于TES数据分析。Bandfield (2002)基于线性混合光谱分解方法对TES数据进行矿物反演，得到火星表面辉石、赤铁矿、硅酸盐等多种物质的含量分布，但由于TES数据空间分辨率较低，因此只能对大面积的主要矿物进行反演。Poulet等(2007)基于OMEGA数据根据光谱特征建立参数对火星全球含水矿物进行了填图，并探测到火星演化早期与水作用相关的多种层状硅酸盐矿物，包括绿泥石、绿脱石、蒙脱石等；Pelkey等(2007)针对CRISM调查模式的数据构建了光谱特征参数，并根据不同参数的组合获得了不同的光谱产品，以表征某种特定矿物的存在；Viviano-Beck等(2014)进一步优化了光谱参数，并扩展到CRISM目标探测模式数据的应用。光谱参数是目前火星可见光—短波红外高光谱遥感数据分析中应用最广泛的方法之一，另外一种常用于火星含水矿物特征识别的方法是光谱比值法(Murchie et al.，2009)，即利用有含水矿物特征区域的光谱除以无含水矿物特征区域的光谱以减小噪声的影响，并突出含水矿物的特征。

光谱混合分析的方法也应用到火星的矿物研究中。Poulet等(2008)基于高光谱OMEGA数据利用Shkuratov模型估算出Mawrth谷地区出露点层状硅酸盐的丰度最高可达70%；Poulet等(2014)利用单形体最小化算法求解Shkuratov模型，分别对好奇号火星车4个备选着陆地点(Gale撞击坑，Eberswalde撞击坑、Holden撞击坑，Mawrth谷)的一些出露点进行了矿物丰度反演，Mawrth谷的层状硅酸盐丰度为30%～70%，Eberswalde撞击坑小于25%，Holden撞击坑的皂石和云母的含量为25%～45%，Gale撞击坑绿脱石为20%～30%且灰尘在5%～20%；Goudge等(2015)利用Hapke简化模型计算矿物端元和图像的单次散射反照率，通过单次散射反照率的线性组合，获得Kashira撞击坑多水高岭石出露点的丰度；Combe等(2008)利用多端元线性解混模型(multiple-endmember linear spectral unmixing model，MELSUM)对大流沙地带(Syrtis Major)和尼利槽沟(Nili Fossae)的OMEGA数据进行了解混，获取了辉石和橄榄石的丰度；张霞等(2018)基于CRISM目标探测模式数据和CRISM光谱库，使用协同稀疏解混对Eberswalde撞击坑西北部三角洲地区的矿物丰度进行定量反演，得到5种原生矿物：辉石、橄榄石、斜长石、菱铁矿、硬水铝石和1种蚀变矿物透闪石的丰度，并从矿物光谱、分布分别对反演结果进行验证；Lin等(2017)利用Hapke模型和稀疏解混模型对Gale撞击坑进行的含水矿物的填图，得到了该区域铁镁质层状硅酸盐、葡萄石和硫酸镁石等的丰度分布。

本章将以火星CRISM高光谱图像为主要数据源，主要讨论结合Hapke模型和稀疏解混算法对火星表面含水矿物进行定量反演，以及利用动态窗口因子分析与目标转换方法(Dynamic Aperture Factor Analysis and Target Transformation，DAFATT)进行火星含水矿物的识别，准确获得含水矿物精细类别的分布位置(林红磊，2018；Lin et al.，2019)。

5.2 月球与火星地质概况

5.2.1 月球地质概况

5.2.1.1 月球地形地貌

月球表面总体可分为月海和高地两大地理单元。月海是月面上宽广的平原，约占月球表面积的17%。绝大多数月海分布在月球正面(即向着地球的一面)，约占正面半球表面积的50%，尤以北半球月海分布更为显著。大多数月海具有圆形封闭的特点，圆形封闭的月海大多为山脉所包围(Oberbeck et al.,1974)。高地是指月球表面高出月海的地区，一般高出月球水准面2～3 km，面积约占月表面积的83%。在月球正面，高地的总面积和月海相当；在月球背面，高地面积要大得多(欧阳自远,2005)。

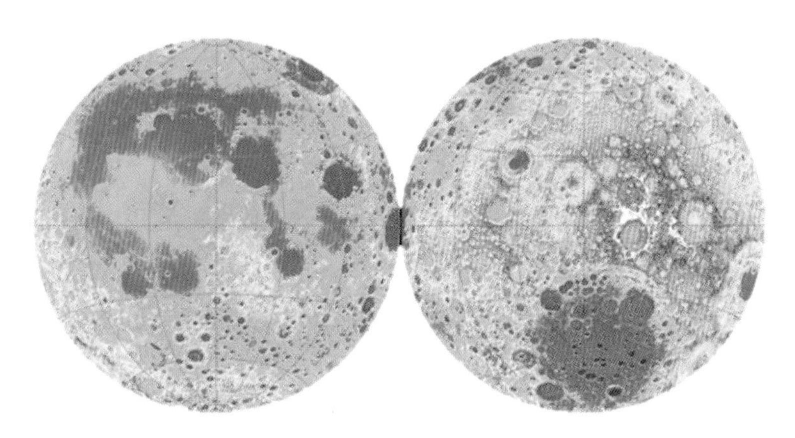

图 5.1 lunar orbiter laser altimeter (LOLA)**地形图**

左图为月球正面，右图为背面(引自 https://en.wikipedia.org/wiki/Moon)

5.2.1.2 月岩与月壤

月表覆盖着一层月壤，是长期由陨石及微陨石撞击及其溅射物堆积所形成的岩石碎屑、角砾、冲击熔融玻璃及火山玻璃组成的土壤层(欧阳自远,1994)。月球的岩石主要有以下4种类型。

(1)月海玄武岩：充填于广阔的月海洼地，其同位素年龄大多数在31亿～39亿年之间，是由月球内部富铁和贫斜长石的区域部分熔融产生的，不是月壳原始分异的产物。

(2)克里普岩：因富含钾(K)、稀土元素(REE)、磷(P)而被命名为克里普岩(KREEP)，是由富斜长石的岩石部分熔融产生的，岩石中的铀、钡及稀土元素含量至少比球粒陨石高5倍。

(3)高地岩石：主要由斜长岩、富镁的结晶岩套组成，它是月球上保存下来的、最老的台地单元，是岩浆分离作用的产物。

(4)角砾岩：由撞击导致而形成的岩石，成分较为复杂，主要由下覆岩石及玻璃质等组分组成。

5.2.2 火星地质情况

火星是一个陆地星球，具有稀薄的大气，既有与月球上一样的撞击坑，又有与地球上类似的高山、平原、峡谷和极地冰盖等(McSween et al.,2009)，火星上有太阳系中最大的火山——奥林匹斯山(Olympus Mons)和最大的峡谷——水手谷(Valles Marineris)。南北半球的地形有很大的差异，北方是被熔岩填平的平原，南方则是布满撞击坑的古老高地(图5.2)，两极有以水冰和干冰组成的极冠，而且风成沙丘广泛分布于整个星球。

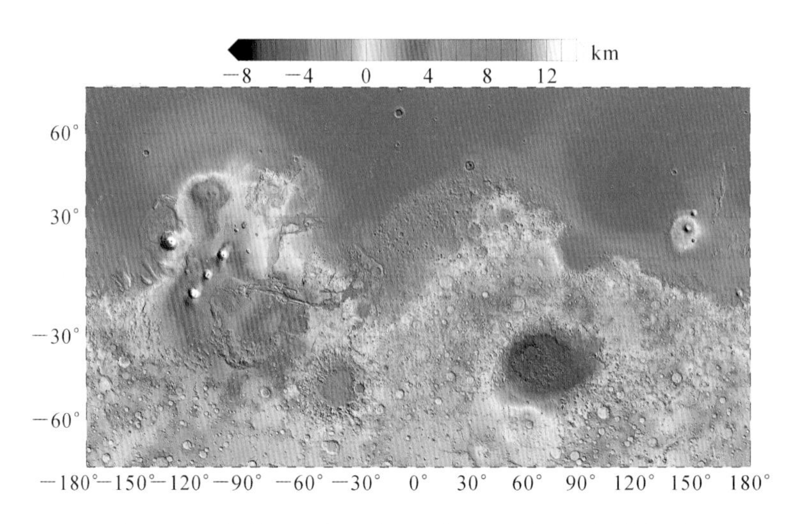

图5.2 火星 Mars orbiter laser altimeter (MOLA)**地形图**

其中，红色和橘色显示为南部高地，蓝色为北部平原

火星表面主要是由拉斑玄武岩组成，低反照率地区富含斜长石，在北部的低反照率地区显示有比平均含量要高的层状硅酸盐和高硅玻璃。南部高地的部分地区探测到大量的高钙辉石，局部区域也发现了赤铁矿和橄榄石的聚集，火星很多地区的表面被细颗粒的氧化铁灰尘覆盖(Christensen et al.,2003a)。

火星的地质演化史可以分为3个主要的时期：诺亚纪时期(Noachian period)、赫斯伯利亚纪时期(Hesperian period)和亚马逊纪时期(Amazonian period)。现存最古老的火星表面形成于45亿～35亿年前，诺亚纪时期表面被很多大的撞击坑破坏，塔尔西斯高原、火山高地被认为在此时期形成，诺亚纪后期发生过大规模的洪水；从35亿～33亿年或29亿年前期间属于赫斯伯利亚纪时期，大规模的熔岩平原在此时期形成；亚马逊纪是从 33 亿年或 29 亿年前到目前的时期，在此时期形成的陨石撞击坑很少，奥林匹斯山形成于这个时期（Hartmann et al.，2001；Tanaka，1986）。

在火星上观测到的三角洲、冲积扇、冲沟等地貌强烈地表明液态水曾经在这个星球的表面存在过。由于目前火星低于地球 1% 的低大气压强，使得液态水很难在表面保存（Heldmann et al.，2005）。液态水在火星上存在过的进一步证据来自特定矿物的探测，比如赤铁矿和针铁矿以及含水矿物等，它们都形成于水存在的环境中。火星表面岩矿的组成、分布和丰度含量信息对于了解星体的地质构造及历史演变过程等至关重要（Ehlmann et al.，2011；Mustard et al.，2005a，2005b）。

5.3 月表主要矿物丰度填图

5.3.1 数据源选择与处理

相较于行星际介质，月球被少量分子或原子所环绕，严格意义上可视为月球的大气层。但月球的大气层中每立方厘米的原子总数大约只有 80 000 个（Stern，1999），远低于地球海平面大气层密度的百兆分之一。因此，在对月球进行遥感观测时，这一极其稀薄的大气可以忽略不计。

本章使用的嫦娥一号 IIM 数据处理级别为 2C 级 B 版，已经过初步的暗电流校正、光谱辐射校正、几何粗校正、光度校正等处理，数据为反射辐亮度数据。因此，本章对 IIM 2C 数据的预处理主要包括：定标、行向响应不一校正、去噪、坏线修复、坏点修复、条纹去除、几何校正和镶嵌等操作。

5.3.1.1 定标

定标是指将下载得到的 IIM 2C 辐亮度数据转换为反射率数据，采用（吴昀昭等，2009b）提出的 IIM 数据定标方法进行定标。定标流程主要包括以下 3 步。

（1）IIM 获取数据中 2 225 轨第 11 151～11 167 行和第 69～73 列所围成的 17 像元×5 像元组成的区域和 Apollo16 登陆点月表物质基本一致，该区域被选取为定标区域，并对其光谱进行平均。

（2）采用 Gaussian 曲线作为光谱响应函数，将 Apollo16 获取的 62 231 号月壤样品的双向反射率转换为 IIM 反射率，获取定标因子。

（3）将定标因子应用于 IIM 图像，获取 IIM 的反射率数据。

IIM数据定标结果如图5.3所示，具体细节参照(吴昀昭等，2009b)。

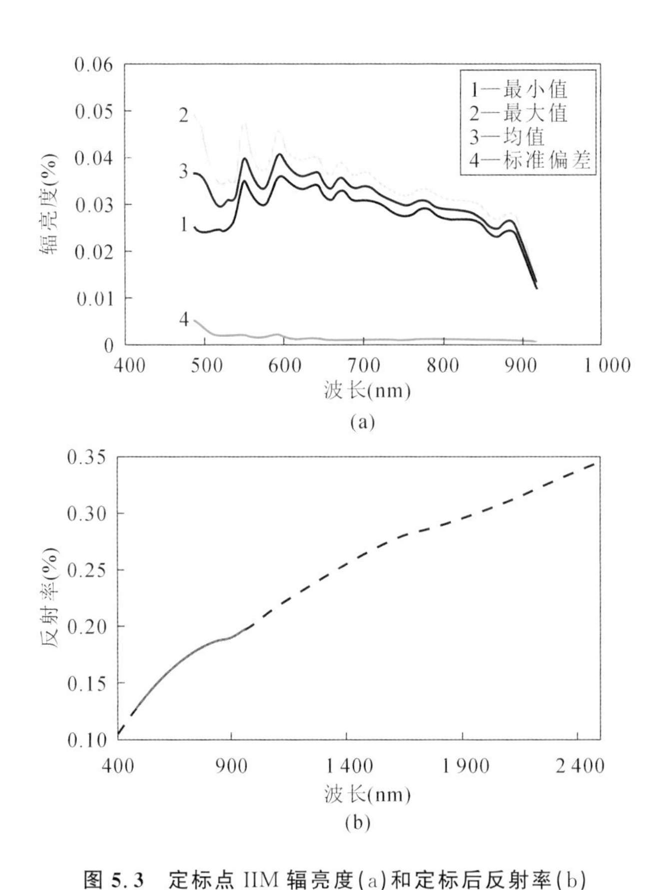

图5.3 定标点IIM辐亮度(a)和定标后反射率(b)

其中，(b)中虚线为62 231实验室标准光谱(吴昀昭等，2009)

5.3.1.2 行向响应不一校正

由于IIM CCD线阵的光谱响应存在差异，导致IIM数据的行向光谱响应不一，采用吴昀昭等(2009b)提出的传感器响应不一校正方法，校正流程主要包括如下3步。

(1)以地基望远镜光谱为标准，求取IIM光谱各波段相对750 nm反射率。

(2)将从左至右每个像元在每个波段的反射率都归一化到(1)所得相对反射率。

(3)分别对各个波段利用二阶多项式拟合(2)所得值，获得校正因子，利用该校正因子对图像进行校正。

5.3.1.3 去噪

采用MNF(minimum noise fraction)变换和MNF逆变换相结合的方法对IIM数据进行去噪处理，主要步骤如下2步。

(1)将IIM数据进行MNF变换，得到IIM数据的MNF各分量。

(2)为最大地保留有效信息，经过目视判读，选取携带有地物纹理信息的前9个MNF分量进行 MNF 逆变换，得到去噪后的 IIM 数据。

去噪后的效果如图 5.4 所示。

5.3.1.4 坏线修复

由于受外界环境的影响，IIM 传感器个别 CCD 像元的响应会不稳定，导致 IIM 数据中出现坏线，采用如下算法对坏线进行修复。

(1)判断横向坏点。计算像元的横向灰度斜率，计算公式如下：

$$S_{i,j,k} = \left| \frac{DN_{i-1,j,k} + DN_{i+1,j,k} - 2DN_{i,j,k}}{DN_{i-1,j,k} - DN_{i+1,j,k}} \right| \tag{5.1}$$

其中，i 为列数，j 为行数，k 为波段数，DN 为像元值。当 $S_{i,j,k}>4$ 时，认为该像元为坏点。

(2)判断坏线。当每一列的坏点数超过 1/4 时，认为该列为坏线。

(3)修复。坏线大都单独存在，因此将坏线两侧的像元进行平均处理，作为修复后坏线的反射率值。

经统计，坏线出现最多的列为第 85 列和第 111 列，此外波长两端波段的坏线比中间波段的坏线要多，坏线修复结果如图 5.5 所示。

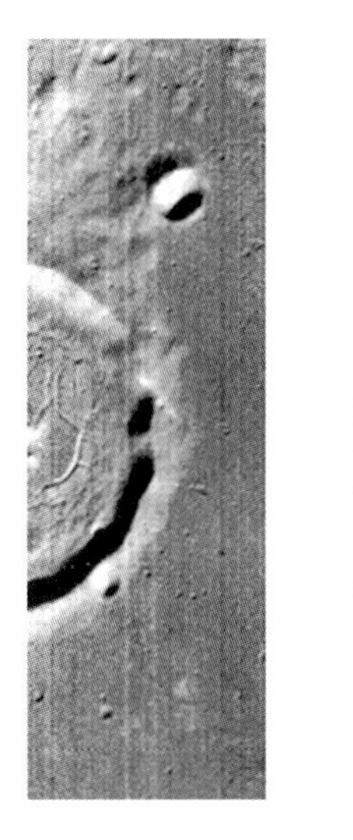

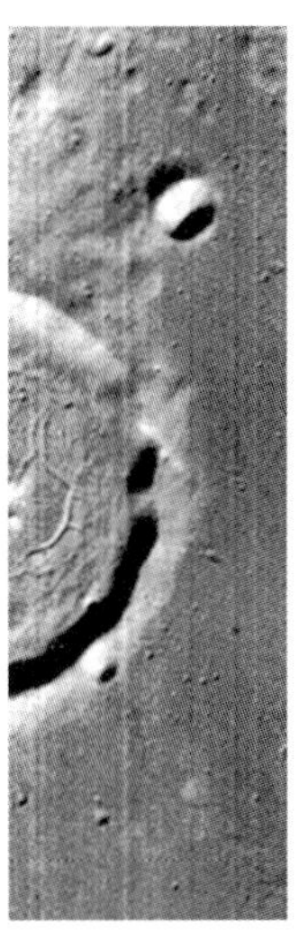

图 5.4 IIM 数据去噪前(左图)后(右图)对比

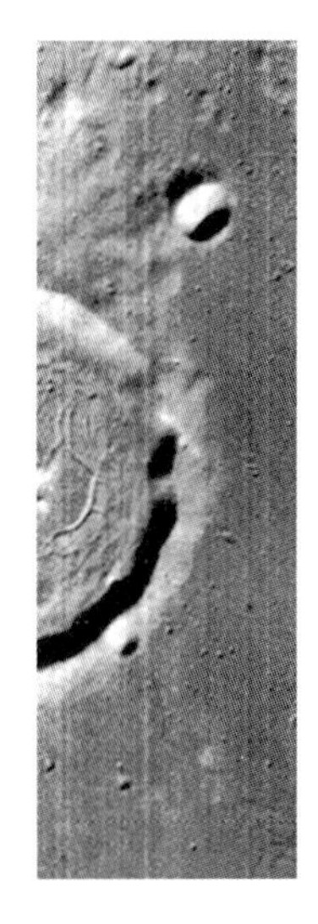

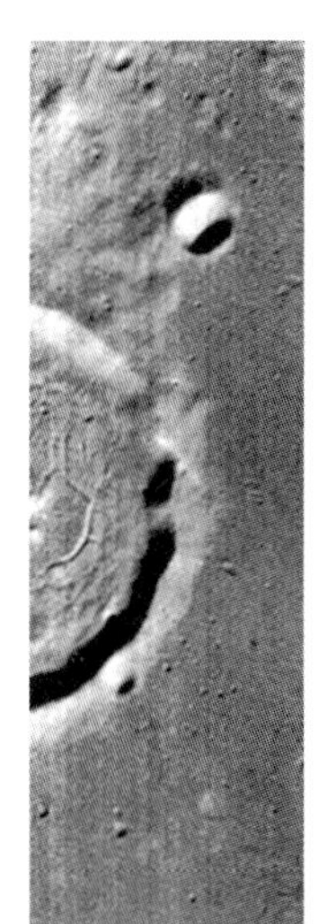

图 5.5 IIM 数据坏线修复前(左图)后(右图)对比

5.3.1.5 坏点修复

受多种因素的影响，IIM 数据中存在若干坏点，采用以下算法进行坏点的修复。

(1)判断坏点。计算像元的灰度斜率，计算公式如下：

$$S'_{i,j,k} = \left| \frac{DN_{i-1,j,k} + DN_{i+1,j,k} + DN_{i,j-1,k} + DN_{i,j+1,k} - 4DN_{i,j,k}}{(DN_{i-1,j,k} + DN_{i+1,j,k} + DN_{i,j-1,k} + DN_{i,j+1,k})/4} \right| \tag{5.2}$$

其中，i 为列数，j 为行数，k 为波段数，DN 为像元值。当 $S'_{i,j,k}>2$ 时，认为该像元为坏点。

(2)修复坏点。将坏点周围 4 个像元点的值进行平均，作为修复后坏点的反射率值。

波长两端波段的坏点数量比中间波段的坏点数量要多很多，坏点修复结果如图 5.6 所示。

5.3.1.6 条纹去除

经过以上处理后，IIM 数据条带中仍存在些许条纹，采用矩匹配算法（刘正军等，2002）进行条纹的去除，具体算法如下：

设传感器增益为 a，偏移量为 b，则图像中第 k 波段第 i 列 j 行的辐射值 x 应修正为

$$x_{ijk}{}' = a_{ijk} \times x_{ijk} + b_{ijk} \tag{5.3}$$

其中，

$$a_{ijk} = \frac{s_k}{s_{ik}} \tag{5.4}$$

$$b_{ijk} = M_k - a_{ijk} \times M_{ik} \tag{5.5}$$

其中，s_k 为第 k 波段的标准差；s_{ik} 为第 k 波段第 i 列的标准差；M_k 为第 k 波段均值；M_{ik} 为第 k 波段第 i 列的均值。

条带去除结果如图 5.7 所示。

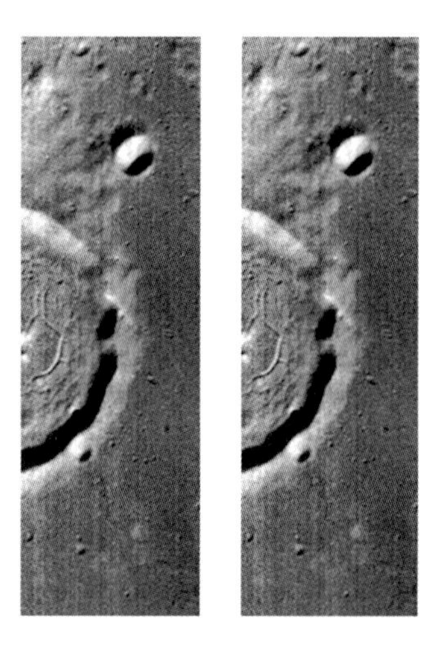

图 5.6　IIM 数据坏点（左图中白色噪点）修复前（左图）后（右图）对比

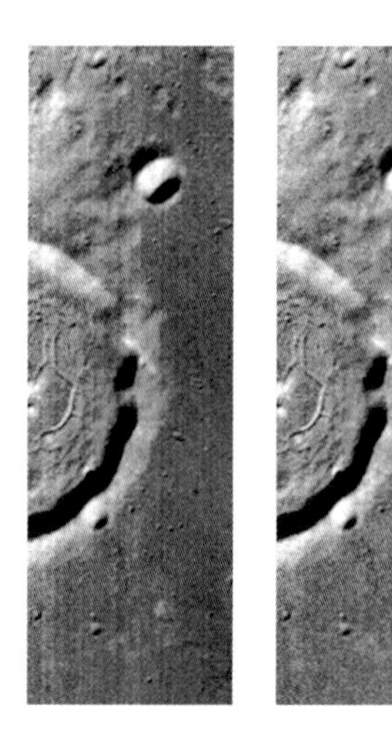

图 5.7　IIM 数据条纹去除前（左图）后（右图）对比

5.3.1.7 几何校正和镶嵌

由于 IIM 全月表数据量巨大，无法对所有 IIM 数据条带进行几何校正并镶嵌，因此本文的处理方法有以下 2 个。

(1)从 IIM 2C 文件中读取得到每个 IIM 数据条带的经纬度信息，保存为 txt 文档。

(2)只对特定波段或最终结果图(如矿物丰度图等)进行几何校正和镶嵌。

由于最终结果图只有有限的几个波段，因此在高性能和高内存的计算机上可以进行结果图的几何校正和镶嵌，如硬件条件无法满足，需要时可以对空间进行降采样后再进行镶嵌。

5.3.2 嫦娥一号 IIM 高光谱遥感数据质量评估

各通道(波段)信息质量的好坏对于用户选择和处理数据至关重要,它决定了地物识别的精度。对遥感仪器图像质量的评估有很多,如 OMIS 成像光谱仪(陈秋林等,2000)、中巴地球资源卫星载荷(张霞等,2002)、EO-1 Hyperion(周雨霁等,2008)等。可从多个方面进行图像质量评估,如信噪比、地面分解力、信息熵、清晰度、反差、辐射精度等。

根据图像质量评价指标的特点及 IIM 数据目视质量的实际情况,主要选取表示影像信号纯度的信噪比和表示影像信息丰富程度的信息熵(张霞等,2012),对嫦娥一号 IIM 高光谱数据各波段的信息质量进行评估,为 IIM 高光谱数据的后期应用提供参考。

5.3.2.1 信息质量评价区域

信噪比和信息熵都容易受地物均一程度的影响,为保证信噪比和信息熵分析的可靠性,实验数据选取地物相对均匀的哥白尼陨石坑中心地区[图 5.8(a)]和地物类型复杂的哥白尼陨石坑东部边缘地区[图 5.8(b)]进行分析,数据大小为 600 行×128 列。

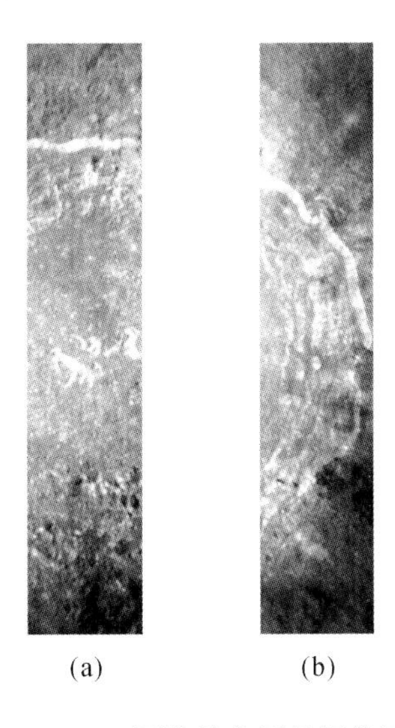

图 5.8 IIM 图像信息质量评价区域

(a)哥白尼陨石坑中心地区;(b)哥白尼陨石坑东部边缘地区

5.3.2.2 信噪比评估

1. IIM 数据噪声类型分析

根据噪声和信号的关系,噪声可以分为加性噪声和乘性噪声。加性噪声的大小和信号大小无关,乘性噪声则与信号大小有关。以地物相对均匀的图 5.8(a)为例,进行噪声和信号的相关性分析,将图像按照 4×4 分割为相对均匀的区域,局部均值代表信号,局部标准差代表噪声。如图 5.9 所示,噪声和信号相关程度很低。计算 IIM 数据 32 个波段局部均值和局部方差的相关系数,

相关系数 R 绝大多数低于 0.4(图 5.10),因此可以认为 IIM 数据以加性噪声为主。

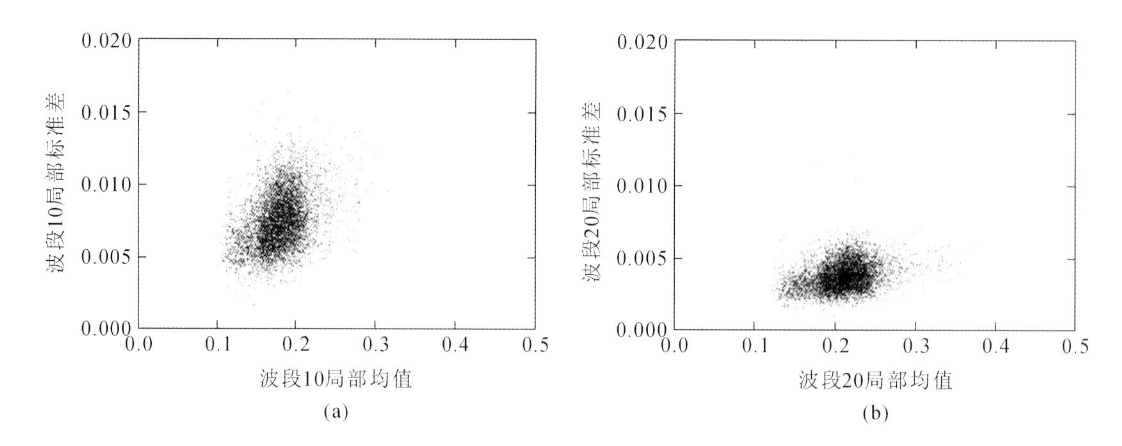

图 5.9 波段 10(a)和波段 20(b)的局部均值和局部标准差散点图

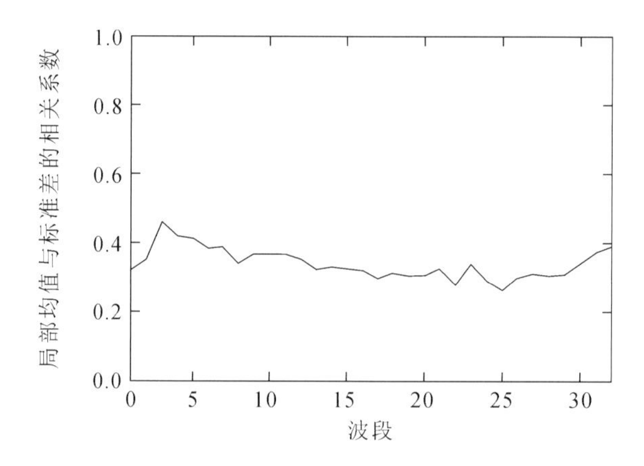

图 5.10 各波段局部均值和局部标准差的相关系数

2. 信噪比计算

目前信噪比计算的方法有很多,大多以加性噪声为理论前提,比较有代表性的包括:均匀区域法(HA)、地统计法(GS)、局部均值和局部标准差(local means and local standard deviations,LMLSD)法(Gao,1993)以及针对高光谱数据的去相关(spectral and spatial decorrelation method,SSDC)法(Roger et al.,1996)等算法,信噪比计算方法各有所长,具有不同的适用范围。RLSD(residual-scaled local standard deviations)算法针对 SSDC 算法在不均质分割区域的噪声评估不稳定性进行了改进,并很好地融合了 LMLSD 算法求取最佳噪声的思想,适合于高光谱图像的噪声评估(Gao et al.,2007)。选取 RLSD 算法计算 IIM 数据的噪声强度,选用各分割区域均值的均值表示各波段的信号强度。

RLSD 算法的基本流程如下所述。

(1)分割。即将图像分割成 $w \times h$ 的相对均匀区域,区域均值作为该区域的信号强度。

(2)去相关。即以分割区域为单位,利用 $k-1$ 和 $k+1$ 波段来线性拟合第 k 波段的值作为纯信号,原信号和纯信号的残差作为单个像元的噪声强度。

(3)求局域噪声。即计算各分割区域残差的标准差,作为该区域的噪声强度 LSD。

(4)求全图噪声。即将整幅图像的所有 LSD 按照一定的分割区间进行分割,取众数最大的分割区间内 LSD 的均值作为整幅图像的噪声水平。

应用到 IIM 数据时,步骤(1)中图像分割成 4×4 的均匀区域;步骤(2)去相关处理中,第1波段数据利用第2、3波段拟合,第32波段数据利用第30、31波段拟合;步骤(4)在求取最佳 LSD 区间步骤中,原 RLSD 算法沿用了 Gao(1993)的方法,即当图像尺寸不小于500像素×500像素时,在 LSD 最小值与 LSD 均值的1.2倍值之间划分150个分割区间,但 IIM 数据只有128列,远小于500列。实验分析表明,在 LSD 最小值和最大值之间取60个分割区间,IIM 数据噪声估算的稳定性较好。

3. 信噪比分析

采用 RLSD 算法,图5.8(a)和(b)影像的信噪比计算结果如图5.11所示。可见,地物均一地区图5.8(a)的信噪比比地物复杂地区图5.8(b)的信噪比曲线更为平滑,但变化趋势基本保持一致,说明选取的信噪比评估算法具有很好的稳定性,适用于 IIM 数据。

IIM 数据信噪比显示,整体上中间波段信噪比较高,向两端逐渐较低,这与干涉型成像的原理有关。大部分波段(第15~30波段)信噪比大于40,图像质量较好,尤其是对于识别矿物具有重要意义的750 nm 附近的信噪比则高于60,750 nm 附近波段作为斜长石、辉石光谱曲线的反射峰,结合其他波段可用于区分富镁铁类矿物和斜长石(Lucey,2004),可见 IIM 数据在其波段范围内总体质量较好;作为辉石和斜长玻璃矿物吸收谷的930 nm 附近波段的信噪比则比较低;第一波段和最后一个波段的信噪比都低于5,信噪比过低,噪声影响太大,建议舍去;此外前9个波段的信噪比低于20,在应用时需做去噪增强处理或舍去。

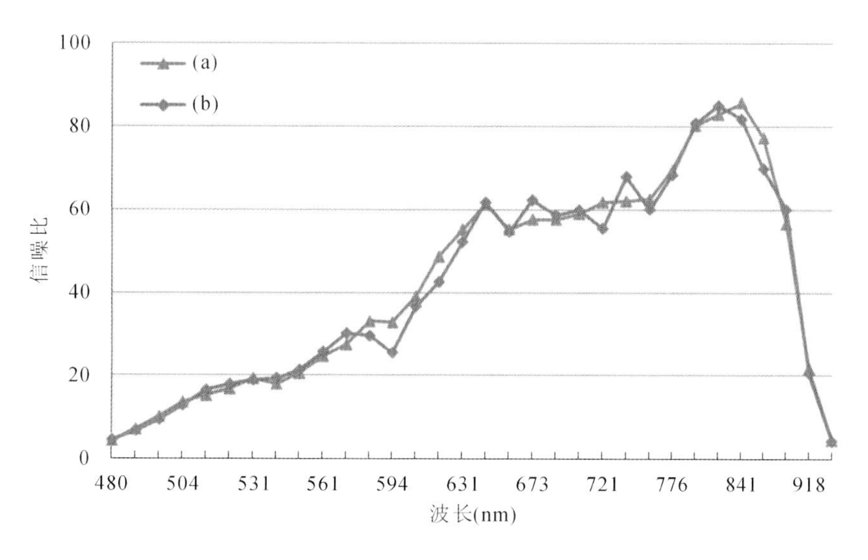

图5.11 图5.8(a)和(b)信噪比评估结果

4.信息熵评估

信息熵是从信息论角度反映图像信息丰富程度的一种度量方式，可以反映图像包含地物信息的详细程度。熵有多种定义形式，常用的比如：Shannon 熵、条件熵、平方熵、立方熵等。Shannon 熵将遥感影像视作离散无记忆信源，其应用范围较广（Shannon，1948）。Shannon熵具有如下特点。

(1)当影像中像元在各个灰度级均匀分布时，Shannon 熵具有最大值。此时影像信息量最丰富，灰度分布最均匀，图像层次感最强。

(2)当影像中所有像元都分布在一个灰度级，而没有其他灰度级时，Shannon 熵具有最小值 0。此时影像没有任何纹理信息，信息量为 0。

(3)当影像中灰度级减少时，熵也减少。

采用 Shannon 熵表示信息熵，计算公式如下：

$$H(X)=-\sum_{i=0}^{L-1}P_i\log_2 P_i \tag{5.6}$$

其中，i 为像元可能的灰度级，L 为像元最大的灰度级，$P(i)$ 为影像 X 上像元灰度级为 i 的像元出现的概率。为方便计算并保证 Shannon 熵表达信息量的能力，将各波段划分为 256 个灰度级来计算 Shannon 熵。

图 5.8 影像的 Shannon 熵计算结果如图 5.12 所示。整体上来看，地物均一地区 5.8(a) 的 Shannon 熵比地物复杂地区 5.8(b) 的 Shannon 熵要低，符合 Shannon 熵表达信息丰富程度的特性；Shannon 熵同样具有中间高，向两端逐渐降低的分布特点；前 10 个波段信息熵增长比较明显，表现出 IIM 数据前 10 波段信息量逐渐增加的特征；最后两个波段下降明显，尤其是最后一个波段信息熵在所有波段中最低；中间第 10～30 波段，Shannon 熵整体略有增长，但基本维持在 5.0～6.5。750 nm 附近波段表现出较高的信息熵，波段信息比较丰富，而

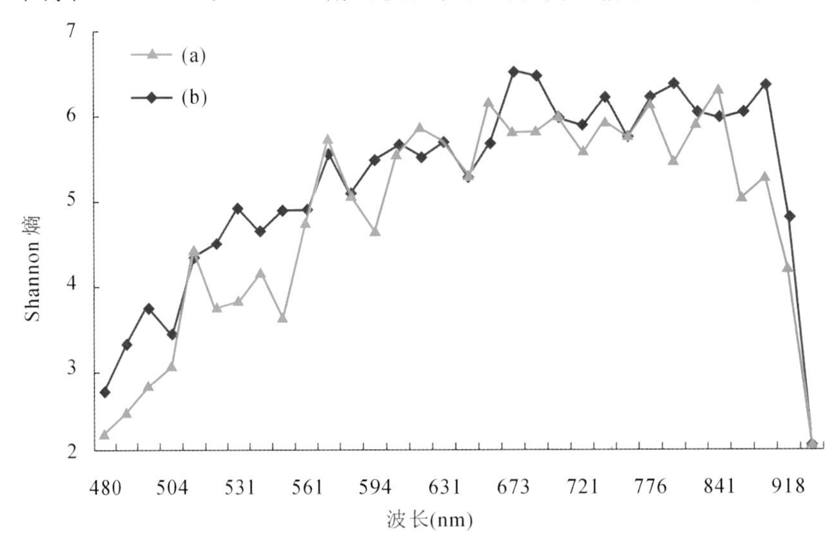

图 5.12 图 5.8(a)和(b)的 Shannon 熵评估结果

930 nm 附近波段信息熵很低，信息质量较差。信息熵的分析结果与信噪比的分析具有很好的一致性。

通过信噪比和信息熵的综合分析，IIM 遥感数据具有中间波段(第 10～30 波段)图像信息质量优于两端波段的分布特征；作为月表斜长石、辉石光谱曲线反射峰对提取月表元素与矿物具有重要意义的 750 nm 附近波段表现出较好的信噪比和信息熵，而作为辉石、斜长玻璃矿物吸收谷的 930 nm 附近波段则信息质量较差；前 9 波段信息质量上升趋势明显，但整体较差，使用时对噪声做着重处理或根据研究需要对波段做一定的取舍；第一波段和最后一个波段信息质量较差，使用时最好舍去。

5.3.3 月表主要矿物填图与分析

多端元混合光谱分解算法(multiple endmember spectral mixture analysis，MESMA)基于预先构建的光谱库，在设定端元数目后，通过排列组合采用遍历的方式从每个地物类别光谱库中选出一个端元光谱，构成光谱分解端元组来对图像进行光谱分解，以上过程循环进行直至任意一种光谱组合方式都进行过光谱分解。设定一定的评价准则，对以上所有的光谱分解结果进行评价，取最优的分解结果作为最终的光谱分解结果，该分解模型所用端元即为该像元所对应端元光谱。

假设光谱库有 n 类端元，每类端元分别有端元 E_1，E_2，…，E_n 个，则针对高光谱图像中的每一个像元，该算法将进行 $E_1 \times E_2 \times \cdots \times E_n$ 次的光谱分解运算，然后取所有运算结果中的最优结果视为最终的光谱分解结果。可见，该算法运算量极为庞大，不适合进行大数据的处理，如本章全月表的典型矿物定量反演；此外该算法在端元组合上采用遍历的方式，没有充分考虑实际地物中端元组成的物理含义。

针对以上 MESMA 暴露出的两个问题，并考虑构建矿物端元集的构成特征，对该算法进行了端元组合方式的改进，即对端元组合进行物理含义的约束，来减少端元组合数量并丰富端元组合的物理含义。本章将以上改进算法命名为端元组合约束(endmember combination constraint，ECC)的多端元光谱混合分析算法 (ECC_MESMA)。

具体来讲，由于太空风化是一个空间尺度和时间尺度跨越都很大的物理化学过程，因此假设同一像元(空间分辨率为 200m)内的各类矿物太空风化水平是一致的。在此假设基础上，仅存在相同太空风化水平的矿物组合情况，不同太空风化水平的矿物组合不予考虑。这样既避免了不必要的光谱分解过程，减少了矿物定量反演的运算量，同时端元组合算法不再是简单的排列组合，而是具有了明确的物理含义，即端元组合算法依赖于月表的太空风化水平。同时，光谱分解的最优结果可以反映出该像元的太空风化水平。

本章有 3 类矿物端元参与光谱分解，每类矿物有 6 个太空风化水平下的模拟光谱，按照 MESMA 算法，则针对每一个像元即需进行 $6 \times 6 \times 6 = 216$ 次光谱分解运算，通过对端元组

合方式进行约束后，相同太空风化水平下的矿物端元进行组合，则只需要进行6次光谱分解运算。取6次光谱分解结果中最优结果作为最终矿物丰度值的同时，亦可以得到每个像元所对应的太空风化水平。因此，改进的ECC_MESMA算法在对全月表进行矿物丰度反演的同时，能够得到全月表的太空风化水平分布图。

5.3.3.1 月表主要矿物丰度反演

本章搜集了IIM获取的全月表的高光谱遥感数据，大约覆盖月表总面积的84%（图5.13）。根据前文对IIM高光谱遥感数据的质量评估结果，为了最大限度降低数据噪声对混合光谱分解产生的误差，从IIM数据32个波段中选取第10～31波段（561～918 nm）进行混合光谱分解。

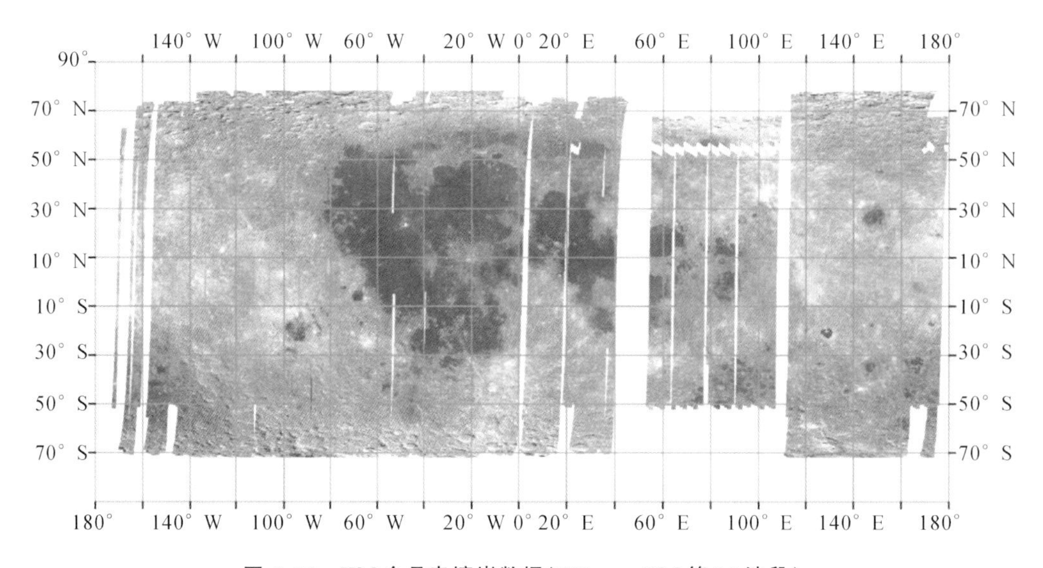

图5.13 IIM**全月表镶嵌数据（757** nm，IIM**第24波段）**

由于IIM覆盖的光谱范围有限，矿物的光谱特征在该波谱范围内不能很好地展现，并容易产生混淆。如图5.14所示，单斜辉石和斜方辉石的光谱曲线非常相似，在IIM波谱范围内较难区分，此外当亚微观金属铁（SMFe）含量比较高时，钛铁矿会和橄榄石及斜长石表现出非常高的线性相关。为了保证光谱分解的稳定性，本章只采用目前探测认为丰度含量比较高的3类主要矿物（斜长石、单斜辉石和橄榄石）进行混合光谱分解。

基于本章提出的端元组合约束的多端元光谱分解算法以及建立的不同太空风化水平下的矿物端元光谱集，对全月表的IIM数据进行月表3类典型矿物（斜长石、单斜辉石和橄榄石）的定量丰度反演。其中最优分解模型的选择采用均方根误差（root mean square error，RMSE）指标，即分解后各成分的组合光谱和原始光谱的RMSE最小的分解结果视为最优结果，该分解丰度作为最终矿物的分布丰度。

3类主要矿物的丰度分布如图5.15所示。可见，3类矿物的丰度分布都和地形（高地、

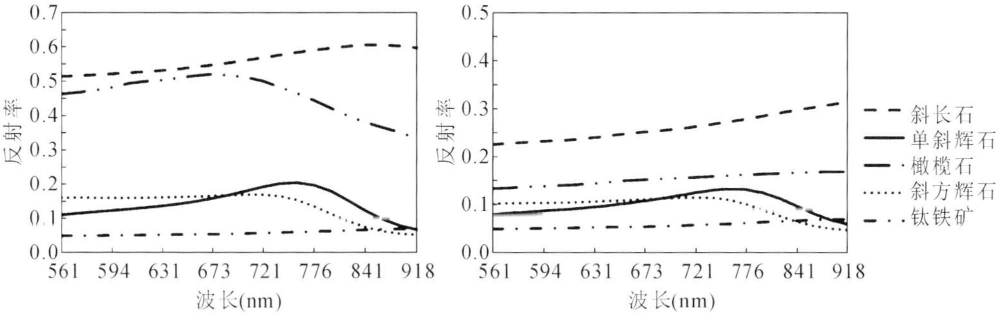

图 5.14 SMFe 含量为 0(左图)和 0.5%(右图)时的端元光谱组

月海)的分布密切相关。对斜长石而言,其在高地的丰度普遍在 30%以上,最高可接近 100%,而其在月海的丰度含量绝大多数低于 30%。单斜辉石大部分分布于月海,其丰度含量大多在 20%~50%,但在风暴洋中央区域可高达 70%,它在高地的丰度含量基本在 20%以下。橄榄石丰度较高的地区大多分布在月海和高地的边缘,且其在月海中的丰度含量高于其在高地的丰度含量。

以上矿物丰度反演结果主要受到以下几方面因素的影响。

(1)在混合光谱解混过程中考虑了太空风化对光谱的影响,因此可以反演得到受太空风化影响较严重的矿物,使得矿物丰度反演结果更接近于真实的矿物丰度,因此会比不考虑太空风化而进行矿物丰度反演的丰度结果要高。

(2)太空风化会弱化矿物的光谱特征,因此在太空风化水平越高的地区混合光谱解混精度会越低。

(3)本章选用了 3 类矿物参与光谱解混,理论上它们的丰度和为 1,因此其他矿物(斜方辉石、钛铁矿)的丰度含量就会被分配到 3 类矿物中光谱曲线与其最接近的一类矿物当中。以橄榄石为例,由图 5.14 可见太空风化后的橄榄石光谱曲线和钛铁矿极为类似,因此在富钛铁矿地区反演得到的橄榄石丰度会比其实际丰度要高。

(4)IIM 探测器获取的高光谱数据波长仅在可见光—近红外波段(480~960 nm),而可用的范围就更加有限(561~919 nm),在以上波谱范围内不同矿物的光谱特征差异并不明显,因此波谱范围的限制也给混合光谱解混的精度造成了一定的影响。以上因素的影响也许是反演得到的橄榄石丰度含量比前人对橄榄石的反演结果要高一些的原因。

全月表矿物反演结果的 RMSE 分布如图 5.16 所示。可见,全月表绝大多数地区的 RMSE 要低于 1%。RMSE 较高的地区大多分布在靠近两极的地区,这主要是由于高纬度地区的太阳高度角很低导致的。此外,较高的 RMSE 还分布在反射率比较高的地区,这也很容易理解,主要是因为 RMSE 是一个衡量绝对误差的评价指标。

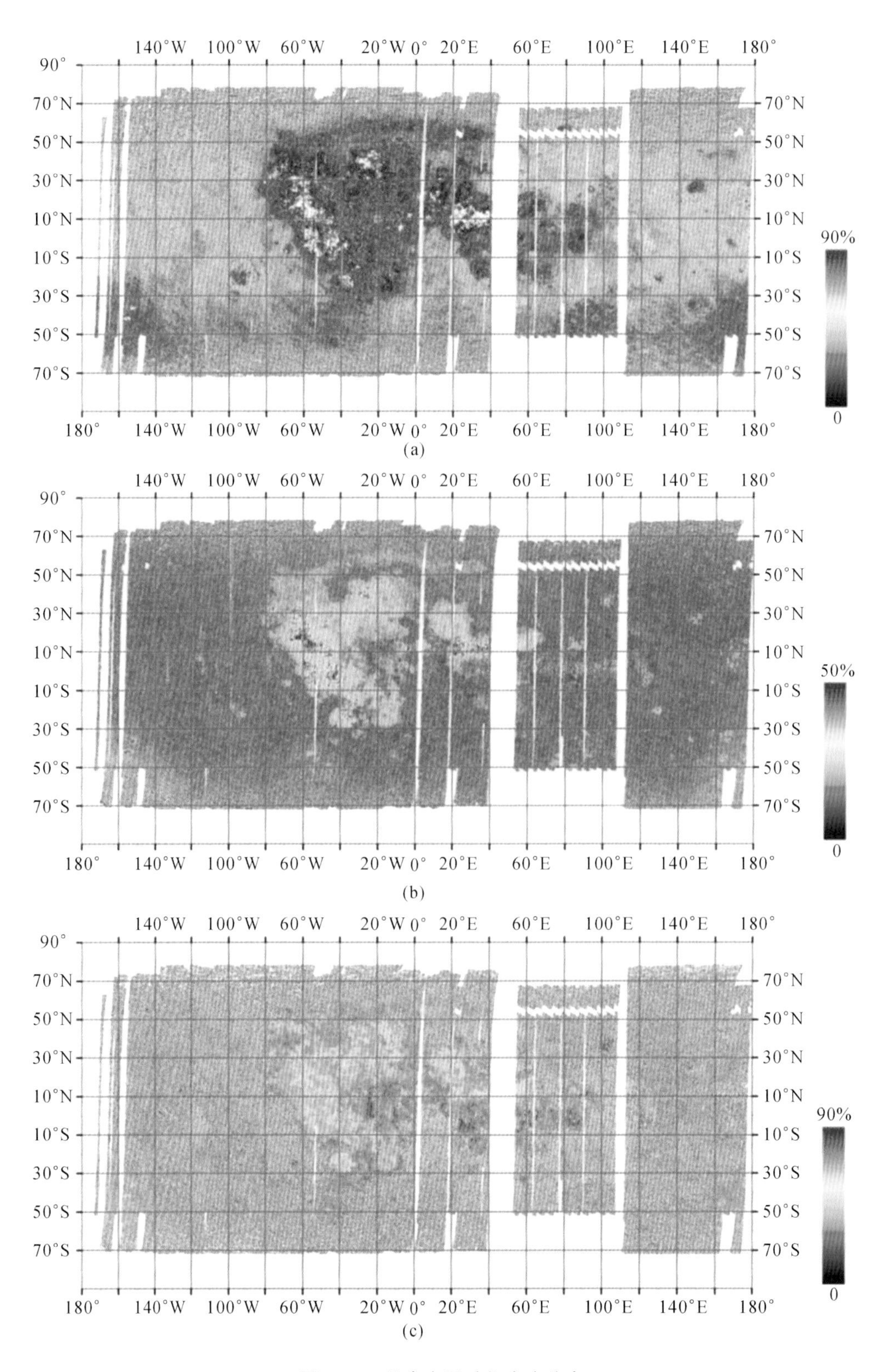

图 5.15　月表主要矿物丰度分布

(a)斜长石;(b)单斜辉石;(c)橄榄石

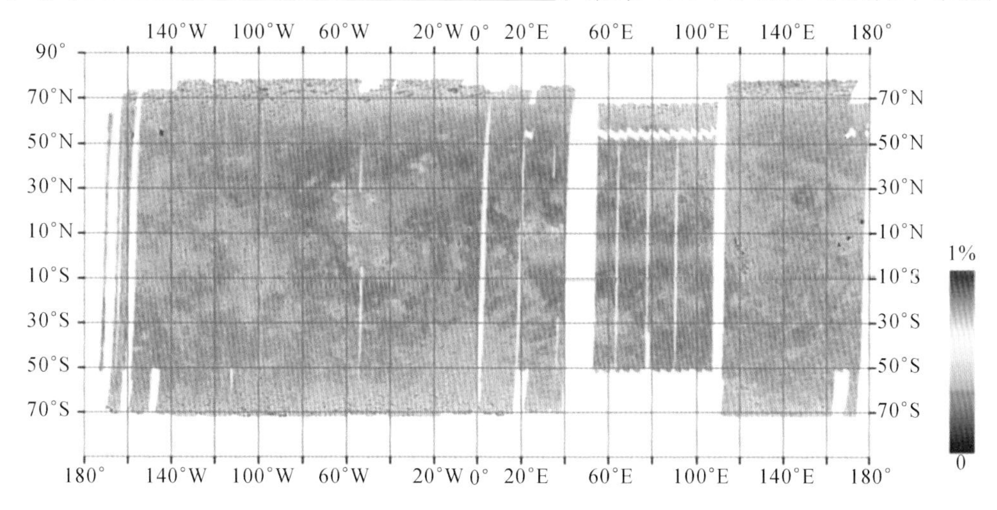

图 5.16 全月表矿物反演结果的 RMSE 分布

5.3.3.2 与目前月表矿物分布研究结果的对比

1. 与矿物丰度反演结果的对比分析

本章月表矿物丰度反演结果同 Lucey(2004)和 Yan 等(2010)利用 Clementine 多光谱数据进行的月表矿物丰度反演进行了对比分析(图 5.17)。结果显示,本章反演的丰度含量逐

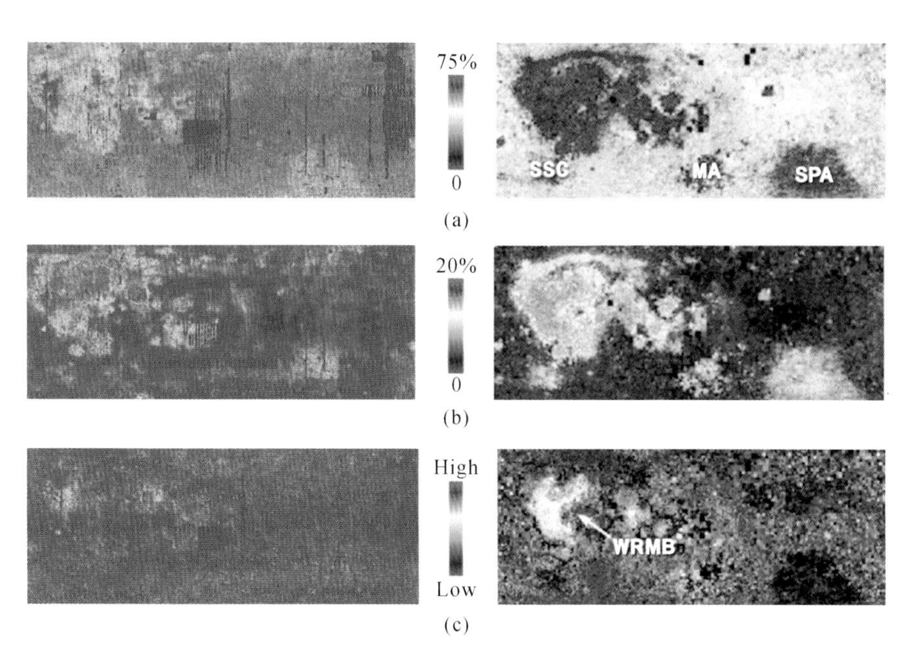

图 5.17 Yan 等(2010,左图)和 Lucey(2004,右图)反演得到的斜长石(a)、单斜辉石(b)和橄榄石(c)的丰度分布图(经度 90°W～270°E,纬度 70°S～70°N)

其中,Lucey 的反演结果丰度拉伸如下:斜长石 0～90%,单斜辉石 0～70%,橄榄石 0～50%。

SPA:South Pole-Aitken basin(南极-艾肯盆地);SSC:Schiller-Schickard cryptomare(席勒-西卡尔德地区);MA:Mare Australe(南海);WRMB:western regional mare basalts(西部月海玄武岩)

渐递进，具有更为清晰的层次感。整体来说，本章得到的斜长石和单斜辉石的丰度分布同Lucey和Yan等得到的结果趋势一致，即斜长石和单斜辉石的丰度分布呈现高度负相关的关系，斜长石主要分布在高地而单斜辉石分布于月海。

本章反演得到的高地地区的斜长石丰度在80%左右[图5.15(a)中黄色部分]，部分地区接近100%[图5.15(a)中红色部分]，这同Lucey和Yan等的斜长石反演丰度非常接近。本章反演得到的单斜辉石在月海地区的分布和Yan等的结果更为接近，看起来比Lucey的反演结果要“瘦”一些。但是其在南极-艾肯盆地地区的分布则又和Lucey的结果更为接近，即艾肯盆地地区可能存在丰度较高的单斜辉石分布，这一结果也在Pieters等(2006;2001)的研究中得到了验证。

对于橄榄石来说，Yan等没有得到定量化的反演结果，其认为这可能是由于矿物光谱的非线性混合所致。Lucey的丰富反演结果显示在西部月海玄武岩地区的橄榄石比较富集，大约50%。另外根据Lucey的结果，在南极-艾肯盆地地区的橄榄石含量比在高地的橄榄石含量要低，这与本章的反演结果正好相反。以上两人的橄榄石分布反演结果和本章结果都有比较大的差异，因此橄榄石的反演精度会在下文进行更为深入的分析。

2. 太空风化水平反演结果分析

正如前文所述，利用改进的ECC_MESMA算法，在获取矿物丰度的同时可以绘制出太空风化水平的分布图，如图5.18(a)所示，结果显示高地的绝大部分地区SMFe的质量分数在0.5%左右。SMFe质量分数小于0.5%(即太空风化不明显)的地区主要分布在相对新鲜出露的撞击坑及其撞击产生的辐射纹带，通常都位于高地地区，这与其出露太空时间短，接受太空辐射少有关，在一定程度上也验证了本章反演得到的太空风化水平分布的准确性。SMFe质量分数大于0.5%(即太空风化水平较高)的地区主要分布在月海及南极-艾肯盆地，这些地区的太空风化反演误差可能相对较大。这些误差是由这些地区钛铁矿或其他黑色物质中的铁元素导致的，这些铁元素会使得混合光谱的反射率降低，类似于太空风化产生的影响，因此会提高反演得到的太空风化水平。这也是反演得到的月海地区太空风化水平普遍高于高地太空风化水平的原因。

本章将太空风化水平的反演结果和Lucey等(2000)绘制的光学成熟系数图[图5.18(b)]进行了比对。除月海地区外，两者的分布趋势基本一致，尤其是在相对新鲜出露的地区，如Tycho、Giordano Bruno、Stevinu、Nech撞击坑及其辐射纹等图5.18(a)中标记的地区。这些光学成熟度较低且地质形成年代较晚地区的SMFe质量分数大都分布在0.1%～0.3%。

虽然IIM高光谱数据的波谱范围限定在可见光—近红外波段，本章在考虑太空风化对光谱的影响后，通过对原有算法的改进反演得到了层次感更为清晰的月表主要矿物丰度分布图，其与前人研究结果比对表现了较高的精度，证明了我们提出的丰度反演流程和改进算法的有效性。

但本章中也暴露了数据源存在的诸多问题，除了信噪比不高外，最明显的问题是波谱区

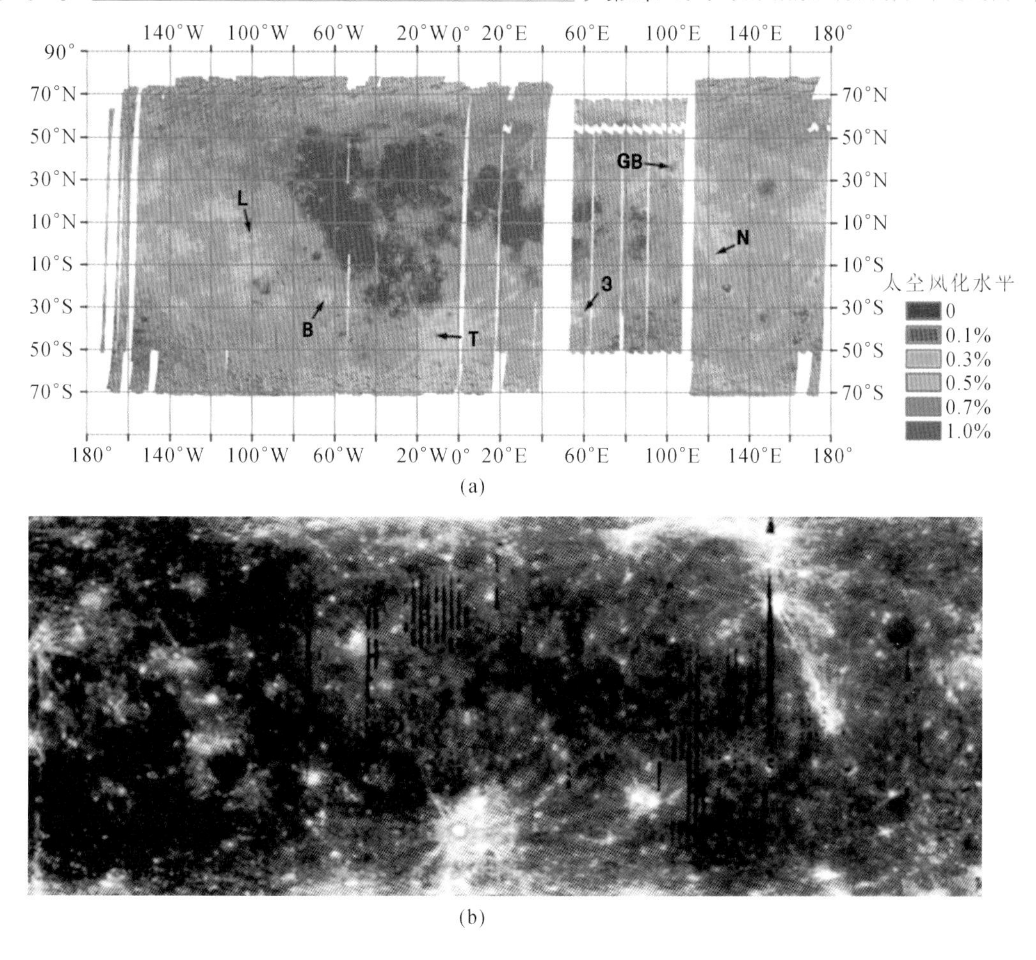

(a)

(b)

图 5.18 太空风化水平分布图(a)(单位:SMFe 质量分数)及 Lucey 等(2000)绘制的光学成熟度系数图(b)

其中,暖色调图例表示较低太空风化水平(SMFe 质量分数<0.5%),冷色调图例表示较高太空风化水平(SMFe 质量分数≥0.5%)。T:Tycho 撞击坑;GB:Giordano Bruno 撞击坑;S:Stevinu 撞击坑;N:Nech 撞击坑;L:Lents 撞击坑附近某撞击坑;B:Byrgius 撞击坑附近某撞击坑

间没有覆盖最能体现矿物波谱特征的短波红外波段,这导致基于该数据只能进行主要矿物的研究。假若高光谱数据可以覆盖短波红外,作者相信基于提出的算法,不仅可以反演出更多的矿物类别,也能够大幅度提高矿物丰度和太空风化水平的反演精度。因此,作者在此也期望中国的下一代月球高光谱成像仪能够获取更高成像质量、更宽波谱范围的高光谱遥感数据,为反演高质量的月球地质信息提供数据支持。

5.4 火星表面含水矿物丰度填图

火星表面以水文地貌或含水矿物的形式记录了火星早期水环境中液态水对地壳进行改

变的证据。含水矿物是指含水分子或 H^+、OH^-、H_3O^+ 等离子的矿物,火星含水矿物的主要存在形式是层状硅酸盐(主要为 Fe/Mg 层状硅酸盐和 Al 层状硅酸盐)和含水硫酸盐等(Carter et al.,2013; Poulet et al.,2007)。由于水环境往往和生物活动紧密相关,研究火星含水矿物空间分布及形成过程,不仅有助于火星的地质演化分析,而且对于探测地外生命也具有重要价值(Christensen et al.,2003b)。

5.4.1 数据源选择与处理

CRISM(Compact Reconnaissance Imaging Spectrometer for Mars)数据是目前火星上性能最好的高光谱数据,具有两种模式,目标探测模式和填图模式(Murchie et al.,2007)。在目标探测模式下 CRISM 使用 544 个通道获取空间分辨率高达 18~36 m/pixel 的高光谱数据,但其只对感兴趣区域进行了数据获取;在调查模式下,CRISM 使用 544 个通道中的 72 个通道(基本涵盖主要矿物的诊断性特征)获取了基本可以覆盖全球的数据,空间分辨率在 100~200 m/pixel。CRISM 较其他火星成像光谱仪不仅就有较高的光谱分辨率,而且具有极高的空间分辨率,因此本章选用的数据源主要为 CRISM 数据。由于含水矿物的光谱特征主要集中在 1.1~2.65 μm 范围,所以此研究利用 CRISM 的短波红外波段进行含水矿物丰度填图。

可利用 CRISM analysis toolkit (CAT)软件进行 CRISM 高光谱数据的预处理以校正随机误差、仪器误差及观测条件等造成的光谱失真,主要包括光度校正、大气校正及噪声去除等。光度校正用于校正太阳高度角变化所造成的图像反射率的差异;大气校正算法是经验传输函数法(Bibring et al.,1989; Mustard et al.,2005b),即利用火星上高差达 24 km 的 Olympus 火山顶部和底部相近地物的辐射率比值来获取大气辐射传输影响因子,再将遥感图像中像元的光谱除以大气辐射传输影响因子,以此来消除大气影响。

CRISM 光谱库是 NASA 为解译火星 CRISM 高光谱图像数据而构建的,包括 1 134 个火星模拟样本的 2 260 条光谱。我们从此光谱库中收集了 76 种不同矿物的 337 条光谱建立解混端元库,对研究区域的 CRISM 数据进行矿物丰度填图,端元库中包含了在火星上已经识别到的绝大部分矿物,比如层状硅酸盐(蒙脱石、蛇纹石等)、硫酸盐、沸石和辉石等。

本章以 Gale 撞击坑为例进行含水矿物的丰度填图。Gale 撞击坑[图 5.19(a)]位于火星 Aeolis 地区的西北部[图 5.19(c)],中心位于 5.4°S 137.8°E,直径 154 km,形成于 35 亿~38 亿年前(Thomson et al.,2011),具有清晰的区域背景并显示曾有过较强的多样水环境(Grotzinger et al.,2014),2012 年火星科学实验室(Mars science laboratory,MSL)好奇号巡视器降落在 Gale 撞击坑中央峰 Sharp 山的西北侧,对该区域进行了细致的调查。为了能最大覆盖 Gale 撞击坑,本研究同时利用 CRISM 两种模式的数据,包括 12 景目标探测模式数据和 23 景调查模式数据[图 5.19(b)]。

由于矿物在反射率空间的混合是非线性的,而在单次散射反照率空间呈现出较强的线性特征,因此首先利用 Hapke 模型将光谱库和图像从反射率转化到单次散射反照率空间,然后进行光谱解混。

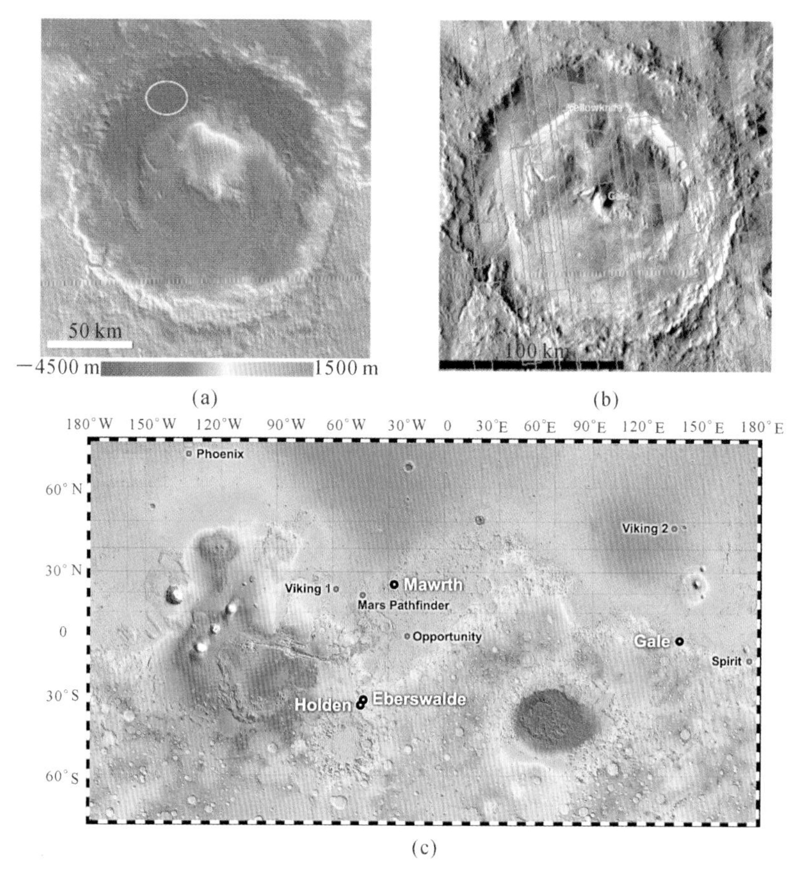

图 5.19 以 Gale 撞击坑为例的含水矿物的丰度填图

(a)Gale 撞击坑高程图及好奇号火星车着陆位置（白色椭圆）[http://en.wikipedia.org/wiki/Gale (crater)]；
(b)覆盖 Gale 撞击坑的 35 景 CRISM 图像，底图为 THEMIS 日间红外 100 m 分辨率的镶嵌图；
(c)Gale 撞击坑在火星上的位置

5.4.2 含水矿物光谱识别模型

为提高结果的可靠性以及计算效率，首先构建光谱识别模型识别含水矿物分布区域，然后将光谱结混算法应用到含水矿物识别区。水分子有 3 种基谐振动模式，3 个简正频率 v_1、v_2、v_3 分别对应 3 个波长：$\lambda_1=3.106\ \mu m$（对称的 O—H 基伸缩运动）；$\lambda_2=6.08\ \mu m$（H—O—H 键的弯折运动）；$\lambda_3=2.903\ \mu m$（非对称的 O—H 基伸缩运动）。基谐振动模式都位于中红外，并随水状态（固、液、气）而变化，可见光—近红外波段只出现水的倍频和合频谱带。倍频如 $2v_1$、$2v_2$ 和 $2v_3$，则相应波长为 $\lambda_{1/2}$、$\lambda_{2/2}$ 和 $\lambda_{3/2}$。合频如 $v=v_3+v_2$，其波长为 $1/\lambda=1/\lambda_2+1/\lambda_3$，则 $\lambda=1.87\ \mu m$。矿物岩石中只要含水，就会在 1.45 μm 附近（倍频 $2v_3$）和 1.9 μm 附近（合频 v_3+v_2）处出现两个特征谱带，通常二者同时出现是含水的鉴定证据，若只有 1.45 μm附近吸收特征出现，则存在羟基，而不是水分子。如果这两个吸收带很狭窄，说明水分子占据确切有序的位置，否则说明水分子杂乱无序。羟基在 2.778 μm 附近有一个 O—H

基伸缩振动引起的峰，OH^- 出现的位置不同，同一种振动会出现几种谱带（如滑石）。倍频在1.4 μm附近产生极常见的吸收谱带；较强的合频谱带位于 2.2 μm 或 2.3 μm，分别取决于羟基基团是绕铝配位还是绕镁配位，如层状硅酸盐中，二八面体的 OH^- 绕铝配位在 2.2 μm 附近有主要吸收谱带，而三八面体的 OH^- 绕镁配位则在 2.3 μm 附近有强吸收谱带。Pelkey 等(2007)将与水分子和羟基相关的光谱特征进行了参数化，本节选用了 BD1900、D2300 和 SINDEX 三个光谱参数（表 5.3）构建含水矿物识别模型。

表 5.3　与水和羟基相关的光谱参数

光谱参数	含义	公式
BD1900	1.9 μm 水分子吸收深度	$1-[(R_{1930}+R_{1985})\times 0.5]/(a\times R_{1875}+b\times R_{2067})$
D2300	2.3 μm Fe—OH 振动吸收	$1-(R_{2290}+R_{2330}+R_{2330})/(R_{2140}+R_{2170}+R_{2210})$
SINDEX	探测由于 1.9/2.1 μm 和 2.4 μm 吸收引起的 2.29 μm 处凸起	$1-(R_{2100}+R_{2400})/(2\times R_{2290})$

以上三个光谱参数的值越大表明含水矿物的特征越强烈，但是一些极大的值可能是人为误差，需要去除；另外，由于光谱 smile 效应、大气影响等，光谱参数偶尔会存在残余误差。因此，设定阈值构建含水矿物识别公式为

$$(t_1 < \text{BD1900} < t_2)\ \text{OR}\ (t_3 < \text{D2300} < t_4)\ \text{OR}\ (t_5 < \text{SINDEX} < t_6) \tag{5.7}$$

式中，$t_1=t_3=t_5=0.005$，t_2，t_4，t_6 设为各自参数图像直方图的 99.9%，得到如图 5.20 的含水矿物分布。含水特征与局部的地貌特征（图 5.21）具有很好的空间相关性，主要分布在小风蚀土脊、峡谷、坡移沉积和扇形沉积处。

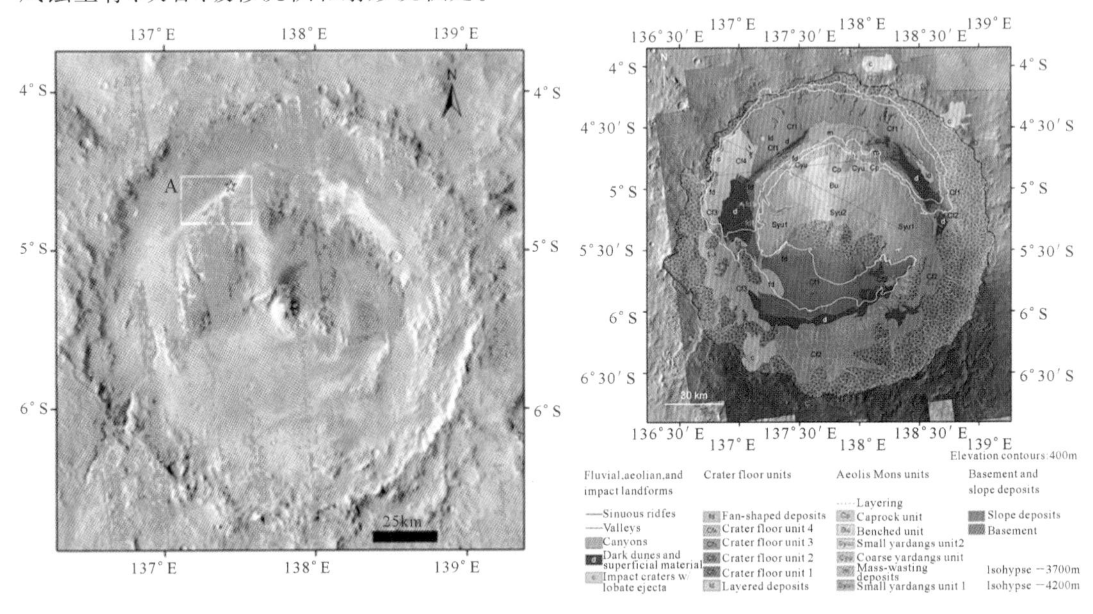

图 5.20　基于 CRISM 图像的含水矿物识别图

其中矩形 A 是火星科学实验室着陆点（黄色五角星）附近区域

图 5.21　Gale 撞击坑的地质图（Le et al.，2013）

5.4.3 含水矿物光谱稀疏解混算法

由于火星含水矿物具有丰度含量低、分布地域零散、背景矿物不确定或未知等特点(Poulet et al.,2008),使得从遥感图像上直接提取矿物端元的精度受限,对光谱解混算法提出了巨大挑战。目前火星矿物解混端元的确定主要根据出露点平均光谱的吸收特征从光谱库中选择代表性光谱(Goudge et al.,2015; Poulet et al.,2008,2014),容易遗漏端元或者错误选择端元,导致反演结果具有一定的不可靠性。基于光谱库的稀疏解混算法为火星含水矿物的丰度反演提供了新思路。Iordache 等提出基于光谱库的稀疏解混算法,以一种半监督的方式进行光谱解混,即省去端元提取的步骤,直接利用光谱库内的纯净端元光谱进行线性解混(Iordache et al.,2011,2014a,2014b)。光谱解混问题则转变成为从一个大规模光谱库中寻找端元子集来最优模拟混合光谱的问题,如图 5.22 所示。

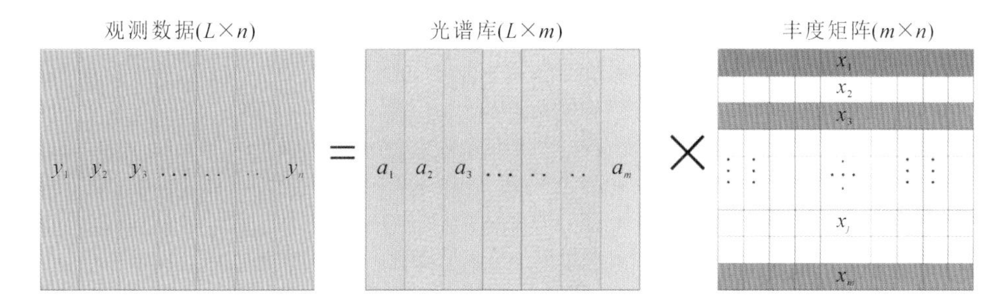

图 5.22 稀疏解混原理示意图

光谱库矩阵中绿色部分是像元中存在的端元,丰度矩阵中蓝色部分代表像元中端元的丰度,白色部分代表丰度为 0

线性解混模型假设每个像元的光谱是由像元内各端元的线性组合,可表达为

$$\boldsymbol{Y} = \sum_{i=1}^{N} a_i x_i + \boldsymbol{n} = \boldsymbol{AX} + \boldsymbol{n} \tag{5.8}$$

其中,对于稀疏解混来说,$\boldsymbol{Y} \in R^{L \times N}$ 是表示观测光谱,$\boldsymbol{A}$ 表示光谱库,$\boldsymbol{X}$ 是光谱库中各矿物在像元内的丰度比例,$\boldsymbol{n}$ 代表误差项。由于图像像元内端元的数量远小于光谱库中光谱的数量,因此 $\boldsymbol{X}$ 是稀疏的。则稀疏回归的问题可以写成(Marian-Daniel Iordache,2011):

$$\min_{x} || x ||_0 \quad 约束条件:|| \boldsymbol{Y} - \boldsymbol{AX} ||_2 \leqslant \delta, \boldsymbol{X} \geqslant 0, \sum_{k=1}^{m} x_k = 1 \tag{5.9}$$

其中,$||x||_0$ 表示 $\boldsymbol{X}$ 中非零的个数,$\delta \geqslant 0$ 是由于噪声和模型误差导致的容错度,$|| * ||_2$ 表示 l_2 范数,x_k 为光谱库中第 k 个矿物在像元中的丰度,m 为光谱库中光谱个数。由于 l_0 范数离散且非凸,使得问题(5.8)求解困难,因此,用 l_1 范数来近似代替 l_0 范数,则稀疏解混的最优化问题变成:

$$\min_{x} || x ||_1 \quad 约束条件:|| \boldsymbol{Y} - \boldsymbol{AX} ||_2 \leqslant \delta, \boldsymbol{X} \geqslant 0, \sum_{k=1}^{m} x_k = 1 \tag{5.10}$$

经过稀疏约束之后,在每个像元中,光谱库各矿物光谱对应的丰度值大部分为 0,只有少数的矿物光谱对应的丰度值大于 0。则像元中存在的矿物端元及其丰度可同时求出,即丰度值大于 0 的矿物为像元中存在的端元,所得丰度值为该矿物在像元中所占的比例。

5.4.4 填图结果与多层次验证

5.4.4.1 含水矿物丰度填图结果

图5.23(b)为含水矿物的总丰度分布,包括含水硅酸盐、含水硫酸盐甚至碳酸盐。含水矿物主要分布在Gale撞击坑的西北部,丰度为20%~40%;在撞击坑内部西南处的入口峡谷处以及夏普山的东侧山脚下,含水矿物的丰度约为20%,而且几乎都是含水硅酸盐[图5.24(a)]。

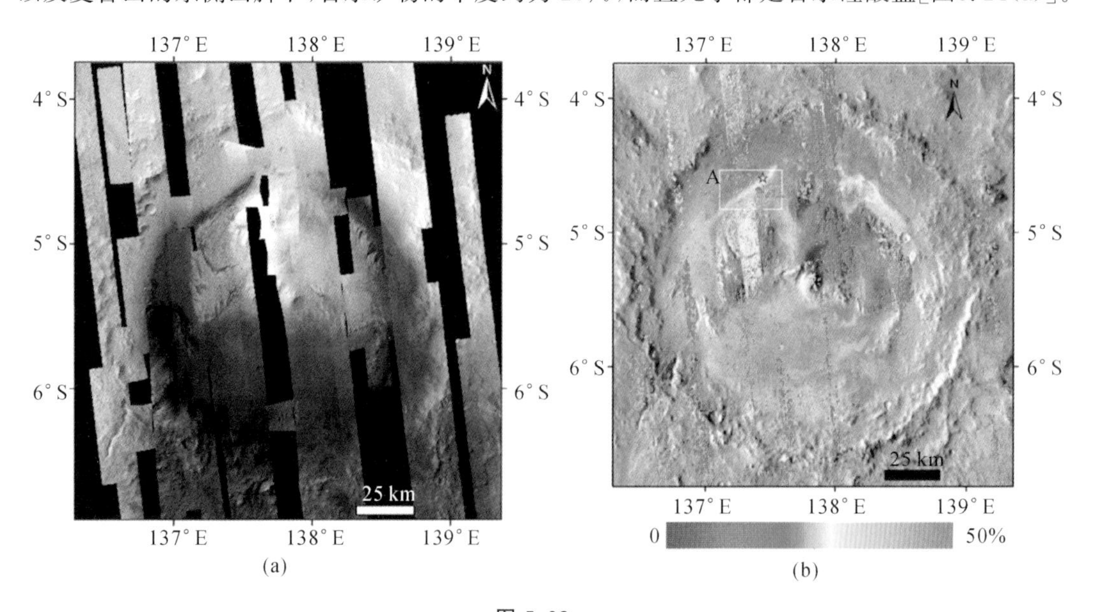

图 5.23

(a)Gale撞击坑CRISM图像镶嵌图;(b)Gale撞击坑含水矿物总丰度分布图

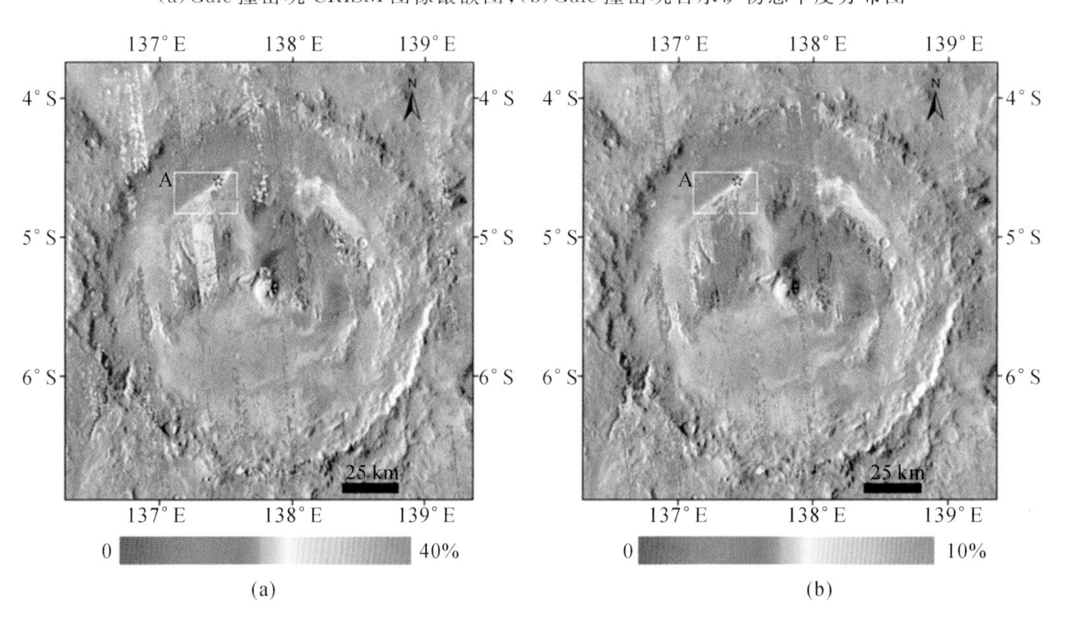

图 5.24

(a)Gale撞击坑含水硅酸盐的整体丰度;(b)Gale撞击坑含水硫酸盐的整体丰度

含水硅酸盐的分布相对比较广泛，而含水硫酸盐则分布较少且主要集中在夏普山的西侧。本研究在Gale撞击坑识别到的矿物按照丰度大小排列主要为铁镁质层状硅酸盐、葡萄石和硫酸镁石，它们的基本化学组成如表5.4所示。在夏普山的西北侧，铁镁质层状硅酸盐的丰度最高可达30%（图5.25），葡萄石和硫酸镁石的含量相对比较低（图5.25）。

表5.4 主要含水矿物的基本化学组成

矿物名称	矿物类型	所属类别	化学式
铁镁质层状硅酸盐	硅酸盐	层状硅酸盐	—
葡萄石	硅酸盐	沸石	$Ca_2Al(AlSi_3O_{10})(OH)_2$
硫酸镁石	硫酸盐	硫酸盐	$MgSO_4 \cdot H_2O$

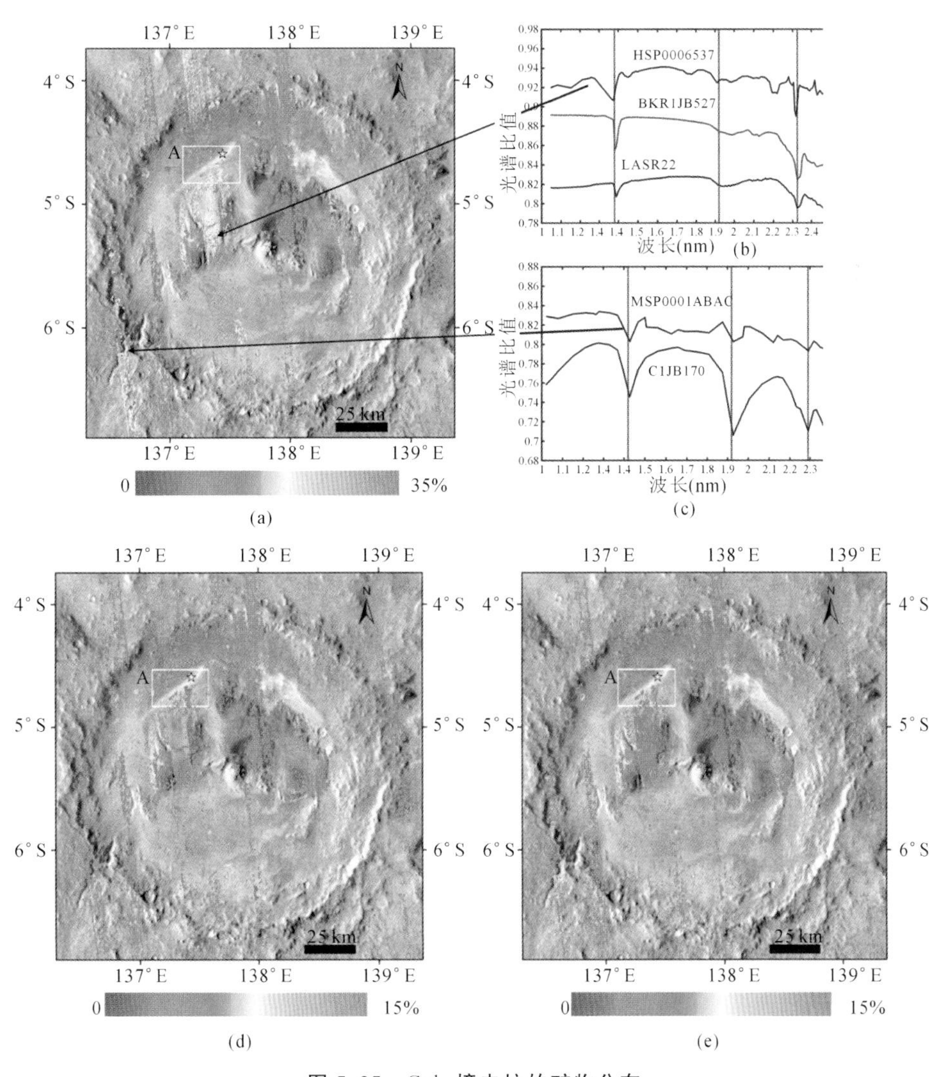

图5.25 Gale撞击坑的矿物分布

(a)Gale撞击坑层状硅酸盐的丰度；(b)CRISM比值光谱与层状硅酸盐实验室光谱；比值光谱是利用以HSP00026537图像5°4′44.59″S，137°19′4.02″E为中心的9个像元的均值作为分子，以4°40′15.02″S，137°11′18.31″E为中心的16个像元的均值作为分母得到；(c)CRISM比值光谱与层状硅酸盐实验室光谱；比值光谱是利用以MSP0001abac图像6°10′30.03″S，136°37′56.76″E为中心的9个像元的均值作为分子，以5°42′13.56″S，136°35′38.67″E为中心的9个像元的均值作为分母得到；(d)Gale撞击坑葡萄石的丰度；(e)Gale撞击坑硫酸镁石的丰度利用光谱比值技术从图像上含水矿物丰度含量高的区域提取光谱定性的验证反演结果，即含水矿物区域的平均光谱除以无含水矿物特征区域的平均光谱。铁镁质层状硅酸盐沉积处的比值光谱与 CRISM 光谱库中 BKR1JB527、LASR22 及 C1JB170 等层状硅酸盐 1.38～1.42 μm、1.9 μm、2.28～2.32 μm 附近的特征一致。

5.4.4.2 丰度反演结果验证

将主要矿物的反演结果与相关的研究及好奇号实地调查的结果进行比较。Gale 撞击坑主要可分为：位于下层的建造和位于上层的建造，含水矿物的特征主要分布在下层的建造（Milliken et al.，2010）。本研究所得的含水矿物也主要分布在 Gale 撞击坑下层的建造（图 5.26）。Milliken 等在下层的建造区域发现黏土矿物和硫酸镁石的存在（Milliken et al.，2010，2014），与本研究结果一致。

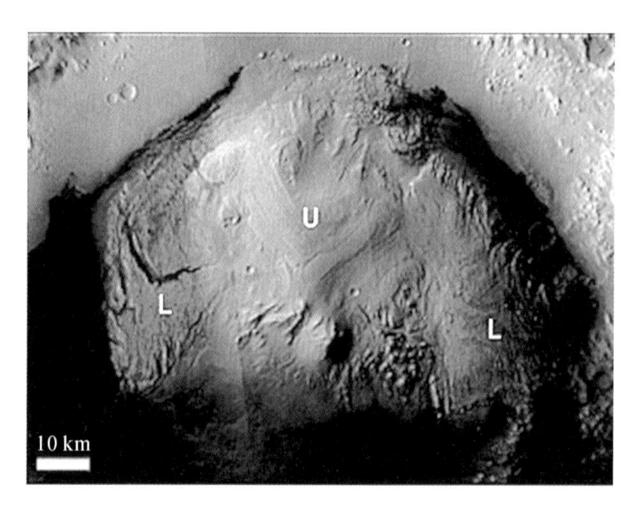

图 5.26　背景相机镶嵌图（McEwen et al.，2007）
显示了上层（U）和下层（L）构造的形貌差异

有学者在 Gale 撞击坑高地的底部（5 °0′40″ S，137 °0′ 35″E 附近）发现有蒙脱石的特征（Thomson et al.，2011），在 FRT000095EE 图像的某些区域提取的光谱与硫酸镁石的特征一致，但是相对比较弱。在本研究中得到的蒙脱石的丰度为 10%～15%，硫酸镁石的丰度约为 4%。Rogers 等（2009）反演了 MSL 着陆点区域主要矿物的丰度，在黑色沙丘处高硅物质（包括硅玻璃、蛋白石、沸石和层状硅酸盐等）含量为 19%（±5%），与我们的结果（约为 20%）一致[图 5.27(a)]；在此区域得到的含水硫酸盐的丰度约为 10%，略低于 Rogers 的结果（10%～14%），可能是有不含水硫酸盐的存在导致的；我们得到的此区域蒙脱石的丰度为 10%～20%，低于 Poulet 等（2014）的结果，可能是由于端元选择不同导致的，Poulet 等是根据 CRISM 的主要光谱吸收特征人工选择的端元，而本研究中利用相对较完备的解混端元库避免了遗漏端元。

好奇号在最开始采集的 5 个样本中探测到的斜方辉石丰度低于 10%（Bridges et al.，2015；Cavanagh et al.，2015；Treiman et al.，2015），本研究反演到的好奇号行进路径中斜

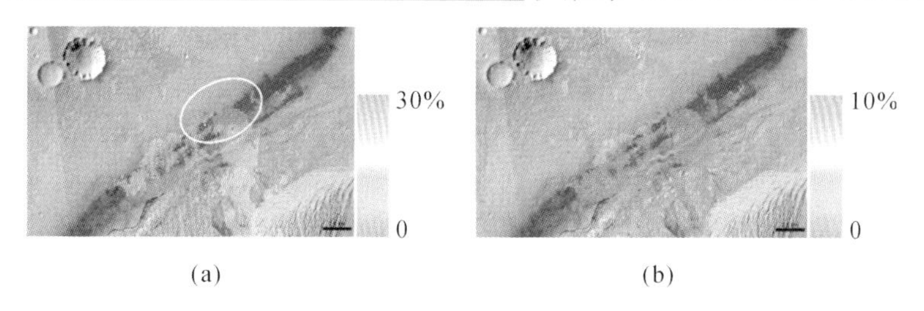

(a) (b)

图 5.27 MSL 着陆点附近黑色沙丘处的矿物丰度

(a) 高硅物质,白色圆圈处 Rogers 等(2009)的研究区域;(b) 斜方辉石,背景图像为火星背景相机数据(p15_006855_1746_xn_05s222w 和 p18_008147_1749_xn_05s222w 的镶嵌图)(Malin et al.,2007)

方辉石丰度为 5%~8%[图 5.28(b)],二者具有很好的一致性。2014 年 11 月,好奇号火星车到达 Pahrump 山丘处并在 Confidence 小山丘采样,根据分析结果,该区域有约 11%的层状硅酸盐和约 19%的高硅物质(Cavanagh et al.,2015),本研究的结果显示有约 14%的层状硅酸盐和约 17%的高硅物质。

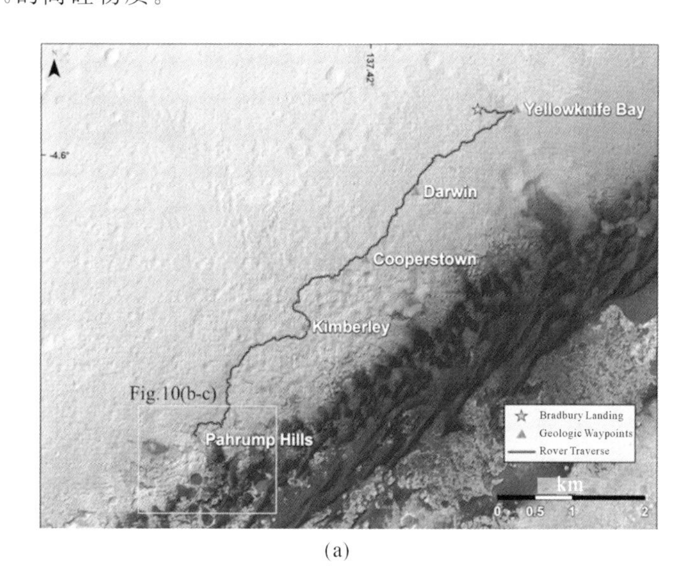

(a)

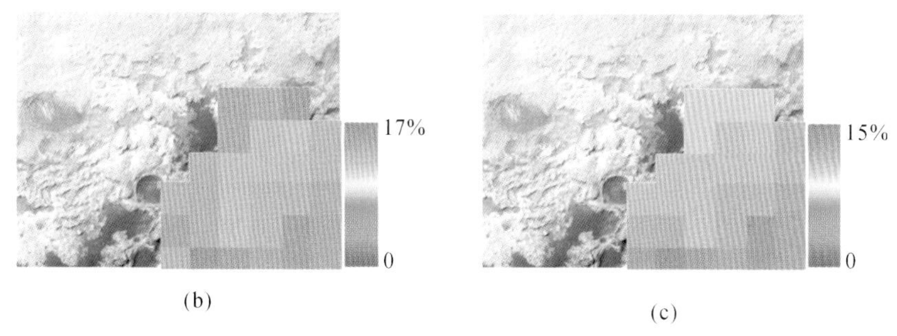

(b) (c)

图 5.28

(a)好奇号火星车从着陆点到 Pahrump 山丘的行进路线;

(b)Pahrump 山丘区域高硅物质的丰度;(c)Pahrump 山丘区域层状硅酸盐的丰度

背景图像是高分辨率科学实验成像,HiRISE 图像路径引自参考文献(McEwen et al.,2007)

综上,含水矿物丰度含量高的区域光谱与层状硅酸盐的实验室光谱的诊断性特征具有很好的一致性,本研究的反演结果与相关研究和好奇号实地调查结果也较为一致。

5.5 火星表面含水矿物精细识别

目前利用火星高光谱遥感数据进行矿物识别的方法主要是构建光谱特征参数以及特征参数的组合,但是只能识别某种大类的矿物,若需确定某种精细类别的矿物,需要对比标准光谱库光谱进行人工检验,不仅耗时而且具有较多主观性。最近,因子分析和目标转换(factor analysis and target transformation,FATT)的方法应用于 CRISM 短波红外数据进行含水矿物精细类别的识别(Thomas et al.,2017),该方法曾经在 TES 热红外遥感数据获得了很好的应用。但是 FATT 方法在 CRISM 上的应用存在以下问题:①不能客观地选择用于目标转换的特征向量;②不能有效地评价目标转换的效果;③不能得到矿物在图像上的具体分布。针对以上问题,林红磊(2018)提出动态窗口因子分析与目标转换方法(dynamic aperture factor analysis and target transformation,DAFATT)进行火星含水矿物的识别,准确获得含水矿物精细类别的分布位置(Lin et al.,2019)。

5.5.1 矿物识别算法

5.5.1.1 因子分析和目标转换算法(FATT)

因子分析指变量群中提取共性因子的统计技术,其减少了数据的维度,利用几个关键的因子来尽可能地反映原始数据所包含的绝大部分信息。如图 5.29 所示,找到能够最大化特征的正交轴即特征向量,来反映原来所有变量的绝大部分的方差,每个特征向量所对应的特征值表示原始数据在其方向上的变化程度(Bandfield et al.,2000)。

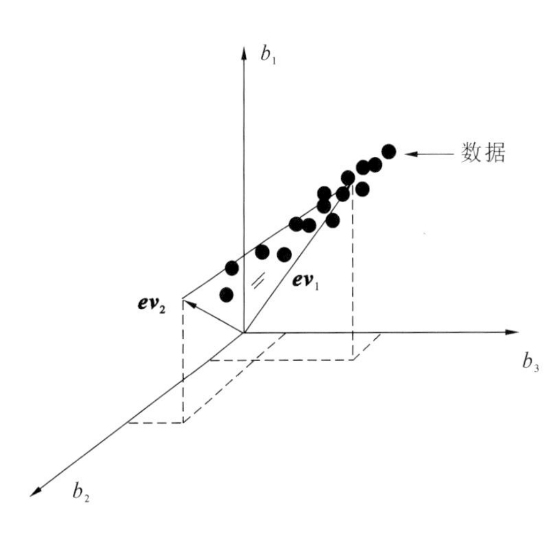

图 5.29 因子分析示意图

以 3 个波段数据集里包含两个端元为例,每个波段代表一个坐标轴(b_1、b_2 和 b_3),在三维空间里所有的数据可以被展示。前两个特征向量($\boldsymbol{ev}_1$,$\boldsymbol{ev}_2$)是正交的,可以描述成一个二维平面(图中包含特征向量的三角形)包含这些数据(data),平面之外的成分就被认为是噪声为了得到端元光谱，需要找到转换向量：

$$\boldsymbol{x}_b = \boldsymbol{R}\,\boldsymbol{t}_n \tag{5.11}$$

其中，$\boldsymbol{x}_b$ 是最优拟合光谱，$\boldsymbol{R}$ 是包含主要特征向量（n 个）的矩阵，拟合系数$\boldsymbol{t}_n$ 即为转换向量拟合系数。实际应用中，可利用特征向量最小二乘拟合试验目标光谱，如果最优拟合光谱和试验目标光谱足够相似，则这个试验光谱就可以被认为是目标端元（图 5.30）。判断光谱拟合效果最好是逐个目视检查，但是对于数据量很大情况，一般用均方根误差（RMSE）来评估拟合效果，RMSE 值越大拟合效果越差。

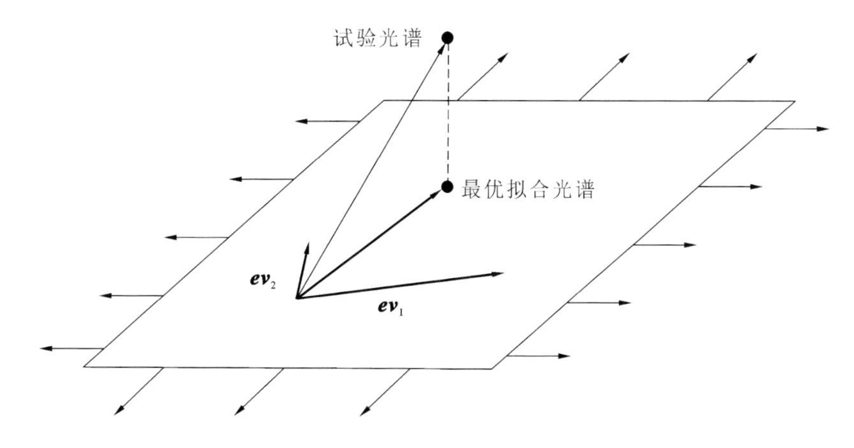

图 5.30　目标转换示意图

目标转换寻找目标光谱在特征向量超平面上的正交投影，
这个正交投影是对目标光谱的最小二乘拟合，最优的拟合光谱是可能的端元

因子分析与目标转换方法的具体步骤如下（Bandfield et al.，2000）：①选择一景高光谱图像数据或光谱集合，在选择的测量光谱集合内，所有的变化都假设为端元的线性组合；②计算原始数据协方差矩阵的特征值和特征向量，重建原始测量光谱所需要特征向量的数量决定了测量光谱集的独立光谱端元；③利用前 10 个独立成分（特征向量）无约束最小二乘拟合试验光谱，一般来讲，这样可能不能正确地识别出存在的端元光谱，但是利用线性最小二乘对主要的特征向量进行线性组合，拟合效果最好的试验光谱就是最可能存在的目标。

Thomas 等（2017）利用 FATT 方法对整个 Nili 槽沟区域进行了含水矿物的探测，并标注出了所有可能存在菱镁矿的 CRISM 图像。但 FATT 方法简单地选择前 10 个最大特征值对应的特征向量来拟合试验光谱可能会造成信息的丢失或冗余。本章利用 Nili 槽沟中心区域的 CRISM 图像（ID 为 FRT00003E12）进行因子分析和目标转换来说明特征向量数目对目标转换拟合的影响，采用的目标光谱库包括了火星主要的含水硅酸盐、硫酸盐和碳酸盐矿物光谱（表 5.5）。FATT 的结果如图 5.31 和图 5.32 所示，利用前 20 个特征向量的拟合效果明显优于只利用前 10 个特征向量，利用越多的特征向量拟合试验光谱，效果越好，也就是说当选择足够多的特征向量时，可以很好地拟合目标光谱库里的所有光谱。因此需要更客观的方法来确定特征向量的个数以及有效的特征向量。另外，受到矿物本身特性、仪器误差、观测条件等影响，不

同矿物的反射值尺度不一，直接对比不同矿物的 RMSE 来评判拟合效果时会出现偏差，如图 5.31 所示，目视上皂石(saponite)要比蛇纹石(serpentine)的拟合效果好，但是皂石(0.022)的 RMSE 比蛇纹石(0.006)大很多。最重要的一点是，FATT 方法只能得到一景影像中是否存在目标矿物，不能找到目标矿物的准确位置，很难进行结果的验证。

表 5.5　FATT 目标光谱库

矿物中文名称	矿物英文名称	ID	来源
菱镁矿	magnesite	KACB06A	RELAB 光谱库
方解石	calcite	KACB12B	
菱铁矿	siderite	KACB08A	
石膏	gypsum	LASF41A	
四水白铁矾	rozenite	BKR1JB626B	
硫酸镁石	kieserite	F1CC15	
高岭石	kaolinite	CDJB25	
绿脱石	nontronite	NBJB26	
蛇纹石	serpentine	LALZ01	
含水硅	hydrated silica	B1R1JB874	
皂石	saponite	SapCa-1	USGS 光谱库
滑石	talc	HS21.3B	
绿泥石	chlorite	LACL14	RELAB 光谱库
葡萄石	prehnite	LAZE04	
伊利石	illite	LAIL03	

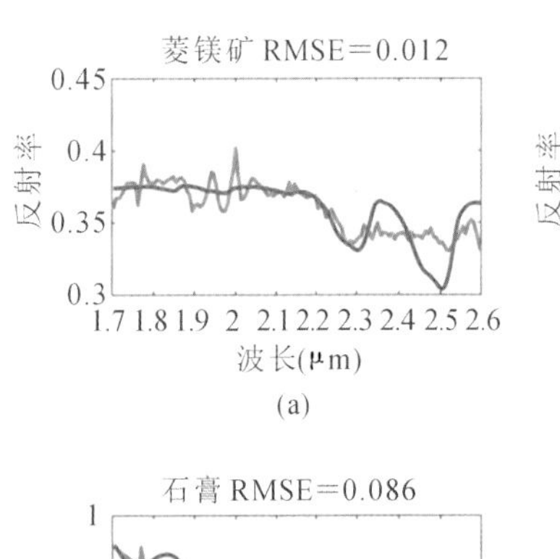

(a)

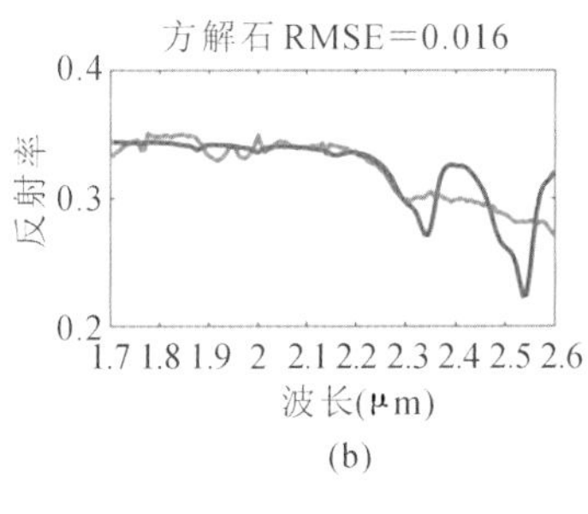

(b)

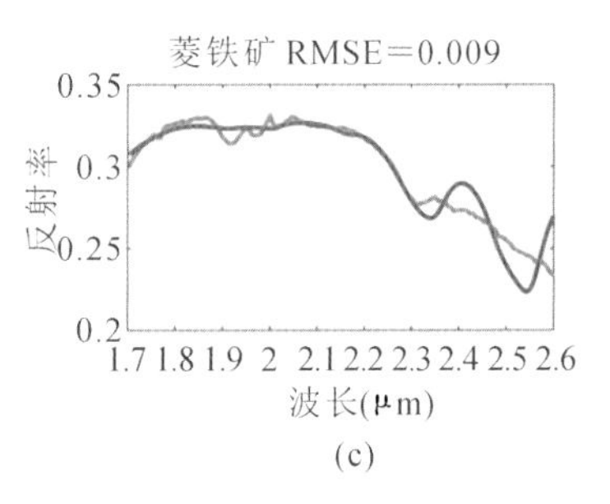

(c)

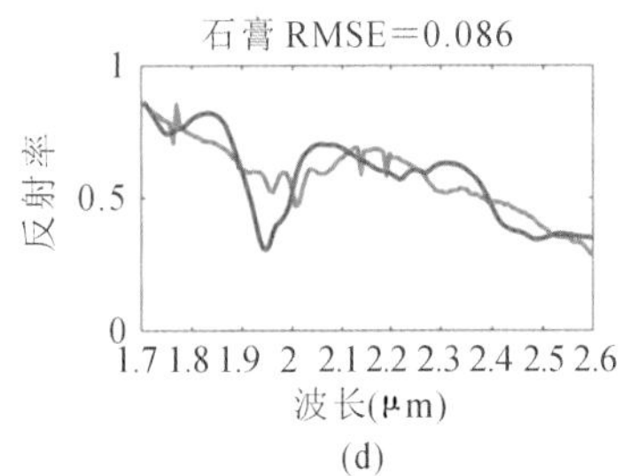

(d)

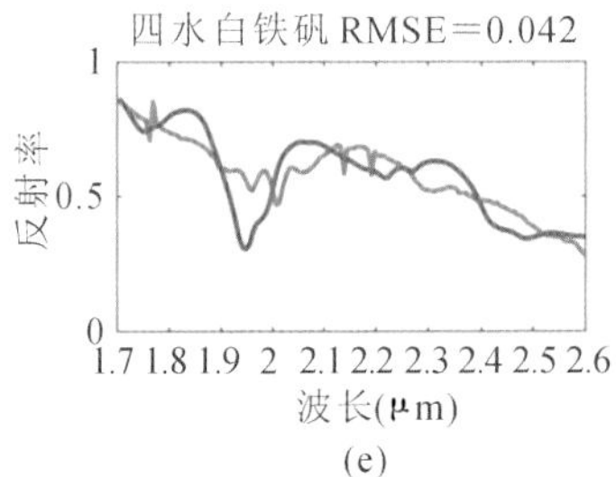

(e)

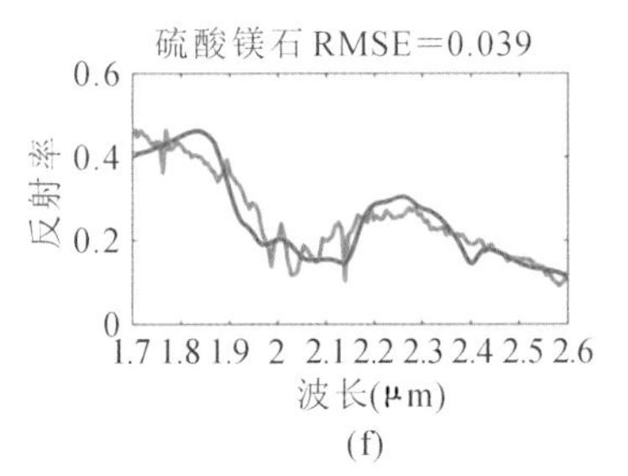

(f)

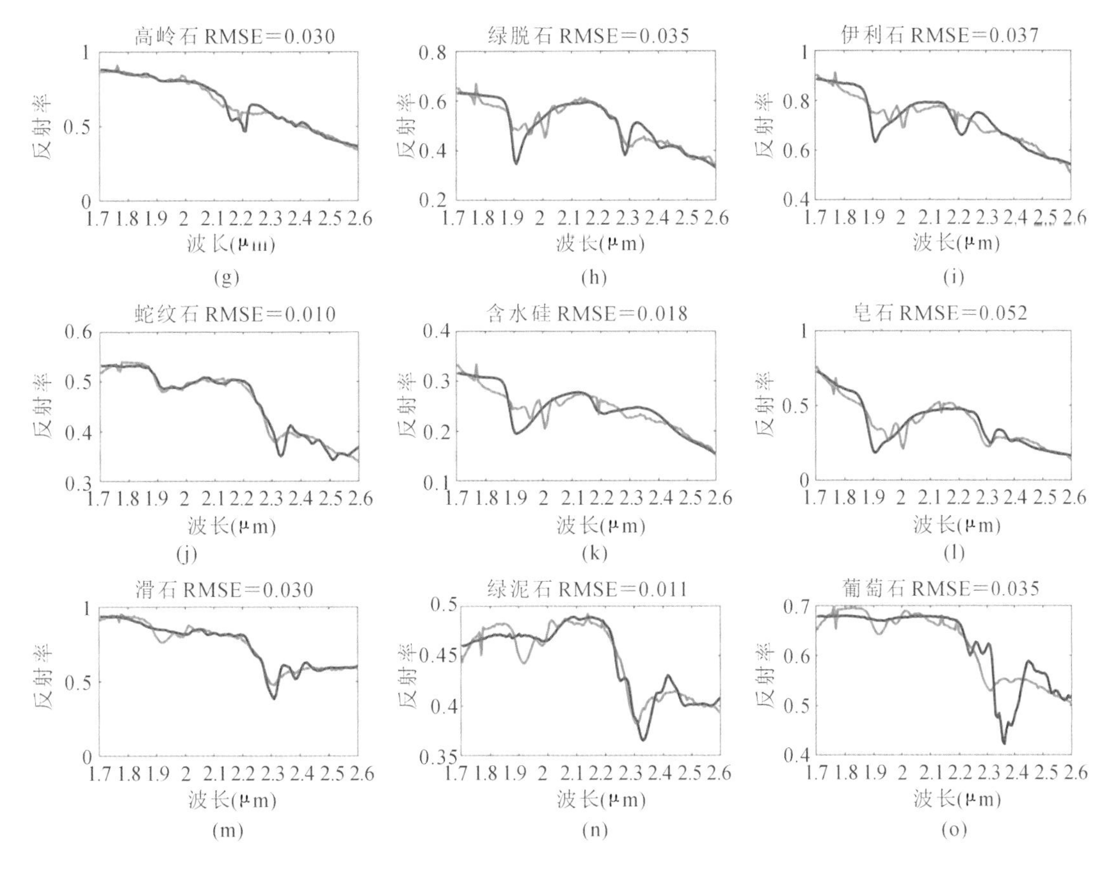

图 5.31 FATT 利用前 10 个特征向量拟合目标光谱库光谱结果

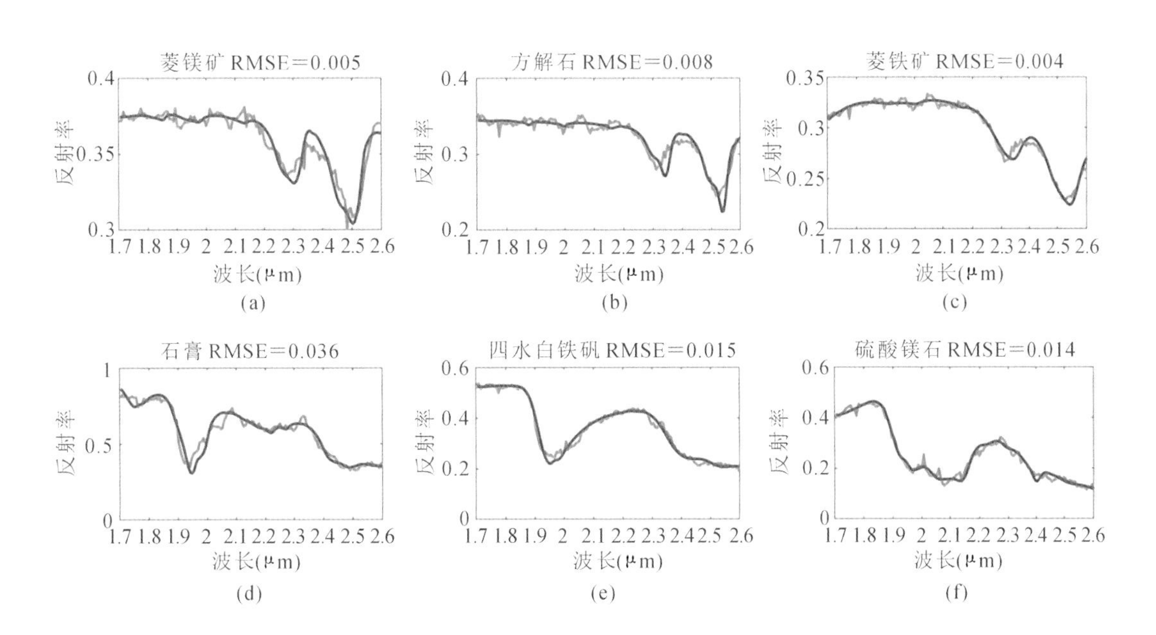

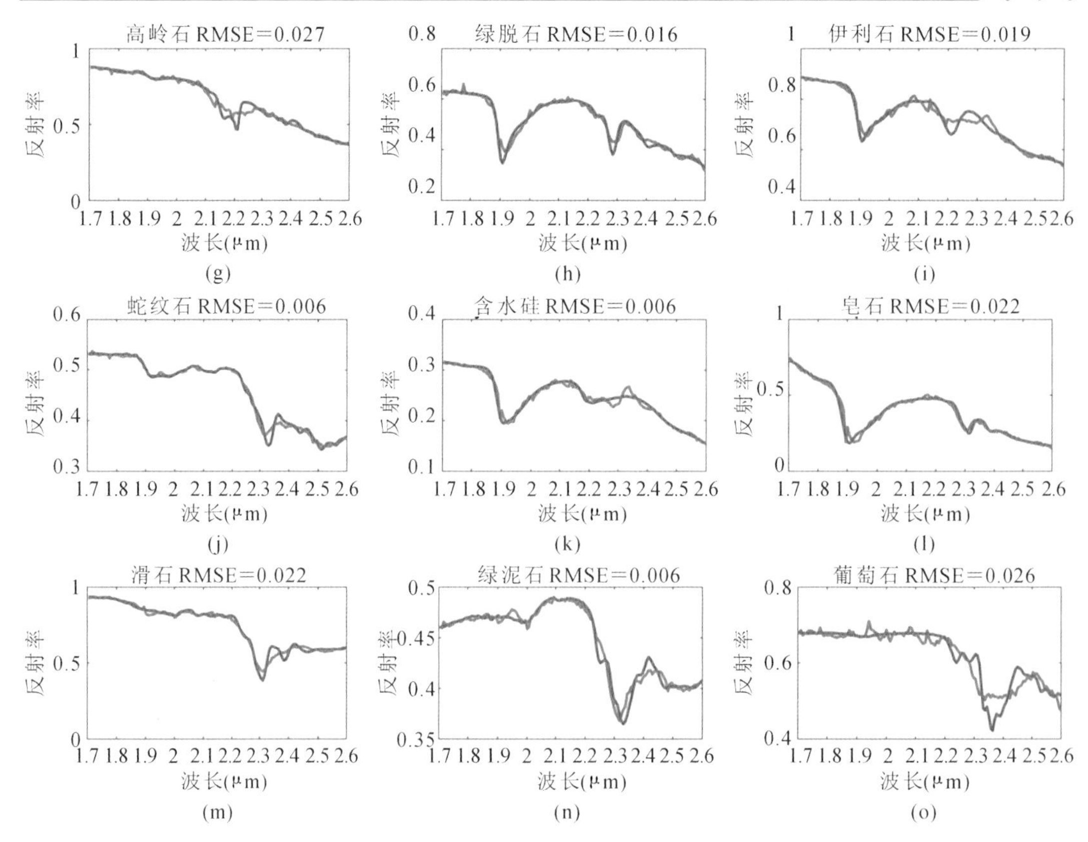

图 5.32　FATT 利用前 20 个特征向量拟合目标光谱库光谱结果

5.5.1.2　动态窗口因子分析与目标转化算法(DAFATT)

为了更准确地识别火星含水矿物的精细类别及其所处位置，在因子分析和目标转换(FATT)方法的基础上，提出基于动态窗口的因子分析与目标转换方法(DAFATT)(林红磊，2018；Lin et al.，2019)。

针对 FATT 方法不能客观确定特征向量数目及有效特征向量的问题，利用 hyperspectral signal identification by minimum error(HySime)算法更客观地获得重要的特征向量来进行目标转换分析。HySime 算法(Bioucas-Dias et al.，2008)首先估算信号与噪声的相关矩阵，再以最小均方误差的形式最优表达信号子空间的特征向量子集，其核心就是通过最小化投影后的噪声和投影信号误差生成信号子空间并确定维数。

基于多元回归理论进行噪声估计，假设观测值 $\boldsymbol{Y}$ 是一个 $L\times N$ 的矩阵，L 是波段个数，N 是像元个数。令 $\boldsymbol{Z}=\boldsymbol{Y}^{\mathrm{T}}$，$z_i$ 表示 $\boldsymbol{Z}$ 的第 i 列，维度为 $N\times 1$，也就是说 $\boldsymbol{z}_i$ 代表了高光谱图像第 i 个波段的所有像元，令 $\boldsymbol{Z}_{\alpha_i}=[z_1,z_2,\cdots,z_{i-1},z_{i+1},\cdots,z_L]$。假设 $\boldsymbol{z}_i$ 可以由剩余的 $L-1$ 个波段线性组合，则可以写成：

$$\boldsymbol{z}_i=\boldsymbol{Z}_{\alpha_i}\boldsymbol{\beta}_i+\boldsymbol{\varepsilon}_i \tag{5.12}$$

其中，$\boldsymbol{\beta}_i$ 为回归系数向量，维度为 $(L-1)\times 1$，$\boldsymbol{\varepsilon}_i$ 表示模型误差向量，维度为 $N\times 1$。对于每一个波段 i，最小二乘估计的回归系数向量 $\boldsymbol{\beta}_i$ 可表示为

$$\hat{\boldsymbol{\beta}}_i = (\boldsymbol{Z}_{\alpha_i}^{\mathrm{T}} \boldsymbol{Z}_{\alpha_i})^{-1} \boldsymbol{Z}_{\alpha_i}^{\mathrm{T}} \boldsymbol{z}_i \tag{5.13}$$

噪声估计值为

$$\hat{\boldsymbol{\varepsilon}}_i = \boldsymbol{z}_i - \boldsymbol{Z}_{\alpha_i} \hat{\boldsymbol{\beta}}_i \tag{5.14}$$

经过噪声估计的步骤得到了一系列的正交方向,但是信号子空间的分布未知。令观测数据表示为$\boldsymbol{R}_x$,x 为信号矢量,假设噪声 $\boldsymbol{n}$ 服从均值为 0 的高斯分布。假设信号与噪声是独立的,则$\boldsymbol{R}_Y - \boldsymbol{R}_x + \boldsymbol{R}_n$,$\boldsymbol{R}_Y$、$\boldsymbol{R}_x$和$\boldsymbol{R}_n$分别为原始数据、信号和噪声的协方差矩阵,信号的相关性矩阵$\boldsymbol{R}_x$可以写成:

$$\boldsymbol{R}_x = \boldsymbol{E} \sum \boldsymbol{E}^{\mathrm{T}} \tag{5.15}$$

其中,$\boldsymbol{E}=[e_1,\cdots,e_L]$是$\boldsymbol{R}_x$的特征向量矩阵,其按照特征值的大小进行排列。假设 $\boldsymbol{E}_k=[e_1,\cdots.,e_k]$组成信号子空间,$k$ 为信号子空间的维数。将观测数据的光谱矩阵投影到信号子空间,则可以得到信号矢量为 $\boldsymbol{x}_k = \boldsymbol{U}_k\boldsymbol{Y}$,$\boldsymbol{U}_k = \boldsymbol{E}_k \boldsymbol{E}_k^{\mathrm{T}}$ 为投影矩阵。计算 $\boldsymbol{x}$ 与$\boldsymbol{x}_k$ 的最小均方根误差为

$$\begin{aligned}\mathrm{mse}(k \mid \boldsymbol{x}) &= \boldsymbol{E}[(\boldsymbol{x} - \hat{\boldsymbol{x}}_k)^{\mathrm{T}}(\boldsymbol{x} - \hat{\boldsymbol{x}}_k) \mid \boldsymbol{x}] \\ &= \boldsymbol{E}[(\underbrace{\boldsymbol{x} - \boldsymbol{x}_k}_{\boldsymbol{b}_k} - \boldsymbol{U}_k\boldsymbol{n})^{\mathrm{T}}(\underbrace{\boldsymbol{x} - \boldsymbol{x}_k}_{\boldsymbol{b}_k} - \boldsymbol{U}_k\boldsymbol{n}) \mid \boldsymbol{x}] \\ &= \boldsymbol{b}_k^{\mathrm{T}} \boldsymbol{b}_k + \mathrm{tr}(\boldsymbol{U}_k \hat{\boldsymbol{R}}_n \boldsymbol{U}_k^{\mathrm{T}})\end{aligned} \tag{5.16}$$

其中,第一项表示投影误差,随着信号子空间维数 k 的增加而递减,第二项代表投影后的噪声,随着 k 的增加而增加。HySime 算法得到的子空间使投影后空间内噪声能量与其补空间中信号残余能量之和最小。

目前 FATT 方法只能回答一景图像中"有"或者"没有"某种目标的问题,无法得到目标在图像中的分布,因此很难验证结果是否可靠,而且得到含水矿物在像元级的分布更有利于与地形地貌及其他地质特征进行耦合分析。针对这个问题,提出利用移动窗口进行目标矿物识别,实现矿物的准确定位,当归一化的目标光谱和窗口目标转换拟合光谱之间的残差(归一化均方根误差,NorRMSE)小于阈值时,则认为该窗口存在目标矿物,其中归一化的目的是使不同矿物的拟合残差在相同尺度上进行对比。但利用单一窗口进行目标转换只能得到窗口内是否存在目标矿物,为实现在像元尺度上的含水矿物识别,计算不同形状窗口的特征向量并进行目标转换,为减小噪声的影响并尽可能地提高识别精度,窗口大小设置为 50 左右。当所有不同形状的窗口(5×10、10×5、6×8、8×6、7×7)同时探测到目标矿物的存在,则认为这些窗口重叠的像元均为目标(图 5.33)。

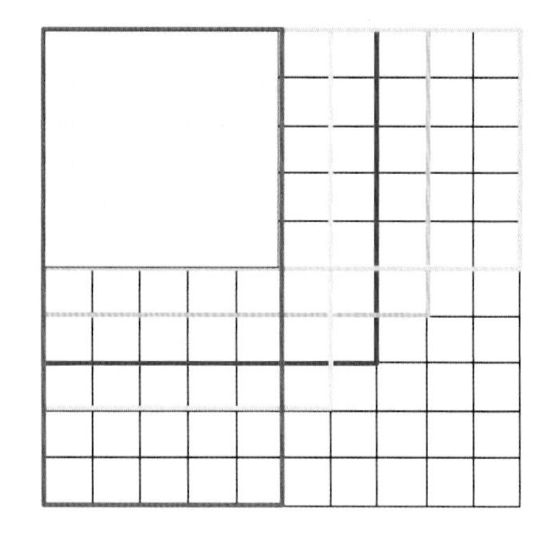

图 5.33 基于动态窗口的目标转换方法示意图
其中,不同的颜色代表不同形状的窗口,若所有窗口都探测到目标矿物的存在,则黄色区域的像元即为目标

5.5.2 RELAB 光谱库的含水矿物识别

RELAB 光谱数据库的光谱是由美国布朗大学 RELAB 实验室在室内测定的，包含各种纯净矿物光谱及按照已知比例纯净矿物混合而成的混合矿物光谱(http://www.planetary.brown.edu/relab/)，光谱范围可覆盖可见光至热红外，光谱采样间隔为 5 nm。

从 RELAB 光谱数据库中收集了 56 条光谱(表 5.6)生成一个矩阵来模拟图像窗口，检验 DAFATT 方法的有效性。利用菱镁矿(KACB06A)、蛇纹石(LALZ01)、滑石(HS21.3B)和水镁石(BKR1JB944B)作为目标光谱进行验证。这 56 条光谱包括 25 条已知菱镁矿比例的矿物混合物、3 条纯净的蛇纹石，不包含滑石和水镁石。

表 5.6　用于模拟图像窗口的实验室矿物光谱样本

编号	RELAB ID	矿物混合物组成
1	BE-JFM-014	NG (45～75 μm)
2	BE-JFM-028	OLV (45～75 μm)
3	BE-JFM-231	MGC (45～75 μm)
4	BE-JFM-030	10wt% NG + 90wt% OLV (45～75 μm)
5	BE-JFM-031	30wt% NG + 70wt% OLV (45～75 μm)
6	BE-JFM-032	50wt% NG + 50wt% OLV (45～75 μm)
7	BE-JFM-033	70wt% NG + 30wt% OLV (45～75 μm)
8	BE-JFM-034	10wt% NG + 90wt% OLV (45～75 μm)
9	BE-JFM-035	5wt% NG + 95wt% OLV(45～75 μm)
10	BE-JFM-036	2wt% NG + 98wt% OLV(45～75 μm)
11	BE-JFM-232	5wt% NG + 95wt% MGC (45～75 μm)
12	BE-JFM-233	10wt% NG + 90wt% MGC (45～75 μm)
13	BE-JFM-234	30wt% NG + 70wt% MGC (45～75 μm)
14	BE-JFM-235	50wt% NG + 50wt% MGC (45～75 μm)
15	BE-JFM-236	90wt% NG + 10wt% MGC (45～75 μm)
16	BE-JFM-237	95wt% NG + 5wt% MGC (45～75 μm)
17	BE-JFM-238	16wt% MGC + 16wt% NG + 68wt% OLV (45～75 μm)
18	BE-JFM-239	16wt% MGC + 42wt% NG + 42wt% OLV (45～75 μm)
19	BE-JFM-240	16wt% MGC + 68wt% NG + 16wt% OLV (45～75 μm)
20	BE-JFM-241	33wt% MGC + 33wt% NG + 33wt% OLV (45～75 μm)
21	BE-JFM-242	42wt% MGC + 16wt% NG + 42wt% OLV (45～75 μm)
22	BE-JFM-243	42wt% MGC + 42wt% NG + 16wt% OLV (45～75 μm)
23	BE-JFM-244	68wt% MGC + 16wt% NG + 16wt% OLV (45～75 μm)
24	JB-JLB-946-E	Brumado Bahia MGC＜125 μm
25	JB-JLB-945-A	OLV＜125 μm

续表

编号	RELAB ID	矿物混合物组成
26	JB-JLB-790-A	CMS standard NG Nau－1 <125 μm
27	JB-JLB-953	50wt%MGC (JB946E) ＋ 50wt% NG (JB790A)
28	JB-JLB-954	75wt%MGC (JB946E) ＋ 25wt% OLV (JB945A)
29	JB-JLB-955	50wt%MGC (JB946E) ＋ 50wt% OLV (JB945A)
30	JB-JLB-956	25wt%MGC (JB946E) ＋ 75wt% OLV (JB945A)
31	JB-JLB-957	10wt%MGC (JB946E) ＋ 90wt% OLV (JB945A)
32	JB-JLB-958	90wt%MGC (JB946E) ＋ 10wt% OLV (JB945A)
33	JB-JLB-959	75wt%NG (JB790A) ＋ 25wt% OLV (JB945A)
34	JB-JLB-960	75wt%NG (JB790A) ＋ 25wt% OLV (JB945A)
35	JB-JLB-961	50wt%NG (JB790A) ＋ 50wt% OLV (JB945A)
36	JB-JLB-962	25wt%NG (JB790A) ＋ 75wt% OLV (JB945A)
37	JB-JLB-963	10wt%NG (JB790A) ＋ 90wt% OLV (JB945A)
38	JB-JLB-964	90wt%NG (JB790A) ＋ 10wt% OLV (JB945A)
39	JB-JLB-965	25wt%MGC ＋ 25wt% NG ＋ 50wt% OLV
40	JB-JLB-966	40wt%MGC ＋ 40wt% NG ＋ 20wt% OLV
41	JB-JLB-967	60wt%MGC ＋ 20wt% NG ＋ 20wt% OLV
42	JB-JLB-968	70wt%MGC ＋ 10wt% NG ＋ 20wt% OLV
43	XT-CMP-030	75wt% BRO ＋ 25wt% OLV (45～75 μm)
44	XT-CMP-031	50wt% BRO ＋ 50wt% OLV (45～75 μm)
45	XT-CMP-032	25wt% BRO ＋ 75wt% OLV (45～75 μm)
46	XT-CMP-033	66.7wt% OLV ＋ 16.7wt% BRO ＋ 16.7wt% ANO
47	XT-CMP-034	16.7wt% OLV＋ 66.7wt% BRO＋ 16.7wt% ANO
48	XT-CMP-035	16.7wt% OLV ＋ 16.7wt% BRO ＋ 66.7wt% ANO
49	XT-CMP-036	33.3wt% OLV＋ 33.3wt% BRO＋ 33.3wt% ANO
50	XT-CMP-037	16.7wt% OLV＋ 41.7wt% BRO＋ 41.7wt% ANO
51	XT-CMP-038	41.7wt% OLV＋ 16.7wt% BRO＋ 41.7wt% ANO
52	XT-CMP-039	41.7wt% OLV＋ 41.7wt% BRO＋ 16.7wt% ANO
53	PO-CMP-081	OLV
54	LAAT02	SRP
55	LASR06	SRP
56	LASR10	SRP

注：NG、OLV、MGC、BRO、ANO和SRP分别代表绿脱石(nontronite)、橄榄石(olivine)、菱镁矿(magnesite)、古铜辉石(bronzite)、钙长石(anorthite)和蛇纹石(serpentine)。

如图5.34所示，菱镁矿和蛇纹石光谱能够得到很好的拟合效果，NorRMSE分别为1.37×10^{-5}和3.17×10^{-5}，归一化后的而不存在于模拟图像的滑石和水镁石拟合效果较差，NorRMSE分别为2.71×10^{-4}和2.50×10^{-4}。即使水镁石与菱镁矿的光谱形状极其相似，

DAFATT 方法依然能够准确地识别图像中存在的目标含水矿物，说明了 DAFATT 方法的有效性。

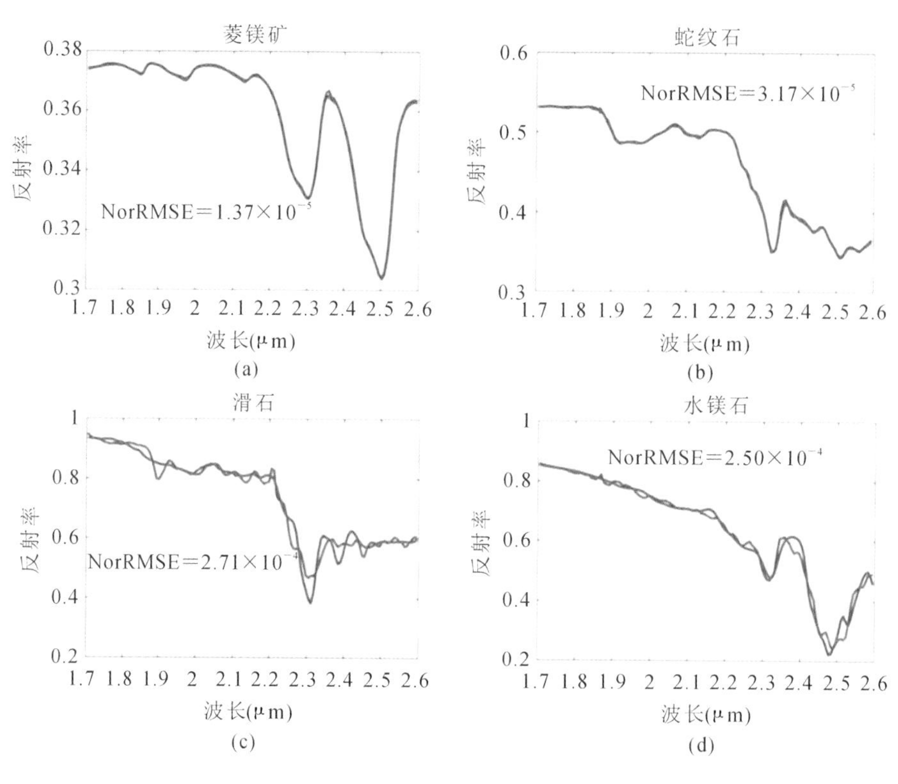

图 5.34 DAFATT 实验室光谱拟合结果

(a)菱镁矿；(b)蛇纹石；(c)滑石；(d)水镁石

5.5.3 火星 CRISM 高光谱图像的含水矿物精细识别

Ehlmann 等(2009)在 Nili Fossae 地区的 CRISM 影像(FRT0000ABCB 和 HRL0000B8C2)上利用光谱参数、光谱比值及目视对比的方法探测到了蛇纹石的出露点，在 HRL000040FF、HRL0000B8C2 和 FRT000093BE 中探测到了菱镁矿，Viviano-Beck 等(2014)利用同样的方法在 FRT0000634B 中提取到了蛇纹石的光谱。本章利用这些已经过深入研究的 CRISM 影像进行目标转换残差容忍阈值的确定以及矿物识别的精度分析。

图 5.35 为利用整景影像作为窗口进行 FATT 目标转换的光谱拟合结果，从目视效果来看，FRT000093BE、HRL0000B8C2 和 HRL000040FF 中存在菱镁矿。

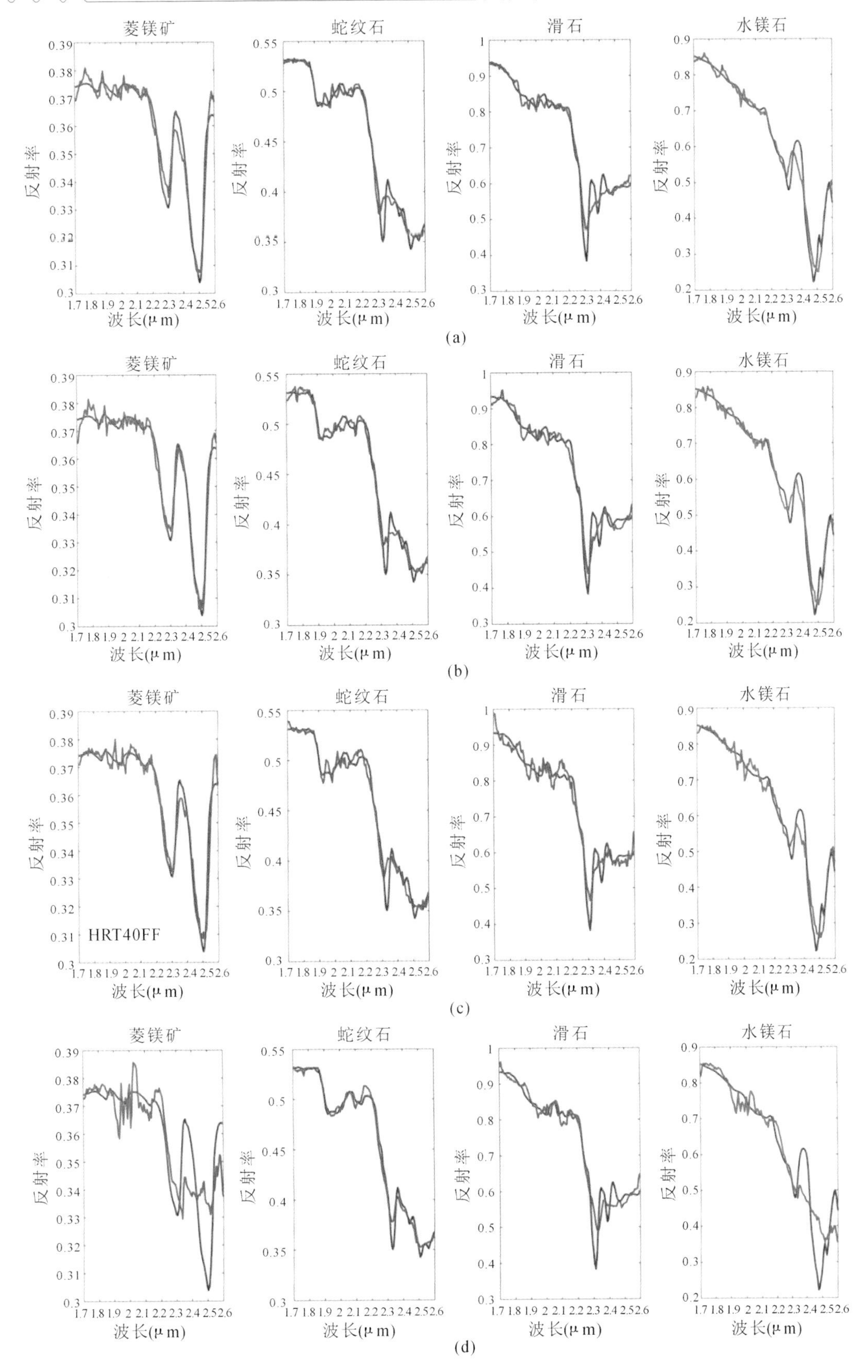
菱镁矿
蛇纹石
滑石
水镁石
反射率
波长(μm)
HRT40FF
(a)
(b)
(c)
(d)

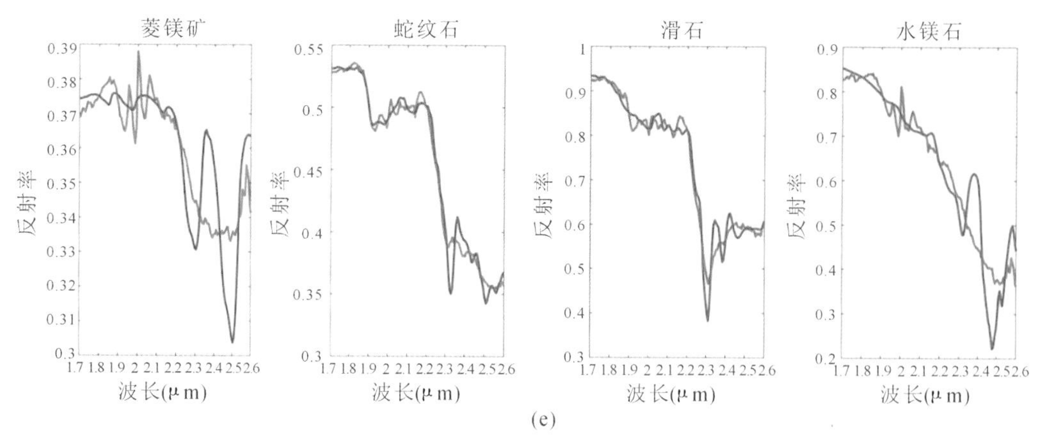

图 5.35　基于 CRISM 的数据的 FATT 拟合光谱

(a)图像 FRT000093BE;(b)图像 HRL0000B8C2;(c)图像 HRT000040EF;

(d)图像 FRT0000634B;(e)图像 FRT0000ABCB

表 5.7 为各目标矿物的拟合残差,即归一化后的均方根误差,虽然从目视上很难区分哪景数据中存在蛇纹石,但是确定存在蛇纹石的图像 HRL0000B8C2、FRT0000634B 和 FRT0000ABCB 的目标转换拟合具有更小的残差,如图 5.36 所示,根据已有研究成果及本研究分析确定可接受的拟合残差为 1.5×10^{-4} 以下。

表 5.7　CRISM 影像的目标转换拟合残差(加粗部分为实际存在矿物)

	FRT93BE	HRLB8C2	HRL40FF	FRT634B	FRTABCB
菱镁矿	**8.06×10^{-5}**	**6.19×10^{-5}**	**8.30×10^{-5}**	2.41×10^{-4}	2.44×10^{-4}
蛇纹石	1.44×10^{-4}	**1.35×10^{-4}**	1.64×10^{-4}	**1.12×10^{-4}**	**1.50×10^{-4}**
滑石	2.54×10^{-4}	2.68×10^{-4}	2.91×10^{-4}	3.28×10^{-4}	2.56×10^{-4}
水镁石	3.35×10^{-4}	3.03×10^{-4}	3.40×10^{-4}	6.78×10^{-4}	6.80×10^{-4}

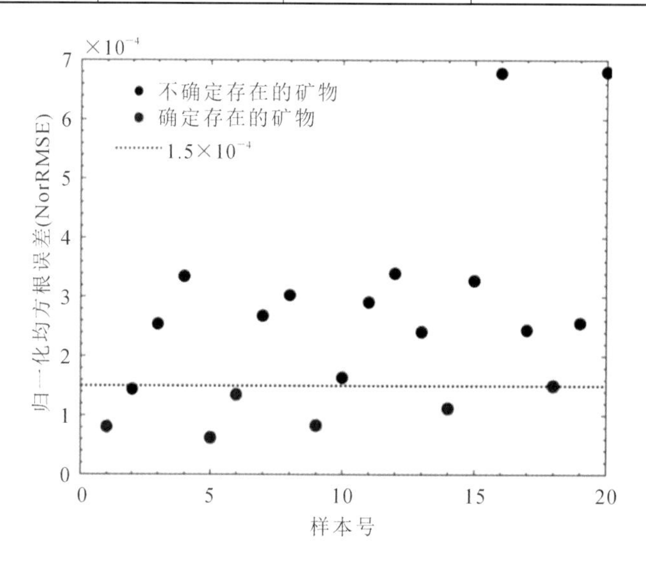

图 5.36　表 5.6 数据各矿物的拟合残差

黑色点表示不确定存在的矿物,蓝色点表示确定存在的矿物,虚线为 NorRMSE 容忍阈值

5.5.3.1 Nili 槽沟地区蛇纹石识别

Nili 槽沟可能是随着大约 40 亿年前的 Isidis 撞击事件引发的质量堆积和构造弯曲形成的(Wichman et al.,1989),在此地区已经发现了多样的地貌类型和蚀变矿物,体现了这个地区地质演化过程中独特的岩浆活动以及多阶段的水液蚀变(Ehlmann et al.,2008b;Ehlmann et al.,2009;Mustard et al.,2009;Mustard et al.,2007)。利用 CRISM 数据在此区域发现了碳酸盐、滑石或皂石等,这些矿物组合的存在可能归因于赫斯帕拉纪熔岩流就位时期局地的热液蚀变(Viviano et al.,2013)。了解这些蚀变矿物的准确分布对于更好地理解火星的地质演化进程有重要的意义。

本章以 Nili 槽沟地区的 CRISM 影像 HRL0000B8C2 和 FRT0000ABCB 为例,利用 DAFATT 方法识别蛇纹石的准确分布,如图 5.37 所示。提取蛇纹石出露点的比值光谱并与光谱库蛇纹石光谱对比,二者在 1.39μm、2.12μm、2.33μm 和 2.52 μm 附近有共同的吸收特征[图 5.37(c)],可以判定此处有蛇纹石存在,说明 DAFATT 方法能够准确地获得火星含水矿物的分布。

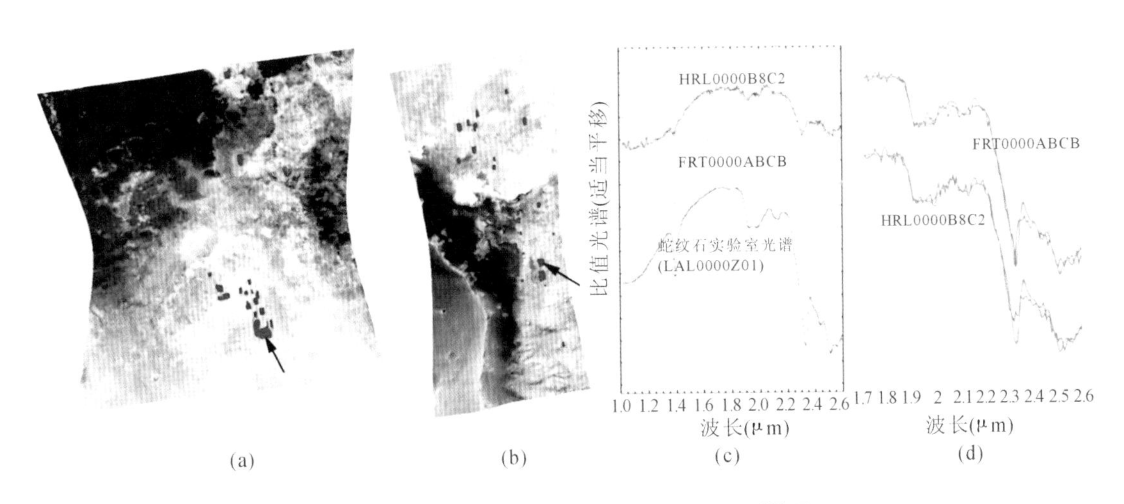

图 5.37 蛇纹石(Serpentine)DAFATT 识别结果

(a)FRT0000ABCB 蛇纹石分布;(b)HRL0000B8C2 蛇纹石分布;(c)图像比值光谱,虚线为 1.39 μm、2.12 μm、2.32 μm 和 2.52 μm;(d)目标转换拟合,红色为目标光谱库光谱,蓝色为拟合光谱

与利用光谱特征参数(Viviano et al.,2013)及其组合进行含水矿物识别相比,DAFATT 方法能够在像元级识别出含水矿物的精细类别。如图 5.38(a)中的红色或品红色区域,光谱参数能够识别出该区域为铁镁层状硅酸盐矿物,但要确定具体是哪一种矿物,需要经过复杂的目视解译过程,即从图像提取中该区域光谱及图像中的无含水特征光谱计算比值光谱[图 5.37(c)],然后与标准光谱库中的光谱进行比较,很难获得矿物精细类别在图像中分布。图 5.38 中的矢量区域为 DAFATT 蛇纹石识别结果,基本分布在光谱参数识别到的铁镁层状

硅酸盐区域。

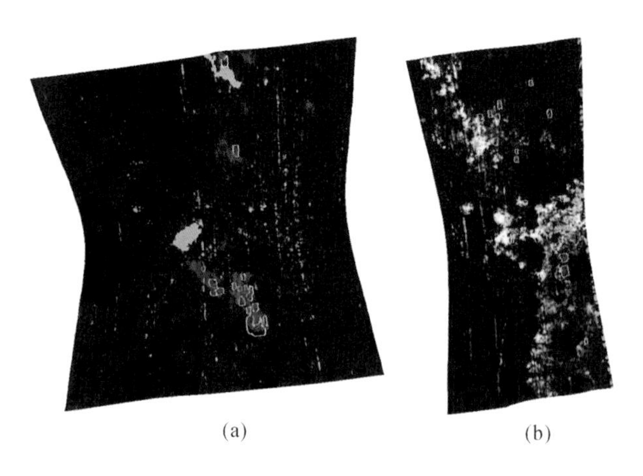

(a) (b)

图 5.38 CRISM **光谱特征参数** RGB **组合图**

(a)图像 FRT0000ABCB 光谱特征参数图,红色或品红色为铁镁层状硅酸盐区域,青色为铝层状硅酸盐;(b)图像 HRL0000B8C2 光谱特征参数图,红色或品红色为铁镁层状硅酸盐区域。图中的矢量区域是 DAFATT 蛇纹石识别结果[图 5.37(a)和(b)]

利用 FATT 方法探测 FRT0000ABCB 和 HRL0000B8C2 图像中的蛇纹石,目标转换拟合效果(图 5.39)比 DAFATT 的结果[图 5.37(c)]差,很难评判图像中是否存在蛇纹石。这是因为当研究区域只存在非常小的目标矿物出露点时,在 CRISM 图像中对应于少量的像元,无法在特征变换时体现出目标的特征,造成 FATT 的拟合效果差。与光谱参数和 FATT 方法相比,DAFATT 方法更能快速有效地识别出图像中含水矿物精细类别的分布。

5.5.3.2 Kashira 撞击坑与 Nili 槽沟高岭石识别

利用 Kashira 撞击坑已知高岭石分布的 CRISM 图像 FRT0000C9DB(Goudge et al.,2015)和 Nili 槽沟地区的 CRISM 图像 FRT0000ABCB(Ehlmann et al.,2009)进行矿物识别,识别结果如图 5.40 所示,在 FRT0000C9DB 中,DAFATT 识别结果与 Goudge 等(2015)的丰度分布结果比较一致,特别是丰度高值区域,而且目标转换获得了很好的拟合效果,而根据 FATT 方法的光谱拟合效果[图 5.41(b)]无法说明在此区域存在高岭石。FRT0000ABCB 图像中具有强烈的高岭石信号而且光谱质量良好,DAFATT 确定了铝层状硅酸盐区域[图 5.38(a)青色区域]的矿物主要为高岭石,与目视解译的结果非常一致,目标转换拟合效果也非常理想,明显优于 FATT 方法光谱拟合效果[图 5.41(a)]。

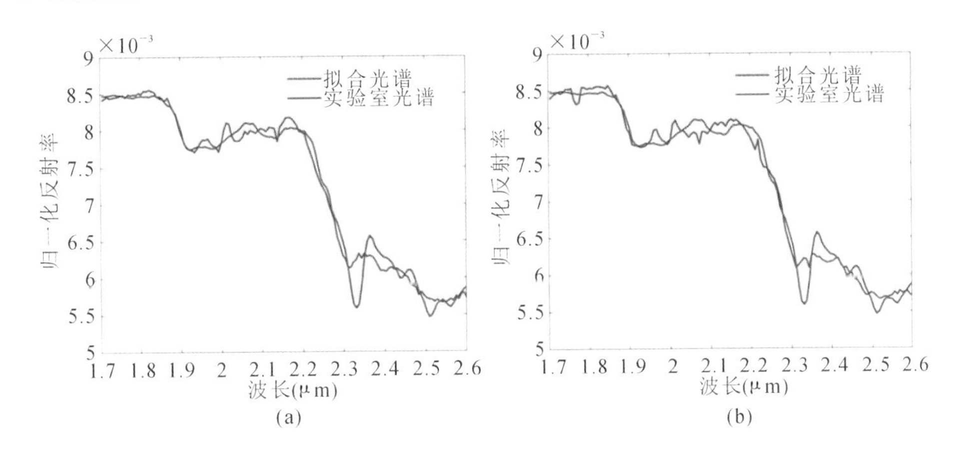

图 5.39 FATT 蛇纹石探测结果

(a)图像 FRT0000ABCB 的蛇纹石拟合光谱;(b)图像 HRL0000B8C2 的蛇纹石拟合光谱

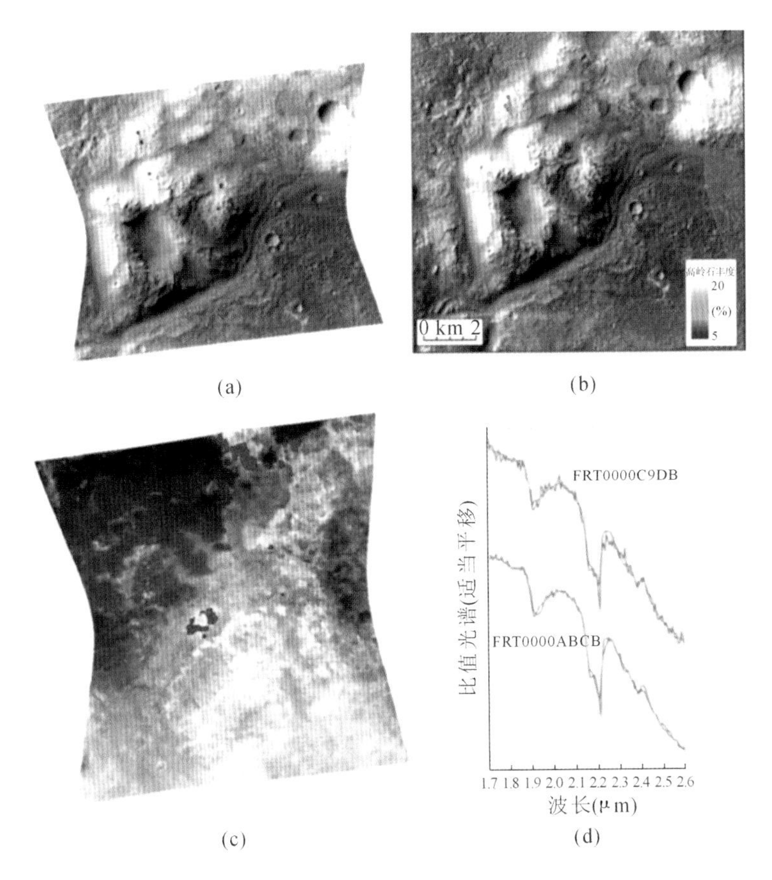

图 5.40 高岭石 DAFATT 识别结果

(a)FRT0000C9DB 图像中高岭石的 DAFATT 识别结果;(b)FRT0000C9DB 图像中高岭石丰度分布(Goudge et al., 2015b);(c)FRT0000ABCB 图像中高岭石的 DAFATT 识别结果;(d)DAFATT 拟合光谱,蓝色光谱为拟合光谱,红色光谱为蛇纹石实验室光谱

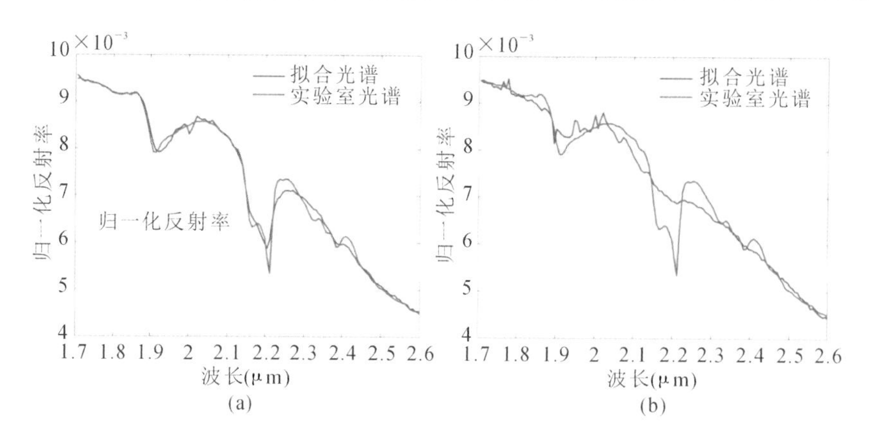

图 5.41 高岭石 FATT 探测结果

(a)图像 FRT0000ABCB 的高岭石拟合光谱;(b)图像 FRT0000C9DB 的高岭石拟合光谱

参考文献

陈秋林，薛永祺. 2000. OMIS 成像光谱数据信噪比的估算[J]. 遥感学报，4(4)：284-289.

代树武，贾瑛卓，张宝明，等. 2014. 嫦娥三号有效载荷在轨测试初步结果[J]. 中国科学：技术科学，44(4)：361-368.

林红磊. 2018. 火星含水矿物精细类别的高光谱遥感探测方法研究[D]. 北京：中国科学院大学.

刘正军，王长耀，王成. 2002. 成像光谱仪图像条带噪声去除的改进矩匹配方法[J]. 遥感学报，6(4)：279-284.

欧阳自远. 1994. 月球地质学[J]. 地球科学进展，9(2)：80-81.

欧阳自远. 2005. 月球科学概论[M]. 北京：中国宇航出版社.

吴昀昭，徐夕生，谢志东，等. 2009. 嫦娥一号 IIM 数据绝对定标与初步应用[J]. 中国科学：G 辑，39(10)：1387-1392.

肖龙. 2013. 行星地质学[M]. 北京：地质出版社.

张霞，帅通，赵冬. 2012. 干涉成像光谱仪高光谱数据信息质量评估[J]. 红外与毫米波学报，31(2)：143-147.

张霞，吴兴，林红磊，等. 2018. 火星 Eberswalde 撞击坑三角洲矿物丰度反演[J]. 遥感学报，22(2)：304-312.

张霞，张兵，赵永超，等. 2002. 中巴地球资源一号卫星多光谱扫描图象质量评价[J]. 中国图象图形学报，7(6)：581-586.

周雨霁，田庆久. 2008. EO-1 Hyperion 高光谱数据的质量评价[J]. 地球信息科学，10(5)：678-683.

BANDFIELD J L. 1989. Global mineral distributions on Mars [J]. Journal of Geophysical Research-Planets, 2002, 107(E6): 9-1-9-20.

BANDFIELD J L, CHRISTENSEN P R, SMITHM D. 2000. Spectral data set factor analysis and end-member recovery: Application to analysis of Martian atmospheric particulates [J]. Journal of Geophysical Research-Planet, 105(E4): 9573-9587.

BIBRING J P, COMBES M, LANGEVIN Y, et al. 1989. Results from the ism experiment [J]. Nature, 341: 591-593.

BIBRING J P, LANGEVIN Y, MUSTARD J F, et al. 2006. Global mineralogical and aqueous Mars history derived from OMEGA/Mars Express data [J]. Science, 312 (5772): 400-404.

BIOUCAS-DIAS J M, NASCIMENTO J M P. 2008. Hyperspectral subspace identification [J]. IEEE Transactions on Geoscience and Remote Sensing, 46(8): 2435-2445.

BOARDMAN J W , PIETERS C M , GREEN R O , et al. 2010. A new lunar globe as seen by the Moon mineralogy mapper: Image coverage spectral dimensionality and statistical anomalies [C]. Lunar and Planetary Science Conference, Woodlands, Texas.

BRIDGES J C, SCHWENZER S P, LEVEILLE R, et al. 2015. Diagenesis and clay mineral formation at Gale Crater, Mars [J]. Journal of Geophysical Research-Planets, 120 (1): 1-19.

CARTER J, POULET F, BIBRING J P, et al. 2013. Hydrous minerals on Mars as seen by the CRISM and OMEGA imaging spectrometers: Updated global view [J]. Journal of Geophysical Research-Planets, 118(4): 831-858.

CAVANAGH P D, BISH D L, BLAKE D F, et al. 2015. Confidence hills mineralogy and CheMin results from base of Mt. Sharp, Pahrump Hills, Gale Crater, Mars [C]. Lunar and Planetary Science Conference, in The Woodlands, Texas.

CHRISTENSEN P R, BANDFIELD J L, BELL J F, et al. 2003. Morphology and composition of the surface of Mars: Mars Odyssey THEMIS results [J]. Science, 300(5628): 2056-2061.

CHRISTENSEN P R, BANDFIELD J L, HAMILTON V E, et al. 2001. Mars Global Surveyor Thermal Emission Spectrometer experiment: investigation description and surface science results [J]. Journal of Geophysical Research: Planets, 106 (E10): 23823-23871.

CHRISTENSEN P R, MEHALL G L, SILVERMAN S H, et al. 2006. Miniature thermal emission spectrometer for the Mars exploration rovers [J]. Acta Astronautica, 59(8-11): 990-999.

COMBE J P, MOUÉLIC S L, SOTIN C, et al. 2008. Analysis of OMEGA/Mars Express data hyperspectral data using a multiple-endmember linear spectral unmixing model (MELSUM): methodology and first results [J]. Planetary & Space Science, 56(7): 951-975.

DROSSART P, PICCIONI G, ADRIANI A, et al. 2007. Scientific goals for the observation of Venus by VIRTIS on ESA/Venus Express mission [J]. Planetary and Space Science, 55(12): 1653-1672.

EHLMANN B L, MUSTARD J F, MURCHIE S L, et al. 2008. Orbital identification of carbonate-bearing rocks on Mars [J]. Science, 322(5909): 1828-1832.

EHLMANN B L, MUSTARD J F, MURCHIE S L, et al. 2011. Subsurface water and clay mineral formation during the early history of Mars [J]. Nature, 479(7371): 53-60.

EHLMANN B L, MUSTARD J F, SWAYZE G A, et al. 2009. Identification of hydrated silicate minerals on Mars using MRO-CRISM: Geologic context near Nili Fossae and implications for aqueous alteration [J]. Journal of Geophysical Research-Planet, 114: E00D08. DOI: 10.1029/2009JE003339.

GAO B C. 1993. An operational method for estimating signal to noise ratios from data acquired with imaging spectrometers [J]. Remote Sensing of Environment, 43(1): 23-33.

GAO L R, ZHANG B, WEN R T, et al. 2007. Residual-scaled local standard deviations method for estimating noise in hyperspectral images [C]. MIPPR 2007: Multispectral Image Processing, Wuhan, China.

GOUDGE T A, MUSTARD J F, HEAD J W, et al. 2015. Integrating CRISM and TES hyperspectral data to characterize a halloysite-bearing deposit in Kashira crater, Mars [J]. Icarus, 250: 165-187.

GROTZINGER J P, SUMNER D Y, KAH L C, et al. 2014. A habitable fluvio-lacustrine environment at Yellowknife Bay, Gale Crater, Mars [J]. Science, 343(6169): 1-18.

HARTMANN W K, NEUKUM G. 2001. Cratering chronology and the evolution of Mars [J]. Space Science Reviews, 96(1-4): 165-194.

HELDMANN J L, TOON O B, POLLARD W H, et al. 2005. Formation of Martian gullies by the action of liquid water flowing under current Martian environmental conditions [J]. Journal of Geophysical Research-Planets, 110(E5): 241-254.

IORDACHE M D, BIOUCAS-DIAS J M, PLAZA A. 2011. Sparse unmixing of hyperspectral data [J]. IEEE Transactions on Geoscience and Remote Sensing, 49(6):

2014-2039.

IORDACHE M D, BIOUCAS-DIAS J M, PLAZA A. 2014a. Collaborative sparse regression for hyperspectral unmixing [J]. IEEE Transactions on Geoscience and Remote Sensing, 52(5): 341-354.

IORDACHE M D, BIOUCAS-DIAS J M, PLAZA A, et al. 2014b. MUSIC-CSR: Hyperspectral unmixing via multiple signal classification and collaborative sparse regression [J]. IEEE Transactions on Geoscience and Remote Sensing, 52(7): 4364-4382.

JIA Y, ZOU Y, PING J, et al. 2018. The scientific objectives and payloads of Chang'E-4 mission [J]. Planetary and Space Science, 162: 207-215.

LIN H, TARNAS J D, MUSTARD J F, et al. 2019. Dynamic aperture factor analysis/target transformation (DAFA/TT) for serpentine and Mg-Carbonate mapping on Mars with CRISM near-infrared Data [J]. Journal of Geophysical Research-Planets, under review.

LIN H, ZHANG X. 2017. Retrieving the hydrous minerals on Mars by sparse unmixing and the Hapke model using MRO/CRISM data [J]. Icarus, 288: 160-171.

LIN H, ZHANG X, YANG Y, et al. 2017. Mineral abundance and particle size distribution derived from in-situ spectra measurements of Yutu rover of CHANG'E-3 [C]. The International Archives of the Photogrammetry, Remote Sensing and Spatial Information Sciences, Hong Kong, XLII-3/W1: 85-89.

LING Z, JOLLIFF B L, WANG A, et al. 2015. Correlated compositional and mineralogical investigations at the Chang'e-3 landing site [J]. Nature Communications, 6: 8880. DOI: 10.1038/ncomms9880.

LIU F J, QIAO L, LIU Z, et al. 2010. Estimation of lunar titanium content: Based on absorption features of Chang'E-1 interference imaging spectrometer (IIM) [J]. Science China Physics, Mechanics & Astronomy, 53(12): 2136-2144.

LUCEY P G. 2004. Mineral maps of the Moon [J]. Geophysical Research Letters, 31(8): 289-291.

LUCEY P G, BLEWETT D T, TAYLOR G J, et al. 2000. Imaging of lunar surface maturity [J]. Journal of Geophysical Research-Planets, 105(E8): 20377-20386.

IORDACHE M D, BIOUCASDIAS J M, PLAZA A. 2011. Sparse Unmixing of Hyperspectral Data [J]. IEEE Transactions on Geoscience & Remote Sensing, 49(6): 2014-2039.

MATSUNAGA T, OHTAKE M, HARUYAMA J, et al. 2008. Discoveries on the lithology of lunar crater central peaks by SELENE Spectral Profiler [J]. Geophysical Research Letters, 35(23): 186-203.

MCCLINTOCK W E, LANKTON M R. 2007. The mercury atmospheric and surface composition spectrometer for the MESSENGER mission [J]. Space Science Reviews, 131(1-4): 481-521.

MCEWEN A S, ELIASON E M, BERGSTROM J W, et al. 2007. Mars Reconnaissance Orbiter's High Resolution Imaging Science Experiment (HiRISE) [J]. Journal of Geophysical Research-Planets, 112: E05S02. DOI:10.1029/2005JE002605.

MCSWEEN H Y, TAYLOR G J, WYATT M B. 2009. Elemental Composition of the Martian Crust[J]. Science, 324(5928): 736-739.

MILLIKEN R E, EWING R C, FISCHER W W, et al. 2014. Wind-blown sandstones cemented by sulfate and clay minerals in Gale Crater, Mars [J]. Geophysical Research Letters, 41: 1149-1154.

MILLIKEN R E, GROTZINGER J P, THOMSON B J. 2010. Paleoclimate of Mars as captured by the stratigraphic record in Gale Crater[J]. Geophysical Research Letters, 37(4): 379-384.

MURCHIE S, ARVIDSON R, BEDINI P, et al. 2007. Compact reconnaissance imaging spectrometer for Mars (CRISM) on Mars reconnaissance orbiter (MRO) [J]. Journal of Geophysical Research-Planets, 112(E5): 431-433.

MURCHIE S L, SEELOS F P, HASH C D, et al. 2009. Compact reconnaissance imaging spectrometer for Mars investigation and data set from the Mars reconnaissance orbiter's primary science phase [J]. Journal of Geophysical Research-Planets, 114: E00D07, DOI:10.1029/2009JE003344.

MUSTARD J F, EHLMANN B L, MURCHIE SL, et al. 2009. Composition, morphology, and stratigraphy of noachian crust around the isidis basin [J]. Journal of Geophysical Research-Planets, 114: E00D12, DOI: 10.1029/2009JE003349.

MUSTARD J F, POULET F, HEAD J W, et al. 2007. Mineralogy of the Nili Fossae region with OMEGA/Mars Express data: 1. Ancient impact melt in the Isidis Basin and implications for the transition from the Noachian to Hesperian [J]. Journal of Geophysical Research-Planets, 112(E8): E08S03, DOI: 10.1029/2006JE002834.

MUSTARD J F, POULET F, GENDRIN A, et al. 2005a. Olivine and pyroxene diversity in the crust of Mars [J]. Science, 307: 1594-1597.

MUSTARD J F, POULET F, GENDRIN A, et al. 2005b. Olivine and pyroxene, diversity in the crust of Mars [J]. Science, 307(5715): 1594-1597.

OBERBECK V R, QUAIDE W L, GAULT D E, et al. 1974. Smooth plains and continuous deposits of craters and basins[C]. Lunar and Planetary Science Conference, Houston.

PELKEY S M, MUSTARD J F, MURCHIE S, et al. 2007. CRISM multispectral summary products: Parameterizing mineral diversity on Mars from reflectance[J]. Journal of Geophysical Research-Planets, 112(E8): 171-178.

PIETERS C, SHKURATOV Y, KAYDASH V, et al. 2006. Lunar soil characterization consortium analyses: Pyroxene and maturity estimates derived from Clementine image data[J]. Icarus, 184(1): 83-101.

PIETERS C M, BOARDMAN J, BURATTI B, et al. 2010. Identification of a new spinel-rich Lunar rock type by the Moon mineralogy mapper (M3) [C]. Lunar and Planetary Science Conference, Woodlands, Texas.

PIETERS C M, GOSWAMI J N, CLARK R N, et al. 2009. Character and spatial distribution of OH/H_2O on the surface of the Moon seen by M3 on Chandrayaan-1 [J]. Science, 326(5952): 568-572.

PIETERS C M, HEAD J W, GADDIS L, et al. 2001. Rock types of South Pole-Aitken basin and extent of basaltic volcanism [J]. Journal of Geophysical Research-Planets, 106 (E11): 28001-28022.

POULET F, CARTER J, BISHOP J L, et al. 2014. Mineral abundances at the final four curiosity study sites and implications for their formation [J]. Icarus, 231: 65-76.

POULET F, GOMEZ C, BIBRING J P, et al. 2007. Martian surface mineralogy from Observatoire pour la Mineralogie, l'Eau, les Glaces et l'Activite on board the Mars Express spacecraft (OMEGA/MEx): Global mineral maps [J]. Journal of Geophysical Research-Planets, 112: E08S02. DOI: 10.1029/2006JE002840.

POULET F, MANGOLD N, LOIZEAU D, et al. 2008. Abundance of minerals in the phyllosilicate-rich units on Mars [J]. Astronomy & Astrophysics, 487: L41-L44.

RAYMAN M D, FRASCHETTI T C, RAYMOND C A, et al. 2006. Dawn: A mission in development for exploration of main belt asteroids Vesta and Ceres [J]. Acta Astronautica, 58(11): 605-616.

ROGER R E, ARNOLD J F. 1996. Reliably estimating the noise in AVIRIS hyperspectral images [J]. International Journal of Remote Sensing, 17(10): 1951-1962.

ROGERS A D, BANDFIELD J L. 2009. Mineralogical characterization of Mars Science Laboratory candidate landing sites from THEMIS and TES data [J]. Icarus, 203(2): 437-453.

SHANNON C E. 1948. A mathematical theory of communication [J]. Bell System Tech-

nical Journal, 27: 379-423.

SHUAI T, ZHANG X, ZHANG L, et al. 2013. Mapping global lunar abundance of plagioclase, clinopyroxene and olivine with interference imaging spectrometer hyperspectral data considering space weathering effect [J]. Icarus, 222(1): 401-410.

SIVAKUMAR V, NEELAKANTAN R. 2015. Mineral mapping of lunar highland region using Moon mineralogy mapper (M3) hyperspectral data [J]. Journal of the Geological Society of India, 86(5): 513-518.

SIVAKUMAR V, NEELAKANTAN R, BIJU C. 2016. Analysis of mineral compositions and crater morphology on the Moon surface using Moon orbital satellite data [J]. Journal of the Geological Society of India, 87(4): 476-482.

STERN S A. 1999. The lunar atmosphere: History, status, current problems, and context [J]. Reviews of Geophysics, 37(4): 453-492.

TANAKAK L. 1986. The stratigraphy of Mars[J]. Journal of Geophysical Research-Solid Earth and Planets, 91: E139-E158.

THOMSON B J, BRIDGESN T, MILLIKEN R, et al. 2011. Constraints on the origin and evolution of the layered mound in Gale Crater, Mars using Mars reconnaissance orbiter data [J]. Icarus, 214(2): 413-432.

THOMAS N H, BANDFIELD J L. 2017. Identification and refinement of martian surface mineralogy using factor analysis and target transformation of near-infrared spectroscopic data [J]. Icarus, 291: 124-135.

TREIMAN A, BISH D, MING D, et al. 2015. Mineralogy and genesis of the Windjana sandstone, Kimberley area, Gale Crater, Mars [C]. Lunar and Planetary Science Conference.

VIVIANO-BECK C E, MOERSCH J E, MCSWEEN H Y. 2013. Implications for early hydrothermal environments on Mars through the spectral evidence for carbonation and chloritization reactions in the Nili Fossae region [J]. Journal of Geophysical Research-Planet, 118(9): 1858-1872.

VIVIANO-BECK C E, SEELOS F P, MURCHIE S L, et al. 2014. Revised CRISM spectral parameters and summary products based on the currently detected mineral diversity on Mars [J]. Journal of Geophysical Research-Planets, 119(6): 1403-1431.

WICHMAN R W, SCHULTZ P H. 1989. Sequence and mechanisms of deformation around the hellas and isidis impact basins on Mars [J]. Journal of Geophysical Research Solid Earth, 94(B12): 17333-17357.

WU Y. 2012. Major elements and Mg# of the Moon: Results from Chang'E-1 interference imaging spectrometer (IIM) data [J]. Geochimica Et Cosmochimica Acta, 93: 214-234.

WU Y, ZHANG X, YAN B, et al. 2010. Global absorption center map of the mafic minerals on the Moon as viewed by CE-1 IIM data [J]. Sci China-Phys Mech Astron, 53 (12): 2160-2171.

YAMAMOTO S, NAKAMURA R, MATSUNAGA T, et al. 2010. Possible mantle origin of olivine around lunar impact basins detected by SELENE [J]. Nature Geoscience, 3(8): 533-536.

YAN B K, WANG R S, GAN F P, et al. 2010. Minerals mapping of the lunar surface with Clementine UVVIS/NIR data based on spectra unmixing method and Hapke model [J]. Icarus, 208(1): 11-19.